高等职业教育"十四五"药品类专业系列教材

生物制药技术

汤　晓　徐瑞东　主编

U0359902

化学工业出版社

·北京·

内容简介

　　《生物制药技术》按照工作项目设计内容，包括发酵工程制药技术、基因工程制药技术、细胞工程制药技术、酶工程制药技术、生物制品制备、生物制药生产的下游技术、生化药物制备七个项目，下设二十二个工作任务，把生物制药的主要理论知识融入源自企业生产实践的项目中，通过丰富的实践操作载体，重新构建知识树，实现对理论的活学活用。 每一项目设置了"项目导读""工作目标""工作准备""实践操作""操作评价""知识支撑""技能拓展""知识拓展""场外训练"等模块，亦有相应的"项目总结""项目检测"及"素质拓展"，丰富了教学内容，增强了教材的可读性和趣味性。

　　本教材适合高等职业院校生物制药技术、药品生物技术、药品生产技术等药品与医疗器械类专业的学生使用，也可作为化工、食品、生物等相关行业的职业培训教材，并可供生物工程、精细化工等相关专业学生和有关行业的从事生产、开发等的技术人员参考。

图书在版编目（CIP）数据

　　生物制药技术 / 汤晓，徐瑞东主编. -- 北京：化学工业出版社，2024. 9. -- ISBN 978-7-122-45929-9

　　Ⅰ. TQ464

　　中国国家版本馆 CIP 数据核字第 2024JT7170 号

责任编辑：王　芳　蔡洪伟　　文字编辑：李宁馨　刘洋洋
责任校对：王　静　　　　　　　装帧设计：关　飞

出版发行：化学工业出版社
　　　　　（北京市东城区青年湖南街 13 号　邮政编码 100011）
印　　装：河北鑫兆源印刷有限公司
787mm×1092mm　1/16　印张 20¾　字数 512 千字
2024 年 10 月北京第 1 版第 1 次印刷

购书咨询：010-64518888
售后服务：010-64518899
网　　址：http://www.cip.com.cn
凡购买本书，如有缺损质量问题，本社销售中心负责调换。

定　　价：59.80 元

编审人员

主　　编　汤　晓　徐瑞东

副 主 编　陈立波　祝丽娣　刘兴艳

编写人员　（按姓名汉语拼音排序）

陈立波（吉林工业职业技术学院）

范三微（浙江药科职业大学）

刘兴艳（宁波职业技术学院）

孙晓晶（山东医学高等专科学校）

孙艳宾（山东药品食品职业学院）

汤　晓（宁波职业技术学院）

王　磊（浙江健博生物科技股份有限公司）

吴季南［艾美荣誉（宁波）生物制药有限公司］

辛　星（黑龙江农业工程职业学院）

徐瑞东（黑龙江农垦职业学院）

杨秀峰（黑龙江农业职业技术学院）

于玲玲（黑龙江农业经济职业学院）

祝丽娣（黑龙江农垦职业学院）

主　　审　陆正清（江苏食品药品职业技术学院）

出版说明

为了更好地贯彻《国家职业教育改革实施方案》，落实教育部《"十四五"职业教育规划教材建设实施方案》（教职成厅〔2021〕3号），做好职业教育药品类、药学类专业教材建设，化学工业出版社组织召开了职业教育药品类、药学类专业"十四五"教材建设工作会议，共有来自全国各地120所高职院校的380余名一线专业教师参加，围绕职业教育的教学改革需求、加强药品和药学类专业"三教"改革、建设高质量精品教材开展深入研讨，形成系列教材建设工作方案。在此基础上，成立了由全国药品行业职业教育教学指导委员会副主任委员姚文兵教授担任专家顾问，全国石油和化工职业教育教学指导委员会副主任委员张炳烛教授担任主任的教材建设委员会。教材建设委员会的成员由来自河北化工医药职业技术学院、江苏食品药品职业技术学院、广东食品药品职业学院、山东药品食品职业学院、常州工程职业技术学院、湖南化工职业技术学院、江苏卫生健康职业学院、苏州卫生职业技术学院等全国30多所职业院校的专家教授组成。教材建设委员会对药品与药学类系列教材的组织建设、编者遴选、内容审核和质量评价等全过程进行指导和管理。

本系列教材立足全面贯彻党的教育方针，落实立德树人根本任务，主动适应职业教育药品类、药学类专业对技术技能型人才的培养需求，建立起学校骨干教师、行业专家、企业专家共同参与的教材开发模式，形成深度对接行业标准、企业标准、专业标准、课程标准的教材编写机制。为了培育精品，出版符合新时期职业教育改革发展要求、反映专业建设和教学创新成果的优质教材，教材建设委员会对本系列教材的编写提出了以下指导原则。

（1）校企合作开发。本系列教材需以真实的生产项目和典型的工作任务为载体组织教学单元，吸收企业人员深度参与教材开发，保障教材内容与企业生产实际相结合，实现教学与工作岗位无缝衔接。

（2）配套丰富的信息化资源。以化学工业出版社自有版权的数字资源为基础，结合编者团队开发的数字化资源，在书中以二维码链接的形式或与在线课程、在线题库等教学平台关联建设，配套微课、视频、动画、PPT、习题等信息化资源，形成可听、可视、可练、可互动、线上线下一体化的纸数融合新形态教材。

（3）创新教材的呈现形式。内容组成丰富多彩，包括基本理论、实验实训、来自生产实践和服务一线的案例素材、延伸阅读材料等；表现形式活泼多样，图文并茂，适应学生的接受心理，可激发学习兴趣。实践性强的教材开发成活页式、工作手册式教材，把工作任务单、学习评价表、实践练习等以活页的形式加以呈现，方便师生互动。

（4）发挥课程思政育人功能。教材结合专业领域、结合教材具体内容有机融入课程思政元素，深入推进习近平新时代中国特色社会主义思想进教材、进课堂、进学生头脑。在学生学习专业知识的同时，润物无声，涵养道德情操，培养爱国情怀。

（5）**落实教材"凡编必审"工作要求**。每本教材均聘请高水平专家对图书内容的思想性、科学性、先进性进行审核把关，保证教材的内容导向和质量。

本系列教材在体系设计上，涉及职业教育药品与药学类的药品生产技术、生物制药技术、药物制剂技术、化学制药技术、药品质量与安全、制药设备应用技术、药品经营与管理、食品药品监督管理、药学、制药工程技术、药品质量管理、药事服务与管理等专业；在课程类型上，包括专业基础课程、专业核心课程和专业拓展课程；在教育层次上，覆盖高等职业教育专科和高等职业教育本科。

本系列教材由化学工业出版社组织出版。化学工业出版社从 2003 年起就开始进行职业教育药品类、药学类专业教材的体系化建设工作，出版的多部教材入选国家级规划教材，在药品类、药学类等专业教材出版领域积累了丰富的经验，具有良好的工作基础。本系列教材的建设和出版，既是对化学工业出版社已有的药品和药学类教材在体系结构上的完善和品种数量上的补充，更是在体现新时代职业教育发展理念、"三教"改革成效及教育数字化建设成果方面的一次全面升级，将更好地适应不同类型、不同层次的药品与药学类专业职业教育的多元化需求。

本系列教材在编写、审核和使用过程中，希望得到更多专业院校、一线教师、行业企业专家的关注和支持，在大家的共同努力下，反复锤炼，持续改进，培育出一批高质量的优秀教材，为职业教育的发展做出贡献。

本系列教材建设委员会

前言

生物制药是利用生物活体来生产药物的方法。生物制药技术出现在二十世纪后期，主要包括发酵工程制药、细胞工程制药、酶工程制药等。生物制药技术在我国已应用于抗肿瘤药物、治疗冠心病药物、免疫性药物、神经性药物、蛋白质药物和重组多肽类药物的研发。

本教材以工作项目为主线，活化生物制药理论，深化制药技能，在"实践先行"的基础上重新构建生物制药技术领域的主要理论知识。全书共由 7 个工作项目、22 个工作任务组成，内容包括发酵工程制药技术、基因工程制药技术、细胞工程制药技术、酶工程制药技术、生物制品制备、生物制药生产的下游技术、生化药物制备等。通过任务实操，学习者做中学、学中做，逐渐掌握相应技术方法；在此基础上，拓展技能与其他知识，并应用于课外训练任务，实现职业能力与知识水平的螺旋式递进。

本教材为突出内容特色，设计了如下模块。一是"项目导读"，描述每个工作项目的作用，工作任务组成，以及学好每个项目的学习方法，设置的目的是使学习者在实践之前能先了解每个项目及具体任务的要求，起到引领作用。二是每个工作任务以"课前自学清单"引领，又由"工作目标""工作准备""实践操作""操作评价""知识支撑""技能拓展""知识拓展""场外训练"等部分组成，打破原有的知识体系结构，将专业知识根据不同任务的应用进行重构。其中，"工作目标"介绍学习重点，设置的目的是让学习者了解该任务的学习应达到的目标，把握学习要点。"工作准备"和"实践操作"对任务的实施提出了具体要求，并通过完成工作任务单、工作台账本让学习者进一步思考、总结。"操作评价"包括个体评价、学生互评及教师评价。"知识支撑"围绕工作任务展开理论知识讲解，注重知识与实践的结合。"技能拓展"主要介绍理论知识的应用实践，是对"知识支撑"的延伸。"知识拓展"介绍在任务中并未涉及的其他专业知识，是对"知识支撑"的补充。"场外训练"是在"技能拓展"和"知识拓展"的基础上安排的课外工作任务，进一步训练和巩固职业能力，有助于学习者学习迁移能力的培养。此外，每个工作项目亦有"素质拓展"，传递工程伦理、科学精神、家国情怀、健康发展等思想。在"项目总结"中，借助思维导图梳理知识点与技能点。学习者亦可通过"项目检测"查漏补缺。本书配套生物制药技术课程为国家精品在线开放课程。书中配套微课等数字资源，读者可扫描书中相应二维码查看。

本书由汤晓、徐瑞东担任主编，编写分工如下：项目一由徐瑞东编写；项目二由于玲玲、范三微编写；项目三由杨秀峰、辛星、孙晓晶编写；项目四由祝丽娣、刘兴艳编写；项目五由孙艳宾、王磊、汤晓、吴季南编写；项目六由汤晓编写；项目七由陈立波编写。在编写过程中参考了相关书籍、视频资源和网站的文献资料，在此向各作者表示感谢！

由于生物技术的飞速发展，也限于编者水平有限和时间仓促，书中不足之处在所难免，恳请同行专家和读者批评指正。

编 者
2024 年 3 月

目录

项目三　细胞工程制药技术 / 093

项目四　酶工程制药技术 / 143

项目五　生物制品制备 / 175

项目七　生化药物制备 / 265

项目一

发酵工程制药技术

❖ **知识目标：**

1. 了解发酵工程制药的基础知识；
2. 熟悉发酵工程制药生产的基本技术和方法；
3. 掌握典型青霉素和链霉素生产的工艺流程、操作要点以及相关参数的控制。

❖ **能力目标：**

1. 具备发酵工程制药生产的基本操作技能；
2. 能够操作青霉素和链霉素的典型制备工艺；
3. 能够熟练进行发酵工程制药生产相关参数的控制，并能编制生产方案。

❖ **素质目标：**

1. 具备吃苦耐劳、独立思考、团结协作、勇于创新的精神和诚实守信的优良品质；
2. 树立"安全第一、质量首位、成本最低、效益最高"的意识，并贯彻到发酵工程制药生产的各个环节；
3. 培养精益求精的工作精神和良好的职业道德。

项目导读

1. 项目简介

发酵工程制药技术是利用微生物技术，通过高度工程化的新型综合技术，以利用微生物反应过程为基础，依赖于微生物机体在反应器内的生长繁殖及代谢过程来合成一定产物，通过分离纯化进行提取精制，并最终制剂成型来实现药物产品的生产。本项目侧重于介绍发酵中优良菌种的选育、发酵的主要方式及特点、发酵工艺控制等发酵工程制药的基本技术。

2. 任务组成

本项目共有三个工作任务：第一个任务是青霉素的发酵生产，借助产黄青霉，利用微生物发酵技术制备青霉素；第二个任务是链霉素的发酵生产，借助灰色链霉菌，利用微生物发酵技术制备链霉素；第三个任务是头孢霉素的发酵生产，借助顶头孢霉，利用微生物发酵技术制备头孢霉素。

工作任务开展前，请根据学习基础、实践能力，合理分组。

3. 学习方法

通过本项目的学习，培养学生具备从事发酵工程制药相关岗位的职业能力。

在"青霉素的发酵生产"工作任务中，学会菌种选育与培养的操作技能，掌握灭菌操作技术，理解优良菌种选育技术和突变菌株筛选技术；在此基础上，学生通过"场外训练"学会种子扩大培养技术等操作技能，培养举一反三的可持续学习能力，勇于实践的科学探索精神。在"链霉素的发酵生产"工作任务中，学会发酵过程控制的操作技能，掌握种子培养常见问题及解决措施，理解发酵的主要方式及特点；在此基础上，通过"场外训练"学会斜面和种子培养基制备等操作技能。在"头孢霉素的发酵生产"工作任务中，学会发酵提取工艺过程操作技能，掌握发酵的工艺流程和控制、发酵工艺优化、离子交换技术等相关技术；在此基础上，通过"场外训练"学会发酵产物的精制和冻干等操作技能。

任务 1 青霉素的发酵生产

青霉素（penicillin）又称盘尼西林、配尼西林，包括青霉素 G、青霉素钠、苄青霉素钠、青霉素钾、苄青霉素钾。它是从青霉菌培养液中提取出来的，分子中含有青霉烷，能破坏细菌的细胞壁并在细菌细胞的繁殖期起杀菌作用的一类抗生素。青霉素类抗生素是 β-内酰胺类中一大类抗生素的总称。最初的青霉素产生菌是野生型青霉菌，生产能力只有几十个单位，不能满足工业需要。后来找到了适合于深层培养的橄榄形青霉菌，即产黄青霉 *Penicillium chrysogenum*，生产能力为 100U/mL。经过 X 射线、紫外线诱变，生产能力达到 1000～1500U/mL。随后经过诱变，得到不产生色素的变种，目前生产能力可达 66000～70000U/mL。

1. 生物学特性

青霉素生产多数采用绿色丝状菌，它能形成绿色孢子和黄色孢子的两种产黄青霉菌株，深层培养中菌丝形态为球状和丝状两种，而我国生产上多采用丝状。菌落平坦或皱褶，圆形、边缘整齐或呈锯齿状或扇形。气生菌丝形成大小梗，上生分生孢子，排列呈链状，似毛笔，称为青霉穗。孢子黄绿色至棕灰色，圆形或圆柱形。

2. 发酵条件下的生长过程

产黄青霉的生长分为三个代谢阶段。

第一阶段：菌丝生长繁殖期，这个时期培养基中糖及含氮物质被迅速吸收，丝状菌孢子发芽长出菌丝，菌丝浓度增加很快，此时青霉素分泌量很少。此阶段分为三个时期：

第 1 期：分生孢子萌发，形成芽管，原生质体未分化，具有小泡，分支旺盛。第 2 期：菌丝繁殖，原生质体具有嗜碱性，类脂肪小颗粒。第 3 期：形成脂肪包涵体，积累储藏物，没有空泡，嗜碱性很强。

第二阶段：青霉素分泌期，这个时期菌丝生长趋势减弱，间隙添加葡萄糖作为碳源和花生饼粉、尿素作为氮源，并加入前体，此期间丝状菌要求 pH6.2～6.4，青霉素分泌旺盛。此阶段分为两个时期：

第 4 期：脂肪包涵体形成小滴并减少，形成中小空泡，原生质体嗜碱性减弱，开始产生抗生素。第 5 期：形成大空泡，有中性染色大颗粒，菌丝呈桶状，脂肪包涵体消失，青霉素产量最高。

第三阶段：菌丝自溶期，此时丝状菌的大型空泡增加并逐渐扩大自溶。此阶段分为两个时期：

第 6 期：出现个别自溶细胞，细胞内无颗粒，仍然呈桶状，释放游离氨，pH 上升。第 7 期：菌丝完全自溶，仅有空细胞壁。

按显微镜检查菌丝形态变化或根据发酵过程中生化曲线测定进行补糖，这样既可以调节 pH，又可以提高青霉素发酵单位。除补糖外，氮源的补加也可以提高发酵单位，控制发酵。1～3 期为菌丝生长期，3 期的菌体适宜作为种子。4～5 期为生产期，生产能力最强，可通过工程措施延长此期，以获得高产。在第 6 期到来之前结束发酵。

青霉素问世以来，临床上主要用于控制敏感金黄色葡萄球菌、链球菌、肺炎双球菌、淋球菌、脑膜炎双球菌、螺旋体等引起的感染，对大多数革兰氏阳性菌（如金黄色葡萄球菌）和某些革兰氏阴性菌及螺旋体有抗菌作用。

任务 1　课前自学清单		
任务描述	通过菌种培养、发酵过程控制及提取纯化等操作制备青霉素，并计算青霉素的含量。	
学习目标	能做什么	要懂什么
学习目标	1. 能用萃取技术进行生物活性成分的提取分离； 2. 能用脱色技术、结晶技术进行生物活性成分的精制； 3. 学会菌种培养、发酵过程控制及提取纯化操作； 4. 能够准确记录实验现象、数据，并能正确处理数据； 5. 学会正确书写工作任务单、工作台账本，并对结果进行准确分析。	1. 灭菌操作技术； 2. 优良菌种的选育技术； 3. 突变菌株的筛选技术。
工作步骤	步骤 1　生产孢子的制备 步骤 2　培养基配制 步骤 3　温度控制 步骤 4　pH 控制 步骤 5　溶解氧控制 步骤 6　菌丝生长速率与形态、浓度控制 步骤 7　消泡 步骤 8　发酵液预处理 步骤 9　过滤 步骤 10　萃取 步骤 11　脱色、结晶 步骤 12　结果处理与任务探究 步骤 13　完成评价	

	任务1 课前自学清单
岗前准备	思考以下问题： 1. 菌种培养的操作要点是什么？ 2. 发酵过程控制的要点有哪些？ 3. 提取纯化操作的要点是什么？
主要考核指标	1. 菌种培养、发酵过程控制、提取纯化的操作（操作规范性、仪器的使用等）； 2. 实验结果（青霉素的含量测定）； 3. 工作任务单、工作台账本随堂完成情况； 4. 实验室的清洁情况。

小提示

操作前阅读【知识支撑】中的"优良菌种的选育"，【技能拓展】中的"灭菌操作技术"，以便更好地完成本任务。

工作目标

分组开展工作任务。利用产黄青霉发酵制备青霉素。通过本任务，达到以下能力目标及知识目标：

1. 能够确定生产技术、生产菌种和设定工艺路线；
2. 能够掌握制备青霉素的发酵过程控制、提取纯化操作和含量测定方法。

工作准备

1. 工作背景

创建青霉素生产操作平台，并配备发酵罐、板框式压滤机等相关仪器设备，完成青霉素的制备。

2. 技术标准

溶液配制准确，培养基成分配比合理，发酵罐及板框式压滤机使用规范，定量计算正确等。

3. 所需仪器及试剂

（1）器材　试管、烧杯、冰箱、高压灭菌锅、恒温培养箱、离心机、小型发酵罐、板框式压滤机、产黄青霉等。

（2）试剂　甘油、葡萄糖、蛋白胨、铵盐、$CaCO_3$、苯乙酸、天然油脂（如玉米油）、化学消泡剂等。

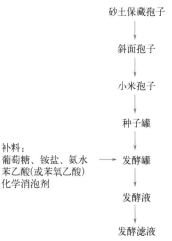

青霉素的发酵生产工艺流程如图 1-1 所示。

1. 菌种培养

（1）生产孢子的制备　将砂土保藏的孢子用甘油、葡萄糖、蛋白胨组成的培养基进行斜面培养，经传代活化。最适生长温度为 25～26℃，培养 6～8 天，得单菌落，再转斜面，培养 7～9 天，得斜面孢子。移植到优质小米（或大米）固体培养基上，25℃生长 6～7 天，制得小米孢子。

补料:
葡萄糖、铵盐、氨水
苯乙酸(或苯氧乙酸)
化学消泡剂

图 1-1　青霉素的发酵生产工艺流程

（2）种子罐和发酵罐培养工艺　青霉素大规模生产时采用三级发酵。一级发酵通常在小罐中进行，将生产孢子按一定接种量移入种子罐，（25±1）℃培养 40～50h，菌丝浓度达 40%（体积分数）以上，菌丝形态正常，即移入繁殖罐，此阶段主要是让孢子萌芽形成菌丝，制备大量种子供发酵用。二级发酵主要是在一级发酵的基础上使产黄青霉菌丝体继续大量繁殖，通常在 25℃培养 13～15h，菌丝浓度达 40% 以上，残糖在 1.0% 左右，无菌检查合格便可作为种子，按 30% 接种量移入发酵罐，此时的发酵为三级发酵，除继续大量繁殖菌丝外主要是生产青霉素。产黄青霉发酵条件见表 1-1。

表 1-1　产黄青霉发酵条件

发酵级别	主要培养条件	通气量 /[L/(L·min)]	搅拌速度 /(r/min)	培养时间/h	pH	培养温度 /℃
一级	葡萄糖、乳糖、玉米浆等	0.333	300～350	40～50	自然 pH	25±1
二级	玉米浆、葡萄糖	0.667～1	250～280	13～15	自然 pH	25±1
三级	花生饼粉、葡萄糖、尿素、硝酸铵、硫代硫酸钠、苯乙酸铵、CaCO₃	0.556～1.429	150～200	按青霉素产生趋势决定何时停止发酵	前 60h 左右 6.7～7.2，以后 6.7	前 60h 左右 26，以后 24

2. 青霉素的发酵过程控制

在青霉素生产中，培养基中的主要营养物只够维持产黄青霉在前 40h 生长。在 40h 后，靠低速连续补加葡萄糖和氮源等，使菌体处于半饥饿状态，以延长青霉素合成期，大大提高产量。所需营养物限量补加常用来控制营养缺陷型突变菌种的生长，使代谢产物积累到最大量。

（1）培养基　青霉素发酵中采用补料分批操作法，对葡萄糖、铵盐、苯乙酸进行缓慢流加，维持一定的最适浓度。葡萄糖流加时波动范围较窄，浓度过低使抗生素合成速率减小或停止，过高则导致生产菌种呼吸活性下降，甚至引起自溶，葡萄糖浓度是根据 pH、溶解氧或 CO_2 释放率予以调节的。

① 碳源的选择。生产菌种能利用多种碳源，如乳糖、蔗糖、葡萄糖、阿拉伯糖、甘露糖、淀粉和天然油脂等。葡萄糖、乳糖的结合能力常随时间延长而增加，所以通常采用葡萄

糖和乳糖作为碳源，并可根据形态变化滴加葡萄糖。

② 氮源。玉米浆是最好的氮源之一，含有多种氨基酸及其前体（苯乙酸及其衍生物）。玉米浆质量不稳定，可用花生饼粉或棉籽饼粉取代，也可补加无机氮源。

③ 无机盐。需要硫、磷、镁、钾等。铁有毒，控制浓度在 $30\mu g/mL$ 以下。

④ 流加控制。

a. 补糖：根据残糖、pH、尾气中 CO_2 和 O_2 含量控制。残糖在 0.6% 左右，pH 开始升高时加糖。

b. 补氮：流加硫酸铵、氨水、尿素，控制氨基氮浓度在 0.05%。

c. 添加前体：在合成阶段，苯乙酸及其衍生物（苯乙酰胺、苯乙酰甘氨酸）、苯乙胺等均可作为青霉素侧链的前体，直接掺入青霉素分子中，也具有刺激青霉素合成的作用，但其浓度大于 0.19% 时对细胞和青霉素合成有毒性，还能被细胞氧化。措施是流加低浓度前体，一次加入量低于 0.1%，保持供应速率略大于生物合成的需要。

（2）温度　生长适宜温度为 $30℃$，分泌青霉素温度为 $20℃$。$20℃$ 以下青霉素破坏少，但生产周期会延长。生产中采用变温控制，不同阶段采用不同的温度。前期控制在 $25\sim26℃$，后期降温到 $23℃$。温度过高会降低发酵产率，增加葡萄糖的维持消耗量，从而降低葡萄糖至青霉素的转化得率。有的发酵过程在菌丝生长阶段采用较高的温度，以缩短生长时间，生产阶段适当降低温度，以利于青霉素合成。

（3）pH　青霉素合成的适宜 pH 为 $6.4\sim6.6$，避免超过 7.0，青霉素在碱性条件下不稳定，易水解。缓冲能力弱的培养基中，pH 降低，加糖量过高会造成酸性中间产物积累；pH 上升，说明加糖率过低，不足以中和蛋白质产生的氨或其他生理碱性物质。前期 pH 控制在 $5.7\sim6.3$，中后期 pH 控制在 $6.3\sim6.6$，通过补加氨水进行调节。pH 较低时，加入 $CaCO_3$、通氨调节或提高通气量（指每分钟通气体积与料液体积的比值）。pH 上升时，加糖或天然油脂。一般直接加酸或碱自动控制，也可以流加葡萄糖控制。

（4）溶解氧　溶解氧低于 30% 饱和度时，产率急剧下降，低于 10% 饱和度时，则造成不可逆的损害，所以溶解氧浓度不能低于 30% 饱和度。通气量一般为 $1.25L/(L\cdot min)$。溶解氧过高，会使菌丝生长不良，或加糖率过低，呼吸强度下降，会影响生产能力的发挥。需维持适宜搅拌速度，保证气液混合，提高溶解氧，根据各阶段的生长特点和耗氧量不同，调整搅拌转速。

（5）菌丝生长速率、形态与浓度　对于每一个有固定通气和搅拌条件的发酵罐内进行的特定好氧过程，都有一个使氧传递速率（OTR）和氧消耗速率（OUR）在某一溶解氧水平上达到平衡的临界菌丝浓度，超过此浓度，OUR＞OTR，溶解氧水平下降，发酵产率下降。在发酵稳定期，湿菌可达 $15\%\sim20\%$，丝状菌干重约为 3%，球状菌干重在 5% 左右。

（6）消泡　发酵过程泡沫较多，需补入消泡剂，包括天然油脂（如玉米油）、化学消泡剂等。应少量多次加入。前期不宜多加，以免影响呼吸代谢。

3. 青霉素的提取工艺流程

从发酵液中提取青霉素，早期曾使用活性炭吸附法，目前多采用溶剂萃取法。由于青霉素性质不稳定，发酵液预处理以及整个提取过程应在低温、快速、严格控制 pH 条件下进行，注意对设备清洗消毒时应减少污染，尽量避免或减少对青霉素的破坏损失。流程如图 1-2 所示。

（1）预处理　发酵液在萃取之前需进行预处理。发酵液加少量絮凝剂沉淀蛋白质，然后

发酵滤液
    用15%硫酸调节pH至2.0~2.2，按1:(3.5~4.0)(体积比)加入BA(乙酸丁酯)及适量破乳剂，在5℃左右
    进行逆流萃取
一次BA萃取液
    按1:(4~5)(体积比)加入 1.5%NaHCO₃缓冲液(pH6.8~7.2)，在5℃左右进行逆流萃取
一次水提液
    用1.5%硫酸调节pH至2.0~2.2，按1:(3.5~4.0)(体积比)加入BA及适量破乳剂，在5℃左右进行逆流萃取
二次BA萃取液
    加入粉末活性炭，搅拌15~20min 脱色，然后过滤
脱色液
    按脱色液中青霉素含量的110%(以分配系数K表示)计算所需加入 25%乙酸钾丁醇溶液的量，
    在真空度大于0.095MPa及45~48℃下共沸结晶
结晶混悬液
    过滤，先后用少量丁醇和乙酸乙酯各洗涤晶体两次
湿晶体
    在0.095MPa以上的真空度及50℃下干燥
青霉素工业盐

图 1-2　青霉素的提取工艺流程

经真空转鼓过滤或板框过滤，除掉菌丝体及部分蛋白质。青霉素易降解，发酵液及滤液应冷却至 10℃以下，过滤收率一般在 90％左右。

（2）过滤　菌丝体粗长（$10\mu m$），采用转鼓式真空过滤机过滤，滤渣形成紧密饼状，容易从滤布上刮下。滤液 pH 调至 6.2～7.2，蛋白质含量为 0.05％～0.2％。进一步除去蛋白质。

（3）萃取

① 一次 BA（乙酸丁酯）萃取。用 15％硫酸调节 pH 至 2.0～2.2，按 1：（3.5～4.0）（体积比）加入 BA 及适量破乳剂，在 5℃左右进行逆流萃取。

② 一次水提取。按 1：（4～5）（体积比）加入 1.5％ NaHCO₃ 缓冲液（pH 6.8～7.2），5℃左右进行逆流萃取。

③ 二次 BA 萃取。用 1.5％硫酸调节 pH 至 2.0～2.2，按 1：（3.5～4.0）（体积比）加入 BA 及适量破乳剂，在 5℃左右进行逆流萃取。

（4）脱色　每升萃取液中加入 150～250g 活性炭，搅拌 15～20min，过滤。

（5）结晶　加 25％乙酸钾丁醇溶液，在真空度大于 0.095MPa、45～48℃条件下共沸蒸馏结晶，得到青霉素钾盐，水和丁醇形成共沸物而蒸出，盐结晶析出。晶体经过洗涤、干燥后，得到青霉素产品。

4. 结果处理与任务探究

（1）青霉素钠的含量测定

① 碘量法测定。精密称定样品 5g，溶解后置于 100mL 容量瓶中，稀释至刻度，即为供试液，精密量取 5mL，置于碘瓶中，加 1mL 1mol/L 氢氧化钠溶液放置 20min，再加 1mL 1mol/L 盐酸和 5mL pH 4.5 的乙酸钠缓冲液，精密加入 0.01mol/L 碘滴定液 15mL，密塞，摇匀，在 20～25℃暗处放置 20min，用 0.01mol/L 硫代硫酸钠滴定液滴定，至近终点时加淀粉指示剂，继续滴定至蓝色消失。另精密量取供试液 5mL，置于碘瓶中，加缓冲液 5mL，

精密加入碘滴定液 15mL，同法操作，作为空白。

$$青霉素质量分数 = \frac{\Delta V c M D}{m \times 8}$$

式中，ΔV 为硫代硫酸钠溶液减少的体积，mL；c 为硫代硫酸钠溶液的浓度，mol/L；M 为青霉素的物质的量，mol；D 为稀释倍数；m 为样品质量，g。

② 高效液相色谱法。取本品适量，精密称定，加 pH 6.5 的磷酸盐缓冲液（取 0.2mol/L 磷酸二氢钾溶液 125mL，加水 250mL，混匀，用氢氧化钠溶液调节 pH 至 6.5，再用水稀释至 500mL）溶解并稀释成约 3.6mg/mL 的青霉素钾溶液，作为供试品溶液；精密量取 1mL，置于 100mL 容量瓶中，用上述 pH 6.5 的磷酸盐缓冲液稀释至刻度，摇匀，作为对照溶液。

依照高效液相色谱法测定，用十八烷基硅烷键合硅胶作为填充剂；流动相 A 为 pH 3.5 的磷酸盐缓冲液（取 0.5mol/L 磷酸二氢钾溶液，用磷酸调节 pH 至 3.5）-甲醇-水（体积比为 10∶30∶60），流动相 B 为 pH 3.5 的磷酸盐缓冲液-甲醇-水（体积比为 10∶55∶35），先以流动相 A-流动相 B（体积比为 60∶40）等度洗脱，待青霉素洗脱完毕，立即按表 1-2 进行线性梯度洗脱，检测波长为 268nm。

取青霉素对照品 10mg，置于 10mL 容量瓶中，加上述 pH 6.5 的磷酸盐缓冲液溶解并稀释至刻度，摇匀，作为系统适用性溶液。取 20μL 注入液相色谱仪，记录色谱图。精密量取供试品溶液和对照溶液各 20μL，分别注入液相色谱仪，记录色谱图，供试品溶液色谱图中如有杂质峰，单个杂质峰面积不得大于对照溶液主峰面积的 1.5 倍（1.5%），各杂质峰面积的和不得大于对照溶液主峰面积的 3 倍（3.0%），供试品溶液色谱图中小于对照溶液主峰面积 0.05 倍的峰忽略不计。

表 1-2　线性梯度洗脱（青霉素钠含量测定）

t/min	流动相 A 体积分数/%	流动相 B 体积分数/%
0	60	40
20	0	100
35	0	100
50	60	40

（2）任务探究

探讨青霉素发酵工艺的优化。

操作评价 >>>

一、个体评价与小组评价

任务 1　青霉素的发酵生产	
姓名	
组名	

任务 1　青霉素的发酵生产

能力目标	1. 能用萃取技术进行生物活性成分的提取分离； 2. 能用脱色技术、结晶技术进行生物活性成分的精制； 3. 学会菌种培养、青霉素的发酵过程控制及提取纯化操作； 4. 能准确记录实验现象和数据； 5. 学会正确书写工作任务单、工作台账本，并对结果进行准确分析。								
知识目标	1. 掌握灭菌操作技术； 2. 理解优良菌种的选育技术； 3. 理解突变菌株的筛选技术。								
评分项目	上岗前准备（思考题回答、实验服与台账准备）	菌种培养	青霉素的发酵过程控制	青霉素提取纯化操作	结果处理与任务探究	团队协作性	台账完成情况	台面及仪器清理	总分
分值	10	10	20	25	10	10	5	10	100
自我评分									
需改进的技能									
小组评分									
组长评价	（评价要具体、符合实际）								

二、教师评价

序号	项目	配分	要求	得分
1	上岗前准备（10分）	A. 思考题回答（5分） B. 实验服与护目镜准备、台账准备（5分）	操作过程了解充分，工作必需品准备充分	
2	菌种培养（10分）	生产孢子的制备（10分）	正确操作	

序号	项目	配分	要求	得分
3	青霉素的发酵过程控制（20分）	A. 培养基(3分) B. 温度(3分) C. pH(3分) D. 溶解氧(3分) E. 菌丝生长速率、形态与浓度(5分) F. 消泡(3分)	正确操作	
4	青霉素提取纯化操作（25分）	A. 预处理(5分) B. 过滤(5分) C. 萃取(5分) D. 脱色(5分) E. 结晶(5分)	正确操作	
5	结果处理与任务探究（10分）	A. 青霉素钠的含量测定(5分) B. 任务探究(5分)	正确计算 讨论主动、正确	
6	项目参与度（5分）	操作的主观能动性(5分)	具有团队合作精神和主动探索精神	
7	台账与工作任务单完成情况（15分）	A. 完成台账（是不是完整记录)(5分) B. 完成工作任务单(10分)	妥善记录数据	
8	文明操作（5分）	A. 实验态度(2分) B. 清洗玻璃器皿等,清理工作台面(3分)	认真负责 清洗干净,放回原处,台面整洁	
		合计		

【知识支撑】

优良菌种的选育

发酵工程产品开发的关键是筛选新的有用物质的生产菌种。从自然界分离得到的野生型菌种在产量上或质量上均不适合工业生产要求，因此必须通过人工选育。优良菌种的选育不仅为发酵工业提供了高产菌株，还可提供各种类型的突变菌株。菌种选育包括自然选育、诱变育种、杂交育种等经验育种方法，还包括控制杂交育种、原生质体融合、基因工程等定向育种方法。

一、自然选育

不经人工处理，利用微生物的自发突变进行菌种选育的过程称为自然选育。自发突变的变异率很低。由于微生物可以发生自发突变，所以菌种在群体培养过程中会产生变异个体。在这些变异个体中，一种是生长良好，生产水平提高，对生产有利的菌株，称为正变菌株；另一种是生产能力下降，形态出现异型，生产水平下降，导致菌种退化的菌株，称为负变菌株。自然选育就是将正变菌株挑选出来，进行扩大培养。

自然选育可达到纯化菌种、防止菌种衰退、稳定生产水平、提高产物产量的目的。但是自然选育存在效率低和进展慢的缺点，将自然选育和诱变育种交替使用，才容易收到良好效果。

二、诱变育种

用人工方法来诱发突变是加速基因突变的重要手段，它的突变率比自发突变提高成千上百倍。突变发生部位一般是在遗传物质 DNA 上，因此突变后性状能够稳定遗传。

1. 诱变育种的方法和原理

微生物在生理上和形态上的变化只要是可遗传的都称为变异。变异和由于环境改变而出现的变化有本质的区别。如假丝酵母在马铃薯培养基上加盖玻片培养后形成假菌丝，而在麦芽汁培养基上形成分散椭圆细胞，这种可逆的现象绝不是变异。微生物诱变育种的目的是使它们向符合人们需要的方向变异。通常用物理、化学、生物等因素对微生物进行诱变，导致遗传物质 DNA 结构上发生改变。

（1）诱变机制　由诱变而导致微生物 DNA 的微细结构发生的变化，主要分为微小损伤突变、染色体畸变（即大损伤突变）和染色体组突变三种类型。

① 微小损伤突变。该类型有碱基的置换和码组移动突变两种。碱基的置换是一种真正的点突变，根据置换方式不同可分为转换和颠换两种。

② 染色体畸变。这是由遗传物质的缺失、重复或重排而造成的染色体异常突变。染色体畸变主要包括一条染色体内部所发生的畸变和非同源染色体之间所发生的畸变，它有下列几种情况：

a. 易位：指两条非同源染色体之间部分相连接的现象，它包括一个染色体的一部分连接到某一非同源染色体上的单独易位和两个非同源染色体的相互交换连接。

b. 倒位：指一个染色体的某一部分以颠倒的顺序出现在原来的位置上，易位和倒位都使基因排列顺序改变，而基因数目不变。

c. 缺失：指在一条染色体上失去一个或多个基因节段，一般对染色体畸变而言，缺失是指足够长的 DNA 片段的缺失，而不是单个核苷酸的缺失，后者属移码突变。

d. 重复：指在一条染色体上增加了一段染色体片段，使同一染色体上某些基因重复出现。

③ 染色体组突变。这类突变主要是指细胞核内染色体数目的改变。一个细胞的细胞核内含有一套完整的染色体组的为单倍体，含有两套染色体组的为二倍体，含有三套以上的称为多倍体。

（2）诱变剂及其作用方式　能诱发基因突变并使突变率提高到超过自发突变水平的物理、化学或生物因子都称为诱变剂。诱变剂种类很多，可分为物理诱变剂、化学诱变剂、生物诱变剂三大类，常用的诱变剂见表 1-3。

表 1-3　常用的诱变剂及其类别

物理诱变剂	化学诱变剂			生物诱变剂
	与碱基反应的物质	碱基类似物	在 DNA 中插入或缺失碱基	
紫外线	硫酸二乙酯(DES)	2-氨基嘌呤	吖啶类物质	噬菌体
快中子	甲基磺酸乙酯(EMS)	5-溴尿嘧啶		
X 射线	亚硝基胍(NTG)	8-氮鸟嘌呤		
γ 射线	亚硝酸(NA)			
激光	氮芥(NM)			
	羟胺			

① 物理诱变剂。主要有紫外线、X 射线、γ 射线、快中子、α 射线、β 射线和超声波等，其中以紫外线应用最广。紫外线是波长短于紫色可见光而又接近紫色光的射线，波长为 40～390nm。它是一种非电离辐射能，是被照射物质的分子或原子中的内层电子提高能级，而并不获得或失去电子，所以不产生电离。

② 化学诱变剂。在筛选工作中，人们发现从最简单的无机物到最复杂的有机物中都可找到能引起诱变的物质，包括金属离子、一般化学试剂、生物碱、抗代谢物、生长刺激素、抗生素等。根据化学诱变因素对 DNA 的作用形式可将其分为三类：第一类是与一个或多个核酸碱基起化学变化，引起 DNA 复制时碱基配对的转换而导致变异，如亚硝酸、硫酸二乙酯、甲基磺酸乙酯、N-甲基-N′-硝基-N-亚硝基胍、亚硝基甲基脲等；第二类是与天然碱基十分接近的类似物掺入到 DNA 分子中而引起变异，如 5-溴尿嘧啶、5-氨基尿嘧啶、8-氮鸟嘌呤和 2-氨基嘌呤等；第三类是 DNA 分子上减少或增加一两个碱基引起碱基突变点以下全部遗传密码转录和翻译的错误，这类由于遗传密码的移动而引起的突变体称为码组移动突变体，如吖啶类物质。

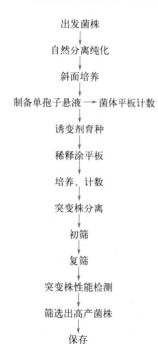

出发菌株

自然分离纯化

斜面培养

制备单孢子悬液 → 菌体平板计数

诱变剂育种

稀释涂平板

培养、计数

突变株分离

初筛

复筛

突变株性能检测

筛选出高产菌株

保存

图 1-3　诱变育种流程图

2. 诱变和筛选

诱变育种主要有诱变和筛选两步。在具体进行某一项工作时首先要选定明确的筛选目标，如提高产量或菌体量，其次是制订合理步骤，再次是建立正确快速的测定方法和摸索培养最适条件。微生物诱变育种一般流程如图 1-3 所示。

一个菌种的细胞群体经过诱变处理后，突变发生的频率很低，而且是随机的，那么所需要的突变株出现的频率就更低。

三、原生质体融合

原生质体融合就是把两个亲株分别通过酶解去除细胞壁，使菌体细胞在高渗环境中释放出由原生质膜包被着的球状体，在高渗条件下混合两个亲株的原生质体，由聚乙二醇（polyethylene glycol，PEG）作为促融剂使它们相互凝集发生细胞融合，接着两亲株细胞基因组由接触到交换，从而实现遗传重组，在再生细胞中就可能挑选到较理想的重组子。

1. 原生质体融合的一般程序

首先是溶壁作用，不同菌株要求用不同的酶，如细菌、放线菌可用溶菌酶，酵母用蜗牛酶，霉菌用纤维素酶和蜗牛酶。脱壁后的原生质球在高渗溶液中用 PEG 促融剂，将两种亲株原生质体进行融合，然后在再生培养基上培养，挑出融合的重组子。

2. 影响融合的因素

（1）菌龄　菌龄对原生质体的形成有很大的影响，一般采用对数生长期前期的菌体进行酶解，原生质体形成率高。

（2）培养基成分　培养基成分对原生质体形成会产生很大的影响，在限制性培养基上比在完全培养基上原生质体形成效果好，这可能是因为完全培养基中的有机成分或某些金属离子会引起细胞壁成分改变，从而导致对溶解酶敏感性的改变。

（3）PEG　在融合过程中 PEG 是必要的，PEG 引起凝集，有利于原生质体之间的亲和。PEG 的分子量和浓度对融合效果有较大影响。

（4）外界因素　细胞壁再生和恢复是有生理活性的原生质体所共有的特性，但外界因素对再生也会产生较大影响，除高渗透溶液配制外，在再生培养基中加酵母膏也可促进再生速度。原生质体密度要适当，不宜过大，以免互相影响或抑制。

3. 原生质体融合育种

通过细胞融合可将不同菌种的优良性状集中到一个菌种中，原生质体融合技术操作简便，重组频率高，是一种很有效的遗传育种手段。

【技能拓展】

灭菌操作技术

发酵过程中若污染了杂菌，杂菌不只是会消耗营养物质，更重要的是杂菌能分泌一些或抑制产生菌生长，或严重改变培养基性质，或抑制产物生物合成的有毒副作用的物质，或产生某种能破坏所需代谢产物的酶类，给生产带来极大的威胁。一旦污染杂菌，轻者影响产量，重者会"全军覆灭"。为此必须认真做好培养基及有关发酵设备的灭菌、空气除菌、发酵设备的严密检查和种子的无菌操作等各项工作，严格进行各项工艺操作，保证发酵生产的顺利进行。

一、无菌原理和灭菌操作

灭菌是指用化学或物理的方法杀灭或除掉物料或设备中所有有生命的有机体的技术或工艺过程。工业生产中常用的灭菌方法可归纳为 4 种：化学物质灭菌、辐射灭菌、过滤介质除菌和热灭菌（包括干热灭菌和湿热灭菌）。前三种方法在微生物学中已有详细论述，这里重点介绍一下热灭菌中的湿热灭菌。

湿热灭菌是指直接用蒸汽灭菌。蒸汽冷凝时释放大量潜热，并具有强大的穿透力，在高温和水存在时，微生物细胞中的蛋白质极易发生不可逆的凝固性变性，致使微生物在短期内死亡。由于湿热灭菌有经济和快速等特点，因此被广泛应用于工业生产中。

用湿热灭菌方法对培养基进行灭菌时，加热的温度和时间对微生物死亡和营养成分的破坏均有作用。试验结果表明，在高压加热的条件下，氨基酸和维生素等营养物质极易被破坏。因而选择一种既能达到灭菌要求又能减少营养成分破坏的温度和受热时间，是研究培养基灭菌质量的重要内容。在湿热灭菌过程中，由于微生物随着温度的升高而死亡的速度较培养基成分破坏的速度更为显著，因此，在灭菌时选择较高的温度，使用较短的时间，可以减少培养基的破坏，这也是通常所说的"高温快速灭菌法"。

培养基和发酵设备的灭菌方法有实罐灭菌（实消）、空罐灭菌（空消）、连续灭菌（连消）和过滤器及管道灭菌等。

二、无菌检查与染菌的处理

为了防止在种子培养或发酵过程中污染杂菌，在接种前后、种子培养过程及发酵过程中，应分别进行无菌检查，以便及时发现染菌，并在染菌后能够及时进行必要处理。

1. 无菌检查

染菌通常通过三个途径可以发现：无菌试验、发酵液直接镜检和发酵液生化分析，其中无菌试验结果是判断染菌的主要依据。常用的无菌试验方法有肉汤培养法、斜面培养法、双碟培养法。其中以酚红肉汤培养法和双碟培养法结合起来进行无菌检查用得较多。

2. 染菌的判断

以无菌试验中的酚红肉汤培养和双碟培养的反应为主，以镜检为辅。每个样品的无菌试验，至少用 2 只双碟同时取样培养。要定量或用接种环蘸取取样，不宜从发酵罐直接取样。因取样量不同，会影响颜色反应和混浊程度的观察。如果连续 3 次取样时的酚红肉汤发生颜色变化或产生混浊，或双碟上连续 3 次取样时长出杂菌，即判为染菌。有时酚红肉汤反应不明显，要结合镜检确认，连续 3 次取样时样品染菌，即判为染菌。各级种子罐的染菌判断也参照上述规定。

3. 污染的防治技术

（1）污染杂菌的处理　种子罐染菌后，罐内种子不能再接入发酵罐中。为了保证发酵罐按正常作业计划运转，可从备用种子中，选择生长正常无染菌的种子移入发酵罐。如无备用种子，则可选择发酵罐内的培养物作为种子，移入新鲜培养基，即生产上称为"倒种"。

发酵染菌后，可根据具体情况采取措施。发酵前期染菌，污染的杂菌对生产菌的危害性很大，可通入蒸汽灭菌后放掉；如果危害性不大，可用重新灭菌、重新接种的方式处理，如果营养成分消耗较多，可放掉部分培养液，补入部分新培养基后进行灭菌，重新接种；如果污染的杂菌量少且生长缓慢，可以继续运转下去，但要时刻注意杂菌数量和代谢的变化。

在发酵后期染菌，可加入适量的杀菌剂如呋喃西林或某些抗生素，以抑制杂菌的生长。也可通过降低培养温度或控制补料量来控制杂菌的生长速率。如果采用上述两种措施仍不见效，就要考虑提前放罐。当然最根本的还是严格管理为好。

染菌后的罐体用甲醛等化学物质处理，再用蒸汽灭菌。在再次投料之前，要彻底清洗罐体、附件，同时进行严格检查，以防渗漏。

（2）污染噬菌体的发现与处理　发酵生产中出现噬菌体往往会造成倒罐。一般噬菌体污染后常常会出现发酵液突然变稀，泡沫增多，早期镜检发现菌体染色不均匀，在较短时间内菌体大量自溶，最后仅残存菌丝断片，平皿培养出典型的噬菌斑，溶解氧浓度回升提前，营养成分很少消耗，产物合成停止等现象。

发酵过程中污染噬菌体，通常采用下列方法处理：发酵液经加热灭菌后再放罐，严格控制培养液的流失；清理生产环境，清除噬菌体载体；生产环境用漂白粉、新洁尔灭等灭菌；调换生产菌种；暂时停产，断绝噬菌体繁殖的基础，车间可用甲醛消毒，停产时间以生产环境不再出现噬菌体为准；最积极的解决办法是选育抗噬菌体的新菌种，常常是用自发突变或强烈诱变因素处理，选育出具有抗噬菌体能力，且生产能力不低于原亲株的菌种。上述污染噬菌体的现象仅是对烈性噬菌体而言。此外，还有一种噬菌体称为温和噬菌体，危害也很严重。

（3）防止染菌的措施　　根据抗生素发酵染菌原因的统计资料可知，设备穿孔和渗漏等造成的染菌占第一位，空气净化系统带菌也是导致染菌的主要因素。

防止空气净化系统带菌的主要措施有提高空气进口的空气洁净度，除尽压缩空气中夹带的油和水，保持过滤介质的除菌效率等；要定期检查、更换空气过滤器过滤介质，使用过程中经应常排放油、水。

对设备的要求是发酵罐及其附属设备应做到无渗漏、无死角。凡与物料、空气、下水道连接的管件阀门都应保证严密不漏，蛇管和夹套应定期试漏。另外，应重视蒸汽质量，严格控制蒸汽中的含水量，灭菌过程中蒸汽压力不可以大幅度波动。

从工艺上看，发酵罐放罐后应进行全面检查和清洗。要清除罐内残渣，去除罐壁上的污垢，清除空气分布管、温度计套管等处堆积的污垢及清洁罐内死角。空罐灭菌时应注意先将罐内空气排尽，灭菌时要保持蒸汽畅通，关闭阀门、管道彻底灭菌。要防止端面轴封漏气、搅拌填料箱及阀门渗漏等，蛇管和夹套要按设计规定的压力定期试压。实罐灭菌时，配制培养基要注意防止原料结块。在配料罐出口处应装有筛板过滤器，以防止培养基中的块状物及异物进入发酵罐内。连续灭菌设备要定期检查。灭菌时料液进入连消塔前必须先行预热。灭菌中要确保料液的温度及其在维持罐中停留的时间都必须符合灭菌的要求。黏稠的培养基的连续灭菌，必须降低料液的输送速度及防止冷却时堵塞冷却管。在许可的条件下应尽量使用液体培养基或稀薄的培养基。发酵过程中加入发酵罐的物料一定要保证无菌才能进罐。种子培养应严格按操作规程执行，认真进行无菌试验，并且严格执行卫生制度等。

【知识拓展】

突变菌株的筛选

一、营养缺陷型突变菌株的筛选

营养缺陷型突变菌株具有明显的遗传标记，作为杂交育种的出发菌株，有利于杂交重组的分析，作为基因工程中的受体菌，有利于检出克隆基因的表达。

1. 野生型菌株

从自然界分离得到的微生物在其发生突变前的原始菌株。

2. 营养缺陷型菌株

野生型菌株经过人工诱变或自发突变失去合成某种营养物质（氨基酸、维生素、核酸等）的能力，只有在基本培养基中补充所缺乏的营养因素才能生长。

3. 原养型菌株

营养缺陷型菌株经回复突变或重组变异后产生的菌株，其营养要求在表型上与野生型相同。

在筛选营养缺陷型突变菌株过程中，所使用的培养基主要有三类：基本培养基、完全培养基和补充培养基。营养缺陷型突变菌株的诱变育种筛选一般包括诱变（诱发突变）、淘汰野生型、检出缺陷型、鉴别缺陷型种类等步骤。

二、抗性突变菌株的筛选

抗性突变菌株主要有抗代谢产物（抗生素）、抗代谢类似物、抗噬菌体、抗前体或其类似物、抗重金属或特定的有毒物质、抗培养条件（如温度）等类型。

【场外训练】　　**L-异亮氨酸的发酵生产**

L-异亮氨酸（L-Ile）的化学名称为 L-2-氨基-3-甲基戊酸，分子式为 $C_6H_{13}NO_2$。L-异亮氨酸存在于所有蛋白质中，为人体必需氨基酸之一，主要用来配制复方氨基酸用于输液。

一、生产工艺路线

L-异亮氨酸的生产工艺流程如图 1-4 所示。

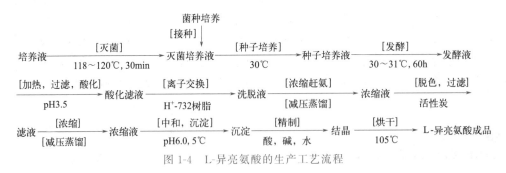

图 1-4　L-异亮氨酸的生产工艺流程

二、生产工艺过程及控制要点

1. 菌种培养

菌种培养基组成（体积分数）：葡萄糖 2%，尿素 0.3%，玉米浆 2.5%，豆饼水解液 0.1%，pH 6.5。

2. 一级种子培养

1000mL 三角瓶中培养基装量为 200mL，斜面接种一环黄色短杆菌 HL41 菌种，30℃ 摇床培养 16h。

3. 二级种子培养

培养基在一级培养基的基础上再加菜籽油 0.4g/L，以消除泡沫。接种量为 4%，培养 8h，逐渐放大培养到足够菌种。

4. 灭菌发酵

发酵培养液组成（体积分数）：$(NH_4)_2SO_4$ 4.5%，豆饼水解液 0.4%，玉米浆 2.0%，$CaCO_3$ 4.5%，pH 7.2，淀粉水解还原糖起始浓度为 11.5%。在 $5m^3$ 发酵罐中添加 3t 发酵培养基，加热至 118～120℃，在压力为 $1.1×10^5$ Pa 下灭菌 30min，立即通入冷盐水冷却至 25℃。接种量 1%，维持 180r/min 搅拌速度，升温至 30～31℃，以 1:0.2 通气量发酵 60h，在 24～50h 之间不断补加尿素至 0.6%、补加氨水至 0.27%。

5. 除菌体、酸化

发酵结束后，加热至 100℃ 并维持 10min，冷却过滤，除沉淀，滤液加硫酸和草酸至 pH 3.5。

6. 离子交换吸附分离

上述滤液每分钟以树脂量 1.5% 的流速进入 H^+-732 离子交换柱（$Φ40cm×100cm$），以 100L 等离子水洗柱，再以 60℃、0.5mol/L 氨水按 3mL/min 的流速进行洗脱，部分收集洗脱液。

7. 浓缩赶氨

合并 pH 3～12 的洗脱液，70～80℃ 减压蒸馏，浓缩至黏稠状，加去离子水至原体积的 1/4，再浓缩至黏稠状，反复进行 3 次。

8. 脱色、浓缩、中和

上述浓缩物加等离子水至原体积的 1/4，搅拌均匀，加 2mol/L HCl 调 pH 至 3.5，加活性炭 1kg/L，70℃ 搅拌脱色 1h。过滤除去活性炭，滤液再减压浓缩至适当体积，用 2mol/L 氨水调 pH 至 6.0，5℃ 沉淀 24h，过滤抽干，105℃ 烘干得 L-异亮氨酸半成品。

9. 精制、烘干

每 10kg L-异亮氨酸半成品加 8L 浓盐酸和 20L 去离子水，加热至 80℃，搅拌溶解，加 10kg NaCl 至饱和，加工业碱调 pH 至 10.5，5℃ 放置 24h，过滤。70℃ 搅拌脱色 1h 过滤，滤液减压浓缩至适当浓度，用氨水调 pH 至 6.0，5℃ 放置结晶 24h。过滤收得晶体，抽干，于 105℃ 烘干得 L-异亮氨酸成品。

任务 2　链霉素的发酵生产

1944 年 Waksman 发现的来自链霉菌的链霉素（streptomycin）是第一种氨基糖苷类抗生素。此后，从土壤微生物中陆续筛选出很多氨基糖苷类抗生素。据不完全统计，已发现的这类天然抗生素已达百种以上。将它们按分子结构可分为三种，即链霉胺衍生物组、2-脱氧链霉胺衍生物组和其他氨基环醇衍生物组。临床上常用的包括链霉素、卡那霉素、庆大霉素、新霉素等。

链霉素游离碱为白色粉末，其盐多为白色或微带黄色粉末或结晶，无臭，微苦，有吸湿性，易潮解。链霉素是一种高极性并有很强亲水性的有机碱，整个分子成为一个三价盐基强碱。链霉素在水溶液中随 pH 变化会以四种形式存在，当 pH 很高时，呈游离碱的形式；当 pH 降低时，可逐渐解离成一价正离子、二价正离子；在中性及酸性溶液中就成为三价正离子。其盐以三价正离子形式存在于溶液中。链霉素易溶于水，难溶于有机溶剂。干燥的链霉素相当稳定，其水溶液随温度升高失活加剧，pH 在 1～10 时较稳定。链霉素可通过氢化反应直接还原成双氢链霉素，被溴水氧化形成链霉素酸。

	任务 2　课前自学清单	
任务描述	通过菌种培养、发酵过程控制以及提取纯化等操作制备链霉素，并进行链霉素的鉴定。	
	能做什么	要懂什么
学习目标	1. 能用酸化、过滤技术进行生物活性成分的提取分离； 2. 能用离子交换技术、脱色技术、结晶技术进行生物活性成分的精制； 3. 学会菌种培养、发酵过程控制及提取纯化操作； 4. 能够准确记录实验现象、数据，并能正确处理数据； 5. 学会正确书写工作任务单、工作台账本，并对结果进行准确分析。	1. 发酵的主要方式及特点； 2. 种子培养常见问题及解决措施； 3. 发酵药物的种类。
工作步骤	步骤 1　斜面培养基配制 步骤 2　生产孢子的制备 步骤 3　种子罐培养 步骤 4　发酵罐培养工艺 步骤 5　发酵过程控制 步骤 6　提取工艺过程 步骤 7　链霉素鉴定 步骤 8　完成评价	
岗前准备	思考以下问题： 1. 菌种培养的操作要点是什么？ 2. 发酵过程控制的要点有哪些？ 3. 提取纯化操作的要点是什么？	
主要考核指标	1. 菌种培养、发酵过程控制、提取纯化的操作（操作规范性、仪器的使用等）； 2. 实验结果（链霉素的鉴定）； 3. 工作任务单、工作台账本随堂完成情况； 4. 实验室的清洁情况。	

操作前阅读【知识支撑】中的"发酵的主要方式及特点"，【技能拓展】中的"种子培养常见问题及解决措施"，以便更好地完成本任务。

工作目标 ▶▶▶

分组开展工作任务。利用灰色链霉菌进行微生物发酵制备链霉素。通过本任务，达到以下能力目标及知识目标：

1. 能确定生产技术、生产菌种和设定工艺路线。
2. 能掌握制备链霉素的发酵过程控制、提取纯化和鉴定方法。

工作准备 ▶▶▶

1. 工作背景

创建链霉素生产操作平台，并配备发酵罐、离子交换柱等相关仪器设备，完成链霉素的制备。

2. 技术标准

溶液配制准确，培养基成分配比合理，发酵罐及离子交换柱使用规范，定量计算正确等。

3. 所需仪器及试剂

（1）器材　试管、烧杯、高压灭菌锅、恒温培养箱、离心机、种子罐、超净工作台、小型发酵罐、灰色链霉菌等。

（2）试剂　酵母膏、$MgSO_4 \cdot 7H_2O$、磷酸氢二钾、葡萄糖、琼脂、碳酸钙、黄豆饼粉、玉米浆、化学消泡剂等。

实践操作 ▶▶▶

链霉素的生产工艺流程如图1-5所示。

斜面孢子 —27℃培养6~7d→ 种子摇瓶 —27℃培养45h→ 种子罐 —27℃培养62h→

发酵罐 —27℃培养7~8d→ 发酵液 —pH3→ 酸化液过滤 —pH7→ 110阳离子交换树脂

—水洗脱，pH7→ 401树脂 —8%硫酸洗脱→ 1×14-H型、330-OH型 —脱色，浓缩→ 成品

图1-5　链霉素生产工艺流程

1. 菌种培养

（1）生物学特性　链霉素的产生菌是灰色链霉菌，目前生产上常用的菌株生长在琼脂孢

子斜面上，气生菌丝和孢子都呈白色，菌落丰满，呈梅花形或馒头形隆起，组织细腻，不易脱落，直径 3～4mm，基质菌丝透明，斜面背后产生淡棕色色素。菌株退化后菌落光秃，很少产生或不产生气生菌丝。生产上为了防止菌株变异，通常采取以下措施：菌种用冷冻干燥法或砂土管法保存，并严格限制有效使用期；生产用菌种或斜面菌落都保存于低温（0～4℃）冷冻库内，并限制其使用期限；严格控制菌落在琼脂斜面上的传代次数，一般以 3 次为限，并采用新鲜斜面；定期进行纯化筛选，淘汰低单位的退化菌落；不断选育出高单位的新菌种。

（2）斜面培养基成分和培养条件　培养基成分为酵母膏 2%、MgSO₄·7H₂O 0.05%、磷酸氢二钾 0.05%、葡萄糖 1%、琼脂 1.5%～2.5%，pH 为 7.8，培养温度为 30℃，培养 7d。

（3）生产孢子的制备　由砂土管接种于斜面培养基上，培养基主要含葡萄糖、蛋白胨和豌豆浸汁，接种后于 27℃下培养 6～7d，要求长成的菌落为白色丰满的梅花形或馒头形，背面为淡棕色色素，排除各种杂菌落，经过两次传代，可以达到纯化目的，排除变异菌株。

2. 链霉素的发酵工艺过程

链霉素的发酵生产常采用沉没培养法，在通气搅拌条件下，菌种在适宜培养基内经过 2～3 次种子扩大培养后，进行发酵生产。过程包括斜面孢子培养、摇瓶种子培养、种子罐培养和发酵培养等，培养温度为 26.5～28℃，发酵过程中应进行代谢控制和中间补料操作。

（1）种子罐和发酵罐培养工艺　斜面孢子要经摇瓶培养后再接种到种子罐。种子摇瓶既可以直接接种到种子罐，也可以扩大摇瓶培养一次，用子瓶来接种。培养基成分主要包含黄豆饼粉、葡萄糖、硫酸铵、碳酸钙等，种子质量以发酵单位、菌丝阶段、菌丝黏度或浓度、糖氮代谢、种子液色泽和无菌检查等指标来判定。

待斜面长满孢子后，制成悬液接入装有培养基的摇瓶中，于 27℃下培养 45～48h；菌丝生长旺盛后，取若干个摇瓶，合并其中的培养液，将其接种于装有已灭菌培养基的种子罐，通入无菌空气搅拌，在 27℃罐温下培养 62～63h，然后接入装有已灭菌培养基的发酵罐，通入无菌空气，搅拌培养，罐温设定为 27℃，发酵 7～8d。

种子罐扩大培养的目的是扩大种子量，可为 2～3 级，取决于发酵罐的体积和接种数量。2～3 级种子罐的接种量约为 10%，最后接种到发酵罐的接种量要求更大一些，约为 20%，以使前期菌丝迅速长好，从而稳定发酵。在种子罐培养过程中，必须严格控制罐温、通气、搅拌、菌丝生长和消泡情况，防止闷罐或倒罐以保证种子正常生长。

（2）发酵过程控制　发酵培养是链霉素生物合成的最后一步，培养基主要有葡萄糖、黄豆饼粉、硫酸铵、玉米浆、磷酸盐和碳酸钙等成分。灰色链霉菌对温度敏感，适合的培养温度为 26.5～28℃，超过 29℃培养过久，会导致发酵单位下降。适合菌丝生长的 pH 为 6.5～7.0，适合于链霉素合成的 pH 为 6.8～7.3，pH 低于 6.0 或高于 7.5，都会对链霉素的生物合成不利。

灰色链霉菌是一种高度需氧菌，它利用葡萄糖的主要代谢途径是糖酵解途径和磷酸己糖旁路途径，葡萄糖的代谢速率受氧传递速率和磷酸盐浓度的调节，高浓度的磷酸盐可加速葡萄糖的利用，合成大量菌丝并抑制链霉素的生物合成，通气受限制时也会增加葡萄糖的降解速率，造成乳酸和丙酮酸在培养基内积累，因此链霉素发酵需要在高氧传递水平和低浓度无机磷酸盐存在的条件下进行。链霉菌的临界氧浓度约为 10^{-3} mol/mL，溶解氧在此值以上，细胞的摄氧率会达到最大限度，从而保证有较高的发酵单位。

为了延长发酵周期、提高产量，链霉素常采用中间补料的方式发酵，通常补加葡萄糖、硫酸铵和氨水，其中补糖次数和补糖量应根据耗糖速率而定，而硫酸铵和氨水的补加量以培养基的 pH 和氨基氮的含量高低为依据。

3. 链霉素的提取工艺过程

目前国内外多采用离子交换法提取链霉素，其提取程序包括发酵液的过滤及预处理、吸附和洗脱、精制及干燥等。发酵终结时，链霉菌所产生的链霉素有一部分是与菌丝体相结合的。用酸、碱或盐短时间处理之后，与菌丝体相结合的大部分链霉素就能释放出来，工业上常用草酸或磷酸等酸化处理。

链霉素在中性溶液中是以三价的阳离子形式存在，可用阳离子交换树脂吸附。生产上我国一般用羧酸树脂（钠型）来提取链霉素，而国外广泛采用一种大网格羧酸阳离子交换树脂（如 Amberlite 树脂）。将待洗脱的罐先用软水彻底洗涤，然后再进行洗脱。为了提高洗脱液的浓度，可采用三罐串联解吸，并应控制好解吸的速度。

洗脱液中通常含有一些无机和有机杂质，这些杂质对产品的质量影响很大，特别是与链霉素理化性质相近的一些有机阳离子杂质毒性较大，可以通过高交联度的氢型磺酸阳离子交换树脂将它们除去。酸性精制液用羟型阴离子交换树脂中和除酸，最后得到纯度高、杂质少的链霉素精制液。处理后的精制液中仍有残余色素、热原、蛋白质、Fe^{3+} 等，还应进一步用活性炭脱色，脱色后以 $Ba(OH)_2$ 或 $Ca(OH)_2$ 调 pH 至 4.0～4.5（此 pH 范围内链霉素较稳定），过滤后再进行薄膜蒸发浓缩。浓缩温度一般控制在 35℃ 以下，浓缩液浓度应达到33 万～36 万单位/mL，以满足喷雾干燥的要求。所得浓缩液中仍会含有色素、热原及蒸发过程中产生的其他杂质，因此，需进行第二次脱色，以改善成品色级和稳定性。成品浓缩液中，加入枸橼酸钠、亚硫酸钠等稳定剂，经无菌过滤，即得水针剂。如想制成粉针剂，将成品浓缩经无菌过滤干燥后，即可制得成品。

4. 结果处理与任务探究

（1）链霉素的鉴定　参照《中华人民共和国药典》（简称《中国药典》）（现行版）四部通则 0512，用十八烷基硅烷键合硅胶为填充剂（4.6mm×250mm，3.5μm），以 0.15mol/L 三氟醋酸溶液为流动相，流速为 0.5mL/min，用蒸发光散射检测器检测（参考条件：漂移管温度为 110℃，载气流速为 2.8L/min），进样体积 10μL。链霉素峰保留时间为 10～12min。

（2）任务探究

① 探讨链霉素发酵工艺的优化。

② 本实训采用离子交换技术制备链霉素应注意哪些？

操作评价 >>>

一、个体评价与小组评价

任务 2　链霉素的发酵生产	
姓名	
组名	

任务 2　链霉素的发酵生产

<table>
<tr><td rowspan="2">能力
目标</td><td colspan="9">1. 能用酸化、过滤技术进行生物活性成分的提取分离；
2. 能用离子交换色谱技术、脱色技术、结晶技术进行生物活性成分的精制；
3. 学会菌种培养、链霉素的发酵过程控制以及提取工艺过程操作；
4. 能准确记录实验现象，并能处理数据；
5. 学会正确书写工作任务单、工作台账本，并对结果进行准确分析。</td></tr>
<tr></tr>
<tr><td>知识
目标</td><td colspan="9">1. 掌握发酵的主要方式及特点；
2. 种子培养常见问题及解决措施；
3. 发酵药物的种类。</td></tr>
<tr><td>评分
项目</td><td>上岗前准备
（思考题回答、
实验服与
台账准备）</td><td>菌种
培养</td><td>链霉素
的发酵
过程控制</td><td>链霉素
提取纯
化操作</td><td>结果处
理与任
务探究</td><td>团队协
作性</td><td>台账完
成情况</td><td>台面及
仪器
清理</td><td>总分</td></tr>
<tr><td>分值</td><td>10</td><td>10</td><td>20</td><td>25</td><td>10</td><td>10</td><td>5</td><td>10</td><td>100</td></tr>
<tr><td>自我
评分</td><td></td><td></td><td></td><td></td><td></td><td></td><td></td><td></td><td></td></tr>
<tr><td>需改进
的技能</td><td colspan="9"></td></tr>
<tr><td>小组
评分</td><td></td><td></td><td></td><td></td><td></td><td></td><td></td><td></td><td></td></tr>
<tr><td>组长
评价</td><td colspan="9">（评价要具体、符合实际）</td></tr>
</table>

二、教师评价

序号	项目	配分	要求	得分
1	上岗前准备 （10分）	A. 思考题回答（5分） B. 实验服与护目镜准备、台账准 备（5分）	操作过程了解充分、 工作必需品准备充分	
2	菌种培养 （10分）	生产孢子的制备（10分）	正确操作	

序号	项目	配分	要求	得分
3	链霉素的发酵 过程控制 （20分）	A. 培养基的制备（3分） B. 种子罐和发酵罐使用（5分） C. 发酵过程控制（12分）	正确操作	
4	链霉素提取 工艺过程操作 （25分）	A. 发酵液的过滤及预处理（5分） B. 吸附和洗脱（10分） C. 精制（5分） D. 干燥（5分）	正确操作	
5	结果处理与 任务探究 （10分）	A. 链霉素的鉴定（5分） B. 任务探究（5分）	正确操作 讨论主动、正确	
6	项目参与度 （5分）	操作的主观能动性（5分）	具有团队合作精神 和主动探索精神	
7	台账与工作任务 单完成情况 （15分）	A. 完成台账（是不是完整记录） （5分） B. 完成工作任务单（10分）	妥善记录数据	
8	文明操作 （5分）	A. 实验态度（2分） B. 清洗玻璃器皿等，清理工作台 面（3分）	认真负责 清洗干净，放回原处， 台面整洁	
合计				

【知识支撑】

发酵的主要方式及特点

发酵是指人们利用微生物在适宜的条件下，将原料通过微生物的代谢转化为人类所需要的产物的过程。根据操作方式的不同，发酵可分为分批发酵、补料分批发酵和连续发酵等方式，现介绍如下。

一、分批发酵

分批发酵又称间歇培养，微生物的生长是随环境、时间变化而变化的。培养过程中，除了不断进行通气（好氧发酵），加入酸或碱以调节培养液的 pH，系统排泄废气（包括 CO_2 等）外，与外界没有其他交换。分批发酵过程中，根据发酵液中细胞浓度的变化，将培养过程分为延迟期、对数生长期、减速期、稳定期和衰退期五个阶段。

1. 延迟期

一般来说，微生物细胞接种到培养基后，最初一段时间内细胞浓度并无明显增加，这一阶段称为延迟期。延迟期是细胞在新的培养环境中表现出的一个适应阶段，新老环境中培养温度、pH、溶解氧、渗透压和氧化还原电位等环境条件的差异是造成延迟期的因素。延迟期的长短与种子的种龄、接种量的大小等因素密切相关：生长旺盛的种子延迟期较短，而老龄的种子延迟期较长；种子接种量越大，则延迟期会越短。

2. 对数生长期

经过延迟期的培养，细胞逐步适应了新的环境，培养基中的物质充足，有害代谢产物较少，细胞的生长不受抑制，细胞浓度随培养时间而呈对数增长，此阶段称为对数生长期。细胞浓度增长一倍所需的时间称为代时。细菌代时一般为 $0.25 \sim 1h$，霉菌为 $2 \sim 8h$，酵母菌为 $1.2 \sim 2h$。

3. 减速期

由于细胞的大量增殖，培养基中的营养物质迅速消耗，有害代谢产物迅速积累，细胞生长速率逐渐下降，个别老龄化细胞开始死亡，培养过程进入减速期。

4. 稳定期

由于营养物质几乎被耗尽，代谢产物大量积累，细胞生长繁殖率大幅度下降，与老龄化细胞的死亡速率平衡，活细胞浓度不再增大，培养过程进入稳定期。在该阶段，细胞浓度达到最大值，大量的代谢产物在此阶段合成并不断积累。

5. 衰退期

随着环境条件的不断恶化，细胞死亡速率大于增殖速率，活细胞浓度不断下降，培养过程进入衰退期，大量细胞出现自溶或凋亡。

二、补料分批发酵

补料分批发酵（又称为流加发酵）是在分批发酵过程中补充新鲜的料液，使培养基的量逐渐增大，以延长对数生长期和稳定期的持续时间，从而增加微生物细胞的数量，也能增加稳定期的细胞代谢产物的积累。在工业生产中，一般采用补料分批发酵方式制备的产物较多，例如面包酵母发酵生产中常采用补加糖蜜、氨、前体物质等以提高产量。

三、连续发酵

连续发酵（又称为恒化培养）是在发酵过程中一边补入新鲜的料液，一边以相同的流速放料，维持发酵液初始的体积不变，即反应器中细胞总数与总体积数均保持不变，体系达到了稳定状态。连续发酵又分为单级连续发酵和多级连续发酵。

1. 单级连续发酵

通常在连续发酵之前，先进行一段时间的分批发酵，当培养罐中的细胞达到一定程度后，以恒定的流量向培养罐中流加培养基，同样以相同的流量流出培养基，使培养罐内培养液的体积保持稳定。

2. 多级连续发酵

该方法是将几个培养罐串联起来，前一个罐的出料作为下一个发酵罐的进料，即形成多级连续发酵。

种子培养常见问题及解决措施

一、种子异常分析

在生产过程中，种子质量受多种因素的影响，种子异常的情况时有发生，会给发酵带来很大的困难。种子异常会出现菌种生长发育缓慢或过快、菌丝结团和菌丝粘壁等问题。

1. 菌种生长发育缓慢或过快

菌种在种子罐生长发育缓慢或过快与孢子质量以及种子罐培养条件有关。生产中，通入种子罐的无菌空气温度较低或者培养基的灭菌质量较差，是种子生长、代谢缓慢的主要原因。

2. 菌丝结团

在液体培养条件下，繁殖的菌丝并不分散、舒展，而是聚成团状，称为菌丝团。这时从培养液的外观能看见白色的小颗粒，菌丝聚集成团会影响菌种的呼吸和对营养物质的吸收。如果种子液中的菌丝团较少，进入发酵罐后，在良好条件下，可以逐渐消失，不会对发酵产生显著影响。如果菌丝团较多，种子液移入发酵罐后常常会形成更多的菌丝团，影响发酵的正常进行。菌丝结团的现象与搅拌效果差、接种量小有关，一个菌丝团可由一个孢子生长发育而来，也可由多个菌丝体聚集在一起逐渐形成。

3. 菌丝粘壁

菌丝粘壁是指在种子培养过程中，由于搅拌效果不好、泡沫过多及种子罐装料系数过小等原因，使菌丝逐步粘在罐壁上的现象。其结果会使培养液中菌丝浓度减少，最后可能会形成菌丝团。以真菌为生产菌种的种子培养过程中，发生菌丝粘壁的情况较多。

二、种子染菌控制

染菌是微生物发酵生产的大敌，一旦发现染菌，应及时进行处理，以免造成更大的损失。染菌的原因，除设备本身结构存在"死角"外，还主要包括设备、管道、阀门漏损，灭菌不彻底，空气净化不好，无菌操作不严或菌种不纯等问题。因此，要控制染菌不再继续发展，必须及时找出染菌的原因，进而采取必要措施。菌种发生染菌会导致所有发酵罐都会染菌，因此，必须加强接种室的消毒管理工作，定期检查消毒效果，严格执行无菌操作技术等。如果新菌种不纯，需要反复分离，直至得到完全纯种为止。对于已出现杂菌菌落或噬菌体噬斑的试管斜面菌种，应予以废弃。在平时应经常分离试管菌种，以防止菌种衰退、变异和污染杂菌。对于菌种扩大培养的工艺条件要严格控制，对种子质量更要严格把关，必要时可将种子罐冷却，取样做纯菌试验，确认种子无杂菌存在，才能接种到发酵培养基中。

发酵药物的种类

微生物药物有多种分类方式，通常按其化学本质和化学特性的不同进行分类。

一、抗生素类药

抗生素是在低微浓度下能抑制或影响活的机体生命过程的次级代谢产物及其衍生物。目前已发现的有抗细菌、抗肿瘤、抗真菌、抗病毒、抗原虫、抗藻类、抗寄生虫、杀虫、除草和抗细胞毒性等类型的抗生素。据不完全统计，从 20 世纪 40 年代至今，已知的抗生素总数不少于 9000 种，其主要来源是微生物，特别是土壤微生物，占全部已知抗生素的 70% 左右。有应用价值的抗生素，几乎全是由微生物产生的。约 2/3 的抗生素由放线菌产生，1/4 由霉菌产生，其余的由细菌产生。放线菌中从链霉菌属中发现的抗生素最多，占 80%。

二、氨基酸类药

目前氨基酸类药物分为单一氨基酸制剂和复方氨基酸制剂两类，前者主要用于治疗某些针对性的疾病，如用精氨酸和鸟氨酸治疗肝性昏迷。复方氨基酸制剂主要为重症患者提供合成蛋白质的原料，以补充消化道摄取蛋白质的不足。利用微生物生产氨基酸的方法主要有微生物细胞发酵法和酶转化法。

三、核苷酸类药

利用微生物发酵生产的核苷酸类药物有肌苷酸、肌苷、5′-腺苷酸、腺苷三磷酸（ATP）、黄素腺嘌呤二核苷酸（FAD）等。

四、维生素类药

维生素是生物体内一类数量微少、化学结构各异、具有特殊功能的小分子有机化合物，大多数需要从外界摄取。植物一般有合成维生素的能力，但微生物合成维生素的能力则随种属的不同差异较大。发酵法生产的维生素药物主要有：维生素 B_2、维生素 B_{12}、维生素 C、β-胡萝卜素等。

五、甾体激素类药

甾体激素类药物是指分子结构中含有甾体结构的激素类药物，是临床上一类重要的药物，主要包括肾上腺皮质激素和性激素两大类。

六、治疗酶及酶抑制剂

药用酶主要有助消化酶类、消炎酶类、心血管疾病治疗酶类和抗肿瘤酶类等。由微生物产生的酶抑制剂有两种：一种是抑制抗生素钝化酶的抑制剂，叫作钝化酶抑制剂，如抑制 β-内酰胺酶抑制剂包括克拉维酸、硫霉素、橄榄酸、青霉烷砜、溴青霉烷酸等多种，这类酶抑制剂可以和相应的抗生素同时使用，以提高抗生素的作用效果；另一种是能抑制来自动物体的酶的酶抑制剂，具有降低血压、阻止血糖上升等作用，如淀粉酶抑制剂能阻止血糖浓度升高。

【场外训练】 赖氨酸的发酵生产

赖氨酸学名 2,6-二氨基己酸，分子式为 $C_6H_{14}N_2O_2$。它是人体必需氨基酸之一，能促进人体发育、增强免疫，并有提高中枢神经组织功能的作用。由于谷物食品中的赖氨酸含量较低，且在加工过程中易被破坏而缺乏，故称为限制性氨基酸。

一、生产工艺路线

赖氨酸的生产工艺流程如图 1-6 所示。

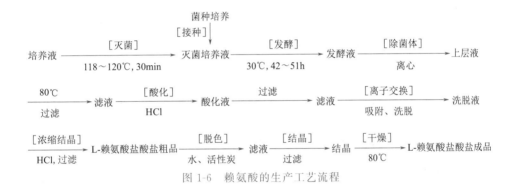

图 1-6　赖氨酸的生产工艺流程

二、生产工艺过程及控制要点

1. 菌种培养

菌种为北京棒杆菌 ASI.563 或钝齿棒杆菌 Pl-3-2。菌种产酸水平为 $7\sim8g/L$，转化率 $25\%\sim35\%$，较国外低。

2. 菌种扩大培养

根据接种量及发酵罐规模采用二级或三级种子培养。

（1）斜面种子培养基　牛肉膏 10%，蛋白胨 1%，NaCl 0.5%，葡萄糖 0.5%（斜面保藏不加），琼脂 2%，pH 7.0～7.2，经 0.1MPa，30min 灭菌。在 30℃ 保温 24h，检查无菌情况，放入冰箱备用。

（2）一级种子培养基　葡萄糖 2.0%，$(NH_4)_2SO_4$ 0.4%，K_2HPO_4 0.1%，玉米浆 1%～2%，豆饼水解液 1%～2%，$MgSO_4 \cdot 7H_2O$ 0.04%～0.05%，尿素 0.1%，pH 7.0～7.2，经 0.1MPa 灭菌 15min，接种量为 5%～10%。

（3）培养条件　1000mL 的三角瓶中，装 200mL 一级种子培养基，高压灭菌，冷却后接种，在 30～32℃ 振荡培养 15～16h，转速 100～120r/min。

（4）二级种子培养基 除以淀粉水解糖代替葡萄糖外，其余成分与一级种子培养基相同。

（5）培养条件 温度 $30 \sim 32 ℃$，通风比 $(1：0.2) m^3 / (m^3 \cdot min)$，搅拌转速 $200 r / min$，培养时间 $8 \sim 11 h$。

根据发酵规模，必要时可采用三级培养，其培养基和培养条件基本上与二级种子相同。

（6）发酵工艺控制要点 发酵过程分为两个阶段：发酵前期（$0 \sim 12 h$），为菌体生长期，主要是菌体生长繁殖，产酸很少；当菌体生长一定时间后，转入产酸期。要根据两个阶段特点进行不同的工艺控制。

3. 发酵培养基组成

不同菌种，发酵培养基的组成不完全相同，如棒杆菌 563 ［糖蜜 10%，玉米浆 0.6%，豆饼水解液 0.5%，$(NH_4)_2SO_4$ 2.0%，$CaCO_3$ 1%，K_2HPO_4 0.1%，$MgSO_4$ 0.05%，铁 $20 mg$，锰 $20 mg$，pH 7.2］。发酵时间 $60 h$，产 L-赖氨酸盐酸盐 $26 mg / mL$。

4. 发酵控制工艺要点

（1）温度 在发酵前期，提高温度，控制在 $32 ℃$，中后期 $30 ℃$。

（2）pH 最适 pH 为 $6.5 \sim 7.0$，范围在 $6.5 \sim 7.5$。在发酵过程中应尽量保持 pH 值平稳。

（3）种龄和接种量 一般在采用二级种子扩大培养时，接种量较少，约 2%，种龄为 $8 \sim 12 h$。当采用三级种子扩大培养时，种量较大，约 10%，种龄一般为 $6 \sim 8 h$。总之，以对数生长期的种子为好。

（4）供氧 当溶解氧分压为 $4 \sim 5 kPa$ 时，磷酸烯醇式丙酮酸羧化酶、异柠檬酸脱氢酶活性最大，赖氨酸的生产量也最大。赖氨酸发酵的耗氧速率受菌种、发酵阶段、发酵工艺、培养基组成等因素影响。

（5）生物素 $(NH_4)_2SO_4$ 及其他因子对赖氨酸产量也有一定的影响。

5. 发酵液处理

发酵结束后，离心除菌体，滤液加热至 $80 ℃$，滤除沉淀，收集滤液，经 HCl 酸化过滤后，取清液备用。

6. 离子交换

上述滤液以 $10 L / min$ 的流速进入铵型 732 离子交换柱（$\varphi 60 cm \times 200 cm$ 两根，不锈钢柱 $\varphi 40 cm \times 190 cm$ 一根，三根柱依次串接），至流出液 pH 值为 5.0，表明 L-赖氨酸已吸附至饱和。将三根柱分开后分别以去离子水按正反两个方向冲洗，至流出液澄清为止，然后用 $2 mol / L$ 氨水以 $6 L / min$ 流速洗脱，分部收集洗脱液。

7. 浓缩结晶

将含赖氨酸的 pH $8.0 \sim 14.0$ 的洗脱液减压浓缩至溶液达 $12 \sim 14 °Be'$，用 HCl 调 pH 4.9，再减压浓缩至 $22 \sim 23 °Be'$，$5 ℃$ 放置结晶过夜，滤取结晶得 L-赖氨酸盐酸盐粗品。

8. 精制

将上述 L-赖氨酸盐酸盐粗品加至质量浓度为 $1 kg / L$ 的去离子水中，于 $50 ℃$ 搅拌溶解，加适量活性炭于 $60 ℃$ 保温脱色 $1 h$，趁热过滤，滤液冷却后，于 $5 ℃$ 结晶过夜，滤取结晶于 $80 ℃$ 烘干，得 L-赖氨酸盐酸盐精品。

9. 检验

成品应为白色或类白色结晶粉末，无臭，含量应在 $98.5\% \sim 101.5\%$ 之间。

任务 3　头孢霉素的发酵生产

　　头孢霉素是白色或乳黄色结晶性粉末，微臭。在水中微溶，在乙醇、氯仿或乙醚中不溶。临床上用于治疗呼吸道、尿道、皮肤和软组织、生殖器官（包括前列腺）等部位的感染，也常用于中耳炎治疗。头孢霉素产生菌种子周期长达172h，而发酵周期只有（126±4）h。目前，国内外头孢霉素生产多采取补料分批发酵法，通过改进现行补料工艺，提高了头孢霉素的生产效率，使发酵指数和罐批产量有了较大幅度的提高。

　　本次实训重点是通过膜系统处理头孢霉素发酵液，再采用离子交换色谱技术从中分离精制头孢霉素 C，利用分光光度计或高效液相色谱仪测定其含量。

<table>
<tr><th colspan="3">任务 3　课前自学清单</th></tr>
<tr><td>任务
描述</td><td colspan="2">通过菌种培养、发酵过程控制以及提取纯化操作制备头孢霉素，并计算头孢霉素的含量。</td></tr>
<tr><td rowspan="2">学习
目标</td><td>能做什么</td><td>要懂什么</td></tr>
<tr><td>1. 能用酸化、超滤技术进行生物活性成分的提取分离；
2. 能用离子交换色谱技术、结晶技术、干燥技术进行生物活性成分的精制；
3. 学会菌种培养、发酵过程控制及提取纯化操作；
4. 能够准确记录实验现象、数据，并能正确处理数据；
5. 学会正确书写工作任务单、工作台账本，并对结果进行准确分析</td><td>1. 发酵的工艺流程和控制；
2. 发酵的工艺优化；
3. 发酵药物的种类。</td></tr>
<tr><td>工作
步骤</td><td colspan="2">步骤 1　培养基配制
步骤 2　菌种筛选
步骤 3　种子培养
步骤 4　发酵工艺过程控制
步骤 5　发酵液预处理（酸化）
步骤 6　超滤
步骤 7　树脂吸附、洗涤
步骤 8　结晶
步骤 9　洗涤、干燥
步骤 10　结果处理与任务探究
步骤 11　完成评价</td></tr>
</table>

	任务3　课前自学清单
岗前 准备	思考以下问题： 1. 菌种培养的操作要点是什么？ 2. 发酵过程控制的要点有哪些？ 3. 提取纯化操作的要点是什么？
主要 考核 指标	1. 菌种培养、发酵过程控制、提取纯化的操作（操作规范性、仪器的使用等）； 2. 实验结果（头孢霉素的含量测定）； 3. 工作任务单、工作台账本随堂完成情况； 4. 实验室的清洁情况。

> **小提示**
>
> 操作前阅读【知识支撑】中的"发酵的工艺流程和控制"，【技能拓展】中的"发酵工艺优化"，以便更好地完成本任务。

工作目标 >>>

分组开展工作任务。利用顶头孢霉发酵制备头孢霉素。通过本任务，达到以下能力目标及知识目标：

1. 能确定生产技术、生产菌种和设定工艺路线；
2. 能掌握制备头孢霉素的发酵过程控制、提取纯化方法和步骤。

工作准备 >>>

1. 工作背景

创建头孢霉素生产操作平台，并配备发酵罐、超净工作台、培养箱等相关仪器设备，完成头孢霉素的制备。

2. 技术标准

溶液配制准确，培养基成分配比合理，发酵罐、离心机、分光光度计及超净工作台使用规范等。

3. 所需器材及试剂

（1）器材　试管、烧杯、超净工作台、恒温培养箱、振荡摇床、小型发酵罐、pH计、离心机、Flow-Cel膜系统、真空泵、分光光度计（或高效液相色谱仪）、顶头孢霉等。

（2）试剂　DL-甲硫氨酸、玉米浆、蔗糖、葡萄糖、豆油、淀粉、糊精、XAD-1600吸附剂、丙酮、乙醇、异丙醇、NaOH、$MgSO_4$、$(NH_4)_2SO_4$、$FeSO_4$、$MnSO_4$、$ZnSO_4$、$CuSO_4$、阴离子交换树脂（Amberlite IRA-68、Amberlite IR-4R等）、醋酸钠、液氮、醋酸

锌、乙腈-醋酸钠缓冲液等。

实践操作 ›››

头孢霉素的生产工艺流程如图 1-7 所示。

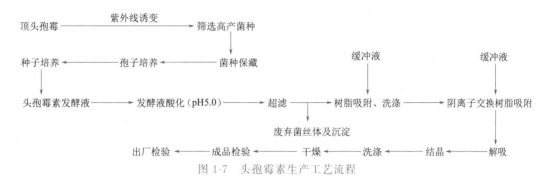

图 1-7　头孢霉素生产工艺流程

1. 菌种培养

（1）培养基配制

① 产孢培养基：淀粉 1%、玉米浆 1%（以干重计）、NaCl 0.3%、$(NH_4)_2SO_4$ 0.3%、$CaCO_3$ 0.25%，pH 为 7.0～7.2。

② 种子培养基：玉米浆 70.0g/L、蔗糖 3.3g/L、葡萄糖 16.7g/L、DL-甲硫氨酸 6.0g/L、豆油 10.0g/L、$CaCO_3$ 10.0g/L、KH_2PO_4 4.0g/L、$(NH_4)_2SO_4$ 8.0g/L、$FeSO_4 \cdot 7H_2O$ 0.05g/L，pH 为 6.2。

③ 发酵培养基：玉米浆 3%、淀粉 3%、糊精 6%、甲硫氨酸 0.3%、葡萄糖 1%、豆油 1%、$CaCO_3$ 1%，pH 为 6.0～6.1。

（2）菌种筛选

① 孢子培养。将固体培养基培养好的顶头孢霉转接到产孢培养基上，25℃培养 3～6d，收集分生孢子。

② 紫外线诱变。利用紫外线照射，致死率在 90% 以上，利用高浓度半胱氨酸培养基筛选头孢霉素产量高的菌株。

（3）种子培养　将诱变好的孢子接种到一级种子培养基，28℃培养 76h，按接种量为 10% 接种到二级种子培养基中，28℃培养 40h。

2. 头孢霉素的发酵工艺过程

从二级种子培养液中转接到发酵罐中，接种量为 20%。发酵参数主要包括温度、罐压、空气流量、搅拌速度、补料流加速率、菌体浓度、pH、头孢霉素 C 发酵单位、溶解氧浓度、碳源浓度和氮源浓度等。搅拌速度为 700r/min；发酵过程中用 28% 氨水控制发酵液 pH，维持在 5.5～5.6；温度 0～40h 控制在 28℃，40h 以后，控制在 25℃；0～24h，氧气控制在 0.5L/(L·min)，罐压控制在 0.05MPa；24～28h，氧气控制在 0.7L/(L·min)，罐压控制在 0.07MPa；48～72h，氧气控制在 1.1L/(L·min)，罐压控制在 0.07MPa；72～130h，氧气控制在 1.2L/(L·min)，罐压控制在 0.07MPa。发酵过程中，应及时测定菌丝浓度、还原糖浓度、头孢霉素 C 浓度等。

3. 头孢霉素的提取工艺过程

（1）发酵液酸化　将发酵液 pH 调至 5.0，使部分蛋白质及钙离子沉淀。

（2）超滤　离心收集，5000r/min 离心 10min，收集上清液；超滤收集，利用 Flow-Cel 膜系统超滤发酵液收集滤液，超滤进料压力维持在 0.4MPa，透过压力为 0.05MPa，每次料液用量为 250mL，温度维持在 15℃。将菌丝体及其他沉淀弃去。

（3）树脂吸附、洗涤　利用 XAD-1600 吸附剂吸附滤液中的头孢霉素 C。装柱，将滤液上样，用 5%、10%、15%、20% 丙酮溶液或乙醇、异丙醇溶液洗脱，收集洗脱液，并在 254nm 波长处测量吸收峰，保留最大吸收峰的洗脱液。用 NaOH、H_2SO_4、乙醇、丙酮等溶剂对树脂进行浸泡、洗脱和再生。

（4）阴离子交换树脂吸附　阴离子交换树脂有 Amberlite IRA-68、Amberlite IR-4R 等。将上述洗脱液上样阴离子交换树脂至饱和。

（5）解吸　用醋酸钠溶液解吸，醋酸钠溶液浓度从 0mmol/L 至 10mmol/L，按 0.5mmol/L 级差逐步增加，洗脱。

（6）结晶　用液氮将料液预冷至 10℃ 以下，搅拌，加入部分预冷至 0～10℃ 的丙酮（解吸液体积 0.5 倍）。快速加入醋酸锌至结晶液变混浊。停止搅拌，静置 1h。再搅拌，继续加入剩余丙酮，在 10℃ 以下静置 4h。

（7）洗涤　将结晶液用真空泵抽滤，用丙酮水、丙酮洗涤两次，再用真空泵将洗液抽净。

（8）干燥　将洗涤后的头孢霉素 C 锌盐放入干燥箱中，真空干燥。

4. 结果处理与任务探究

（1）头孢霉素 C 含量测定　头孢霉素类药物由于环状部分具有 O＝C—N—C＝C 结构，在 260nm 波长处有强吸收，可以用分光光度法进行定量分析；头孢霉素类药物在碱性条件下的降解产物可能是二酮哌嗪衍生物，具有荧光性，可以用荧光分光光度法测定血浆中头孢霉素类药物的含量；用高效液相色谱法（HPLC）测定，色谱柱为 C_{18}，4.6mm× 25mm，流动相为乙腈-醋酸钠缓冲液（1:50），进样量为 20μL，流速为 2.0mL/min，检测波长为 254nm。

（2）任务探究

① 探讨头孢霉素发酵工艺的优化。

② 本实训采用超滤技术制备头孢霉素应注意哪些事项？

操作评价 >>>

热原检查法

一、个体评价与小组评价

任务 3　头孢霉素的发酵生产	
姓名	
组名	

任务 3 头孢霉素的发酵生产

能力目标	1. 能用酸化、超滤技术进行生物活性成分的提取分离； 2. 能用离子交换色谱技术、结晶技术、干燥技术进行精制； 3. 学会菌种培养、发酵过程控制及提取纯化操作； 4. 能准确记录实验现象，并处理数据； 5. 学会正确书写工作任务单、工作台账本，并对结果进行准确分析。

知识目标	1. 掌握发酵的工艺流程和控制； 2. 掌握发酵工艺的优化； 3. 熟知发酵药物的种类。

评分项目	上岗前准备（思考题回答、实验服与台账准备）	菌种培养	头孢霉素的发酵过程控制	头孢霉素提取纯化操作	结果处理与任务探究	团队协作性	台账完成情况	台面及仪器清理	总分
分值	10	10	20	25	10	10	5	10	100
自我评分									
需改进的技能									
小组评分									
组长评价	（评价要具体、符合实际）								

二、教师评价

序号	项目	配分	要求	得分
1	上岗前准备（10 分）	A. 思考题回答（5 分） B. 实验服与护目镜准备、台账准备（5 分）	操作过程了解充分、工作必需品准备充分	
2	菌种培养（10 分）	菌种筛选（5 分） 种子培养（5 分）	正确操作	
3	头孢霉素的发酵过程控制（20 分）	A. 培养基的制备（5 分） B. 接种（5 分） C. 发酵条件的控制（10 分）	正确操作	

序号	项目	配分	要求	得分
4	头孢霉素提取纯化操作（25分）	A. 发酵液酸化（3分） B. 超滤（3分） C. 树脂吸附、洗涤（4分） D. 阴离子交换树脂吸附（4分） E. 解吸（4分） F. 结晶（3分） G. 洗涤（2分） H. 干燥（2分）	正确操作	
5	结果处理与任务探究（10分）	A. 头孢霉素的含量测定方法（5分） B. 任务探究（5分）	正确计算 讨论主动、正确	
6	项目参与度（5分）	操作的主观能动性（5分）	具有团队合作精神和主动探索精神	
7	台账与工作任务单完成情况（15分）	A. 完成台账（是不是完整记录）（5分） B. 完成工作任务单（10分）	妥善记录数据	
8	文明操作（5分）	A. 实验态度（2分） B. 清洗玻璃器皿等,清理工作台面（3分）	认真负责 清洗干净,放回原处,台面整洁	
合计				

【知识支撑】

发酵的工艺流程和控制

发酵技术是指人们利用微生物的发酵作用,运用一些技术手段控制发酵过程,大规模生产发酵产品的技术。发酵工程制药所应用的基本技术包括:灭菌操作技术、种子扩大培养技术、发酵液预处理技术和产物提取精制技术等。

一、发酵的一般工艺流程

发酵的基本过程:菌种→种子制备→发酵→发酵液预处理→产物提取精制。

1. 菌种

发酵水平的高低与菌种的性能质量有直接关系,菌种的生产能力、生长繁殖的情况和代谢特性是决定发酵水平的内在因素。生产用的菌种应产量高、生长快、性能稳定、容易培养。目前国内外发酵工业中所采用的菌种绝大多数是经过人工选育的优良菌种。为了防止菌种衰退,生产菌种必须以休眠状态保存在砂土管或冷冻干燥管中,并且置于 $0\sim4℃$ 恒温冰箱（库）内。使用时可临时取出，接种后仍需冷藏。生产菌种应严格规定其使用期，一般砂土管为1～2年。生产菌种应不断纯化，淘汰变异菌落，防止菌种衰退。

2. 种子制备

种子是发酵工程开始的重要环节。这一过程是使菌种繁殖，以获得足够数量的菌体，以便接种到发酵罐中。种子制备可以在摇瓶中或小罐内进行，大型发酵罐的种子要经过两次扩大培养才能接入发酵罐。摇瓶培养是在锥形瓶内装入一定量的液体培养基，灭菌后接入菌种，然后放在回转式或往复式摇床上恒温培养。种子罐一般用钢或不锈钢制成，构造相当于小型发酵罐，种子罐接种前有关设备及培养基要经过严格的灭菌。种子罐可用微孔压差法或打开接种阀在火焰的保护下接种，接种后在一定的空气流量、罐温、罐压等条件下进行培养，并定时取样做无菌试验、菌丝形态观察和生化分析，以确保种子的质量。

3. 发酵

这一过程的目的是使微生物产生大量的目的产物，是发酵工序的关键阶段。发酵一般在钢制或不锈钢制的罐内进行，有关设备和培养基应事先经过严格的灭菌，然后将长好的种子接入，接种量一般为 5%～20%。在整个发酵过程中，要不断地通气（通气量一般为 0.3～1m³/m³），搅拌（搅拌功率消耗为 1～2kW/m³），维持一定的罐温（视品种而定，一般为 26～37℃，但也有高至 40℃的），罐压（一般发酵始终维持 0.3～0.5MPa），并定时取样分析和无菌试验，观察代谢和产物含量情况，有无杂菌污染。在发酵过程中会产生大量泡沫，所以应要加入消泡剂来控制泡沫。加入酸或碱控制发酵液的pH，多数品种的发酵还需要间歇或连续加入葡萄糖及铵盐化合物（以补充培养基内的碳源及氮源不足），或补加其他料液和前体物质以促进产物的产生。发酵中可供分析的参数有：通气量、搅拌转速、罐温、罐压、培养基总体积、黏度、泡沫情况、菌丝形态、pH、溶解氧浓度、排气中二氧化碳含量及培养基中的总糖、还原糖、总氮、氨基氮、磷和产物含量等。一般根据各品种的需要，测定其中若干项目。发酵周期因品种不同而异，大多数微生物发酵周期为 2～8d，但也有少于24h 或长达两周以上的。

4. 发酵液预处理

发酵液预处理的主要目的是改变发酵液（或培养液）的过滤特性，利于固-液分离；去除部分杂质，实现发酵液的相对纯化，以利于后续提取和精制各工序的进行。

（1）发酵液过滤特性及其改变方法　发酵液因其成分复杂，而具有产物浓度较低、悬浮物颗粒小且相对密度与液相相差不大、固体粒子可压缩性大、液相黏度大、多为非牛顿流体、性质不稳定等特性。这些特性会使得发酵液的过滤与分离变得比较困难，因此通过对发酵液进行适当的预处理，可以改善其流体性能，降低滤饼阻力，提高过滤与分离的速率。常用的方法有：降低液体的黏度、调节 pH 值、凝聚与絮凝、加入反应剂、加入助滤剂等。

（2）发酵液的相对纯化　发酵液的成分复杂，存在许多杂质，其中高价无机离子（Ca^{2+}、Mg^{2+}、Fe^{3+} 等）和杂蛋白等对下一步分离的影响较大，在预处理时应尽量除去这些杂质。

① 无机离子的去除。高价无机离子，尤其是 Ca^{2+}、Mg^{2+}、Fe^{3+} 等存在，会影响树脂对生化物质的交换容量，预处理时应将它们去除。

② 杂蛋白的去除。发酵液中，可溶性杂蛋白的存在会影响后续的分离过程：一方面降低了离子交换和吸附法提取时的交换容量和吸附能力；另一方面，在有机溶剂或双水相萃取时，易产生乳化现象，使两相分离不清；而且在粗滤或膜过滤时，也易使过滤介质堵塞或受

污染，影响过滤速率。所以，在预处理时，必须采用适当的方法将这些杂蛋白去除，可采用等电点沉淀法、变性沉淀法、盐析法和吸附法等。

③ 有色物质的去除。发酵液中的有色物质可能是培养基带入的色素，如糖蜜、玉米浸出液等都带有颜色；也可能是微生物在生长代谢过程中分泌的。一般采取离子交换树脂、活性炭等材料来吸附脱色。

5. 产物提取精制

发酵完成后，得到的发酵液是一种混合物，其中除了含有表达的目的产物外，还有残余的培养基、微生物代谢产生的各种杂质和微生物菌体等。首先要对发酵液进行预处理，随后要开展产物的提取精制包括初步纯化、精制和成品加工等具体操作过程。

（1）初步纯化　初步纯化是粗分离的操作过程。常采用的技术有沉淀分离技术、萃取分离技术和吸附分离技术等。沉淀分离技术是利用沉淀剂或沉淀条件使物质在溶液中的溶解度降低，形成无定形固体沉淀的过程。萃取分离技术是分离液体混合物常用的单元操作，不仅可以提取和浓缩发酵产物，还可以除掉部分其他类似的杂质，使产物得到初步纯化。吸附分离技术是在一定条件下，将待分离的料液通入适当的吸附剂中，利用吸附剂对料液中某一组分具有选择性吸附的能力，从而使该组分富集在吸附剂表面，然后再用适当的洗脱剂将吸附的组分从吸附剂上解吸下来的一种分离技术。

（2）精制　精制是精细分离的操作单元，常采用的方法主要有色谱分离技术、离子交换分离技术和膜分离技术等。这里以色谱分离技术为例，色谱分离技术又称层析分离技术，是一种分离复杂混合物中各个组分的有效方法。它是利用不同物质在由固定相和流动相构成的体系中具有不同的分配系数，当两相作相对运动时，这些物质随流动相一起运动，并在两相间进行反复多次的分配，从而使各物质达到分离的技术。常用的色谱分离技术有凝胶色谱分离技术、吸附色谱分离技术、离子交换色谱分离技术和亲和色谱分离技术等。在实际操作中，应根据具体情况加以选择应用。

（3）成品加工　成品加工是提取纯化的最后工序，常用的方法有浓缩、结晶和干燥等技术。浓缩技术是从溶液中除去部分溶剂，以提高产物浓度的操作。结晶技术是使产物形成规则晶体结构的操作过程。干燥技术是去除产物中的水分，延长产物保存时间的有效操作。根据产物的不同，可以选择不同的成品加工方法。

二、发酵工艺控制

微生物细胞具有完善的代谢调节机制，使细胞内复杂生化反应高度有序地进行，并对外界环境的改变迅速做出反应，因此，必须通过控制微生物的培养和生长环境条件影响其代谢过程，以便获得高产量的产物。为了使发酵生产能够得到最佳的效果，通过测定与发酵条件和内在代谢变化相关的参数，可以了解产生菌对环境条件的要求和代谢变化的规律，并根据参数的变化情况，结合代谢调控理论，来有效地控制发酵过程。

1. 培养基的影响及其控制

（1）碳源　碳源是构成微生物细胞和各种代谢产物碳骨架的营养物质，同时碳源在微生物代谢过程中被氧化降解，释放出能量，并以 ATP 形式贮存于细胞内，供给微生物生命活动所需的能量。

（2）氮源　氮源是构成菌体细胞的物质，也是细胞合成氨基酸、蛋白质、核酸、酶类及含氮代谢产物的成分。选择氮源时需要注意氮源促进菌体生长、繁殖和合成产物间的关系。

（3）无机盐和矿物质　各种无机盐和微量元素的主要功能是：构成菌体原生质体的成分（如磷、硫等）；作为酶的组成部分或维持酶的活性（如镁、锌、铁、钙、磷等）；调节细胞的渗透压（如 NaCl、KCl 等）和 pH；参与产物合成（如磷、硫等）。

（4）水　培养基必须以水为介质，它既是构成菌体细胞的主要成分，又是一切营养物质传递的介质，所以水的质量对微生物的生长繁殖和产物合成有非常重要的作用。

2. 温度的影响及其控制

温度的变化对发酵过程可产生两方面的影响，一方面是影响各种酶反应的速率和蛋白质的性质。温度对菌体生长的酶反应和代谢产物合成的酶反应的影响是不同的；温度能改变菌体代谢产物的合成方向，对多组分次级代谢产物的组成比例产生影响。另一方面是影响发酵液的物理性质，如发酵液的黏度、基质和氧在发酵液中的溶解度和传递速率、某些基质的分解和吸收速率等，从而影响发酵的动力学特征和产物的生物合成。因此，温度对菌体的生长和合成代谢的影响是极其复杂的，需要综合考察它对发酵的影响。

（1）影响发酵温度变化的原因　在发酵过程中，既有产生热能的因素，又有散失热能的因素，因而引起温度的变化。产热因素有生物热和搅拌热，散热因素有蒸发热、辐射热和显热。产生的热能减去散失的热能，所得净热量就是发酵热，它是发酵温度变化的主要因素。

（2）最适温度的选择　在发酵过程中，菌体生长和产物合成均与温度有密切关系，最适发酵温度是既适合菌体的生长，又适合代谢产物合成的温度，但最适生长温度与最适生产温度是不一致的。在发酵过程中究竟选择哪一温度，需要考虑在微生物生长和产物合成阶段哪一矛盾主要而定。另外，温度还影响微生物的代谢途径和方向。

最适发酵温度会随菌种、培养基成分、培养条件和菌体生长阶段而改变。例如，在较差的通气条件下，降低发酵温度对发酵是有利的，因为低温可以提高氧的溶解度、降低菌体生长速率，减少氧的消耗量，从而弥补通气条件差所带来的影响。培养基成分差异和浓度大小对培养温度的确定也有影响，在使用易利用或低浓度的培养基时，如果在高温发酵条件下，营养物质的代谢会加快，耗竭过早，最终导致菌体自溶，使代谢产物的产量下降。因此发酵温度的确定与培养基的成分有密切的关系。

理论上，在整个发酵过程中，不应该只选一个培养温度，而应根据发酵的不同阶段，选择不同的培养温度。在生长阶段，应选择最适生长温度；在产物分泌阶段，应选择最适生产温度。这样的变温发酵所得产物的产量是比较理想的。

（3）温度的控制　工业生产中，发酵会产生发酵热，一般不需要加热操作，但多数情况下应进行冷却处理。利用自动控制或手动调整的阀门，将冷却水通入发酵罐的夹层或蛇形管中，通过热交换来降温，保持恒温发酵。如果温度较高，冷却水的温度又高，致使冷却效果很差，会达不到预定的温度要求，此时可采用冷冻盐水进行循环式降温，可以迅速降到恒温。

3. 溶解氧的影响及其控制

部分工业微生物需要在有氧环境中生长，培养这类微生物需要采取通气发酵，适量的溶解氧可维持其呼吸代谢和促进代谢产物的合成。在通气发酵中，氧的供给是一个核心问题。对大多数发酵来说，供氧不足会造成代谢异常，从而降低产物产量。因此，保证发酵液中溶解氧和加速气相、液相和微生物之间的物质传递，对于提高发酵的效率是至关重要的。在一般原料的发酵中采用通气搅拌就可以满足要求。

（1）溶解氧的影响　溶解氧是需氧发酵控制的最重要参数之一。氧在水中的溶解度很小，所以需要不断通气和搅拌，才能满足溶解氧的要求。溶解氧的大小对菌体生长和产物的性质及产量都会产生不同的影响。需氧发酵并不是溶解氧愈大愈好。溶解氧高虽然有利于菌体生长和产物合成，但是太大有时反而抑制产物的形成，因此，为避免发酵处于限氧条件下，需要考察每一种发酵产物的临界氧浓度和最适氧浓度，并使发酵过程保持在最适氧浓度。最适溶解氧浓度的大小与菌体和产物合成代谢的特性有关，具体须由试验来确定。

（2）发酵过程的溶解氧变化　在发酵过程中，在已有设备和正常发酵条件下，每种产物发酵的溶解氧浓度变化有着自己的规律。在发酵的过程中，有时出现溶解氧量明显降低或明显升高的异常变化，常见的是溶解氧下降。造成异常变化的原因有两方面：耗氧或供氧出现了异常因素或发生了障碍。从发酵液中溶解氧浓度的变化，就可以得知微生物生长代谢是否正常，工艺控制是否合理，设备供氧能力是否充足等问题，进而帮助查找发酵不正常的原因和控制好发酵生产。

（3）溶解氧浓度控制　发酵液的溶解氧浓度，是由供氧和需氧两方面所决定的。当发酵的供氧量大于需氧量，溶解氧浓度就上升，直至饱和；反之就下降。因此要控制好发酵液中的溶解氧浓度，这需从这两方面着手。

在供氧方面，主要是设法提高氧传递的推动力和液相体积氧传递系数的值。在可能的条件下，可采取适当措施来提高溶解氧的浓度，如调节搅拌转速或通气速率来控制供氧。但供氧量的大小还必须与需氧量相协调，也就是要有适当的工艺条件来控制需氧量，使产生菌的生长和产物形成对氧的需求量不超过设备的供氧能力，使产生菌发挥出大量的生产能力。这对实际生产具有重要意义。

发酵液的需氧量受菌体浓度、基质的种类和浓度及培养条件等因素的影响，其中以菌体浓度的影响最为明显。发酵液的摄氧率随菌体浓度增加而按一定比例增加，但氧的传递速率是随菌体浓度的对数关系减少。因此，可以控制菌的比生长速率处于比临界值略高一些的水平，达到最适浓度。这是控制最适合溶解氧浓度的重要方法。最适菌体浓度既能保证产物的比生产速率维持在最大值，又不会使需氧大于供氧。控制最适合的菌体浓度可以通过控制基质的浓度来实现。

除控制补料速度外，在工业生产上，还可采用调节温度（降低培养温度可提高溶解氧浓度）、液化培养基、中间补水、添加表面活性剂等工艺措施，来改善溶解氧的水平。

4. pH 的影响及其控制

（1）pH 对发酵的影响　发酵培养基的 pH，对微生物生长具有非常明显的影响，也是影响发酵过程中各种酶活力的重要因素。由于 pH 不当，可能严重影响菌体的生长和产物的合成，因此，对微生物发酵而言，有各自的最适生长 pH 和最适生产 pH。大多数微生物生长的 pH 范围为 3~6，最大生长速率的 pH 变化范围为 0.5~1.0。多数微生物生长都有最适 pH 范围及其变化的上下限，上限都在 8.5 左右，超过此上限，微生物将无法忍受而自溶；下限以酵母为最低，是 2.5。但菌体内的 pH 一般认为是中性附近。pH 对产物的合成也有明显的影响，因为菌体生长和产物合成都是酶反应的结果，仅仅是酶的种类不同而已，因此代谢产物的合成也有自己最合适的 pH 范围。这两种 pH 范围对发酵控制来说都是很重要的参数。

（2）pH 的变化　在发酵过程中，pH 的变化取决于所用的菌种、培养基成分和培养条件。在产生菌的代谢过程中，菌种本身具有一定的调节周围 pH 的能力，达成最适 pH 的环境。培养基中的营养物质代谢，也是引起 pH 变化的重要因素，发酵所用的碳源种类不同，pH 变化也不一样。

（3）发酵 pH 的确定和控制

① 发酵 pH 的确定。微生物发酵的合适 pH 范围一般在 5～8 之间，由于发酵是多酶复合反应系统，各酶的最适 pH 也不相同，因此，同一种酶，生长最适 pH 可能与产物合成的最适 pH 是不一样的。最适 pH 是根据试验结果来确定的。将发酵培养基调节成不同的初始 pH，进行发酵。在发酵过程中，定时测试和调节 pH，以维持初始 pH，或者利用缓冲液来配制培养基以维持其 pH。定时观察菌体的生长情况，以菌体生长达到最高值的 pH 为菌体生长的最适 pH。以同样的方法，可测得产物生成的最适 pH。但同一产品的最适 pH，还与所用菌种、培养基组成和培养条件有关。在确定最适发酵 pH 时，还要考虑培养温度的影响，若温度提高或者降低，最适 pH 也可能发生变动。

② pH 的控制。在了解发酵过程中最适 pH 的要求之后，就要采用各种方法来控制。首先需要考虑和试验发酵培养基的基础配方，使他们有个适当的配比，使发酵过程中的 pH 变化在合适的范围内。

利用上述方法调节 pH 的能力是有限的，如果达不到要求，可通过在发酵过程中直接加酸或碱，以及补料的方式来控制，特别是补料的方法，效果比较明显。过去是直接加入酸（如 H_2SO_4）或碱（如 NaOH）来控制，但现在常用的是以生理酸性物质 $(NH_4)_2SO_4$ 和生理碱性物质氨水来控制。它们不仅可以调节 pH，还可以补充培养基中的氮源。

目前，生产中多数采用补料的方法来调节 pH，如氨基酸发酵采用补加尿素的方法，特别是次级代谢产物抗生素发酵，应用此法更多。这种方法既可以达到稳定 pH 的目的，又可以不断补充营养物质，少量多次补加还可以解除对产物合成的阻碍作用，提高产物产量。也就是说，采用补料的方法，可以同时实现补充营养、延长发酵周期、调节 pH 和培养液的特性（如菌体浓度等）等多个目的。

在发酵过程中，要选择好发酵培养基的成分及其配比，并控制好发酵工艺条件，才能保证 pH 不会产生明显的波动，维持在最佳范围内，得到良好的发酵效果。

【技能拓展】

发酵工艺优化

发酵条件的优化是基于各种微生物作用机制基础上进行的，根据生产菌种的生长及产物的营养要求，筛选最优化的培养基和培养条件，以达到提高产物水平，降低生产成本的目的。例如在井冈霉素 A 的发酵中，使用便宜的大米粉液化糖化液代替较为昂贵的大米粉和葡萄糖，生产成本降低了，但产物水平并没有受到影响。通过发酵培养基配方的研究，去除了原始培养基配方中不必要的各种营养成分，提高了发酵原料的利用率，降低了生产成本。在降低生产成本，提高市场竞争力上，发酵条件的优化与菌种选育一样，都具有十分重要的作用。

一、发酵培养基的优化

培养基的组成和配比对菌体的生长发育、产物水平、提炼工艺和抗生素成品的质量都有较大的影响。发酵培养基主要由碳源、氮源、无机盐、生长因子和前体等物质组成。下面以链霉菌为例介绍一下发酵培养基的优化。

1. 碳源的优化

碳源的主要作用是供给菌种生命活动所需的能量及构成菌体细胞和代谢产物的碳骨架。碳源包括糖类和脂类等。常采用葡萄糖、可溶性淀粉、玉米粉、蔗糖作为碳源，分别按0.5%、1.0%、2.0%、3.0%、5.0%的配比进行单因素优化。在装液量40mL/250mL三角瓶中，接种量10%，30℃，200r/min摇床培养72h后，4000r/min离心10min，测定发酵上清液效价，选择最佳的碳源。

由试验可知，采用不同的碳源浓度所得到的菌体生物量和产物效价均有比较大的差异。可溶性淀粉作为慢速利用的碳源具有比较明显的优势。玉米粉作为碳源在其浓度为3%左右能够使产物效价达到最大，而当其浓度上升到5%时，产物效价下降较快。葡萄糖作为快速利用的碳源，可以加速微生物的生长，但过量时容易对产物的合成造成阻抑作用。蔗糖作为碳源对菌株的生长和产物的合成都要明显劣于可溶性淀粉和玉米粉。由于抗生素的发酵多采用快速碳源和慢速碳源相结合的方法，同时由于种子培养基采用葡萄糖作为碳源，所以采用以少量葡萄糖为辅，以可溶性淀粉为主的混合碳源进行生产。

2. 氮源的优化

以蛋白胨、酵母粉、黄豆粉、硫酸铵、尿素作为氮源，分别按0.5%、1.0%、2.0%、3.0%的配比，采用同碳源优化的发酵条件进行氮源的优化。通过试验发现，酵母粉、蛋白胨和黄豆粉在促进菌体产出抗生素的作用上要明显优于硫酸铵和尿素。1.0%酵母粉所产出抗生素效价最高。而黄豆粉虽低于酵母粉和蛋白胨，但其效价相对稳定，更重要的是黄豆粉价格便宜，考虑到成本，常采用酵母粉和黄豆粉混合后作为氮源使用。

3. 无机盐类的优化

抗生素产生菌和其他微生物一样，在生长和繁殖过程中，需要添加一些无机盐和矿物质，如硫、磷、镁、铁、钙、钾等，其浓度对菌种的生理活性有一定影响，因此应选择合适的浓度和配比。根据生产中常用的比例加入不同浓度的无机盐，通过测定发酵液中抗生素的效价选择影响较大的一种或几种无机盐，通过试验发现在发酵培养基中分别添加0.50% NaCl、0.03% $MgSO_4$、0.04% K_2HPO_4能提高菌种产出抗生素水平。

二、发酵培养条件的优化

提高发酵水平的另一个重要途径是选择合适的发酵条件。影响发酵过程的主要因素有：发酵时间、培养温度、培养基初始pH值、接种量、种龄等发酵条件。

1. 培养温度的优化

温度对抗生素发酵的影响是多方面的，除影响各种酶促反应速率外，还可影响氧在发酵液中的溶解度和传递速率。在发酵过程中，菌株的生长阶段和抗生素的合成阶段所需的最适温度有时是不一样的。一般来讲，在生长初期，优先考虑提供菌体生长的最适温度，当进入抗生素分泌阶段，就必须满足生物合成的最适温度。

2. 初始pH的优化

培养基初始pH值可影响菌体生长周期中延迟期的长短，培养基初始pH值与种子液的

pH 值相差越大，菌种为了适应新的生存环境而对自身代谢活动的调节程度越大，使得延迟期延长，从而使发酵周期过长，降低生长率。另外，培养基初始 pH 值对产物的合成也有一定的影响。试验测得链霉菌发酵初始 pH 值在 6.5 时，菌体浓度和产物效价均达到了最大，且该菌种在酸性环境中的生长情况和生产能力都要优于在碱性环境中，菌体浓度和抗生素效价在碱性环境中会下降的比较明显。

3. 种龄的优化

种龄是一个比较重要的参数。在发酵过程中，最适种龄一般选在生命力极其旺盛的对数生长期，此时种子能很快适应环境，生长繁殖快，可大大缩短在发酵过程中的调整期和非产物合成时间。在抗生素发酵中，常利用孢子萌发产生的菌丝体作为种子接种。种子培养时间过短，会使发酵周期延长；但种子培养时间过长，菌体容易衰老，会缩短抗生素的分泌时间，并且发酵液中的抗生素含量骤然升高会造成产生菌在发酵早期表现出对抗生素的敏感性。

4. 接种量的优化

接种量主要影响发酵周期。生产上常用处于对数生长期的种子，接种量一般为 $7\%\sim15\%$，这主要取决于菌株在发酵罐中的生长繁殖速度。大量接入培养成熟的种子，会使菌体迅速地进入对数生长期，缩短生长过程的延迟期，从而缩短发酵周期，有利于提高发酵生产效率，并且还有利于阻止染菌的进一步发展。但是如果接种量过大，移入的代谢废物必然较多，菌体生长会受到代谢废物的干扰而减慢，菌体提前衰退，最终会导致菌体细胞浓度降低，影响发酵水平。同时大量菌体的接入也会导致营养物质和溶解氧的过快消耗而不足，酸碱度变化太大，从而影响菌体的生长和发酵水平。因此，有必要对接种量进行优化。应采用不同梯度的接种量，达到提高抗生素效价的目的。

【知识拓展】

我国发酵工程的现状和发展趋势

发酵工程是现代生物工程技术中的一种"旧改新"技术，利用生物学基础理论，改良微生物的一些特殊功能，为社会提供更多优质的产品或将微生物直接应用于工农业生产。发酵技术有着悠久的历史，作为现代科学概念的微生物发酵工业是在传统发酵技术的基础上，结合了现代的基因工程、细胞工程等新技术而产生的。由于发酵工业具有投资少、见效快、污染小等特点，日益成为全球经济的重要组成部分。

发酵工程是生物技术的重要组成部分，是生物技术产业化的重要环节。发酵工程未来的发展趋向主要有以下几个大方面：基因工程的发展为发酵工程带来了新的活力；新型发酵设备的研制为发酵工程提供了先进的工具；大型化、连续化、自动化控制技术的应用为发酵工程的发展拓展了新空间；强调代谢机理与调控研究，使微生物的发酵机能得到了进一步开发；生态型发酵工业的兴起开拓了发酵的新领域。

发酵工程的研究和发展不能仅依赖于国家财政的支持，各研究院所、各高校应积极与生物技术企业合作，将理论转化为技术，将技术转化为产品，并取得相应的经济效益，以此推动微生物技术的理论研究，使发酵工程的发展处于一种良性循环的状态。

L-天冬酰胺酶的发酵生产

L-天冬酰胺酶分子式为 $C_{14}H_{17}NO_4S$，分子量为 295.35。它是从大肠埃希菌菌体中提取分离的酰胺基水解酶，其商品名为 Elspar，可用于治疗白血病，对恶性淋巴瘤也有较好的疗效，对急性淋巴细胞白血病缓解率在 50% 以上。目前多与其他药物合并治疗肿瘤。

一、生产工艺路线

L-天冬酰胺酶生产工艺流程如图 1-8 所示。

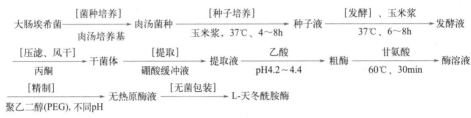

图 1-8　L-天冬酰胺酶生产工艺流程

二、生产工艺过程及控制要点

1. 菌种培养

将大肠埃希菌 AS1-375 接种于肉汤培养基，于 37℃ 培养 24h，获得肉汤菌种。

2. 种子培养

按 1%～1.5% 接种量将菌种接种于 16% 玉米浆培养基中，37℃ 通气搅拌培养 4～8h。

3. 发酵生产

使用玉米浆培养基，接种量为 8%，37℃ 通气搅拌培养 6～8h，得发酵液。

4. 预处理

离心分离发酵液，得菌体，加 2 倍量丙酮搅拌，压滤，滤饼过筛，自然风干成干粉。

5. 提取、沉淀、热处理

每千克菌体干粉加入 0.01mol/L pH 8.3 的硼酸缓冲液 10L，37℃ 保温搅拌 1.5h，降温到 30℃ 后，用 5mol/L 乙酸调节 pH 至 4.2～4.4，进行压滤，滤液中加入 2 倍体积丙酮，放置 3～4h，过滤，收集沉淀，自然风干，即得干燥的粗制酶。取粗制酶，加入 0.3% 甘氨酸溶液，调节 pH 至 8.8，搅拌 1.5h，离心，收集上清液，加热到 60℃ 保温 30min 进行热处理后，离心弃去沉淀，上清液中加入 2 倍体积丙酮，搅匀，析出沉淀，离心，收集酶沉淀。用 0.01mol/L pH8.0 磷酸缓冲液溶解沉淀后，再离心弃去不溶物，收集上清液，即得酶溶液。

6. 精制、冻干

将上述酶溶液调节 pH 至 8.8 后，离心收集上清液，再调节 pH 至 7.7，加入 50% 聚乙二醇（PEG），使浓度达到 16%。在 2～5℃ 下放置 4～5d，离心得沉淀。用蒸馏水溶解沉淀后，加 4 倍量丙酮，沉淀，同法重复 1 次，沉淀再用 0.05mol/L pH 6.4 的磷酸缓冲液溶解，50%聚乙二醇处理，即得无热原 L-天冬酰胺酶。将其溶于 0.5mol/L 磷酸缓冲液，在无菌环境下用 6 号垂熔漏斗过滤，分装，冷冻干燥，制得注射用 L-天冬酰胺酶成品，每支 1 万或 2 万单位。

 素质拓展

中国发酵工业的先驱——金培松

金培松，浙江东阳人，我国著名的微生物研究专家、教育家，曾经在抗战期间冒着生命危险保存菌种并获得国家胜利勋章。曾任上海中央工业试验所发酵室主任，中国微生物学会理事，九三学社社员，著有《微生物学》《酿造研究》等。

在山东新华制药厂的支持下，金培松从 1949 年开始主持研究发酵法生产葡萄糖酸钙，1954 年新华制药厂建立了我国第一个葡萄糖酸生产车间，经过几代人努力，这项工作到 20 世纪 80 年代成为国际领先技术。1951 年他在我国较早开展柠檬酸的发酵研究，曾试验过用甘薯淀粉做原料生产柠檬酸和生产甘油。1955 年，金培松开始进行链霉素和金霉素生产菌种的选育和工业发酵的研究。同期他和解放军军事医学科学院合作，研究代血浆右旋糖酐，也在生产上应用。

金培松曾说："我要把我的有生之年，全部贡献给伟大的祖国和人民"。金培松不仅这样说，而且也这样做了。

项目总结 >>>

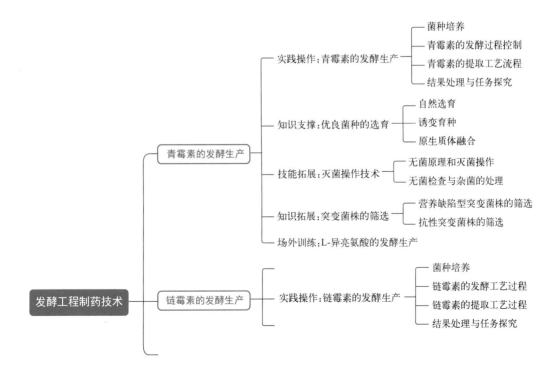

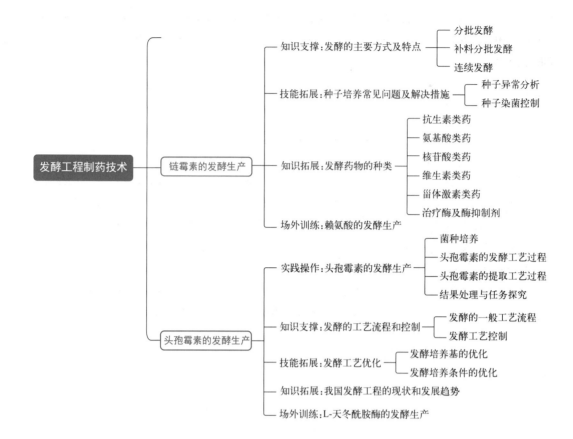

项目检测 >>>

一、名词解释

1. 发酵工程　2. 自然选育　3. 染色体畸变　4. 原生质体融合　5. 补料分批发酵
6. 连续发酵　7. 灭菌　8. 种子扩大培养

二、填空题

1. 发酵工业的生产水平取决于（　　）、（　　）和（　　）三个要素。

2. 菌种选育方法包括（　　）、（　　）和（　　）等经验育种方法，除此之外还包括（　　）、（　　）和（　　）等定向育种方法。

3. 发酵的基本过程包括（　　）、（　　）、（　　）、（　　）和（　　）五部分。

4. 在发酵过程中，既有产生热能的因素，又有散失热能的因素，因而引起发酵温度的变化。产热的因素有（　　）和（　　），散热的因素有（　　）、（　　）和（　　）。

三、简答题

1. 简述发酵的主要方式及其特点。

2. 简述发酵的一般工艺流程。

四、工艺路线题

绘制 L-异亮氨酸的生产工艺流程图。

项目二

基因工程制药技术

❖ **知识目标：**

　　1. 掌握基因工程制药技术基本原理、基本流程；

　　2. 熟悉目的基因制备基本方法；

　　3. 掌握载体构建、外源基因导入、载体表达诱导、产物发酵的基本原理与方法。

❖ **能力目标：**

　　1. 能进行核酸提取操作；

　　2. 能进行 PCR 扩增操作；

　　3. 能进行电泳操作；

　　4. 能进行基因工程菌接种、培养与产物分离纯化等操作。

❖ **素质目标：**

　　1. 具备分析问题、解决问题、举一反三的应用能力；

　　2. 具备科学探索精神与创新能力，具有团队合作精神；

　　3. 具有沉静执着、认真专注、精益求精的工匠精神；

　　4. 树立生物安全、认真负责、节约成本的职业操守意识。

项目导读

1. 项目简介

　　基因工程制药技术是利用基因工程技术，将一种目的基因与载体在体外进行拼接重组，然后转入另一种生物体（受体）内，使之按照人们的意愿生产出新型药物或新性状药物的操作程序。基因工程制药技术是基因工程技术在制药领域的具体应用。基因工程药物制备过程主要包括以下步骤：①获得目的基因；②将目的基因和载体连接，构建 DNA 重组体；③将 DNA 重组体转入宿主菌构建工程菌；④工程菌的发酵；⑤外源基因表达产物的分离纯化；⑥产品的检验和制剂制备等。

　　基因工程技术问世以来，在构建一系列克隆载体和相应的表达系统，建立不同物种的基因组文库和 cDNA 文库，开发新的工具酶，探索新的操作方法等重组 DNA 技术方面取得了丰硕成果，基因工程技术不断趋向成熟。基因工程技术是重组 DNA 技术的产业化设计与应用，包括上游技术和下游技术两大组成部分。上游技术是指基因重组、克隆和表达载体的设计与构建（即重组 DNA 技术）；而下游技术则涉及基因工程菌或细胞的大规模培养以及基因表达产物的分离纯化过程。基因工程菌培养和传统发酵工艺相似，包括菌种制备、种子扩大培养、大规模罐批培养、产物分离纯化等，基因工程技术侧重于重组DNA技术即上游技术，因此也有人将基因工程技术等同于基因重组技术。本项目侧重于介绍基因重组、克隆和表达载体的设计与构建（即重组DNA技术）。

2. 任务组成

本项目共有两个工作任务：第一个工作任务是基因工程胰岛素的生产，借助基因工程技术，通过胰岛素基因工程菌的斜面培养、摇瓶培养、发酵罐发酵、提取、纯化来生产胰岛素；第二个任务是基因工程α干扰素的生产，利用干扰素的基因工程菌生产α干扰素。

工作任务开展前，请根据学习基础、实践能力，合理分组。

3. 学习方法

通过本项目的学习，能够掌握生物制药过程中的斜面培养、摇瓶发酵以及细胞破碎、色谱、离心分离等技术，培养从事基因工程技术制药的综合职业能力。

在基因工程α干扰素的生产这一工作任务中，学会基因工程制药的基本要素，基因、载体、工具酶、宿主细胞，以及与基本要素紧密相关的技术要点，包括基因的获得、基因的克隆、细胞转化、基因表达等，从而掌握基因重组技术制药的基本流程，理解工具酶、PCR技术在改造基因中的重要作用。

通过"场外训练"，进一步将基因重组技术与生物制药操作融会贯通，把理论知识、预期结果、材料获取、目标达成联系起来，以问题为导向，实现理论到实践的飞跃。

任务 1　基因工程胰岛素的生产

用基因工程生产的最早的两种药物，一种是重组人胰岛素，另一种是重组人生长激素。胰岛素由A、B两个肽链组成。人胰岛素（human insulin），分子质量约为6000Da，共由51个氨基酸组成，其中A链有11种21个氨基酸残基，B链有15种30个氨基酸残基。胰岛素分子量较大，很难进行人工合成，1921年以来的半个多世纪，多由猪、羊、牛等动物胰脏中提取获得。一头牛或一头猪的胰脏只能提取30mg胰岛素，产量远远不能满足需求。此外，从动物胰脏提取所得的胰岛素常含有胰岛素聚合体、胰多肽、胰高血糖素等杂质，是胰岛素制剂产生抗原性的主要原因。

1978年，美国基因泰克（Genentech）公司利用重组DNA技术，把编码胰岛素的基因导入到大肠埃希菌中，造出能生产胰岛素的基因工程菌，成功地使大肠埃希菌生产出胰岛素。从200L工程菌的发酵液中可提取得到10g胰岛素，与传统提取法相比，基因工程胰岛素的产量及纯度均大大提高，具有免疫原性显著降低、吸收速率加快、生物活性增强和注射部位脂肪萎缩发生率下降等优点。

天然形式的胰岛素在临床使用中存在作用时间短、进入血液慢、长期使用时产生抗性且稳定性差、无法长期保存及生产规模不能满足需求等弊端。研究人员采用基因工程技术，对胰岛素分子进行突变，降低了天然胰岛素的免疫原性、改善了药代动力学特性，体现出较强的优势。1982 年，美国礼来（Eli Lilly）公司推出全球第一个基因重组药物"人胰岛素"，商品名为 Humulin，用于治疗糖尿病，标志着基因重组技术的应用正式成为一个产业，揭开了生物药物商业化的序幕。

任务 1　课前自学清单

任务描述	从供体细胞中提取 mRNA，以其为模板，在反转录酶的作用下，反转录合成胰岛素 mRNA 互补 DNA，再以 cDNA 第一链为模板，在反转录酶或 DNA 聚合酶Ⅰ的作用下，最终合成编码它的双链 DNA 序列，即得到了目的基因。采用 pET28a 质粒作为载体，用双酶切法进行基因重组，构建人胰岛素的大肠埃希菌基因工程菌。	
学习目标	**能做什么** 1. 能进行 mRNA 提取操作； 2. 能进行 PCR 扩增操作； 3. 能进行酶切、电泳操作； 4. 能构建基因工程载体； 5. 能准确记录实验现象、数据，正确处理数据； 6. 会正确书写工作任务单、工作台账本，并对结果进行准确分析。	**要懂什么** 1. mRNA 的提取技术； 2. PCR 技术； 3. 酶切技术； 4. 电泳技术 5. 感受态细胞制备技术； 6. 基因工程菌的发酵培养技术； 7. 除菌过滤技术； 8. 重组人胰岛素半成品检测。
工作步骤	步骤 1　获得目的基因 步骤 2　组建重组质粒 步骤 3　构建基因工程菌 步骤 4　培养基因工程菌 步骤 5　产物分离纯化 步骤 6　完成评价	
岗前准备	思考以下问题： 1. mRNA 提取步骤的操作要点是什么？ 2. 酶切及电泳的目的是什么？ 3. PCR 的反应原理是什么？ 4. pQE30 质粒作为载体的优势有哪些？ 5. 感受态细胞制备的注意事项是什么？	
主要考核指标	1. mRNA 提取、酶切、电泳、PCR、载体构建、感受态细胞制备（操作规范性、仪器的使用等）； 2. 实验结果（胰岛素含量）； 3. 工作任务单、工作台账本随堂完成情况； 4. 实验室的清洁。	

⇥〉小提示

　　操作前阅读【知识支撑】中的"二、基因工程制药的基本流程""三、基因工程菌的构建"，以便更好地完成本任务。

分组开展工作任务。进行基因工程菌的构建，并进行发酵生产。通过本任务，达到以下能力目标及知识目标：

1. 能从供体细胞中提取 mRNA，反转录合成 cDNA，PCR 技术体外合成目的基因，载体构建；掌握核酸分析法、体外扩增法、酶切法等技术；

2. 会使用低温离心机、PCR 仪、凝胶成像仪等设备。

工作准备 >>>

1. 工作背景

创建基因工程技术及发酵生产操作平台，并配备发酵罐、离心机、冰箱、PCR 仪、超净工作台、电泳仪、凝胶成像仪等相关仪器设备，完成胰岛素的生产。

2. 技术标准

溶液、培养基配制准确，PCR、电泳、酶切、转化过程操作正确，发酵罐、电泳仪、分光光度计等使用规范，定量计算正确等。

3. 所需器材及试剂

（1）器材　大肠埃希菌 JM109、胰岛 B 细胞组织、涡旋振荡器、低温高速离心机、酸度计、水浴锅、微孔滤膜及滤器、培养皿、三角瓶、玻璃涂布棒、冰箱、真空干燥箱、不锈钢锅、搪瓷桶、烧杯、量筒、玻璃棒、滤纸、离心管、色谱柱、高压蒸汽灭菌锅、水平恒温摇床、紫外可见分光光度计、微量移液器、微量离心管、Biostat B 发酵系统、蛋白质电泳凝胶自动成像系统、PCR 仪、超净工作台、电泳仪、电泳槽、DNA 分离纯化试剂盒等。

（2）试剂　DEPC（焦碳酸二乙酯）水、琼脂糖、1×TAE 电泳缓冲液、phusion master mix（高保真 PCR 预混液）、液氮、TRIzol（总 RNA 抽提试剂）、75%乙醇、寡聚（dT）纤维素、氯仿、异丙醇、NaOH、$EcoR$ I 酶、$BamH$ I 酶、T7 噬菌体 DNA 连接酶、标准质粒 DNA、0.1mol/L $CaCl_2$、LB 培养基、抗生素、20mmol/L $MgSO_4$、95%乙醇、TE 缓冲液。

LB 培养基：胰蛋白胨 10.0g/L，酵母提取物 5.0g/L，NaCl 10.0g/L，pH 7.0。

发酵培养基：葡萄糖 4.0g/L，甘油 15g/L，酵母粉 30.0g/L，蛋白胨 30.0g/L，Na_2HPO_4 12.0g/L，KH_2PO_4 6.0g/L，NH_4Cl 1.0g/L，NaCl 2.0g/L，$MgSO_4$ 0.48g/L，pH 7.0。

甘油补料培养基：甘油 300g/L，酵母汁 150g/L，$MgSO_4$ 10g/L，pH 7.0。所有培养基使用前均加入氨苄西林至终浓度 50mg/L。

实践操作 >>>

胰岛素提取分离的操作流程如图 2-1 所示。

胰岛B细胞mRNA的提取 ——→ 逆转录mRNA获得cDNA ——→ PCR扩增胰岛素基因 ——→ 胰岛素基因与载体结合 ——→ 阳性克隆的筛选 ——→ 重组DNA导入表达细胞 ——→ 细胞筛选与鉴定 ——→ 胰岛素基因工程产物鉴定 ——→ 胰岛素基因工程菌发酵培养 ——→ 胰岛素的分离与纯化 ——→ 胰岛素的检定

图 2-1　重组胰岛素生产操作流程

1. mRNA 的提取

取 50～100mg 胰岛 B 细胞组织（新鲜或－70℃及液氮中保存的组织均可）置 1.5mL 离心管中，加入 1mL TRIzol 充分匀浆，室温静置 5min。加入 0.2mL 氯仿，振荡 15s，静置 2min。温度 4℃，12000g 低温离心 15min。取上清液到新离心管中，加入 0.5mL 异丙醇，将管中液体轻轻混匀，室温静置 10min。温度 4℃，12000g 低温离心 10min，弃上清液。加入 1mL 75% 乙醇，轻轻洗涤沉淀。4℃，7500g 低温离心 5min，弃上清液。晾干，加入适量的 DEPC 水溶解（65℃促溶 10～15min）。

2. mRNA 的纯化

将 0.5～1.0g 寡聚（dT）纤维素悬浮于 0.1mol/L 的 NaOH 溶液中。用 DEPC 水处理 1mL 注射器或适当的细管，将寡聚（dT）纤维素装柱 0.5～1mL，用 3 倍柱床体积的 DEPC 水洗柱。使用 1× 上样缓冲液洗柱，直至流出液 pH 值小于 8.0。将 RNA 溶解于 DEPC 水中，在 65℃中温育 10min 左右，冷却至室温后加入等体积 2× 上样缓冲液，混匀后上柱，立即收集流出液。当 RNA 上样液全部进入柱床后，再用 1× 上样缓冲液洗柱，继续收集流出液。将所有流出液于 65℃加热 5min，冷却至室温后再次上柱，收集流出液。用 5～10 倍柱床体积的 1× 上样缓冲液洗柱，每管 1mL 分步收集，紫外分光光度计 OD_{260} 测定 RNA 含量。前部分收集管中流出液的 OD_{260} 值很高，其内含物为无 polyA 尾的 RNA；后部分收集管中流出液的 OD_{260} 值很低或无吸收。用 2～3 倍柱体积的洗脱缓冲液洗脱 poly(A＋) RNA，分步收集，每部分为 1/3～1/2 柱体积。OD_{260} 测定 poly(A＋)RNA 分布，合并含 poly(A＋)RNA 的收集管，加入 1/10 体积 3mol/L NaAc(pH5.2)、2.5 倍体积的预冷无水乙醇，混匀，－20℃放置 30min。样品于 4℃，10000g 低温离心 15min，小心吸弃上清。用 70% 乙醇洗涤沉淀。设置温度 4℃，10000g 低温离心 5min，弃上清，室温晾干。用适量的 DEPC 水溶解 RNA。

3. 获取外源目的基因片段

加入高浓度的寡脱氧胸腺苷酸（oligo dT）引物，引物与 mRNA 的 3′末端的 poly（A）配对，引导反转录酶以 mRNA 为模板合成第一链 cDNA。

4. PCR 扩增目的基因

向离心管加入 1nmol/L 稀释文库（DNA 模板）$1\mu L$，$2×$ phusion master mix $5\mu L$，10mol/L 引物 1 和 10mol/L 引物 2 各 $0.3\mu L$，ddH_2O $3.4\mu L$ 将体系补到 $10\mu L$，95℃预变性 3min，95℃变性 30s，65℃退火 30s，72℃延伸 1min，进行 12 个循环，最后 72℃终延伸 10min。

5. 目的基因回收纯化

在 PCR 试管中加入凝胶缓冲液进行琼脂糖凝胶电泳，电泳到适当位置后在目的 DNA 条带的前端挖一长方形槽，向槽中加入熔化的低熔点胶，待凝固后进行电泳。当 DNA 进入低熔点胶中心时停止电泳。紫外灯下切下目的条带的低熔点胶。将切下的胶放到离心管中，

加入 $200\mu L$ 的 TE 缓冲液，65℃温浴 3min 以熔化低熔点胶。然后分别用酚/氯仿、氯仿抽提一次。取上清，加入 2 倍体积的无水乙醇，$-20℃$ 沉淀 DNA 2h 以上，12000r/min 离心 15min，弃上清，用 70％乙醇洗涤，吹干后溶于 $10\mu L$ 无菌水中。

需要注意的是，在紫外灯下切出含有目的 DNA 片段的琼脂糖凝胶时应注意要快速操作，以免损伤 DNA。

6. 表达载体的构建

用 T7 噬菌体 DNA 连接酶将质粒载体 pET28a 经 *Eco*R Ⅰ和 *Bam*H Ⅰ酶切的片段与目的基因经 *Eco*R Ⅰ和 *Bam*H Ⅰ酶切的片段连接起来，构成重组 DNA 分子。

DNA 分子重组时为了保证目的片段以正确的方向连接进入载体，往往尽可能选择两种具有不同黏性末端的酶分别酶切目的基因和载体，这种双酶切虽然使载体和目的基因都产生两种不同的黏性末端，但是连接酶会选择把相同的黏性末端连接起来，从而保证目的基因只以一个方向连接入载体。

7. 重组 DNA 导入表达细胞

感受态细胞的制备：从新活化的大肠埃希菌 DH5α 平板上挑取一单菌落，接种于 $3\sim 5mL$ LB 液体培养基中，37℃振荡培养至对数生长期（12h 左右）；将该菌悬液以 $1\colon100\sim 1\colon50$ 转接于 100mL LB 液体培养基中，37℃振荡扩大培养，当培养液开始出现混浊后，每隔 $20\sim30min$ 测一次 OD_{600}，至 OD_{600} 为 $0.3\sim0.5$ 时停止培养，并转装到 1.5mL 离心管中；培养物于冰上放置 20min；$0\sim4℃$，$4000g$ 离心 10min，弃去上清液，加入 1mL 冰冷的 0.1mol/L $CaCl_2$ 溶液，小心悬浮细胞，冰浴 20min；$0\sim4℃$，$4000g$ 离心 10min，倒净上清培养液，再用 1.0mL 冰冷的 0.1mol/L $CaCl_2$ 溶液轻轻悬浮细胞，冰浴 20min；$0\sim 4℃$，$4000g$ 离心 10min，弃去上清液，加入 $100\mu L$ 冰冷的 0.1mol/L $CaCl_2$ 溶液，小心悬浮细胞，冰上放置片刻后，即制成了感受态细胞悬液。

在重组 DNA 导入受体细胞的实验中，由于重组率很低，因此需要从这些细胞中筛选出期望重组子，即将转化后的细胞涂布于特定的固体培养基平板，对生长出的单菌落或噬菌斑做进一步筛选和鉴定。

8. 基因工程菌的发酵生产

（1）培养基的制备　LB 培养基：胰蛋白胨 10.0g/L，酵母提取物 5.0g/L，NaCl 10.0g/L，pH 7.0。

发酵培养基：葡萄糖 4.0g/L，甘油 15.0g/L，酵母粉 30.0g/L，蛋白胨 30.0g/L，Na_2HPO_4 12.0g/L，KH_2PO_4 6.0g/L，NH_4Cl 1.0g/L，NaCl 2.0g/L，$MgSO_4$ 0.48g/L，pH 7.0。

甘油补料培养基：甘油 300g/L，酵母汁 150g/L，$MgSO_4$ 10g/L，pH 7.0。所有培养基使用前均加入氨苄西林至终浓度 50mg/L。

（2）菌种活化　将冻存的工程菌复苏后接种于 LB 固体培养基平板，37℃培养 24h。

（3）扩大培养　挑取单菌落接种于 5mL LB 液体培养基，37℃条件下 250r/min 振荡 12h 后，按 1∶100 比例转种于 LB 液体培养基中，继续振荡 10h 作为发酵种子液。

（4）发酵罐发酵　采用自控 5L 发酵罐进行补料分批发酵试验，初始工作体积为 3.0L。设置参数为：发酵温度 37℃，初始搅拌转速 400r/min，初始通气量 1.5L/min，不断提高搅拌转速与通气量最大分别至 650r/min 和 3.5L/min 以维持溶解氧始终在 30％以上。pH 值诱导前为 7.2，诱导后为 7.4。

每隔 1h 取样测定 A_{650}（650nm 处吸光度值）、细胞干重和葡萄糖浓度等参数。当检测到培养基中葡萄糖耗尽时开始采用 pH-stat 反馈流加的方式补料，即当发酵液的 pH 达到 7.4 时设定 pH 反馈，高于设定的 pH 即开始补加发酵补料培养基，直至达到设定的 pH 时停止流加；补料总量为发酵液总体积的 20%。诱导后培养 5～7h，放罐，SDS-PAGE（SDS 聚丙烯酰胺凝胶电泳）检测表达情况。

9. 效价测定

将效价确定的胰岛素标准品用 0.01mol/L 盐酸溶液配制并稀释成 40U/mL、30U/mL、20U/mL、10U/mL、1U/mL、0.5U/mL 溶液。结晶胰岛素样品以 0.01mol/L 盐酸溶液配制并稀释成 1.5mol/mL 溶液进样测定。效价是以主峰面积为纵坐标，标准品浓度为横坐标进行线性回归计算而得的。

操作评价 >>>

一、个体评价与小组评价

任务 1　基因工程胰岛素的生产								
姓名								
组名								
能力目标	1. 能进行核酸提取操作； 2. 能进行 PCR 扩增操作； 3. 能进行电泳操作； 4. 能进行基因工程菌接种、培养与产物分离纯化等操作。							
知识目标	1. 掌握基因工程制药技术基本原理、基本流程； 2. 熟悉目的基因制备基本方法； 3. 掌握载体构建、外源基因导入、载体表达诱导、产物发酵的基本原理与方法。							
评分项目	上岗前准备（设备、实验服与生产记录准备等）	mRNA 的提取	外源目的基因的扩增	表达载体的构建	重组 DNA 导入表达细胞	基因工程菌的发酵生产	团队协作及记录完成情况	台面及仪器清理	总分
分值	10	5	15	15	20	20	5	10	100
自我评分									
需改进的技能									

任务 1 基因工程胰岛素的生产							
小组 评分							
组长 评价	（评价要具体、符合实际）						

二、教师评价

序号	项目	配分	要求	得分
1	上岗前准备 （10分）	A. 思考题回答（5分） B. 实验服与护目镜准备、台账准备 （5分）	操作过程了解充分 工作必需品准备充分	
2	mRNA 的提取 （5分）	mRNA 提取的浓度与总量符合实验 要求（5分）	正确操作	
3	外源目的基因 的扩增 （15分）	A. 获取外源目的基因片段（5分） B. PCR 技术进行扩增（5分） C. 目的基因进行回收纯化（5分）	正确操作	
4	表达载体的构建 （15分）	A. 目的基因与载体结合（5分） B. 目的基因导入受体细胞（5分） C. 筛选获得重组 DNA 分子的受体 细胞克隆（5分）	正确操作	
5	重组 DNA 导入 表达细胞 （15分）	A. 感受态细胞的制备（10分） B. 感受态细胞的筛选（5分）	正确操作	
6	基因工程菌的 发酵生产 （20分）	A. 菌种活化（5分） B. 扩大培养（5分） C. 发酵罐发酵（5分） D. 效价测定（5分）	正确操作	
7	项目参与度 （5分）	小组分工合作能力，操作的主观能动 性（5分）	具有团队合作精神和 主动探索精神	

序号	项目	配分	要求	得分
8	台账与工作任务单完成情况（10分）	A. 完成台账(是不是完整记录)(5分) B. 完成工作任务单(5分)	妥善记录数据	
9	文明操作（5分）	A. 实验态度(2分) B. 清洗玻璃器皿等,清理工作台面(3分)	认真负责 清洗干净,放回原处, 台面整洁	
合计				

【知识支撑】

一、基因工程的基本要素

基因工程是生物技术的一个重要分支,它和细胞工程、酶工程、蛋白质工程及微生物工程共同构成了生物技术。基因工程是用人为的方法将所需要的某一供体生物的遗传物质DNA大分子提取出来,在离体条件下用适当的工具酶进行切割后,把它与作为载体的DNA分子连接起来,然后与载体一起导入某一更易生长、繁殖的受体细胞中,以让外源基因在其中“安家落户”,进行正常的复制和表达,从而产生遗传物质及状态的转移和重新组合。因此外源DNA、载体分子、工具酶和受体细胞等是基因工程的主要组成要素。

1. 外源基因

外源基因是经转基因步骤导入受体细胞的基因。对于一个细胞来说,内源DNA是其基因组的序列（生物本身就有的DNA）,而外源的DNA是通过基因工程导入的其他物种或细胞的DNA,也可以是人工合成的一段DNA。外源基因是存在于生物的基因组中、原来没有的外来基因,也指经转基因步骤导入受体细胞的基因,可以通过基因操作获得。目的基因就是指基因工程中要表达的基因。因此,外源基因的范围大,包含目的基因在内,同时受病毒感染的细胞中病毒的基因也属于外源基因。

2. 载体

外源DNA需要与某种工具重组,才能导入宿主细胞进行克隆、保存或表达。将外源DNA导入宿主细胞的工具称为载体。而大多数外源DNA片段很难进入受体细胞,不具备自我复制的能力,所以为了能够在宿主细胞中进行扩增,必须将DNA片段连接到一种特定的、具有自我复制能力的DNA分子上,这种DNA分子就是载体。按照载体的功能来分,基因工程中常用的载体有克隆载体和表达载体;按照来源分,又分为质粒载体、噬菌体载体、柯斯质粒载体、人工染色体载体等。

载体通常具有以下特点:①能在宿主细胞中独立复制;②有选择性标记,易于识别和筛选;③可插入一段较大的外源DNA,而不影响其本身的复制;④有合适的限制酶位点,便于外源 DNA 插入。

3. 工具酶

(1) 限制性内切核酸酶（简称限制酶） 限制性内切核酸酶是用来识别特定的脱氧核苷酸序列，并对每条链中特定部位的两个脱氧核糖核苷酸之间的磷酸二酯键进行切割的一类酶。限制性内切核酸酶一般是以微生物属名的第一个字母和种名的前两个字母组成，第四个字母表示菌株（品系）。例如，从 *Bacillus amyloliquefaciens* H 中提取的限制性内切酶称为 *Bam* H，在同一品系细菌中得到的识别不同碱基顺序的几种不同特异性的酶，可以编成不同的号，如 *Hind* Ⅱ、*Hind* Ⅲ、*Hpa* Ⅰ、*Hpa* Ⅱ，*Mbo* Ⅰ、*Mbo* Ⅱ，等等。单位定义：在指明 pH 与 37℃条件下，在 50μL 反应混合物中，1h 消化 1μg λDNA 所需的酶量为 1 单位。

限制性内切核酸酶是由细菌产生的，其生理意义是提高自身的防御能力。限制酶一般不切割自身的 DNA 分子，只切割外源 DNA 分子。限制酶可用于 DNA 基因组物理图谱的组建、基因的定位和基因分离、DNA 分子碱基序列分析、比较相关的 DNA 分子和遗传工程、进行基因工程编辑。根据限制酶的结构、辅因子的需求切位与作用方式，可将限制酶分为三种类型，分别是第一型（Type Ⅰ）、第二型（Type Ⅱ）及第三型（Type Ⅲ）。

第一型限制酶：同时具有修饰及识别切割的作用；另有识别 DNA 上特定碱基序列的能力，通常其切割位点距离识别位点可达数千个碱基之远。例如：*Eco*B、*Eco*K。

第二型限制酶：只具有识别切割的作用，修饰作用由其他酶进行。所识别的位置多为短的回文序列（palindromic sequence）；所剪切的碱基序列通常即为所识别的序列。第二型限制酶是遗传工程上，实用性较高的限制酶种类。例如：*Eco*R Ⅰ、*Hind* Ⅲ。

第三型限制酶：与第一型限制酶类似，同时具有修饰及识别切割的作用。可识别短的不对称序列，切割位点与识别位点约距 24～26 个碱基对。例如：*Hinf* Ⅲ。

(2) DNA 聚合酶 又称依赖于 DNA 的 DNA 聚合酶（DNA-dependent DNA polymerase，DNA pol），它是以亲代 DNA 为模板，催化底物 dNTP 分子聚合形成子代 DNA 的一类酶。此酶最早是美国科学家 Arthur Kornberg 于 1957 年在大肠埃希菌中发现的，被称为 DNA 聚合酶Ⅰ（DNA polymerase Ⅰ，简称 polⅠ），以后陆续在其他原核生物及真核生物中找到了多种 DNA 聚合酶。这些 DNA 聚合酶的共同特征为：具有 $5'→3'$ 聚合酶活性，这就决定了 DNA 只能沿着 $5'→3'$ 方向合成；需要引物，DNA 聚合酶不能催化 DNA 新链从头合成，只能催化 dNTP 加入核苷酸链的 $3'$-OH 末端。因而复制之初需要一段 DNA 引物的 $3'$-OH 端为起点，合成 $5'→3'$ 方向的新链。

① *Taq* DNA 聚合酶。*Taq* DNA 聚合酶是第一个被发现的热稳定 DNA 聚合酶，酶蛋白分子质量为 94 kDa，最初由 Saiki 等从温泉中分离的一株水生噬热杆菌 *Thermus aquaticus* 中提取获得。此酶能耐高温，在 70℃反应 2h 后其残留活性大于原来的 90%，在 93℃下反应 2h 后其残留活性是原来的 60%，在 95℃下反应 2h 后其残留活性是原来的 40%；在分子克隆中 *Taq* DNA 聚合酶可用于 DNA 序列测定并可利用聚合酶链式反应对 DNA 的特定片段进行体外扩增。在 PCR 过程中，由于 *Taq* DNA 聚合酶在变性步骤中（约 94℃）不失活，可直接进入第二轮循环，因此不必每轮循环时重新加入新酶，这使得 *Taq* DNA 聚合酶成为 PCR 中的独特用酶。由于 *Taq* DNA 聚合酶的最适反应温度高达 75～80℃，因此退火温度和延伸温度均可适当提高，这限制了非特异性扩增产物的出现，增加了 PCR 的特异性。*Taq* DNA 聚合酶的氨基酸顺序，特别是氨基酸的前 1/3 区域，与大肠埃希菌聚合酶Ⅰ非常

相似，因而它们属于一种多功能酶。

具有 $5'→3'$ 聚合作用：可以以 DNA 为模板，以结合在特定 DNA 模板上的引物为出发点，将四种脱氧核苷酸以碱基互补配对的方式按 $5'→3'$ 方向沿模板顺序合成新的 DNA 链。

具有 $5'→3'$ 核酸外切酶活性：Taq DNA 聚合酶具有依赖于 DNA 合成作用的链置换的 $5'→3'$ 核酸外切酶活性，无论单链 DNA 还是退火到 M13 模板上，$5'$ 端 ^{32}P 标记的寡核苷酸均不降解。另外，如果模板上有一段退火的 $3'$ 磷酸化的阻断物会被逐个切换而不会阻止来自上游引物链的延伸，即它并不抑制在 $3'$-OH 末端上游引物的掺入。

② Tth DNA 聚合酶。来源于嗜热菌 $Thermus\ thermophilus$ HB8。在有 Mg^{2+} 等二价阳离子存在的情况下，具有 DNA 聚合酶活性。它与 Taq DNA 聚合酶一样被广泛用于 PCR，但耐热性比 Taq DNA 聚合酶高，因此对高 GC 含量模板的 PCR 也有较好的效果。Tth DNA 聚合酶基本上没有 $3'→5'$ 外切酶活性及 $5'→3'$ 外切酶活性，所以也可用于双脱氧法测序。另外，本酶具有 RTase（逆转录酶）活性，在 Mn^{2+} 存在的情况下，RTase 活性会得到强化。利用该特性，可以用来在同一管中进行逆转录反应和 PCR，即一步法 RT-PCR（但是，在 Mn^{2+} 存在时，RT-PCR 的准确性不高）。此外，本酶与 Taq DNA 聚合酶一样，PCR 产物可通过 T 载体进行 TA 克隆。它具有下列特点：RT-PCR 的特异性增加，在较高的温度下进行逆转录，增加了引物杂交和延伸的特异性；二级结构减少，在较高的温度下进行逆转录，减少了由 RNA 二级结构引起的问题。

（3）DNA 连接酶　DNA 连接酶是生物体内重要的酶，所催化的反应在 DNA 的复制和修复过程中起着重要的作用。DNA 连接酶分为两大类：一类是利用 ATP 的能量催化两个核苷酸链之间形成磷酸二酯键的依赖 ATP 的 DNA 连接酶；另一类是利用烟酰胺腺嘌呤二核苷酸（NAD）的能量催化两个核苷酸链之间形成磷酸二酯键的依赖 NAD 的 DNA 连接酶。

DNA 连接酶主要用于基因工程，将由限制性内切核酸酶"剪"出的黏性末端重新组合，因此也称"基因针线"。

4. 受体细胞

外源基因表达是基因工程的重要内容，也是工业、医疗和基础研究领域的重要技术。基因表达系统按照基因表达宿主的性质分为原核表达系统和真核表达系统两类，前者主要包括大肠埃希菌表达系统和枯草芽孢杆菌表达系统，后者主要包括酵母表达系统、昆虫细胞表达系统和哺乳动物细胞表达系统等。

（1）原核细胞

① 大肠埃希菌。大肠埃希菌作为外源基因表达的宿主，遗传背景清楚，技术操作简单，培养条件简单，大规模发酵经济，是应用最广泛、最成功的表达体系。表达产物的形式分为细胞内不溶性表达（包涵体）、胞内可溶性表达、细胞周质表达，极少还可分泌到胞外表达。不同的表达形式具有不同的表达水平，且会带来完全不同的杂质。特点如下：

第一，大肠埃希菌中的表达不存在信号肽，因此产品多为胞内产物，提取时需破碎细胞，此时细胞质内其他蛋白质也释放出来，因而造成提取困难；

第二，由于分泌能力不足，真核生物蛋白质常形成不溶性的包涵体（inclusion body），表达产物必须在下游处理过程中经过变性和复性处理才能恢复其生物活性；

第三，在大肠埃希菌中的表达不存在翻译后修饰作用，对蛋白质产物不能糖基化，因此只适于表达不经糖基化等翻译后修饰仍具有生物功能的真核生物蛋白质，在应用上受到一定限制。

由于翻译常从甲硫氨酸的 AUG 密码子开始，因此目的蛋白质的 N 端常多余一个甲硫氨酸残基，容易引起免疫反应。大肠埃希菌会产生很难除去的内毒素，还会产生蛋白酶破坏目的蛋白质。

② 枯草芽孢杆菌。分泌能力强，可将蛋白质产物直接分泌到培养液中，不形成包涵体。该菌也不能使蛋白质糖基化，另外由于它有很多的胞外蛋白酶，会对产物进行不同程度的降解，因此，它的应用也受到限制。

③ 链霉菌。重要的工业微生物。特点是不致病，使用安全，分泌能力强，可将表达产物直接分泌到培养液中，具有糖基化能力，可作为理想的受体菌。

（2）真核细胞

① 酵母。繁殖迅速，可廉价地大规模培养，而且没有毒性，基因工程操作与原核细胞相似，表达产物直接分泌到细胞外，简化了分离纯化工艺，表达产物能糖基化。特别是某些在细菌系统中表达不良的真核生物基因，在酵母中表达良好。目前以酿酒酵母应用最多，表达干扰素和乙肝表面抗原已获成功。酵母表达系统主要优点有：表达量高，表达可诱导，糖基化机制接近高等真核生物，分泌蛋白易纯化，容易实现高密度发酵，等等。缺点是并非所有基因都可以获得高表达，这也几乎是所有表达系统的共同问题。

② 丝状真菌。具有很强的分泌能力，能正确进行翻译后加工，包括肽剪切和糖基化，而且糖基化方式与高等真核生物相似。丝状真菌（如曲霉）被确认是安全菌株，有成熟的发酵和后处理工艺。

③ 哺乳动物细胞。由于外源基因的表达产物可由重组转化的细胞分泌到培养液中，培养液成分完全由人控制，从而使产物纯化变得容易。产物是糖基化的，接近或类似于天然产物。但动物细胞生产慢，生产率低，而且培养条件苛刻，费用高，培养液浓度较稀。

虽然从理论上讲，各种微生物都可以用于基因表达，但由于克隆载体、DNA 导入方法及遗传背景等方面的限制，目前使用最广泛的宿主菌仍然是大肠埃希菌和酿酒酵母。

二、基因工程制药的基本流程

利用基因工程技术开发一个药物，一般要经过以下几个步骤：①目的基因片段的获得，可以通过化学合成的方法来合成已知核苷酸序列的 DNA 片段，也可以通过从生物组织细胞中提取分离得到，对于真核生物则需要建立 cDNA 文库；②将获得的目的基因片段扩增后与适当的载体连接，再导入适当的表达系统；③在适宜的培养条件下，使目的基因在表达系统中大量表达目的药物；④将目的药物提取、分离、纯化，然后制成相应的制剂。基因工程制药一般过程见图 2-2。

以上方法大部分以微生物或组织细胞作为表达系统，通过微生物发酵或组织细胞培养来进行药物生产。近年来，通过转基因动物来进行药物生产的"生物药厂"成为目前转基因动物研究的最活跃领域，也是基因工程制药中最有前景的行业。转基因动物制药具有生产成本低、投资周期短、表达量高、与天然产物完全一致、容易分离纯化等优势，尤其是适合于一些用量大、结构复杂的血液因子，如血红蛋白（Hb）、人血清白蛋白（HSA）、蛋白C（protein C）等。英国的爱丁堡制药公司通过转基因羊生产 α_1-抗胰蛋白酶（α_1-AAT）用于治疗肺气肿，每升羊奶中产 16g α_1-AAT，占奶蛋白质量的 30%，估计每只泌乳期母羊可

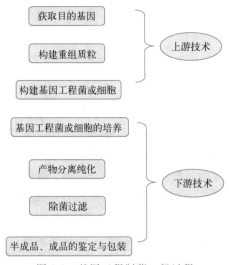

图 2-2　基因工程制药一般过程

产 70g α_1-AAT。另外，转基因植物制药比转基因动物制药更为安全，因为后者有可能有感染人类的病原体。目前，已经开发出许多转基因植物药物，例如脑啡肽、α 干扰素和人血清白蛋白，以及两种最昂贵的药物，即葡萄糖脑苷脂酶和粒细胞巨噬细胞集落刺激因子等。

三、基因工程菌的构建

1. 重组人胰岛素的大肠埃希菌基因工程菌的构建

采用 A 链和 B 链同时表达法。将人胰岛素的 A 链和 B 链编码序列拼接在一起，然后组装在大肠埃希菌-半乳糖苷酶基因的下游。重组子表达出的融合蛋白经 CNBr（溴化氰）处理后，分离纯化 A-B 链多肽，然后再根据两条链连接处的氨基酸残基性质，采用相应的裂解方法获得 A 链和 B 链肽段，最终通过体外化学折叠制备具有活性的重组人胰岛素。

2. 重组子的筛选和鉴定（载体遗传标记检测）

（1）初筛选　随机挑取转化单菌落，在 LB/AK 培养基（含 100pg/mL）氨苄西林和 50μg/mL 卡那霉素）中进行培养，用 0.5mmol/L IPTG（异丙基硫代-β-D-半乳糖苷）诱导表达，表达情况用 16.5％ SDS-PAGE（SDS 聚丙烯酰胺凝胶电泳）进行分析。

（2）重组菌的后续鉴定　采用直接电泳检测法，将初筛选获得的重组菌扩大培养后，提取其质粒 DNA，通过 PCR 对其进行扩增，利用有插入片段的重组载体的分子量比野生型载体分子量大这一特点，用电泳法检测质粒是否为重组质粒。

目的蛋白表达检验：所得菌体经溶菌酶/超声破碎细胞后得到的包涵体进行 SDS-PAGE 分析，所需基因工程菌表达的外源蛋白（His）6-Arg-Arg-人胰岛素原以包涵体形式存在，其分子大小约为 13kb，经电泳与蛋白质分子量标准（marker）对比，如条带显示有所需目的蛋白，则所得菌可作为工程菌使用，经扩大培养后，斜面保存以便后续使用。

（3）工程菌的保藏　15％甘油保存菌种，甘油：菌液（20：80），充分混匀后，-70℃保藏。

一、基因工程菌的培养与发酵

基因工程菌培养与普通微生物发酵的主要区别在于：微生物发酵主要收获的是它们的初级或次级代谢产物，细胞生长并非主要目标；基因工程菌培养是为了获得最大量的基因表达产物。这类物质是相对独立于细胞染色体之外的重组质粒上的外源基因所合成的、细胞并不需要的蛋白质。在基因工程菌的发酵中，菌体的增殖和产物的表达都是在对数生长期内完成的。因此，发酵工艺的改进就集中在如何延长工程菌的对数生长时间，缩短衰亡时间。

为了大量获得基因工程产品，基因工程菌发酵通常采用高密度培养技术。高密度培养即提高菌体的发酵密度，最终提高产物的比生产率（单位体积单位时间内产物的产量）的一种培养技术，通常指补料分批发酵技术。这样不仅可减少培养体积、强化下游分离提取，还可缩短生产周期、减少设备投资，最终降低生产成本。高密度发酵要获得高生物量和高浓度表达产物，需投入几倍于生物量的基质以满足细菌迅速生长繁殖及大量表达基因产物的需要。

在培养基中加入重组蛋白表达的前体氨基酸和一些能量物质有利于蛋白质表达量的提高。比如利用重组大肠埃希菌生产谷胱甘肽（GSH）时，在发酵开始和进行 12h 后，各添加 2.0g/L 腺苷三磷酸（ATP）和 9mmol/L 前体氨基酸，可以使细胞浓度和 GSH 的产量分别比不添加这两种物质提高 24% 和 1.4 倍。

重组大肠埃希菌高密度发酵成功的关键是补料策略，即根据工程菌的生长特点及产物的表达方式采取合理的营养流加方案。在重组大肠埃希菌高密度发酵中，合理流加碳源降低"葡萄糖效应"是成功的关键。常见的流加技术有恒速流加、变速流加、指数流加和反馈流加。

（1）恒速流加 限制性基质以恒定流速流加进入发酵罐中，供细胞生长和代谢用的一种培养技术。通常以补料前的耗糖速率作为流加补料速率。

特点：相对于发酵罐中的菌体来说，营养物的浓度逐渐降低；比生长速率也慢慢降低；菌体密度呈线性增加。

（2）变速流加 限制性基质以变速或梯度增加流速流加进入发酵罐中，供细胞生长和代谢用的一种培养技术。

特点：可以克服恒速流加中营养物的浓度逐渐降低的缺陷，菌体在较高密度下通过流加更多营养物质来促进菌体的生长，并对产物的表达有利；比生长速率不断改变。

（3）指数流加 恒定比生长速率的一种流加限制性基质的培养技术，是一种简单而又有效的补料技术。

特点：流加速度呈指数增加，菌体密度也呈指数增加；它能够使发酵罐中基质的浓度控制在较低的水平，这样就可以大大减少乙酸的积累；还可以通过控制流加速度来控制菌体的生长速率，使菌体稳定生长的同时有利于外源蛋白的充分表达。

（4）反馈流加 以发酵参数，如 pH、DO（溶解氧）、OUR（摄氧率）、CER（二氧化碳释放率）和菌体浓度作为控制对象，控制流加速度，使发酵液中葡萄糖浓度维持在较低水平的一种流加培养技术。常见的有恒 pH 法和恒溶解氧法。

① 恒 pH 法。大肠埃希菌代谢葡萄糖产生乙酸将导致 pH 的降低，因此 pH 降低速率与葡萄糖消耗速率成正比。当 pH 降低过快时，说明葡萄糖过量，来不及完全氧化，产生了过

量乙酸，即流加速度过快，此时应将其流加速度减慢；否则相反。

② 恒溶解氧法。发酵过程当葡萄糖耗尽时，发酵液的溶解氧将迅速升高。因此，发酵过程中溶解氧水平和糖流加速率与工程菌的酵解过程和代谢物的完全氧化有很大关系。具体表现为：缺氧即溶解氧值低将迫使糖代谢进入糖酵解途径，产生乙酸，对基因工程菌培养不利；当补糖速率过快时，将导致部分糖无法及时氧化而进入糖酵解途径。因此，可通过控制流加速度来控制溶解氧水平，降低乙酸的积累。

具体控制策略：当溶解氧过低时，说明葡萄糖过量，此时应降低流加速率；当溶解氧过高时，说明葡萄糖即将耗尽，此时应加大流加速率。

二、基因工程酵母菌的培养与发酵

1. 工程酵母菌的优势

酵母是外源基因的另一个常用表达系统，与大肠埃希菌表达系统相比具有一些明显的优势，主要体现在：

① 酵母培养条件简单，生长繁殖速度快，可进行高密度发酵培养，利于大规模工业化生产；

② 酵母一般很少分泌杂蛋白，这样便有利于外源蛋白的提取和纯化；

③ 重组产物的表达水平高，毕赤酵母的表达水平比酿酒酵母高 10～100 倍；

④ 酵母与其他许多真核生物一样，它分泌的蛋白质一般都要经过一次或多次对其功能或稳定性至关重要的翻译后修饰——糖基化，糖基化能保证蛋白质进行适当的折叠，从而保护蛋白质免受蛋白酶的降解作用，这对重组蛋白质药物是十分重要的；

⑤ 同样糖基化，酵母使外源蛋白在宿主细胞中出现错误折叠的可能性比细菌要小得多，而且不像大肠埃希菌一样，外源蛋白常存在于包涵体中，从而简化外源蛋白的分离和纯化工序。

2. 酵母菌高密度培养

常见的酵母表达系统有酿酒酵母和毕赤酵母，下面主要介绍重组毕赤酵母的高密度培养。毕赤酵母 *Pichia pastoris* 是甲醇利用型酵母，能以甲醇为唯一碳源和能源生长。甲醇利用途径的第一个酶为醇氧化酶（AOX）。生长在限量甲醇中的细胞能诱导出大量该酶，而生长在甘油、葡萄糖或乙醇中的细胞却不能产生该酶。因此，可利用醇氧化酶基因（AOX1）作为强启动子来构建表达系统而高效表达外源蛋白。

影响外源基因在毕赤酵母中高效表达的因素包括：

① 表达菌株。最常用的宿主菌为 GS115（His4），是 His 营养缺陷菌。

② 表达载体。对于非分泌蛋白采用胞内表达载体，对分泌蛋白则选择分泌型载体。

③ 选择强启动子。最常用的启动子为 AOX1 启动子。

④ 信号肽的选择。影响外源蛋白分泌的关键因素是外源蛋白基因本身，但是利用信号肽能更好地分泌蛋白质。

⑤ 增加外源基因整合拷贝数。毕赤酵母载体在宿主染色体上大多数为单拷贝整合，而且即使单拷贝也能获得较高产量，但是也有一些例子表明提高拷贝数可大大增加表达水平。

⑥ 转化方法的选择。通过不同的转化方法提高拷贝数。毕赤酵母的转化方法主要有电击法、原生质体融合法和氯化锂转化法。

重组毕赤酵母的高密度培养技术称为"三段法"：第一阶段，在甘油或葡萄糖为碳源的合成培养基中进行工程菌的分批培养，以积累菌体细胞；第二阶段，在限制生长速率下流加甘油或葡萄糖的流加补料培养，以进一步提高菌体量；第三阶段，即诱导阶段，开始以较低速度流加甲醇，以诱导外源蛋白的表达。

近年来，又出现了混合补料工艺，即在诱导阶段，以一定比例和速度流加甲醇和甘油混合料液。该工艺的主要优点是：①提高细胞存活力；②缩短诱导时间；③提高重组蛋白的生产速率。但是过量甘油的流加，又将抑制甲醇利用途径，导致外源蛋白的表达水平降低。

重组毕赤酵母大规模培养的高密度培养时要注意控制代谢副产物乙醇的量，同时还要注意控制甲醇的流加量，它们都将抑制细胞的生长，后者还将影响表达水平。

控制甲醇的流加量可采用恒溶解氧（DO）法：当甲醇流加速率过快时，DO上升；反之甲醇流加速率过慢时，DO降低。利用甲醇传感器，控制发酵液中甲醇的浓度。

【知识拓展】

一、表达产物分离纯化的基本过程

由于基因工程药物是从转化细胞，而不是从正常细胞生产的，所以对产品的纯度要求也要高于传统产品。基因工程药物的分离纯化一般不应超过4～5个步骤，包括细胞破碎、固液分离、浓缩与初步纯化、高度纯化直至得到纯品及成品加工。

二、抗体的分离纯化

重组蛋白质分离纯化的特点为：

① 大多数重组蛋白质产品是生物活性物质，在分离纯化过程中，有机溶剂、溶液pH值、离子强度的变化均可使蛋白质变性失活。

② 重组蛋白质产品在物料中含量很低，物料组成非常复杂。例如，利用基因工程菌发酵生产蛋白质，物料中含有大量成分复杂的培养基、菌体生产代谢物等，目标蛋白质的含量常常不到蛋白质总量的1%。有些重组蛋白质存在于细胞内或在胞内形成包涵体，为获取蛋白质，还需进行细胞破碎，结果物料中含有大量的细胞碎片和胞内产物。

③ 含蛋白质产品的物料不稳定，蛋白质产品易受料液中蛋白水解酶降解。

④ 很多重组蛋白质产品作为医药、食品被人类利用，因而要求蛋白质产品必须是高度纯化的，产品无菌、无致热原等。

蛋白质分离提纯的一般原则

三、包涵体的分离纯化

发酵液进行细胞分离，分别得到胞内产物和胞外产物。胞外产物直接进行透析浓缩然后进行再复性及酶转化，再对产物进行高度纯化，最后制剂即可。胞内产物用溶菌菌或超声波将细胞破碎，细胞破碎后用高速离心法进行固液分离。分离后用变性剂或者离子去污剂得到包涵体，再用变性剂（尿素）使其变性，接着用二次复性法将其复性。对复性后的产物进行透析浓缩，然后进行再复性及酶转化，再对产物进行高度纯化，最后制剂即可。

细胞破碎有两种方法。其一是溶菌酶/超声破碎细胞。发酵所得湿菌体，悬浮于适量缓冲液A[50mmol/L Tris-HCl、0.5mmol/L EDTA（乙二胺四乙酸）、50mmol/L NaCl、5％甘油、0.1～0.5mmol/L DTT（二硫苏糖醇），pH7.9]中，加入溶菌酶（5mg/g）（以湿菌体计），室温或37℃振荡2h。在冰浴中超声（10s×30），每次间隔20s，功率200W。其二是超声破碎细胞。大肠埃希菌湿菌体悬浮于适量的缓冲液A中，充分溶解，冰浴超声（40s×10），每次间隔30s，功率200W。将细胞破碎的裂解液于4℃、12000r/min条件下离心15min，收集沉淀。

包涵体的洗涤：包涵体在溶解之前需要进行洗涤，包涵体中主要含有重组蛋白，但也有一些杂质，如一些外膜蛋白、质粒DNA等，这些杂质会与包涵体粘连在一起，可以通过洗涤去除大多数杂质，但无法将杂蛋白去除干净。包涵体的洗涤通常选用浓度较低的变性剂，如2mol/L尿素在50mmol/L Tris，pH7.0～8.5，1mmol/L EDTA中洗涤包涵体。此外可以用温和的去污剂Triton X-100洗涤去除膜碎片和膜蛋白。同时，因为去污剂的洗涤能力会随溶液中的离子强度升高而增强，所以在洗涤包涵体时可加入低浓度的尿素或高浓度的氯化钠，使得包涵体的纯度提高。

具体操作：沉淀用适量的包涵体洗涤缓冲液（20mmol/L Tris-HCl pH 8.0，0.5mol/L NaCl，2 mol/L尿素，2％ Triton）重悬后，搅拌洗涤20～30min，于4℃，12000r/min离心15min，弃去上清液。重复2～3次。再用适量的50mmol/L Tris pH8.0溶液洗涤一遍（以去除残留的EDTA），于4℃ 12000r/min离心15min，弃去上清液。离心收集沉淀保存，用SDS-PAGE检测洗涤效果。

【场外训练】 基因工程抗凝药物水蛭素的生产

1. 器材

40L发酵罐，蛋白质纯化仪，色谱柱填料SP-Sepharose Fast Flow、Source 15Q（聚合物强阴离子交换剂），高效液相色谱仪，C_{18}色谱柱，电泳仪，紫外分光光度计，重组工程菌BL21(DE3)-pET-24-EH，保存于-80℃冰箱。

2. 试剂

酵母提取物，蛋白胨，IPTG（异丙基-β-D-硫代半乳糖苷），鲎试剂，乙腈、甲醇（均为HPLC级），等等。

摇瓶种子培养基（LB）：蛋白胨10g/L，酵母提取物5g/L，NaCl 10g/L，小鼠抗水蛭素单抗，辣根过氧化物酶标记的兔抗小鼠二抗，人凝血酶标准品和牛纤维蛋白原，牛凝血因子Xa，等等。

发酵罐培养基（LB）：KH_2PO_4 3g/L，K_2HPO_4 6g/L，$(NH_4)_2SO_4$ 2g/L，酵母提取物5g/L，蛋白胨10g/L，25％葡萄糖24mL/L，1mol/L $MgSO_4$ 4mL/L，1mol/L $CaCl_2$ 0.1mL/L。

LB培养基发酵的流加液：蛋白胨200g/L，酵母提取物100g/L，葡萄糖500g/L，$MgSO_4$ 92g/L。

发酵罐培养基（TB）：KH_2PO_4 3g/L，$(NH_4)_2SO_4$ 5g/L，酵母提取物20g/L，蛋白胨

10g/L，甘油 20mL/L，$MgSO_4 \cdot 7H_2O$ 0.7g/L，无水 $CaCl_2$ 0.02 g/L，NH_4Cl 0.5g/L，NaCl 0.5g/L，$Na_2HPO_4 \cdot 12H_2O$ 6g/L。

TB 培养基发酵的流加液：蛋白胨 50g/L，酵母提取物 50g/L，甘油 120mL/L，$MgSO_4 \cdot 7H_2O$ 1g/L。

3. 操作过程

（1）种子的培养 分别取冻存菌种 0.5mL 接种到 2 个各装有 50mL LB 培养基的 1L 三角瓶中，并各加入 0.1mL 卡那霉素（100mg/mL），37℃，230r/min 培养约 12h，至 OD_{600} 为 1～2，此为一级种子。将一级种子按 0.1% 的比例加入 2L LB 培养基中，均匀分在 8 个 1L 三角瓶中，37℃，230r/min 培养约 10h，至 OD_{600} 为 2～4，此为二级种子。

（2）基于 LB 培养基的低密度发酵 将二级种子液加入含有 19L LB 培养基的发酵罐中，起始培养条件为 37℃培养，200r/min，通气量为 2L/（L·min），发酵过程中通过调节转速、通气量来维持罐内溶解氧值在 30%～40%，每隔 1h 取样测定，培养至约 4h 时开始诱导，IPTG（1mol/L）终浓度为 0.5mmol/L，诱导时间为 4h。

（3）基于 LB 培养基的高密度发酵 起始培养条件同低密度发酵，培养过程中，通过控制转速、通气量来维持罐内溶解氧在 30%～40%，转速最高控制在 550r/min，通气量最高控制在 15L/（L·min），培养至约 11h，开始流加 LB 培养基发酵的流加液，流加速度通过溶解氧（溶解氧保持在 30%～40%）来反馈控制，待培养至约 12h 时开始诱导，火焰封口法加入 20mL IPTG（1mol/L），至终浓度约为 1mmol/L，待菌体 OD_{600} 不再上升或下降时下罐，发酵过程中用 50% 的氨水控制 pH。

（4）基于 TB 培养基的高密度发酵 起始培养条件同低密度发酵，培养至约 5h 时，罐内培养基营养耗尽，开始流加 TB 培养基发酵的流加液，培养至约 6h 时进行诱导，其余过程同"基于 LB 培养基的高密度发酵"中的方法。

（5）细菌破碎 下罐发酵液在 4℃，4300r/min 的条件下离心 20min，收集菌体，取菌体与 50mmol/L Gly-HCl 的缓冲液（pH3.0）以 1:2 的体积比搅拌均匀，用－20℃和室温条件下反复冻融的方法破碎细菌，先经 4300r/min 离心 40min，再经 10000r/min 高速离心 30min，收集上清，－20℃保存备用。

（6）离子交换色谱 所有操作均在 4℃ 条件下进行。缓冲液 A：50mmol/L Gly-HCl（pH3.0）。缓冲液 B：A＋1mol/L NaCl。冻融所得上清以 8mL/min 流速上样于预先用缓冲液 A 平衡好的 SP-Sepharose Fast Flow 阳离子交换柱，上样结束后，以 12mL/min 流速进行洗脱，洗脱程序设为：缓冲液 A 洗 2 个柱体积（CV）→0～10% B 1CV→10%～35% B 6CV→35%～100% B 3CV。检测波长为 280nm。收集各洗脱峰，SDS-PAGE 和劳里法（Lowry method）检测目的蛋白峰及其蛋白质浓度，保存于－20℃备用。

准备 Source 15Q 阴离子交换色谱所用缓冲液，缓冲液 A：20mmol/L 的 L-His（pH6.0）。缓冲液 B：A＋1mol/L NaCl。将阳离子交换色谱收集得到的 EH 洗脱峰用缓冲液 A 稀释 5 倍，然后将稀释的样品以 8mL/min 流速上样于预先用缓冲液 A 平衡过的 Source 15Q 阴离子交换柱，上样结束后，以 10mL/min 流速进行洗脱，洗脱程序设置为：缓冲液 A 2 CV→0～15% B 1 CV→15%～25% B 5CV→25%～100% B 2CV。检测波长为 280nm，收集各洗脱峰后测其蛋白质含量和抗凝活性，将目的峰收到无热原的容器中，冻存于－20℃冰箱中。

（7）抗凝活性测定 将纯化后样品加生理盐水稀释成 1mg/mL，取稀释后的 EH 供试品

溶液 $30\mu L$，加入 $1\mu L$ 的牛凝血因子 Xa 轻混匀，$37℃$水浴 6h，取裂解后样品用去离子水做 2 倍倍比稀释。依次取不同稀释度的样品各 $10\mu L$ 至 Eppendorf 管中；各加入 $8IU/mL$ 的凝血酶 $20\mu L$，轻混匀后分别再加入 $5mg/mL$ 的纤维蛋白原 $20\mu L$，轻弹混匀，加第一个样后开始计时；室温静置 15min，观察凝块形成情况。以同体积去离子水代替裂解的 EH 溶液和凝血酶溶液，其他条件不变作为空白对照；以同体积去离子水代替裂解的 EH 溶液，其他条件不变作阳性对照；以未经裂解的 EH 样品，其他条件不变作为裂解前对照。抗凝比活性计算公式为：抗凝比活性＝无凝块出现的最大稀释倍数$\times 16ATU$❶$/mg$。

配制 16.5% 的分离胶，5% 的浓缩胶，上样量 $20\mu L$，恒压 70V 条件下开始 SDS 聚丙烯酰胺凝胶电泳（SDS-PAGE），进入分离胶后将电压调至 130V，电泳结束后，考马斯亮蓝染色。

任务 2　基因工程 α 干扰素的生产

干扰素（interferon，IFN）于 1957 年通过其抗病毒特性首次被发现，干扰素是人和动物细胞受病毒感染或受到细菌内毒素、核酸、细胞分裂素等作用后，由受体细胞分泌的一种细胞因子，其本质是蛋白质。干扰素分三种类型，Ⅰ 型 IFN 包括 IFN-α 家族的多个亚型、IFN-β、IFN-ω、IFN-τ、IFN-κ 和 IFN-ε。唯一的 Ⅱ 型 IFN 是 IFN-γ。新发现的 Ⅲ 型 IFN 也被称为 IFN-λ。临床上干扰素广泛用于治疗病毒感染、癌症和自身免疫病等。人类编码 Ⅰ 型 IFN 的 17 个基因，包括许多编码 IFN-α 亚种，聚集在 9 号染色体上。Ⅰ 型 IFN 的基因缺乏内含子，在蛋白质水平上，人类 IFN-α 亚种间 50% 的序列具有同一性。IFN-β、IFN-ω 与 IFN-α 的序列同一性分别为 22%、37%。这些保守的残基对介导蛋白质的相似受体识别至关重要。IFN-α 蛋白质具有 186～190 个氨基酸残基，并含有可切割的信号肽，导致分泌的蛋白质为 165 或 166 个氨基酸，含有保守的两个半胱氨酸二硫键。人类编码 IFN-γ 的基因位于 12 号染色体上，具有三个内含子，并编码含有 146 个氨基酸残基的蛋白质。人类编码 Ⅲ 型 IFN 的基因位于 19 号染色体上，已经发现四个成员，分别命名为 IFN-λ1（IL-29）、IFN-λ2（IL-28A）、IFN-λ3（IL-28B）和 IFN-λ4，Ⅲ 型 IFN 与 Ⅰ 型 IFN 具有相同的结构同源性。

Ⅰ 型 IFN 是第一个通过重组 DNA 技术生产的干扰素，常用的表达人干扰素基因的工程菌有大肠埃希菌、假单胞菌和酿酒酵母，如：注射用重组人干扰素 α2a 由高效表达人干扰素 α2a 基因的大肠埃希菌，经发酵、分离和高度纯化后获得的人干扰素 α2a 冻干制成。

任务 2　课前自学清单
任务描述	利用重组人干扰素 α2b 工程菌株系获得人干扰素 α2b 基因；能制备大肠埃希菌感受态细胞；能用质粒转化感受态细胞；能构建表达载体；能诱导基因的表达。

❶　ATU 在生物学中是抗凝血活性单位（anticoagulant activity unit）的缩写。它用于表示水蛭素（一种具有抗凝血活性的蛋白质）的含量。

任务 2　课前自学清单

	能做什么	要懂什么
学习目标	1. 能够熟练使用工具酶； 2. 能够利用酶、载体、DNA、宿主细胞进行基因重组操作； 3. 能对重组子进行鉴定并具有可靠性； 4. 能制备感受态细胞； 5. 会正确书写工作任务单、工作台账本，并对结果进行准确分析。	1. 工具酶的功能； 2. DNA 聚合酶的功能； 3. PCR 技术原理； 4. 基因表达元件； 5. 标记基因的作用； 6. 细胞培养的基本条件； 7. 沉淀技术。
工作步骤	步骤 1　合成人干扰素 α2b 基因序列——重组人干扰素 α2b 工程菌株系 步骤 2　PCR 扩增获得人干扰素 α2b 基因序列 步骤 3　构建人干扰素 α2b 重组克隆质粒 步骤 4　鉴定重组子 步骤 5　构建人干扰素 α2b 重组表达质粒 步骤 6　鉴定重组子——人干扰素 α2b 基因表达产物鉴定 步骤 7　种子培养 步骤 8　扩大培养 步骤 9　分离纯化人干扰素 α2b 步骤 10　完成评价	
岗前准备	思考以下问题： 1. 构建人干扰素 α2b 重组克隆质粒的准备工作有哪些？ 2. 如何筛选重组克隆质粒？ 3. 如何从重组克隆质粒中获得人干扰素 α2b 基因？ 4. 为什么要进行基因测序？ 5. 为什么要对包涵体复性？	
主要考核指标	1. 阳性重组子的筛选鉴定(工具酶的使用及操作、PCR 结果的分析)； 2. 实验结果(重组表达载体构建、转化、筛选鉴定)； 3. 工作任务单、工作台账本随堂完成情况； 4. 实验室的清洁。	

→| 小提示

操作前阅读【知识支撑】中有关 "(3) PCR 技术中获得目的基因""2. 目的基因与载体的连接"及 "3. 重组 DNA 导入受体细胞"的知识，以便更好地完成本任务。

工作目标 >>>

分组开展工作任务。以高效表达人干扰素 α2b 基因的大肠埃希菌为生产菌种，通过发酵培养，在菌体内形成干扰素 α2b 包涵体，收获菌体后进行细胞破碎，提取干扰素包涵体，复性，并进行干扰素 α2b 分离纯化。

通过本任务达到以下能力目标及知识目标：

1. 能根据实际基因操作目的选择工具酶；掌握核酸内切酶、DNA 聚合酶的基本知识；
2. 能应用 PCR 技术获得目的基因；掌握 PCR 技术原理；
3. 能根据实际基因操作目的选择质粒载体；掌握质粒载体的结构组成；
4. 能熟练应用质粒载体进行基因重组；掌握 DNA 连接酶的基本知识；
5. 能熟练进行细胞转化操作；掌握感受态细胞的制备原理。

工作准备 >>>

1. 工作背景

创建基因重组和蛋白质表达的操作平台，并配备 PCR 仪、离心机、电泳仪、凝胶成像仪、酶标仪等相关仪器设备，完成干扰素的生产。

2. 技术标准

生产和检定用设施、原材料及辅料、水、器具、动物等应符合《中国药典》（现行版）中"凡例"的有关要求。种子批的建立应符合"生物制品生产检定用菌毒种管理及质量控制"的规定。

3. 所需器材及试剂

（1）器材 电子天平、精密 pH 计、紫外分光光度计、压力蒸汽灭菌锅、超净工作台、恒温振荡培养箱、倒置显微镜、生化培养箱、垂直电泳槽、恒压恒流电泳仪、超声波粉碎仪、低速离心机、高速冷冻离心机、色谱柱、重组人干扰素 α2b 工程菌株系。有人干扰素 α2b 基因的重组质粒转化大肠埃希菌菌株等。

（2）试剂

LB 种子培养基：胰蛋白胨 10.0g/L，酵母提取物 5.0g/L，NaCl 10.0g/L，pH7.0。

发酵培养基：磷酸氢二钠 4.8g/L，磷酸二氢钾 3.0g/L，氯化铵 1.0g/L，氯化钠 0.5g/L，氯化钙 0.11g/L，硫酸镁 0.1g/L，蛋白胨 10.0g/L，酵母浸出物 5.0g/L，葡萄糖 2.0g/L。

纯化材料：CM Sepharose Fast Flow 凝胶，DEAE Sepharose Fast Flow 凝胶，中低压蛋白质纯化系统，0.22μm 过滤膜。

实践操作 >>>

人 IFN-α2b 含有 165 个氨基酸残基：

CDLPQTHSLGSRRTLMLLAQMRRISLFSCLKDRHDFGFPQEEFGNQFQKAETIPV
LHEMIQQIFNLFSTKDSSAAWDETLLDKFYTELYQQLNDLEACVIQGVGVTETPLMK
EDSILAVRKYFQRITLYLKEKKYSPCAWEVVRAEIMRSFSLSTNLQESLRSKE

生产人干扰素 α2b(IFN-α2b) 的操作流程如图 2-3 所示。

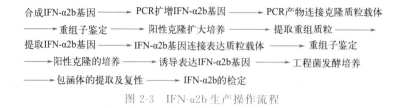

图 2-3 IFN-α2b 生产操作流程

1. 合成 IFN-α2b 基因序列

登录网站，查找人 IFN-α2b 基因序列（GeneBank 序列号：MF093694），得到序列如下：

001 ATGTGTGACCTGCCGCAAACCCACTCTCTGGGCTCTCGCCGTACCCTGATGCTGCTGGCT

061 CAAAATGCGTCGTATCTCCCTGTTCTCATGCCTGAAAGATCGTCATGACTTTGGCTTCCCG

121 CAGGAAGAATTTGGTAACCAGTTCCAAAAGGCGGAAACCATTCCGGTGCTCACGAAATG

181 ATCCAGCAAATCTTTAACCTGTTTAGCACGAAAGATAGCTCTGCGGCCTGGGATGAAACC

241 CTGCTGGACAAGTTTTATACGGAACTGTACCAGCAACTGAACGATCTGGAAGCGTGCGTT

301 ATCCAGGGCGTCGGTGTGACCGAAACGCCGCTGATGAAAGAAGACTCTATTCTGGCCGTC

361 CGTAAGTATTTTCAACGCATCACCCTGTATCTGAAAGAAAAGAAATACTCCCCGTGTGCA

421 TGGGAAGTGGTTCGTGCTGAAATTATGCGCAGTTTCTCCCTGTCAACGAATCTGCAGGAA

481 TCGCTGCGCAGCAAAGAATGA

用大肠埃希菌最适同义密码子来替换人 IFN-α2b 基因编码序列中所有的同义密码子，更换后的人 IFN-α2b 基因序列如下：

001 ATGTGCGACCTGCCGCAGACCCACTCCCTGGGTTCCCGTCGTACTCTGATGCTGCTGGCT

061 CAGATGCGCCGTATCTCCCTGTTCTCCTGCCTGAAAGACCGTCACGACTTCGGTTTCCCG

121 CAGGAAGAATTCGGTAACCAGTTCCAGAAAGCTGAAACCATCCCGGTTCTGCACGAAATG

181 ATCCAGCAGATCTTCAACCTGTTCTCCACCAAAGACTCCTCCGCTGCTTGGGACGAAACC

241 CTGCTGGACAAATTCTACACCGAACTGTACCAGCAGCTGAACGACCTGGAAGCTTGCGTT

301 ATCCAGGGTGTTGGTGTGACCGAAACCCCGCTGATGAAAGAAGACTCCATCCTGGCTGTT

361 CGTAAATACTTCCAGCGTATCACCCTGTACCTGAAAGAAAAAAAATACTCCCCGTGCGCT

421 TGGGAAGTTGTGCGTGCTGAAATCATCCGTTCTTTCAGCCTGTCCACCAACCTGCAGGAA

481 TCCCTGCGTTCCAAAGAATAA

委托生物技术公司（如华大基因、生工等）合成更换了同义密码子后的人 IFN-α2b 基因序列，并将该基因插入 pUC 系列质粒载体，转化大肠埃希菌。同时要求生物技术公司合成扩增 IFN-α2b 基因序列所需要的质粒载体引物。

2. PCR 扩增 IFN-α2b 基因

将带有 IFN-α2b 基因的大肠埃希菌涂布 LB 平板（含氨苄西林），37℃过夜培养。挑取单菌落转接 LB 液体培养基（含氨苄西林）中，37℃，220r/min，恒温振荡培养过夜。检查细胞浓度，合格后，取部分菌液制成甘油管，放置于－80℃冰箱保存。

用质粒小量提取试剂盒（购自生物技术公司，如生工、碧云天等），从符合标准的菌液中提取质粒。提取后用超微量分光光度计测质粒吸光度，以 A_{260}/A_{280} 接近 1.8 判断其纯度。

用质粒载体引物 PCR 扩增 IFN-α2b 基因反应体系：重组质粒 DNA 1μL，2×*Taq* PCR master mix 12.5μL，上游引物 1μL，下游引物 1μL，ddH₂O 9.5μL，90℃预变性 4min，进行 30 个循环，90℃变性 30s，55℃退火 30s，72℃延伸 30s，最后 72℃保温 10min。

3. PCR 产物与连接载体

将 pGM-T 载体放置冰上融化，将步骤 2 中的 PCR 产物加入无菌 0.5mL 离心管中，加入 10×T4 DNA 连接酶缓冲液 2μL，加入 400U 的 T4 DNA 连接酶，补加 ddH₂O 至 20μL，16℃反应 3h。

4. 转化 DH5α 大肠埃希菌感受态细胞

从 −80℃超低温冰箱中取出 DH5α 感受态细胞，于冰浴中快速融化，按 1∶10 比例迅速在刚解冻的感受态细胞中加入步骤 3 中所得连接产物，混匀，冰浴 30min。然后将感受态细胞置于 42℃水中热激 60s，冰浴 2min。在管中加 LB 培养基 800μL，37℃振荡培养 1h。4000r/min 离心 5min，收集菌体，弃多余 LB 培养基，余下约 200μL 悬浮菌体，将菌液均匀涂布于 LB 平板上（含有氨苄西林、X-gal），37℃培养 12～16h。

5. 重组子鉴定

通过蓝白斑筛选可鉴别重组质粒，含有重组子的 DH5α 大肠埃希菌为白色菌落，含空载体的为蓝色菌落。挑取白色菌落，接种到含有 3mL LB 培养基的摇菌试管中，37℃，220r/min，振荡培养 12～16h。用质粒小量提取试剂盒提取质粒，送测序公司测序，并将序列与 IFN-α2b 基因序列进行比对，以确定重组质粒含有全长 IFN-α2b 基因序列。将阳性克隆命名为 pGM-T-IFN-α2b。

6. 挑取阳性克隆

加 100mL LB 培养基，用 250mL 锥形瓶进行扩大培养，37℃，220r/min，振荡培养 12～16h。

7. 提取目标质粒

取上一步骤中的菌液，用质粒小量提取试剂盒提取 pGM-T-IFN-α2b 质粒，用限制性内切酶 *Eco*R Ⅰ 和 *Hind* Ⅲ 对质粒做双酶切。

8. 电泳检测

酶切产物进行 1% 琼脂糖凝胶电泳，IFN-α2b 基因序列长度为 501bp，电泳检测是否酶切产生相应大小的 DNA 片段。用割胶回收试剂盒纯化目的 DNA 片段，得到纯化的两端具有限制性内切酶 *Eco*R Ⅰ 和 *Hind* Ⅲ 黏性末端的 IFN-α2b 基因。

9. IFN-α2b 基因连接表达质粒载体

表达载体 pET-28a(＋) 质粒转化 DH5α 大肠埃希菌感受态细胞，筛选阳性克隆，挑取单菌落进行培养。收集菌体，用质粒小量提取试剂盒提取 pET-28a(＋) 质粒，再用限制性内切酶 *Eco*R Ⅰ 和 *Hind* Ⅲ 对环形 pET-28a(＋) 质粒做双酶切，使之线性化。用琼脂糖凝胶电泳分离 IFN-α2b 基因、线性化表达载体 pET-28a(＋)，割胶回收纯化质粒。用 T4 DNA 连接酶连接 IFN-α2b 基因和表达载体 pET-28a(＋)。连接产物转化 DH5α 大肠埃希菌感受态细胞，涂布 LB 平板（含卡那霉素），筛选重组子。阳性克隆命名为 pET-28a(＋)-IFN-α2b，用载体引物 PCR 扩增 IFN-α2b 基因。取 PCR 产物进行 1% 琼脂糖凝胶电泳，检测目的 DNA

序列是否与载体连接。

PCR 体系：重组质粒 DNA $1\mu L$，$2\times Taq$ PCR master mix $12.5\mu L$，上游引物 T7（5′-TAATACGACTCACTATAGGG-3′）$1\mu L$，下游引物 T7ter（5′-TGCTAGTTATTGCT-CAGCGG-3′）$1\mu L$，ddH_2O $9.5\mu L$，90℃预变性 4min，进行 30 个循环，90℃变性 30s，55℃退火 30s，72℃延伸 30s，最后 72℃保温 10min。

10. 诱导表达 IFN-α2b 基因

挑取 pET-28a（＋）-IFN-α2b 单菌落接入装有 3mL LB 液体培养基（含卡那霉素）的摇菌试管中，37℃，220r/min 振荡培养 12～16h。取过夜培养物 $500\mu L$，接种 LB 液体培养基（含卡那霉素，$50\mu L/100mL$），棉塞封口，保证其通气量。37℃，220r/min 振荡培养，至菌液吸光度 A_{600} 为 0.5～1.0。每个样品吸取 5mL 至离心管备用。向剩余的培养基中加 IPTG 至最终浓度为 0.5mmol/L，37℃继续振荡培养。在不同的诱导时间取样，每次取样量为 5mL。超声波法破碎细胞用 ELISA 法测定 IFN-α2b 的表达量。

11. 工程菌发酵培养

① 种子培养。将 pET-28a（＋）-IFN-α2b 菌种接种含 100mL LB 培养基（含卡那霉素，$50\mu L/100mL$）的 250mL 摇瓶中，37℃，220r/min，振荡培养 12～16h。

② 发酵培养。将种子液按 1：10 的比例加入 1L 摇瓶中扩大培养，加 400mL 无抗生素 LB 培养基，37℃，220r/min，振荡培养数小时，至菌液吸光度 A_{600} 为 0.6。

③ 诱导表达。向培养基中加 IPTG 至最终浓度为 0.5mmol/L，37℃继续振荡培养至 IFN-α2b 的表达量最高。

12. IFN-α2b 包涵体的提取及复性

收集菌体，5000r/min 离心 15min，弃上清液，用蒸馏水洗两次，再用 1/10 原培养体积的 TE[10.0mmol/L Tris-HCl(pH8.0)，1.0mmol/L EDTA] 缓冲液重悬细胞。

① 细胞破碎　在细菌悬液中加入溶菌酶至终浓度 0.2mg/mL，再加入 1/10 体积的 1% TE 缓冲液（10mmol/L Tris-HCl 缓冲液，pH 8.5，1mmol/L EDTA），30℃处理 30min，在冰浴中超声破碎细菌，处理条件为：超声波功率 400W，作用 5s，间隔 5s，循环次数 90 次。

② 提取包涵体　细菌裂解液于 4℃，10000r/min，离心 10min，收集包涵体沉淀。加入含盐酸胍的 TE 缓冲液（10mmol/L Tris-HCl 缓冲液，pH 8.5，1mmol/L EDTA，2mol/L 盐酸胍）洗涤 3 次，再用含尿素的 TE 缓冲液（10mmol/L Tris-HCl 缓冲液，pH 8.5，1mmol/L EDTA，2mol/L 尿素）洗涤 3 次，离心后收集沉淀物即为包涵体。

③ 包涵体的溶解及复性　包涵体加入 5 倍体积的 8mol/L 盐酸胍 [含 5mmol/L DTT（还原剂二巯基苏糖醇）]，在冰浴条件下抽提 2h，再将抽提液迅速用 0.15mol/L 硼酸复性液（pH 9.0）稀释 100 倍，4℃放置 2h 后，装透析袋，于 20 倍体积的 10mmol/L Tris-HCl（pH 7.5）溶液中透析 20～24h，透析过程中，每 6h 换 1 次透析液。待透析完全后，用 PEG2000 浓缩透析液。将复性后的蛋白质过滤除菌，冻存于－70℃备用。

13. IFN-α2b 的检定

参照《中国药典》（现行版）三部的要求进行，包括生物学活性依法测定（通则 3523）、蛋白质含量依法测定（通则 0731 第二法）。比活性为生物学活性与蛋白质含量之比，每 1mg

蛋白质应不低于 1.0×10^8 IU。

操作评价 >>>

一、个体评价与小组评价

任务 2　基因工程 α 干扰素的生产									
姓名									
组名									
能力 目标	1. 能够熟练使用工具酶； 2. 能够利用酶、载体、DNA、宿主细胞进行基因重组操作； 3. 能对重组子进行鉴定并具有可靠性； 4. 能制备感受态细胞； 5. 会正确书写工作任务单、工作台账本，并对结果进行准确分析。								
知识 目标	1. 掌握基因重组技术的相关知识； 2. 掌握基因获取方法； 3. 掌握 PCR 技术； 4. 掌握工具酶的应用。								
评分 项目	上岗前准备 （思考题回答、 实验服与 台账准备）	小量质 粒的 提取	DNA 质量 的分析	质粒的 酶切	PCR 扩增 产物的 分析	重组质 粒的 构建	台账完 成情况	台面及 仪器 清理	总分
分值	10	15	5	10	15	30	10	5	100
自我 评分									
需改进 的技能									
小组 评分									
组长 评价	（评价要具体、符合实际）								

二、教师评价

序号	项目	配分	要求	得分
1	上岗前准备 （10分）	A. 思考题回答（5分） B. 实验服与护目镜准备、台账准备（5分）	操作过程了解充分 工作必需品准备充分	
2	小量质粒的提取 （15分）	A. 细胞培养（7分） B. 质粒抽提（8分）	正确操作，无污染	
3	DNA 质量的分析 （5分）	A. 分光光度计准备（1分） B. 检测（2分） C. 数据分析（2分）	正确操作 正确操作 判断标准	
4	质粒的酶切 （10分）	A. 取样量准确（2分） B. 反应条件正确（4分） C. 操作迅速，无污染（4分）	正确操作	
5	PCR 扩增产物的分析 （15分）	A. 反应体系（5分） B. 仪器使用（3分） C. 电泳（7分）	正确配比 正确操作 正确操作 正确操作	
6	重组质粒的构建 （30分）	A. 酶切（5分） B. 酶连接（5分） C. 感受态细胞制备（10分） D. 转化（5分） E. 筛选鉴定（5分）	正确操作 正确操作 正确操作 正确操作 正确分析	
7	台账完成情况 （10分）	A. 完成台账（是不是完整记录）（5分） B. 完成工作任务单（5分）	妥善记录数据	
8	台面及仪器清理 （5分）	清洗玻璃器皿等，清理工作台面（5分）	生物安全意识， 清洁意识	
合计				

【知识支撑】

一、基因工程制药的基本技术

基因工程技术又称重组 DNA 技术，是指将外源目的基因插入载体，转入新的宿主细胞，构建工程菌株，并使目的基因在工程菌内进行复制和表达的技术。基因工程制药是应用基因工程技术研制和开发核酸、多肽和蛋白质药物，包括目的基因的克隆、表达、发酵及基因产物的分离纯化。

1. 目的基因的获得

欲获得某个制药基因，首先对该基因有所了解，然后根据制药基因的性质设计或改造基因。2001年"人类基因组计划"公布了人类基因组草图，在开展人类基因组计划的同时模式生物基因组计划也在进行，其目的在于利用模式生物基因组与人类基因组之间编码顺序和组织结构上的同源性，阐明人的基因组在结构、功能及物种进化的内在联系，如：小鼠因与人类有相对较近的亲缘关系，成为研究人类的基因表达、个体发育、疾病等方面的模式生物。随着基因组测序技术的快速发展，全基因组测序的成本大幅降低，测序效率大大提升，在短时间内可快速完成生物的全基因组测序。目前，生物信息数据库中存储了海量的基因组数据，为比较分析已知基因及发现新基因提供参考。

（1）直接从基因组获得目的基因　从基因组DNA直接获得目的基因，首先须从细胞中提取基因组DNA，通过密度梯度区带离心、单链酶切和分子杂交等方法分离目的基因。

① 密度梯度区带离心法。是指将样品铺在惰性梯度介质（如氯化铯、蔗糖等）之上，或加入惰性梯度介质中，用超速离心机，在一定的离心力下进行离心沉降，把所需的颗粒分配到密度梯度中某些特定位置，形成不同区带的分离方法。分为差速区带离心法和等密度区带离心法两种。差速区带离心法按"颗粒"的沉降系数差进行分离，单一组分的沉降速率取决于它们的形状、尺寸、密度、离心力的大小、梯度液的密度和黏性系数。形状、大小相同，密度不同的"颗粒"不能用差速区带离心法进行分离。等密度区带离心法按样品的密度进行分离，样品可以铺在梯度液之上，也可以与梯度液混合在一起，混合样品中的单一组分向与其自身密度相等的密度靠近。

氯化铯密度梯度区带离心法可以有效分离同位素标记和非同位素标记的DNA。氯化铯-溴化乙锭密度梯度离心法是获得大量、高纯度的闭环结构质粒DNA的经典方法。蔗糖密度梯度离心是目前流感病毒裂解疫苗、乙型脑炎疫苗等生产过程中使用较广泛的纯化工艺。密度梯度区带离心法的建立首先需要选择适合的超速离心机转头，并对旋转角度、重复次数、离心时间及制备密度梯度等条件进行摸索，以形成最佳方案应用于纯化具体的核酸分子。如图2-4所示为氯化铯-溴化乙锭等密度梯度区带离心法从农杆菌中分离质粒DNA，在离心管中可观察到质粒DNA形成的区带。

② 单链酶切法。通过控制温度，DNA分子中

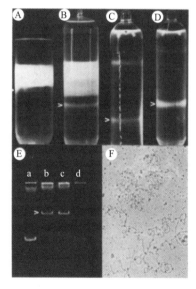

图2-4　等密度梯度区带离心法
从农杆菌中分离 Ti 质粒 DNA

图中 A、B 为质粒 DNA 与染色体 DNA 的分离，每管中含有 77.9μg/mL 的总 DNA，离心48h，A 为大容量 Ti 70 固定角转子管，B 为大容量 VTi 50 垂直角转子管。C、D 为在小容量 VTi 65 立式转子管中重离心回收样品形成的区带，C 为 Ti 70 固定角转子管的回收样品，D 为 VTi 50 垂直角转子管的回收样品。E 为回收质粒的电泳图。b、c 为自 VTi 立式转子管回收的质粒电泳图；a、b 为 DNA 标准分子电泳图谱。">"标记表示质粒区带。F 为 VTi 50 垂直角转子管分离的质粒的超螺旋结构

富 AT 区熔解温度低，DNA 双链发生热变性产生单链区，而富 GC 区的熔解温度高，仍保持 DNA 双螺旋结构，然后利用适当浓度的 S1 核酸酶特异性降解单链 DNA 产生单链核苷酸或寡核苷酸，从而得到富含 GC 序列的基因片段。S1 核酸酶对锌离子有很强的依赖性，高浓度的 S1 核酸酶亦可消化 DNA-DNA、DNA-RNA 和 RNA-RNA 分子，此外 S1 核酸酶可用于切割不含限制性酶切位点的双链环形 DNA 分子，形成开口分子或线性分子。

单链核酸分子在适合条件下，同与其碱基互补的核酸序列形成双螺旋结构的特性称为核酸分子杂交。分子杂交具有高度特异性，利用已知序列基因探针，可分离某一目的基因，也可以对某一基因进行鉴别，例如用分子杂交法对密度梯度离心获得的分离产物进行基因鉴别。

（2）从 cDNA 文库中获得目的基因　真核生物基因为断裂基因，基因在细胞核内转录生成的核内不均一 RNA（hnRNA）是 mRNA 的前体，再通过 hnRNA 的剪接除去内含子，连接外显子，形成成熟的 mRNA。mRNA 含有生物合成蛋白质的全部遗传密码。提取细胞总 mRNA，逆转录合成 mRNA 的互补 DNA 序列，再合成不含有内含子序列的双链 cDNA，将双链 cDNA 插入载体，再导入宿主细胞进行增殖，从而构建 cDNA 文库。对一个已构建过多次的 cDNA 文库，可应用已知序列的探针和分子杂交技术从中寻找目的基因，也可应用特异性引物从 cDNA 文库中 PCR 扩增目的基因。

（3）PCR 技术中获得目的基因　PCR(polymerase chain reaction) 技术是一种体外快速特异性扩增目的基因的方法。该方法 1983 年问世，灵感来源于 DNA 半保留复制机理，现已成为分析研究基因的通用技术，并衍生出多种 PCR 方法。PCR 需要 DNA 模板、引物、反应缓冲液、dNTP、Taq DNA 聚合酶等试剂，仪器需要微量移液器、PCR 管、PCR 仪等。PCR 由变性、退火、延伸三个基本循环步骤构成，基本原理如图 2-5 所示。

为了使双链 DNA 发生彻底的热变性或破坏可能存在的引物二聚体，常编辑预变性步骤，然后编辑变性、退火、延伸步骤，并且为了充分利用 Taq DNA 聚合酶，常在最后编辑一个 72℃保温步骤。重复变性、退火、延伸三个步骤，上一个循环合成的 DNA 及原始的 DNA 分别成为下一次循环的模板，经过 n 次循环，1 个 DNA 分子可扩增至 2^n 个，因此 PCR 可以指数倍扩增目的 DNA 序列。PCR 的特异性在于设计了两个寡核苷酸引物。引物不仅必须与目标 DNA 侧翼的序列互补，而且不能自我互补或相互结合形成二聚体。上、下游引物还必须在 GC 含量上匹配，具有相似的退火温度，并且不能扩增非目的基因序列。PCR 的退火精确温度至关重要，引物的解链温度（T_m）可由 A、T、C、G 数量进行近似计算：

$$4(G+C)+2(A+T)=T_m$$

引物的退火温度一般比 T_m 值低 3～5℃，接近 T_m 值的退火温度有利于提高引物与目的片段的特异性配对。每个 PCR 体系都必须由实验人员确定和优化。

RT-PCR(reverse transcription PCR，反转录 PCR) 是标准 PCR 衍生方法，可以从生物样本中扩增特定的 mRNA 转录本，而不需提取纯化 mRNA。将 dNTP、缓冲液、Taq DNA 聚合酶、寡核苷酸引物、逆转录酶和 RNA 模板一起加入反应管，方便快捷。RT-PCR 原理如图 2-6 所示。

反应加热到 37℃，允许逆转录酶工作，并产生 mRNA 链的 cDNA 副本，即"第一链合成"，该 cDNA 与混合引物中的一个退火，进行正常的 PCR 扩增，得到"第二链合成"，形成双链 cDNA，然后和标准 PCR 一样扩增 dsDNA（双链 DNA）产物。

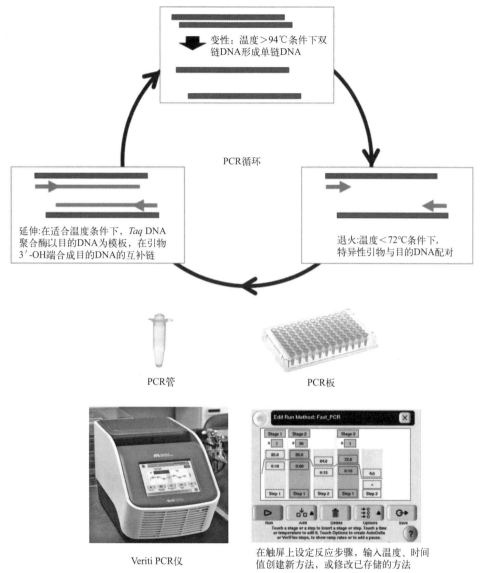

图 2-5　PCR 基本原理

（4）化学合成　化学合成基因主要适用于序列已知，且分子量较小的基因。全自动核酸合成仪采用固相亚磷酸三酯法合成 DNA。如北京迪纳兴科生物科技有限公司生产的 DNAchem-12 寡核苷酸合成仪（图 2-7）有 12 个通道，该仪器配合使用其配套的 DNA 合成试剂，合成 DNA 长度不低于 120bp，生产的 DNA/RNA 寡核苷酸不仅可用于基因合成、基因构建，还可用于 PCR/RT-PCR、siRNA/RNAi、DNA/RNA 测序、免疫和生物化学、高通量筛选、杂交、基因诊断和治疗研究等。

2. 目的基因与载体的连接

（1）克隆载体　载体是具备自我复制能力的 DNA 分子，能组装外源 DNA 片段，带入宿主细胞，并在细胞进行传代或表达。根据载体的来源可以分为质粒载体、噬菌体载体、酵母细胞载体和病毒载体。载体一般具有以下特征：能在宿主细胞内进行稳定的自我复制；具

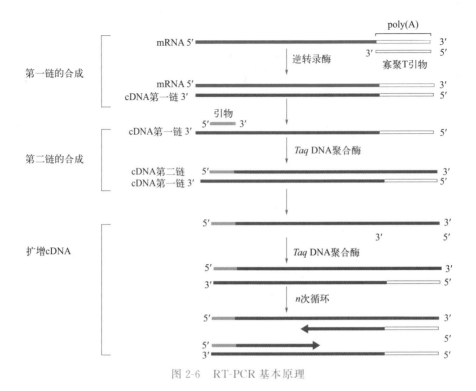

图 2-6　RT-PCR 基本原理

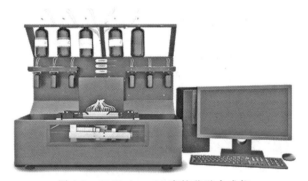

图 2-7　DNAchem-12 寡核苷酸合成仪

有较小的分子量和松弛型复制子；载体分子上必须有外源 DNA 插入的单一性限制性内切核酸酶位点，即多克隆位点，且能保证外源基因的插入不影响重组子稳定、高效地传代、表达；具有能够观察的表型特征，即筛选标记，以便对重组子进行筛选和鉴定，如抗生素抗性基因；易于从细胞中分离纯化。

① 质粒载体。细菌质粒是细菌染色体外能自主复制并遗传的环状双链 DNA 分子，在自然条件下，质粒可通过水平转移从一个宿主转移到新的宿主中。根据细胞所含质粒的拷贝数，细菌质粒分为低拷贝数（1～3 个）质粒和高拷贝数（10～60 个）质粒，也称严紧型质粒和松弛型质粒。在天然质粒的基础上，通过人工改造和基因重组构建了许多工程化质粒，作为基因重组的克隆载体，质粒载体可装载的外源 DNA 片段一般低于 10kb。

pBR322 质粒（图 2-8）是广泛应用的一种细菌质粒克隆载体，pBR322 双链 DNA 比天然的细菌质粒小，为松弛型质粒，含有两个抗生素抗性基因，在质粒内有多个单一性限制性内切核酸酶位点。例如在 Pst I 位点插入外源 DNA 片段，导致氨苄西林抗性基因失活；在 Sal I 位点插入外源 DNA 片段，则导致四环素抗性基因失活。因此，大肠埃希菌细胞含有完整的非重组 pBR322 质粒时，对青霉素、四环素表现抗性，而携带重组 DNA 的 pBR322 质粒的大肠埃希菌则丢失青霉素抗性，或丢失四环素抗性。

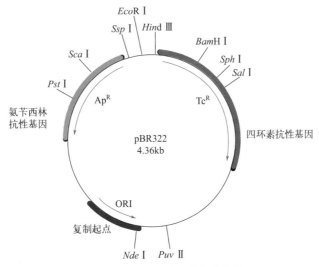

图 2-8　pBR322 质粒的结构特点

基于 pBR322 已开发了多种质粒，如 pUC 系列克隆质粒，pUC18 是其中一种（图 2-9）。在 pUC18 中最常用的一些限制性内切核酸酶特异性作用序列集中在一个区域，该区域被称为多克隆位点（MCS），位于 $lacZ$ 基因编码的 β-半乳糖苷酶（β-galactosidase）中。当 pUC18 质粒被用于转化宿主细胞大肠埃希菌时，通过添加诱导剂 IPTG（异丙基硫代-β-D-半乳糖苷）诱导表达 β-半乳糖苷酶，该酶水解无色的 X-gal(5-溴-4-氯-3-吲哚基-β-D-半乳糖苷)，产生蓝色不溶性沉淀。而外源 DNA 插入 MCS，破坏了 β-半乳糖苷酶基因，X-gal 不被水解。因此，在 X-gal 存在时，大肠埃希菌细胞含有完整的非重组 pUC18 质粒时，菌落是蓝色，而携带重组 DNA 的 pUC18 质粒的大肠埃希菌呈白色或无色。

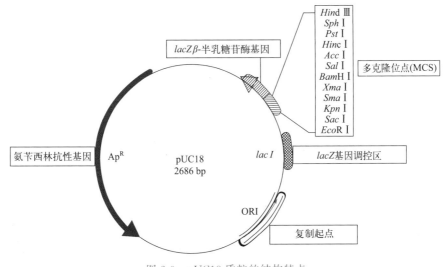

图 2-9　pUC18 质粒的结构特点

② 噬菌体载体。噬菌体是细菌的病毒。温和型噬菌体感染宿主细胞后，其DNA整合到宿主的染色体上，随宿主细胞的复制而复制，而在某些条件刺激下才引起宿主细胞的裂解，释放出新的噬菌体感染其他细胞。大肠埃希菌λ噬菌体（图2-10）基因组为线性双链DNA，大小约为48kb，其两端具有12bp的黏性末端，5′端序列为5′-GGGCGGCGACCT-3′，λ噬菌体感染宿主后在连接酶作用下封闭黏性末端，形成环形双链形式的λ噬菌体。λ噬菌体DNA中约三分之一为生长非必需序列，实验证明用外源DNA替换生长非必需区，当重组λ噬菌体基因组DNA为野生型λ噬菌体基因组DNA非必需区时，不影响λ噬菌体裂解生长。

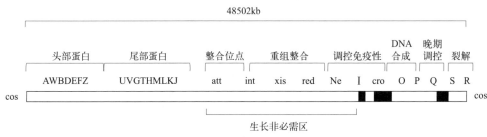

图2-10　λ噬菌体DNA结构特点

基于λ噬菌体已开发了多种载体。*lacZ*基因可作为λ噬菌体载体的筛选标记，通过β-半乳糖苷酶基因片段的插入或替换，进行蓝白斑筛选重组噬菌体。*cI*基因的表达促进λ噬菌体整合到宿主染色体，并使之进入溶源菌状态，而该基因失活则促进λ噬菌体进入裂解循环。野生型λ噬菌体在含有P2原噬菌体的溶源性大肠埃希菌中的生长受到限制，即对P2噬菌体的干扰敏感。如果λ噬菌体缺少两个*red*、*gam*基因，同时带有chi位点（5′-GCTG-GTGG-3′），并且宿主菌的*rec*基因（与重组有关的基因）完整，则λ噬菌体在P2噬菌体溶源性大肠埃希菌中生长良好。因此，通过对λ噬菌体的*red*、*gam*基因的插入失活或替换，可在P2噬菌体溶源性宿主中鉴别重组λ噬菌体，称为Spi筛选。

插入型λ噬菌体载体只有一个供外源DNA插入的克隆位点。λgt10（图2-11）是典型的插入型载体，大小为43340bp，主要用于构建cDNA文库，可装载的外源DNA片段大小不超过6kb。其克隆位点两侧序列大小为1881kb，λgt10唯一的*Eco*R I酶切位点可用于外源片段的插入。重组导致λgt10中的*cI*插入失活，用带hflA150突变的大肠埃希菌筛选重组体，宿主感染了非重组λgt10形成溶源状态菌，产生混浊的菌落，而重组型λgt10使宿主裂解产生空斑。插入型载体一般可插入的外源片段为0～10kb。

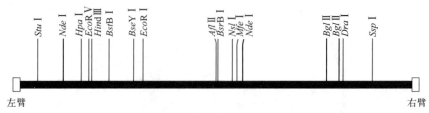

图2-11　λ噬菌体载体λgt10结构示意图

置换型λ噬菌体载体允许外源DNA片段替换λ噬菌体的生长非必需序列，外源DNA片段应控制在9～23kb大小范围内，适用于构建高等生物基因组文库。λEMBL3载体（图2-12）是典型的置换型λ噬菌体载体，其克隆位点具有成对的反向排列的限制性酶切位点：*Sal* Ⅰ、*Bam*H Ⅰ、*Eco*R Ⅰ。中间填充区含有 *red*、*gam* 基因，应用 Spi 筛选法鉴定重组 λEMBL3。

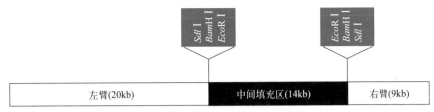

图 2-12　λEMBL3 载体结构示意图

③ 柯斯质粒。是人工建构的含有 λ 噬菌体 DNA 的 cos 位点和质粒复制起点（colE1）的载体，长度一般为 5～7kb。柯斯质粒具备标记基因、多种限制性酶切位点、启动子和终止子等，用于克隆大片段 DNA，最长可达 45kb。柯斯质粒载体相当于 λ 噬菌体载体的左、右臂，cos 位点通过黏性末端配对后，再与外源 DNA 片段连接成多联体。当多联体与包装蛋白混合时，λ 噬菌体 A 基因蛋白能切割两个 cos 位点，并将两个同方向 cos 位点之间的片段包装到 λ 噬菌体颗粒中。这些体外组装的噬菌体颗粒感染宿主时，线型的重组柯斯质粒被注入宿主细胞，通过 cos 位点环化，环形的柯斯质粒可像质粒一样复制并使宿主获得特殊的表型，方便筛选鉴定重组体。柯斯质粒一般长 4～6kb，插入柯斯质粒的外源 DNA 可大于 40kb，重组质粒 DNA 总长不超过野生型 λ 噬菌体基因组的大小。例如，柯斯质粒 pHC79（图 2-13）由质粒 pBR322 和 λ 噬菌体的 cos 位点的一段 DNA 构成，

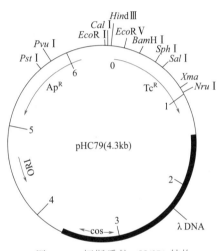

图 2-13　柯斯质粒 pHC79 结构

因此可用氨苄西林抗性或四环素抗性基因筛选重组质粒。

（2）工具酶　基因重组常用的工具酶包括限制性内切核酸酶（表 2-1）、DNA 连接酶、DNA 聚合酶、末端转移酶、碱性磷酸酶、逆转录酶等。限制酶、聚合酶、连接酶已在任务 1 中介绍。

表 2-1　限制性核酸内切酶识别并切割特异序列举例

酶名称	识别序列	切割产物	末端类型
Hae Ⅲ	5′-GGCC-3′ 3′-CCGG-5′	5′-GG　　　CC-3′ 3′-CC　　　GG-5′	平末端
*Bam*H Ⅰ	5′-GGATTC-3′ 3′-CCTAAG-5′	5′-G　　　GATTC-3′ 3′-CCTAA　　　G-5′	黏性末端
Not Ⅰ	5′-GCGGCCGC-3′ 3′-CGCCGGCG-5′	5′-GC　　　GGCCGC-3′ 3′-CGCCGGC　　　G-5′	黏性末端

① 逆转录酶有两种来源，其中，逆转录酶 AMV 来自禽类成髓细胞瘤病毒 RNA 基因组的一种基因表达产物。纯化后的酶的活性形式为 α、ββ 和 αβ。α 亚基的分子质量为 68 kDa，β 亚基为 92 kDa。成熟的 αβ 形式是活性最强的 AMV 逆转录酶，其中包含了 RNA 指导的 DNA 聚合酶活性、DNA 指导的 DNA 聚合酶活性、RNase H 活性和解螺旋活性。逆转录酶 AMV 适用于 cDNA 合成、第一链 cDNA 合成及扩增反应，以及双脱氧 DNA 测序等应用。莫洛尼鼠白血病病毒（M-MLV）逆转录酶可通过单链 RNA、DNA 或 RNA-DNA 杂合体（使用引物）合成互补的 DNA 链，适用于制备 cDNA 文库或合成第一条 cDNA 链。

② 末端转移酶不需要引物，可将脱氧和双脱氧核苷三磷酸加到双链和单链 DNA 片段以及寡核苷酸的 3′-OH 末端。末端转移酶常用于向 DNA 片段添加 dNTP 的同聚物尾，或插入地高辛、生物素和荧光染料标记的脱氧和双脱氧核苷三磷酸。

③ 碱性磷酸酶可催化从磷酸化的各种化合物中除去的磷酸基团。小牛肠碱性磷酸酶可水解来自 DNA 和 RNA 的 5′-磷酸基团。限制性内切酶切割载体，经碱性磷酸酶处理后缺乏 5′-磷酸基团，线性化载体不能与自身连接。因此，连接酶催化的反应产物主要为重组 DNA，而不是重新连接的质粒。

（3）目的基因与载体的连接　目的基因与载体连接主要是利用 DNA 连接酶连接目的基因片段与载体，形成重组体。

黏性末端连接是用同一限制性内切酶切割 DNA、载体产生相同的黏性末端，在一定的反应缓冲液中，将两种 DNA 酶切片段混合，一起退火，黏性末端间彼此形成碱基互补配对，在 DNA 连接酶的催化下，配对的分子连接到一起。但单酶切连接有可能产生载体自连、DNA 片段环化、假阳性等缺点。用两种不同的限制性内切酶分别切割 DNA、载体，产生不同的黏性末端，在 DNA 连接酶的作用下，目的片段以两端互补的形式插入载体中。

某些基因 DNA 序列的酶切片段末端为平末端，可以直接利用 T4 DNA 连接酶，也可以通过同聚物加尾法（图 2-14）、衔接物连接法（图 2-15）和接头连接法将目的片段连接到载体中去。

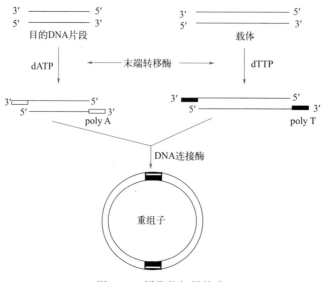

图 2-14　同聚物加尾技术

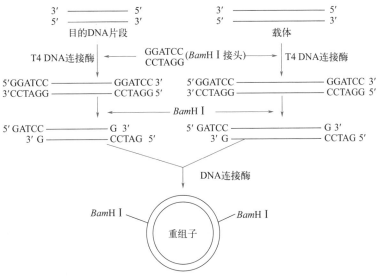

图 2-15　衔接物连接平末端 DNA 片段

3. 重组 DNA 导入受体细胞

（1）细菌转化法　细菌菌株可通过捕获来自另一细菌菌株的 DNA 而获得新的遗传性状。感受态是指受体细胞最易接受外源 DNA 片段的而作为转化受体的一种生理状态。大肠埃希菌是基因菌种中常用的受体细胞，传统应用钙离子依赖性感受态细胞转化方法，$1\mu g$ DNA 可得到 $10^7 \sim 10^8$ 个转化子。以大肠埃希菌 DH5α 为例（图 2-16），挑取一个单菌落接种于 50mL LB 液体培养基中，37℃，220r/min 振荡培养 12～16h。取 1mL 过夜培养物接种于 100mL LB 培养基中，在 37℃ 条件下，以 220r/min 振荡培养至 OD_{600} 为 0.3～0.4。无菌条件下，将菌液分装到 2 个 50mL 预冷的无菌聚丙烯离心管中，冰上放置 10min，4℃ 下 4000r/min 离心 10min，收集菌体，弃去上清。用 10mL 预冷的无菌 $CaCl_2$ 溶液重悬菌体细胞，4℃ 下 4000r/min 离心 10min 沉淀菌体，弃去上清，用 10mL 预冷 $CaCl_2$ 溶液重悬菌体沉淀，冰上放置 30min，4℃ 下 4000r/min 离心 10min，沉淀菌体。用 2mL 预冷的 $CaCl_2$ 溶

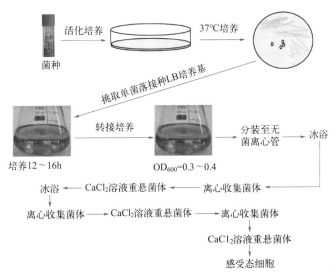

图 2-16　感受态细胞制备流程简图

液重悬菌体沉淀，分装，每管 $100\mu L$，即为感受态细胞。在感受态细胞中加入一定量 DNA，混匀，冰浴 30min，然后将感受态细胞于 42℃ 水浴加热 40s，冰浴 2～5min，向管中加入 $900\mu L$ LB 液体培养基，37℃ 振荡培养 1h，使菌体恢复正常生长。将菌液均匀涂布于抗性 LB 平板上，37℃ 培养 12～16h。

（2）电击法　采用高压脉冲电场，可将质粒成功导入大肠埃希菌，$1\mu g$ DNA 可得到 $10^8 \sim 10^9$ 个转化子。使用基因导入仪进行电激转化试验，电容调节范围 5～20μF，电压调节范围 1.0～2.5kV，调节电极距离，提供初电场强度 2.8～16.0kV/cm。

以 pUC18 质粒为例。大肠埃希菌 DH5α 在 LB 培养基中 37℃ 振荡培养，至菌液 OD_{600} 为 0.5～1.0。细菌在 0℃ 短暂放置后，在 4℃ 条件下，5000rpm 离心 15min，收集菌体。为在电击中获得较低的电导，用 HEPES 缓冲液强化洗涤 DH5α 菌体，步骤为用与培养液等体积的冰冷的 1mol/L HEPES 缓冲液洗涤，离心，然后用 1/2 体积的冰冷的 1mol/L HEPES 缓冲液再洗涤和离心一次，然后用 10% 甘油洗涤，离心，最后悬浮在 10% 甘油中（较原培养基浓缩 50 倍），分装后在 -20℃ 保存备用。

浓缩的 DH5α 在室温解冻后置于 0℃，取 $200\mu L$ 加到 10mL 试管中，加入 $100\mu L$ 去离子水，然后再加 1～2μL 质粒溶液，冰上放置 30min。小心吸出全部质粒-细菌混合液，加到已预冷的电极间隙内，电击。立即将该混合液转移到装有 2mL LB 培养基的摇菌试管内，室温下放置 30min，再用 LB 培养基适当稀释，取 100～200μL 涂布 LB 平板（含抗生素）。

4. 重组子的筛选和鉴定

（1）插入失活法　载体分子都带有可选择的遗传标记或表型特征，因此可根据载体表型特征选择重组子，如抗生素插入失活、β-半乳糖苷酶蓝白斑筛选法。

以 pBR322 质粒载体为例，重组子筛选过程如图 2-17 所示。

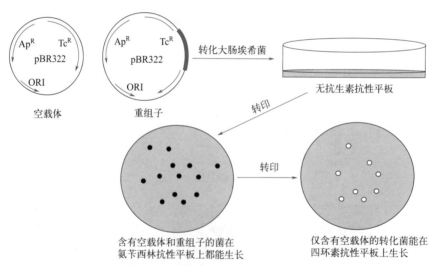

图 2-17　抗生素抗性失活筛选 pBR322 重组子

（2）蓝白斑筛选法　以 pUC18 质粒为例，蓝白斑筛选过程如图 2-18 所示。当 pUC18 质粒转化进入宿主细胞大肠埃希菌时，IPTG（异丙基硫代-β-D-半乳糖苷），作为诱导剂"打开" β-半乳糖苷酶基因，产生的 β-半乳糖苷酶水解无色的 X-gal(5-溴-4-氯-3-吲哚基-β-D-半乳糖苷)，导致蓝色不溶性物质的生成。当外源 DNA 片段插入多克隆位点，使 β-半乳糖苷酶基因被破坏，意味着 X-gal 不被水解。因此，携带重组 pUC18 质粒的宿主细胞将是白色或无色的，而具有完整的非重组 pUC18 质粒的宿主细胞将是蓝色的。这种方法被称为蓝白斑筛选。

（3）酶切法　酶切法筛选检测的重组子可能存在假阳性。把初筛的重组子进行小样培养，提取质粒，单酶切或双酶切质粒，然后进行琼脂糖凝胶电泳，检测质粒中插入外源片段的大小。

（4）序列测定　用位于插入外源片段两侧的质粒载体基因序列作为引物，以重组质粒DNA 为模板，PCR 扩增目的基因，再进行琼脂糖凝胶电泳，检测 DNA 片段大小。为了确定重组子中插入外源片段的 DNA 序列，须对其进行序列测定。

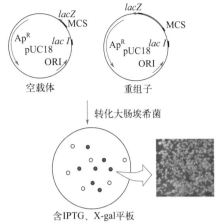

图 2-18　蓝白斑筛选 pUC18 重组子

二、目的基因在宿主细胞中的表达

1. 大肠埃希菌表达系统

表达载体是在宿主体内能稳定维持和传播的 DNA 结构。对于一个典型的细菌宿主，理想的表达载体来自一个基因，该基因可被诱导而强烈表达。表达载体在其复杂性、操作的简易性及可容纳的 DNA 序列长度方面各不相同。对于蛋白质表达，质粒表达载体是其中最重要的载体。

大肠埃希菌由于遗传背景相对清楚，并有大量可供选择的克隆和表达载体，成为表达外源基因的主要菌株。典型的大肠埃希菌表达载体主要包括：质粒复制起点、多克隆位点和筛选标记基因、启动子、操纵子、转录和翻译起始信号、终止子及核糖体结合位点等。目前已经开发出含有启动子和核糖体结合位点的质粒载体，基于不同启动子的表达系统得到广泛应用，如 pET 表达质粒（图 2-19），包括复制起点（ori）、lac 阻遏蛋白基因（lacI）、乳糖操纵子（lacO）、启动子（P_{T7}）、终止子（T_{T7}）和用于融合不同蛋白质的多个克隆位点（MCS）。

P_{T7} 含有 20 个核苷酸，是一种病毒启动子，大肠埃希菌 RNA 聚合酶不能识别启动子 P_{T7}，在没有 T7 RNA 聚合酶的情况下，P_{T7} 不被激活，也不产生重组蛋白。当 P_{T7} 被激活时，它迅速转录，最大速度约为每秒 230 个核苷酸，比大肠埃希菌 RNA 聚合酶快 5 倍左右。pET 质粒表达的调控机制见图 2-20。

表达需要含有 DE3 噬菌体片段的溶源化宿主菌株，该片段编码 T7 RNA 聚合酶，受 IPTG 诱导的 lacUV5 启动子的控制。大肠埃希菌基因组和质粒 pET 上各有一个 lacI 基因的拷贝。lac 阻遏蛋白（lacI）抑制宿主细胞的 lacUV5 启动子和 pET 质粒编码的 T7/lac 杂交启动子。在没有诱导剂的情况下，lacI 四聚体与大肠埃希菌基

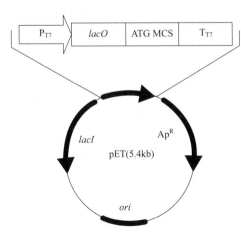

图 2-19　pET 表达质粒结构

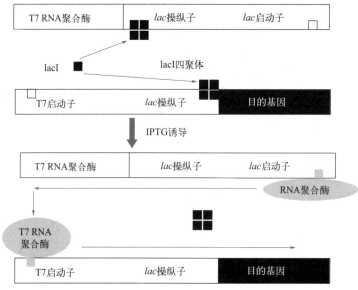

图 2-20 pET 质粒表达调控

因组和 pET 质粒上的 *lac* 操纵子结合，阻止宿主细胞产生 T7 RNA 聚合酶，并阻止质粒产生目的蛋白。当引入诱导剂 IPTG 时，IPTG 结合并触发 lacI 四聚体从基因组和质粒上的 *lac* 操纵子上释放，从而诱导宿主细胞中 T7 RNA 聚合酶的表达，并识别 T7/*lac* 杂交启动子开始转录目的基因。

2. 酵母表达系统

酵母表达系统的载体由酵母野生型质粒、抗性基因、宿主染色体 DNA 上自主复制序列（ARS）、中心粒序列（CEN）、端粒序列（TEL）等组成。酵母载体中所用的标记基因是一些氨基酸或核苷酸合成酶突变体或营养缺陷型突变体。绝大多数酵母表达载体含有酵母自身的启动子，穿梭型酵母表达载体还含有原核生物可识别的启动子。常用的酵母表达系统有酿酒酵母表达系统和毕赤酵母表达系统。

3. 基因表达载体元件

启动子是一段能与 RNA 聚合酶结合并启动 mRNA 转录的 DNA 序列。任何基因的启动子都可以驱动异源基因的表达，因此启动子是基因表达的关键因素之一。常用的启动子包括乳糖操纵子 *lac* 启动子、色氨酸操纵子 *Trp* 启动子、λ 噬菌体 P_L、P_R 启动子及大肠埃希菌 T7 噬菌体 T7 启动子。

表达载体具有能确保翻译有效起始和终止的序列元件。大肠埃希菌中位于起始密码子 AUG 上游 5～13 个碱基处的 SD 序列（Shine-Dalgarno sequence）UAAGGAGG 能增加翻译起始。UAAU 序列是大肠埃希菌中最有效的翻译终止信号。酵母 *Gcn4* 是酵母生物合成氨基酸和核苷酸的一系列基因的转录激活因子。氨基酸缺乏或用 3-AT（3-氨基-1，2，4-三唑）处理，能诱导 *Gcn4* 基因的表达和高速翻译。

选择标记有隐性和显性两种。补充宿主细胞营养缺陷的标记是隐性标记，而显性标记是宿主细胞不具备的表型。一些显性标记广泛应用于在大肠埃希菌细胞中操作的质粒，如抗生素抗性基因；酵母氨基酸合成途径的基因产物常用作相应的缺陷宿主菌的隐性标记，如酿酒酵母的乳清酸核苷-5′-磷酸脱羧酶基因（*URA3*）。

一、基因工程细胞的培养与发酵

重组 DNA 技术越来越被广泛用于生产多种生理活性物质。进行工业级别培养时，通过实验室和中试规模的操作，可以实现工艺放大，所涉及的步骤可以分解为七个方面：开发菌种；优化培养基组成和培养条件；使细胞达到合适的代谢活动所需的氧气供应；培养过程中操作模式的选择；培养液流变性能的测定；过程控制策略的建模和制订；制造传感器、生物反应器和其他辅助设备。厂房、公用设施、发酵设备及辅助设备、发酵生产工艺和质量控制（QC）实验室等须按法规进行确认和验证。

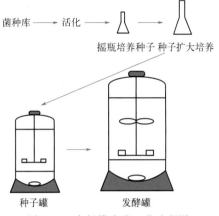

图 2-21　大规模发酵工艺流程图

图 2-21 为基因工程菌大规模发酵工艺流程图，发酵过程中需要检测的参数列于表 2-2。

表 2-2　大规模发酵需要检测的参数

物理参数	化学参数	生物化学参数
温度	pH 值	活细胞浓度
压力	氧化还原电位（ORP）	NAD/NADH 水平
轴转速	离子强度	ATP/ADP/AMP 水平
传热速率	CO_2 浓度	酶活性
发酵热	O_2 浓度	发酵液组分
泡沫	溶解 O_2 浓度	
气体流速	溶解 CO_2 浓度	
液体流量	碳源浓度	
发酵液体积或质量	氮源浓度	
浊度	代谢产物浓度	
流变学特性或黏度	稀有金属浓度	
	营养浓度	

二、基因转染

基因转染以质粒为载体，将外源 DNA 导入真核受体细胞，多为哺乳动物细胞。目前有多种细胞转染方法，如脂质体转染法、基因鸟枪法、电击法、显微注射法和磷酸钙共沉淀法等。磷酸钙共沉淀法具有价格低廉、操作简单、转染效率高、适用范围广及细胞毒性较低的特点，因此多用磷酸钙共沉淀法转染细胞。磷酸钙共沉淀法是基于磷酸钙-DNA 复合物的转染法（图 2-22），在 DNA 转染过程中，磷酸钙-DNA 复合物黏附到细胞膜上，并通过胞吞作用进入靶细胞。被转染的 DNA 随即整合到靶细胞的染色体中，从而产生有不同基因型和表型的稳定克隆。

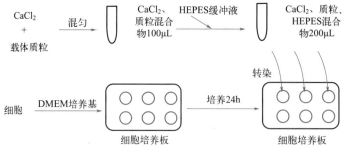

图 2-22 磷酸钙-DNA复合物法转染动物细胞

三、基因融合

基因融合是指将两个或多个基因的编码区首尾相连，即第一个蛋白质基因的终止密码子被去掉后，接上含有终止密码子的后续蛋白质基因序列，构成融合基因，然后置于同一套调控序列控制之下，表达的重组融合蛋白可用于筛选生产抗体、增强目的基因高效表达、生产多功能酶。

融合蛋白获得方法简单，只需要合成相应的引物，经过引物悬挂 PCR 的方法，即可将两个不同的基因片段相连接，获得融合基因。再用酶切、连接等方法构建表达载体，再转入大肠埃希菌或酵母菌株中进行表达，获得工程菌（图 2-23），进行大规模发酵。

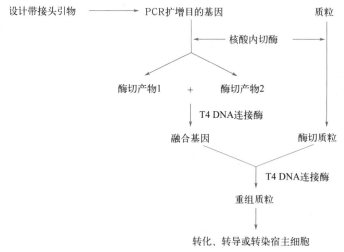

图 2-23 获得融合蛋白的简单流程

【知识拓展】

一、转基因制药技术

使用真核细胞表达系统来生产药用蛋白质，可以直接生产出有生物活性的蛋白质产品，但大规模培养哺乳动物细胞的条件非常严格，投入成本较高。转基因动物平台具有生产成本低、产量大的优点。通过体细胞核移植形成克隆，可在培养中转入 DNA，并通过后续筛选过程，得到确定的性别、拷贝数、基因插入位置和染色体位置的克隆。TALENs 和 CRISPR/Cas9 等核酸定点改造技术的发展，大幅提高了外源基因或 DNA 序列插入特定位点的精确性，是用于基因工程的有效手段。

首先应用于生产重组蛋白质的家畜是转基因猪、兔和绵羊。乳腺分泌蛋白质的能力很强，并且能对重组蛋白质进行多种翻译后加工，产生正确折叠的有功能的蛋白质。因此，在转基因动物乳汁中表达重组蛋白质被认为是生物制药中最可行的方法之一。此外，血液、尿液、精液、蛋清也是可选择的转基因动物生物反应器。如在转基因牛的乳汁中表达重组人血清白蛋白，表达量可达 $1\sim5g/L$，在转基因母鸡的蛋清中表达重组人 IFN-β 可达 $3.5mg/mL$。

二、表达产物的活性与质量控制

1. 表达产物的活性

细菌基因工程的成功使大量生产人体的稀有蛋白质成为可能，但是细菌缺乏真核生物基因所必需的一些翻译后加工机制。把哺乳动物基因导入细菌细胞，往往不能表达，或即使表达了，其产物往往没有生物活性，还必须经过糖基化、羧基化等一系列加工修饰和促进正确折叠才能成为有活性的蛋白质药物。

使用真核细胞表达系统来生产药用蛋白质解决了两个问题，即真核细胞能够表达人或其他哺乳动物的基因，具备对蛋白质进行修饰加工的功能，从而可以利用基因工程、细胞工程的方法生产出有生物活性的蛋白质产品。

由于人类和哺乳动物间的亲缘关系较近，转基因哺乳动物生物反应器所生产的重组蛋白质在结构上与人体内的天然蛋白质更为接近，也更加安全有效。从羊乳中生产的重组人抗凝血酶Ⅲ——ATryn 是第一个从转基因动物生产的人用生物制品，于 2006 年获得欧洲药品管理局（EMA）批准，在欧盟国家上市，2009 年获得美国食品药品监督管理局（FDA）批准上市。

2. 基因工程药物质量控制

基因工程药物生产工艺可简单分为上游、下游及制剂三个部分。质量控制的关键是基因工程药的安全性和有效性，生产企业必须严格遵守法规要求，进行整个产品生命周期监控。

基因工程药物属生物制品，其质量控制须达到《中国药典》（现行版）生物制品通则要求。

（1）生产用原材料及辅料质量控制　按照来源可将生产用原材料分为两大类：一类为生物原材料，主要包括来源于微生物、人和动物细胞、组织、体液成分，以及采用重组技术或生物合成技术生产的生物原材料等；另一类为化学原材料，包括无机和有机化学原材料。

根据原材料的来源、生产及对生物制品潜在的毒性和外源因子污染风险等，将生物制品生产用原材料按风险级别从低到高分为四级，不同风险等级生物制品生产用原材料至少应进行的质量控制要求见表 2-3。根据辅料的来源、生产及对生物制品潜在的毒性和安全性的影响等，将辅料按风险等级从低到高分为四级，不同风险等级生物制品生产用辅料至少应进行的质量控制要求见表 2-4。

表 2-3 不同风险等级生物制品生产用原材料的质量控制要求

原材料等级	上市许可证明（如药品注册批件、生产许可证）	供应商通过药品GMP符合性检查①	供应商出厂检验报告	国家批签发合格证	按照国家药品标准或生物制品生产企业内控质量标准全检	关键项目检测（如鉴别、微生物限度、细菌内毒素、异常毒性检查等）	外源因子检查	进一步加工、纯化	来源证明	符合原产国和中国相关动物源性疾病的安全性要求，包括TSE	供应商审计
第1级	√	√	√	如有应提供	—	√	—	—	—	—	√
第2级	√	√	√	—	抽检（批）	√	—	—	—	—	√
第3级	—	—	—	—	√	—	—	如需要	—	—	√
第4级	—	—	—	—	√	—	动物原材料应检测	如需要	动物原材料应提供	动物原材料应提供	√

注："√"为对每批原材料使用前的质控要求；"—"为不要求项目。
① 也可提供药品生产GMP证书（证书尚在有效期内）。

表 2-4 不同风险等级生物制品生产用辅料的质量控制要求

辅料等级	上市许可证明（如药品或辅料注册批件、生产许可证）	供应商通过药品GMP符合性检查①	辅料注册或备案证明	供应商出厂检验报告	国家批签发合格证	按照国家药品标准或生物制品生产企业内控质量标准全检	关键项目检测（如鉴别、微生物限度、细菌内毒素、异常毒性检查等）	外源因子检测	进一步加工、纯化	来源证明	符合原产国和中国相关动物源性疾病的安全性要求，包括TSE	供应商审计
第1级	√	√	—	√	如有应提供	—	√	—	—	—	—	√
第2级	√	√	—	√	—	抽检（批）	√	—	—	—	—	√
第3级	—	—	如为注册管理或备案的辅料，应提供	√	—	√	—	—	如需要	—	—	√
第4级	—	非注射用的原料药用作注射剂的辅料，应提供	注册管理或备案的注射药用作注射剂的辅料，应提供	√	—	√	√	如为动物来源应检测	如需要	如为动物来源应提供	如为动物来源应提供	√

① 同表2-3。

（2）生产检定用菌毒种管理及质量控制　菌毒种是指直接用于制造和检定生物制品的细菌、真菌、支原体、放线菌、衣原体、立克次体或病毒等，包括各种经过基因工程修饰的菌毒种。生产用菌毒种应进行生物学特性、生化特性、血清学试验和分子遗传特性等的检定。

建立生产用菌毒种种子批全基因序列的背景资料，生产用菌毒种主种子批应进行全基因序列测定。重组工程菌生产用菌种主种子批检定一般应包括培养特性、菌落形态大小、革兰氏染色等方法镜检、对抗生素的抗性、生化反应、培养物纯度、全基因序列测定、目的产物表达量、透射电镜检查、目的基因序列测定、外源基因与宿主基因的检定、外源基因整合与宿主染色体的检定、外源基因拷贝数检定、整合基因稳定性试验、目标产物的鉴别、质粒的酶切图谱等项目。重组工程毒种生产用主种子批检定一般应包括全基因序列测定，目的基因序列测定，病毒滴度检测，目的蛋白表达量，细菌、真菌、分枝杆菌、支原体、内外源病毒因子检查等项目。

菌毒种经检定后，应根据其特性，选用冻干、液氮、$\leqslant -60\,^{\circ}\mathrm{C}$ 冻存或其他适当方法及时保存。不能冻干、液氮、$\leqslant -60\,^{\circ}\mathrm{C}$ 冻存的菌毒种，应根据其特性，置适宜环境至少保存两份或保存于两种培养基。保存的菌毒种传代、冻干、液氮、$\leqslant -60\,^{\circ}\mathrm{C}$ 冻存均应填写专用记录。

保存的菌毒种应贴有牢固的标签，标明菌毒种编号、名称、代次、批号和制备日期等内容。非生产用菌毒种应与生产用菌毒种严格分开存放。工作种子批与主种子批应分别存放。每批种子批应有备份，并应在不同地方保存。

菌毒种的索取、分发与运输应符合中国《病原微生物实验室生物安全管理条例》等国家相关管理规定。重组产品生产用工程菌株的生物安全按第四类管理。

无保存价值的菌毒种可以销毁。销毁四类菌毒种须经单位领导批准。销毁后应在账上注销，作出专项记录，写明销毁原因、方式和日期。

（3）生产工艺过程的质量控制　基因工程菌或细胞在人工控制条件的生物反应器中进行大规模培养，种子扩增后要进入细胞大规模培养阶段，须控制发酵温度、pH、CO_2 浓度、溶解氧浓度、搅拌速度、培养基组成及培养时间等因素。细胞培养结束后，采用分离纯化工艺对蛋白质进行提取分离纯化。纯化工艺为通过确认和验证的工艺，以保障连续不断生产符合质量标准的产品。纯化方法应尽量除去污染的病毒、核酸、宿主细胞杂蛋白、多糖及其他杂质。纯化工艺的每一步均应有纯度、提纯倍数、收率等资料，并在最终产品中检测对人体有害物质的残留量，其限度应远远低于有害剂量等。

【场外训练】　组织型纤溶酶原激活物的生产

组织型纤溶酶原激活物（tPA）是一种多结构的糖基化丝氨酸蛋白酶，全长由 527 个氨基酸组成，受纤溶酶或胰蛋白酶催化水解形成双链蛋白，A 链是从第 1 个氨基酸至第 275 氨基酸，B 链是从第 276 个氨基酸至第 527 氨基酸，其间由 Cys^{264}-Cys^{395} 之间形成的二硫键相连。德国 Boehringer Mannheim 公司在 1991 年推出用重组 DNA 技术在中国仓鼠卵巢（CHO）细胞分泌表达的 tPA，这是第一个基因重组的溶栓药物。编码 tPA 产品的 DNA 是从天然的人类 I 型组织型纤溶酶原激活物 cDNA 中获得的，该 cDNA 来源于人类黑素瘤细胞系。CHO 细胞中产生的 tPA 蛋白质的纯化过程包括超滤和几个阴离子交换、凝胶过滤及赖氨酸亲和色谱。以大白鼠为材料说明组织型纤溶酶原激活物的生产流程。

1. RT-PCR 扩增大白鼠 tPA cDNA

① 雌性大白鼠处死后取脑组织约 0.1g。

② 用 RNA 提取试剂盒提取细胞总 RNA。

③ 取 10μL 纯化的 RNA 用于下述的 RT-PCR。

④ RT-PCR：取 10μL 总 RNA，1μL oligo dT，1μL RNasin（RNA 酶抑制剂），2μL dNTP，1μL 逆转录酶，2.5μL 10×buffer，7.5μL ddH₂O，45℃保温 60min。取 10μL 逆转录产物，5μL 10×buffer，4μL dNTP，1μL *Taq* DNA 聚合酶，上、下游引物 R1、R2 各 1μL，29μL ddH₂O，94℃变性 50s，55℃退火 50s，72℃延伸 45s，进行 30 个循环。

⑤ 取 2μL PCR 产物，做第二轮 PCR，条件同上。四条引物的序列参照已发表的大白鼠 tPA cDNA 序列合成。

R1(5′-ACACGGAAGAAACGGGGAGCAA-3′)

R2(5′-GTACCTGTCACAAAGTAAACT-3′)

为外引物，位于非编码区。

R3(5′-GGGGTACCAAATGAAGGGAGAGCTGTTGTG-3′)

R4(5′-GCTCTAGATTCTGTGGAAGAGGAAGAGGAAG-3′)

为内引物，用于扩增含信号肽的大白鼠 tPA cDNA。

⑥ PCR 产物进行琼脂糖凝胶电泳检查，割胶回收目的条带。

2. 大白鼠 tPA cDNA 克隆至 T 载体

① 白鼠 tPA cDNA 克隆于 T 载体。

② 转化大肠埃希菌 DH5α，涂布于含 X-gal 和 IPTG 的氨苄西林抗性的 LB 琼脂平板，37℃培养过夜。

③ 次日挑取几个白色菌落，扩大培养，分别进行 PCR 初步鉴定。

④ 选取 1 个 PCR 阳性克隆提质粒，酶切、电泳鉴定，证明为阳性克隆后，测序。

3. 大白鼠 tPA cDNA 的真核表达

① 用 Rxba(5′-GCTCTAGACCACCATGAAGGGAGAGCTGTTGTGC-3′) 和 R6s(5′-GCGGATCCTCACGGTCGCATGTTGTCTTGGATCCAGTTC-3′) 一对引物扩增含有信号肽的大白鼠 tPA cDNA。Rxba 引物 5′端引入 *Xba* Ⅰ酶切位点；R6s 引物 5′端引入 *Bam*H Ⅰ酶切位点。扩增的 cDNA 克隆于 *Xba* Ⅰ和 *Bam*H Ⅰ双酶切的 pcDNA™3.1(+/−) 真核表达载体（图 2-24）。

② 自赛默飞公司购买 pcDNA™3.1(+) 哺乳动物表达载体，并参照该载体使用说明书购买配套试剂，包括限制性内切核酸酶、转染试剂盒等。

③ 克隆至 pcDNA™3.1(+) 载体的 tPA cDNA 用 PCR 和酶切鉴定。

④ 阳性克隆扩大培养后提取质粒，再用无水乙醇沉淀，75%乙醇洗一遍，转染 CHO 细胞。转染 48 孔板里的细胞，一个样品转染 2 孔，方法参考转染试剂盒的详细说明。

⑤ 转染 24h 后吸取 100μL 的培养上清，检测有无

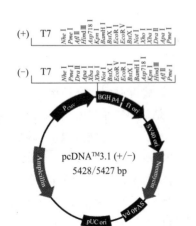

图 2-24　pcDNA™3.1(+/−) 载体图

tPA 活性。

 素质拓展

"基因工程药物之父"侯云德

　　侯云德院士出生于 1929 年，1955 年毕业于同济大学医学院，1962 年被苏联医学科学院破格授予医学博士学位，归国后一直从事医学病毒学的研究。在侯云德看来，祖国的需要就是他努力的方向。他最早提出实践科学研究要面向社会和产业需求。89 岁的侯云德获得 2017 年度国家最高科学技术奖。

　　20 世纪 80 年代初，侯云德院士率先利用分子生物学理论和方法，完成了当时我国最大基因组——痘苗病毒天坛株的全基因组测序，构建了一系列新型病毒基因治疗载体，奠定了我国分子病毒学的研究基础。他还率先研发出国际独创、我国首个基因工程药物——重组人干扰素 α1b，实现了我国基因工程药物从无到有的突破。他还带领团队相继研制出 1 个国家Ⅰ类和 6 个国家Ⅱ类基因工程新药，推动了我国现代生物医药产业的发展。

　　侯云德院士从事医学病毒学研究半个多世纪，在分子病毒学、基因工程干扰素等基因药物的研究和开发以及新发传染病控制等方面有突出建树，为我国医学分子病毒学、基因工程学的研究和生物技术的产业化，以及传染病的防治做出了重要贡献。

项目总结 >>>

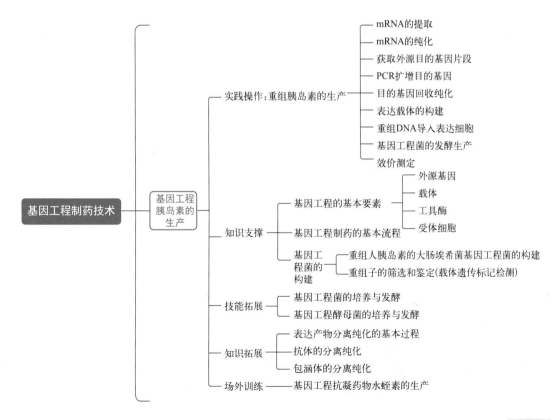

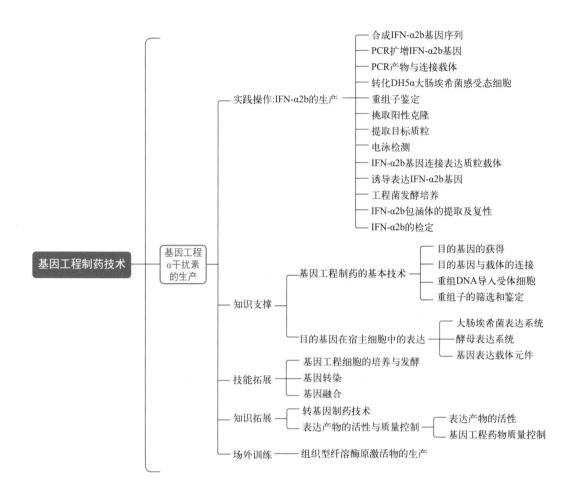

基因工程 α干扰素 的生产

实践操作:IFN-α2b的生产
- 合成IFN-α2b基因序列
- PCR扩增IFN-α2b基因
- PCR产物与连接载体
- 转化DH5α大肠埃希菌感受态细胞
- 重组子鉴定
- 挑取阳性克隆
- 提取目标质粒
- 电泳检测
- IFN-α2b基因连接表达质粒载体
- 诱导表达IFN-α2b基因
- 工程菌发酵培养
- IFN-α2b包涵体的提取及复性
- IFN-α2b的检定

知识支撑
- 基因工程制药的基本技术
  - 目的基因的获得
  - 目的基因与载体的连接
  - 重组DNA导入受体细胞
  - 重组子的筛选和鉴定
- 目的基因在宿主细胞中的表达
  - 大肠埃希菌表达系统
  - 酵母表达系统
  - 基因表达载体元件

技能拓展
- 基因工程细胞的培养与发酵
- 基因转染
- 基因融合

知识拓展
- 转基因制药技术
- 表达产物的活性与质量控制
  - 表达产物的活性
  - 基因工程药物质量控制

场外训练——组织型纤溶酶原激活物的生产

项目检测 >>>

一、选择题

1. 在 PCR 中，下列关于 dNTP 的说法正确的是（　　）。

A. dNTP 表示 DNA 聚合酶的底物，分别指 dATP、dUTP、dCTP、dGTP

B. dNTP 表示 DNA 聚合酶的底物，分别指 dATP、dTTP、dCTP、dGTP

C. dNTP 表示 $2'$-脱氧核苷三磷酸

D. dNTP 表示 $3'$-脱氧核苷三磷酸

2. 下列（　　）不是 PCR 所必需的。

A. dNTP　　　　　　　　B. Mg^{2+}　　　　　　　C. 引物

D. RNA 聚合酶　　　E. DNA 聚合酶

3. 下列关于克隆载体的描述，不正确的是（　　）。

A. 克隆载体均来自细菌质粒

B. 克隆载体含有标记基因

C. 克隆载体可能含有来源于质粒、病毒的基因

D. 只有克隆载体才能转化细菌

4. 下列关于核酸内切酶的描述，不正确的是（　　　）。

A. 核酸内切酶都具有特异性　　　　　　B. 都能水解 $3',5'$-磷酸二酯键

C. 核酸内切酶耐热性很好　　　　　　　D. 核酸内切酶来源于细胞

5. 关于转化、转导、转染的描述正确的是（　　　）。

A. 都能将外源 DNA 导到宿主细胞

B. 都能采用 $CaCl_2$ 法实现 DNA 导入

C. 转染需要病毒介导

D. 转导需要病毒介导

6. 以 pUC18 质粒进行的基因重组，阳性克隆筛选可采用的方法是（　　　）。

A. 蓝白斑筛选　　　　　　　　　　　B. 抗生素抗性筛选

C. PCR 鉴定　　　　　　　　　　　　D. 酶切鉴定

7. 基因克隆中进行 DNA 测序的原因是（　　　）。

A. 鉴定阳性克隆　　　　　　　　　　B. 得到基因的确定序列

C. 基因序列比较分析　　　　　　　　D. 提高实验的准确性

8. 转基因动物在基因工程药物生产中的优势是（　　　）。

A. 表达的人或其他哺乳动物的蛋白质具有正确结构和生物活性

B. 相对于细胞工程制药的生产成本低

C. 产量高

D. 通过养殖转基因动物便可获得蛋白质产品

9. 基因重组药物生产存在的质量风险是（　　　）。

A. 菌种或细胞株不稳定　　　　　　　B. 人为差错

C. 细胞培养条件控制　　　　　　　　D. 动物细胞蛋白质残留

E. 生产原辅料质量问题

二、判断题

1. 双酶切鉴定重组子的依据是目的基因的 DNA 分子量大小。（　　　）

2. PCR 法获得目的基因首先应设计匹配的引物。（　　　）

3. 随着分子生物学技术的发展，很容易获得开展基因重组实验所需要的工具酶。（　　　）

4. 向制药企业提供原辅料的企业不需要取得资质。（　　　）

5. 我国现行《药品生产质量管理规范》版本为 2005 版。（　　　）

6. 生物制药生产工艺须进行确认和验证。（　　　）

7. 生物制药设备只要取得出厂合格就可以为制药企业所用。（　　　）

8. 基因工程制药所用菌种的遗传背景必须明确。（　　　）

9. 电泳技术在基因重组操作中使用，而在菌种的质量控制中不会被应用。（　　　）

10. 色谱技术在重组蛋白质的分离纯化中普遍应用。（　　　）

11. 基因重组技术中所应用的宿主细菌为野生型。（　　　）

三、填空题

1. 真核生物 mRNA 分子的特点含有 $5'$_____结构、$3'$_____尾。

2. *Taq* DNA 聚合酶具有耐_____特点。

3. PCR 的三个主要步骤是_____、_____、_____。

4. 如果要在一段基因的两侧引入特异性酶切位点，可将酶切位点序列设计在_____上。

5. 末端转移酶可帮助工作人员实现向 DNA 上添加_____序列。

6. 检测发酵液中是否含有目的蛋白，可采用_____、_____、_____等方法。

四、简答题

1. 简述 RT-PCR 的反应原理，作为工作人员如何完成 cDNA 的克隆？

2. 选择载体时为什么要认真分析质粒图谱？

3. 简述克隆人表皮生长因子的实验方法？

项目三

细胞工程制药技术

❖ **知识目标：**

1. 掌握体外培养细胞的生长与增殖过程的相关知识，理解原代细胞和细胞传代培养技术；

2. 掌握细胞培养条件与影响因素、培养用液与培养基的相关知识；

3. 掌握细胞培养过程的检测、培养方法与操作方式的相关知识，理解动物细胞的冻存、复苏及污染检测；

4. 掌握细胞大规模培养技术的应用的相关知识；

5. 掌握植物培养基的组成、配制及灭菌方法；

6. 理解无菌操作意义，掌握愈伤组织诱导技术；

7. 掌握单细胞分离技术，了解种子细胞选择方法；

8. 掌握细胞生长计量方法，了解植物细胞反应器；

9. 掌握单克隆抗体的基本概念、制备原理与制备方法。

❖ **能力目标：**

1. 能够熟练完成各种培养基、培养用液的配制及灭菌操作，完成细胞复苏、冻存等操作；

2. 能够运用细胞传代、胰蛋白酶消化相关知识完成细胞从方瓶到转瓶的扩增工作；

3. 能够运用细胞消化方法、促红细胞生成素（EPO）生产过程等知识，完成促红细胞生成素的生产操作；

4. 能完成 MS 培养基的配制并灭菌；

5. 能完成西洋参愈伤组织的诱导操作及单细胞分离，建立细胞悬浮培养体系；

6. 能完成人参皂苷的生产；

7. 能正确完成动物细胞融合和培养的操作并准确筛选杂交瘤细胞。

❖ **素质目标：**

1. 建立无菌意识、安全意识、环保意识、成本意识和创新思维；

2. 建立责任意识、规范意识、团队意识；

3. 形成严谨细致的作风；

4. 养成善思、乐学的品德。

1. 项目简介

细胞工程制药是细胞工程技术在制药工业方面的应用，包括动物细胞和植物细胞工程制药技术。本项目侧重于介绍利用动物细胞 CHO（中国仓鼠卵巢细胞）生产细胞因子类药物——促红细胞生成素，利用西洋参细胞生产人参皂苷，以及抗 HBsAg（乙型肝炎病毒表面抗原）的单克隆抗体的制备。

2. 任务组成

本项目共有三个工作任务：第一个任务是 CHO 细胞生产促红细胞生成素，借助 CHO-EPO（中国仓鼠卵巢细胞-促红细胞生成素）细胞的复苏、扩增及接种反应器等技术获得促红细胞生成素；第二个任务是西洋参细胞培养法生产人参皂苷，选取外植体预处理，诱导愈伤组织，筛选后进行悬浮细胞培养，利用植物细胞反应器生产人参皂苷；第三个任务是抗 HBsAg 的单克隆抗体的生产，采用细胞融合技术将骨髓瘤细胞与免疫后的 B 淋巴细胞融合为杂交瘤细胞，制备抗 HBsAg 的单克隆抗体。

工作任务开展前，请根据学习基础和实践能力，合理分组。

3. 学习方法

本项目通过以上三个工作任务，培养具备从事细胞工程制药过程中的细胞培养及传代工艺岗位的职业能力。

在"CHO 生产细胞因子类药物——促红细胞生成素"工作任务中，学会动物细胞的复苏，以及消化、传代技能，掌握细胞传代培养技术，理解原代细胞培养技术；通过"场外训练"，学会固定化细胞制备操作技能，进一步锻炼技能，培养勇于实践的科学探索精神。

在"西洋参细胞培养法生产人参皂苷"工作任务中，学会外植体的预处理，愈伤组织的诱导及传代培养，利用细胞培养技术生产人参皂苷的方法，掌握灭菌技术，理解无菌操作的意义。通过"场外训练"，学会平板培养、看护培养等植物单细胞培养方法，加强实践操作技能，培养个人自主探究能力。

在"抗 HBsAg 的单克隆抗体生产"工作任务中，学会细胞免疫、细胞融合技术，利用细胞融合技术生产抗 HBsAg 单克隆抗体的方法，掌握杂交瘤细胞选育和克隆化方法。通过"场外训练"，学会单克隆抗体的分离与纯化方法、细胞扩大培养方法，加深了对抗体类药物的认识。

任务 1　CHO 细胞生产促红细胞生成素

促红细胞生成素（EPO）又称红细胞刺激因子或促红素，是一种人体内源性糖蛋白激素，可刺激红细胞生成。缺氧可刺激促红细胞生成素产生，重组人促红细胞生成素早已用于临床，用于治疗肾功能不全所导致的贫血、恶性肿瘤伴发的贫血及风湿病贫血等多种贫血。

正常人体内有一定含量的促红细胞生成素，主要由肾脏产生，少量由肝脏产生，是红系细胞发育过程中最重要的调节因子。根据来源，可分为内源性促红细胞生成素和外源性促红细胞生成素。天然促红细胞生成素分子包括多肽和糖链两个部分。血浆中的促红细胞生成素是由 165 个氨基酸组成的高糖基化蛋白质。不同类型的促红细胞生成素氨基酸多肽均一致，分子质量为 34kDa，空间构象是由二硫键连接形成的 4 个稳定的 α 螺旋结构，这一空间构象是维持促红细胞生成素生物活性所必需的。

天然 EPO 须从贫血病人的尿中提取，药源极为匮乏，不能满足社会的需要。1985 年，Jacob 等科学家从胎儿肝中成功克隆出促红细胞生成素基因，使通过基因工程手段大量生产重组人促红细胞生成素成为可能。

目前重组人 EPO 作为治疗肾性贫血的药物得以广泛应用，每年 EPO 在全球销售额达数亿美元，是最成功的基因工程药物之一。

任务 1　课前自学清单

任务描述	利用对 CHO-EPO 工程细胞的复苏、传代及接种反应器，经过含血清和无血清培养，获得促红细胞生成素。	
学习目标	能做什么	要懂什么
	1. 能够熟练使用倒置显微镜对 CHO-EPO 工程细胞进行观察； 2. 能够熟练完成各种培养基、培养用液的配制及灭菌操作； 3. 能够运用细胞传代、胰蛋白酶消化相关知识完成细胞传代工作； 4. 能准确记录实验现象、数据，正确处理数据； 5. 会正确书写工作任务单、工作台账本，并对结果进行准确分析。	1. 体外培养细胞生长与增殖的相关知识； 2. 细胞冻存、复苏方法； 3. 原代细胞培养技术； 4. 细胞传代培养技术； 5. 细胞消化方法； 6. 培养用液与培养基的作用； 7. 贴壁细胞大规模培养方法。
工作步骤	步骤 1　配制培养用液与培养基 步骤 2　细胞复苏 步骤 3　细胞传代培养 步骤 4　收集细胞 步骤 5　接种发酵罐 步骤 6　用含血清培养基进行培养 步骤 7　更换无血清培养基进行培养 步骤 8　收集上清液 步骤 9　完成评价	
岗前准备	思考以下问题： 1. 细胞复苏原则是什么？ 2. 细胞什么时候需要传代？ 3. 方瓶和转瓶培养的细胞怎样进行消化？ 4. 接种后转速如何调整？溶解氧、pH、温度参数如何设置？ 5. 如何将发酵罐内含血清培养基替换为无血清培养基？ 6. 何时收获上清液？	

	任务1　课前自学清单
主要考核指标	1. 细胞复苏、消化、传代、接种发酵罐、更换培养基、收集上清(操作规范性、仪器的使用等); 2. 实验结果(上清液中含有 EPO); 3. 工作任务单、工作台账本随堂完成情况; 4. 实验室的清洁。

→] 小提示

　　操作前阅读【知识支撑】中的"五、细胞培养方法与操作方式"及【技能拓展】中的"细胞培养用液的配制",以便更好地完成本任务。

工作目标 >>>

　　分组开展工作任务,利用 CHO 细胞生产促红细胞生成素。

　　通过本任务,达到以下能力目标及知识目标:

　　1. 能利用转瓶完成动物细胞种子的扩大培养,掌握动物细胞大规模培养的常用方法;

　　2. 能正确使用发酵罐完成动物细胞的大量培养;

　　3. 能正确对细胞进行消化并完成 EPO 的生产,掌握发酵罐的接种及发酵液的收获方法。

工作准备 >>>

1. 工作背景

　　准备好液氮罐中保存的 CHO-EPO 工作细胞,并配备二氧化碳培养箱、倒置显微镜等相关仪器设备,完成促红细胞生成素的生产。

2. 技术标准

　　培养基、培养用液配制准确,严格无菌操作,倒置显微镜及生物反应器使用规范等。

3. 所需器材及试剂

　　(1) 器材　生物反应器、二氧化碳培养箱、液氮罐、超净工作台、倒置显微镜、水浴锅、CHO-EPO 工作细胞等。

　　(2) 试剂　$NaHCO_3$ 溶液、75%酒精、0.25%胰蛋白酶、Hank's 溶液 (或 PBS 溶液)、含血清培养基、无血清培养基等。

实践操作 >>>

　　通过血清-无血清培养驯化的方法,采用生物反应器——发酵罐大规模培养技术对

CHO-EPO 细胞进行培养，从而获得促红细胞生成素。

操作流程如图 3-1 所示。

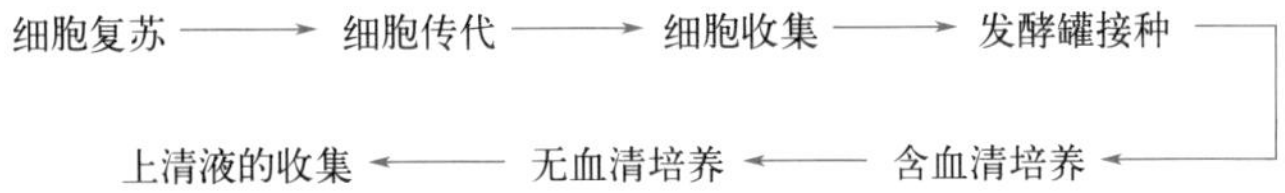

细胞复苏 ⟶ 细胞传代 ⟶ 细胞收集 ⟶ 发酵罐接种

上清液的收集 ⟵ 无血清培养 ⟵ 含血清培养 ⟵

图 3-1　利用 CHO 细胞生产促红细胞生成素操作流程

1. 细胞复苏

将冻存于液氮罐内的 CHO-EPO 细胞种子取出，置于 37℃ 水浴中轻摇使之迅速融化；然后于超净工作台内，无菌操作接种于含血清培养基的方瓶内，置于 37℃、5％ 二氧化碳浓度的 CO_2 培养箱中培养，培养 24h 后换液，将培养液上漂浮的死亡细胞弃去，此时存活的细胞大部分可以生长并增殖。24h 后观察细胞。

2. 细胞传代

用倒置显微镜观察方瓶内细胞的生长达到贴壁面 80％ 以上时，将方瓶内细胞接种于含血清培养基的转瓶内，置于转瓶机上，于 37℃，17r/min 培养 3～4d，细胞长满瓶壁后，于倒置显微镜下观察细胞呈梭形、形态饱满，无明显脱落，细胞间隙比较紧密的可以用于传代。选择生长状况良好的转瓶细胞，用 0.25％ 胰蛋白酶消化细胞，依据细胞生长情况按 1∶3 扩大接种培养。直到扩大到足够上一个细胞罐为止，需要 30～40 个转瓶。

3. 细胞收集

用倒置显微镜观察转瓶内细胞贴壁面达到 80％ 以上时，用 0.25％ 胰蛋白酶消化转瓶内细胞，将已消化下来的细胞悬液逐一用蠕动泵泵入无菌接种瓶，用止血钳夹紧接种瓶各管路出口，再移交至发酵间，进行接种工作。

4. 发酵罐接种

打开进料口导管夹，将种子悬液从接种瓶转移至已装有含血清培养基的发酵罐内，接种流速不宜过快，接种密度 $5×10^5～1×10^6$ 个/mL 为宜。

5. 含血清培养

设定发酵温度 37℃，DO（溶解氧）60％，pH 7.1～7.4，气流速度为 0.2L/min。接种 1h 后将搅拌转速设定至 70r/min，再逐渐上升到 90r/min，此时细胞已完成贴壁。定期取样测定培养基中的残余糖值，当糖值低于规定值时，开始补充新鲜的含血清培养基，同时开启收获泵，进行连续灌流培养，连续灌流培养 6～8d。

6. 无血清培养

将发酵罐内含血清培养基排净，分别用 Hank's 溶液或 PBS 溶液清洗罐内两次、无血清培养基清洗一次后排净，加入新鲜的无血清培养基，进入无血清培养阶段，无血清培养阶段各参数的设定与含血清培养阶段相同。

7. 上清液的收集

培养 6～8h 后，开始灌流，同时开启上清液收获泵，开始收集上清液，灌流速度依照罐内糖值确定，控制罐内糖值在 0.5～1g/L。收获的上清液应始终置于 2～8℃ 低温环境下。

操作评价 ▶▶▶

一、个体评价与小组评价

任务 1　CHO 细胞生产促红细胞生成素

姓名	
组名	
能力目标	1. 能进行细胞传代培养； 2. 能准确配制各种培养用液与培养基； 3. 能准确记录实验现象、数据； 4. 会正确书写工作任务单、工作台账本，并对结果进行准确分析。
知识目标	1. 掌握动物细胞的冻存、复苏的相关知识，培养用液与培养基的相关知识； 2. 理解原代细胞培养技术； 3. 理解细胞传代培养技术。

评分项目	上岗前准备（思考题回答、实验服与台账准备）	细胞复苏	细胞传代	含血清培养	无血清培养	收集上清液	台账完成情况	台面及仪器清理	总分
分值	10	15	20	15	15	10	5	10	100
自我评分									
需改进的技能									
小组评分									
组长评价	（评价要具体、符合实际）								

二、教师评价

序号	项目	配分	要求	得分
1	上岗前准备 （10分）	A. 思考题回答(5分) B. 实验服、手套与护目镜准备，台账准备(5分)	操作过程了解充分 工作必需品准备充分	
2	细胞复苏 （15分）	A. 安全保护(5分) B. 复苏温度(5分) C. 复苏时间(5分)	正确操作 正确判断 正确判断	
3	细胞传代 （20分）	A. 传代的标准(5分) B. 胰蛋白酶浓度、温度(5分) C. 消化手法(5分) D. 终止消化(5分)	正确判断 正确选择 正确操作 正确操作	
4	含血清培养 （10分）	A. 参数设定(5分) B. 培养时间(5分)	正确操作 正确判断	
5	无血清培养 （15分）	A. PBS溶液清洗(5分) B. 无血清培养基清洗(5分) C. 参数设定(5分)	正确操作	
6	收集上清液 （10分）	A. 容器连接(5分) B. 收获时间(5分)	正确操作 正确判断	
7	台账与工作任务单完成情况 （10分）	A. 完成台账（是不是完整记录）(5分) B. 完成工作任务单(5分)	妥善记录数据	
8	文明操作 （10分）	A. 实验态度(5分) B. 清洗玻璃器皿等，清理工作台面(5分)	认真负责 清洗干净，放回原处，台面整洁	
合计				

【知识支撑】

一、体外培养细胞的生长与增殖过程

体内细胞生长处于动态平衡环境中，而体外培养的细胞生存空间和营养是有限的，当细胞增殖达到一定密度后，需要分离出一部分细胞并更新营养液，否则将影响细胞继续生长。另外，正常细胞在体外不是无限增殖和生长的，存在着一系列与体内细胞不同的生长和增殖特点。

1. 培养细胞生命期

培养细胞生命期是指细胞在培养中持续增殖和生长的时间。由于种类、性状及原供体年龄等情况不同，组织和细胞在培养中的生命期也是不同的，只有当细胞发生遗传性改变，如获永生性或恶性转化时，细胞的生命期才可能发生改变。正常细胞培养大致都要经历原代培养期、传代培养期和衰退期。

（1）原代培养期　原代培养也称初代培养，是指从体内取出组织细胞开始培养到第一次传代前的这一段时期，一般持续1～4周。在这一时期，细胞刚刚离体，细胞的结构和功能与体内相似，因此是一些实验研究（如药物测试、疫苗制备）的良好工具。

（2）传代培养期　将原代培养细胞分开接种到两个或更多的培养器皿内进行培养时，培养即进入了传代培养期，也称传代期。原代培养细胞一经传代后便称为细胞系。传代期最主要的特征是细胞分裂增殖旺盛，在全生命期的持续时间最长。

细胞进入传代期后逐渐开始去分化，原本成分混杂的培养物中，某一种增殖能力较强的细胞会逐渐处于优势，而其他数量较少的细胞逐渐被淘汰掉。一般传代10～50次，细胞增殖逐渐缓慢，以至完全停止，细胞生长进入衰退期。

（3）衰退期　细胞培养到一定的代数时，生命活动明显减弱，虽然生存但增殖很慢或不增殖，此时进入衰退期。衰退期细胞形态轮廓增强，色泽变暗，细胞质内出现暗的颗粒样结构及空泡状结构，胞质突起回缩，最后衰退凋亡。

2. 一代——贴壁细胞的生长过程

所谓细胞"一代"，指细胞自接种至新培养皿到下一次再传代接种的一段时间，这是细胞培养工作中的一种习惯说法，它与细胞倍增一代意义不同。如某一细胞系为第153代细胞，即指该细胞系已传代153次，在细胞一代中，细胞能倍增3～6次。每代细胞的生长一般都要经过生长缓慢的潜伏期、增殖迅速的对数生长期和最后生长停止的停滞期（或平顶期），如图3-2所示。

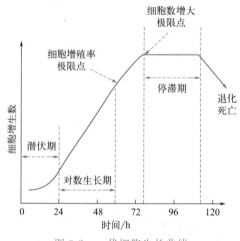

图 3-2　一代细胞生长曲线

（1）潜伏期　潜伏期即细胞因接种操作损伤的恢复期和对新的生长环境的适应期，细胞接种培养后，先经过一个悬浮期，短时间后细胞开始附着或贴附于底物表面上并逐新伸展。细胞贴附于支持物后，经过一个潜伏阶段后进入生长和增殖期。当细胞开始分裂并逐渐增多时，标志细胞已进入对数生长期。

（2）对数生长期　对数生长期又称指数生长期，是细胞增殖最旺盛的阶段，培养物中的细胞数量呈指数增长。体外培养细胞分裂受细胞种类、培养液成分、pH、培养温度等多种因素的影响。细胞在对数生长期活力最好，因此对数生长期是进行各种实验最好、最主要的阶段。在接种细胞数量适宜的情况下，对数生长期持续3~5d后，随细胞数量不断增多、生长空间渐趋减少，最后细胞相互接触汇合成片。

（3）停滞期（平顶期）　细胞长满瓶壁后，细胞数量达到饱和密度，产生接触抑制和密度抑制，细胞停止增殖，进入停滞期，此时细胞数量持平，故也称平顶期。停滞期细胞不增殖，但仍代谢，因此培养液中营养渐趋耗尽，代谢产物继续积累，pH降低，如果此时不传代，细胞就会中毒，甚至脱落死亡，故传代应越早越好。

二、细胞培养条件与影响因素

动物细胞没有细胞壁且生长缓慢，大多数需附着在支持物上生长。因此，动物细胞培养与微生物细胞培养虽然基本原理相同，但对营养要求和环境条件等方面要求更加苛刻，除氨基酸、维生素、无机盐、葡萄糖等外，还需要血清。同时，在一般培养条件下，生理条件良好的细胞还需要适宜的pH、温度、抗生素等。

下面从培养细胞的营养需要及生存环境来介绍培养细胞的培养条件与影响因素。

1. 营养需要

动物细胞在保证细胞渗透压的情况下，培养液中的成分要满足细胞生长和代谢所需要的各种营养，包括12种必需氨基酸及其他多种非必需氨基酸、碳水化合物、维生素、无机盐类和生长因子等，只有满足了这些基本条件，细胞才能在体外正常存活和生长。

氨基酸是细胞合成蛋白质的原料。通常把细胞能够直接利用的12种氨基酸称为必需氨基酸，其中谷氨酰胺是细胞合成核酸和蛋白质必需的氨基酸，当谷氨酰胺缺乏时，细胞会因生长不良而死亡。

碳水化合物是细胞生长的主要能量来源，它还能通过一定的途径合成蛋白质或核酸。体外培养动物细胞时，培养液中都要添加葡萄糖作为必含的能源物质。

动物细胞的生长需要Na^+、Mg^{2+}、Ca^{2+}、Cl^-等无机盐离子的参与，它们能维持细胞渗透压平衡并调节细胞膜功能。

维生素能维持细胞的生长，在细胞代谢中主要扮演辅酶、辅基的角色。在细胞培养中，血清是维生素的重要来源，但许多培养基中还添加生物素、叶酸、烟酰胺、维生素B_{12}等维生素，以适合更多的细胞系生长。

在培养基中添加促生长因子及激素能更好地促进细胞生长分裂。激素及生长因子对于维持细胞的功能、保持细胞的状态（分化或未分化）具有十分重要的作用。

2. 生存环境

（1）培养用水　一切营养物质溶解于水后细胞才能吸收，生化反应只有在溶液状态才能很好地进行，所以体外培养细胞对水质的要求非常高，需使用新鲜的、制备不超过两周的三蒸水或超纯水。

（2）培养温度　为获得生长状态良好、生态稳定的细胞必须选取恒定而适宜的温度。在较低温度时，细胞可以存活，但会受到明显的抑制，但如果有DMSO（二甲基亚砜）等保护剂存时，细胞可以在低温下较长时间储存。但在较高温度时，细胞会普遍受到损伤，甚至死亡。

（3）pH　动物细胞生长大多数需要微碱性条件，pH 值一般在 7.2～7.4 之间，当 pH<6 或 pH>7.6 时，细胞的生长会受到影响，甚至死亡。多数类型的细胞耐受偏酸性环境，在偏碱性环境下很快死亡。

（4）气体条件　细胞的生长代谢需要氧和二氧化碳。氧参与三羧酸循环，产生的能量供给细胞生长、增殖并合成各种成分。二氧化碳既是细胞代谢产物，也是细胞所需成分，还具有维持培养基 pH 的功能。

（5）渗透压　细胞必须生活在等渗环境中，以此维持细胞的正常形态结构，调控出入细胞的物质。大多数培养细胞对渗透压有一定的耐受性。

（6）无毒、无污染　有害物质侵入体内或代谢产物积累时，可以被体内强大的免疫系统和解毒器官抵抗和清除，细胞不会受到危害；细胞在体外培养时失去了对微生物和有毒物质的抵抗能力，一旦被污染或因自身代谢物积累等原因可导致细胞死亡。因此培养环境无毒和无菌是保证培养细胞生存的首要条件。

三、培养基与培养用液

细胞培养用液主要是指为细胞生存、生长提供基本营养物质和生长因子的溶液，主要包括培养基、平衡盐溶液、消化液、pH 调整液、抗生素液等其他溶液。

1. 培养基

根据来源不同可分为天然培养基和合成培养基。

（1）天然培养基　天然培养基主要包括血清、血浆、胚胎浸出液及水解乳蛋白等。在细胞培养中使用最早，也最有效。其中血清应用广泛，市场有产品出售；而血浆应用较少，因此用时需自行制备。

血清是天然培养基中最重要、最常用的培养基，含有多种维持细胞生长、增殖不可或缺的成分。即便是成分非常齐全的合成培养基，也只有在添加血清后，细胞才能更好地生长繁殖，因此，血清仍是细胞培养必不可少的。在动物细胞培养中使用最多的是牛血清。

血浆是最早用于细胞培养的培养基，含有纤维蛋白原和一定的营养成分，与胚胎浸出液混合后会凝固，构成细胞生长的环境，利于细胞向三维空间生长，缺点是易于液化。因制备血浆后不再做无菌处理，所以全过程必须在严密无菌条件下进行。

天然培养基虽然营养性较高，细胞培养效果好，但成分复杂不明确，易污染，保存期短，且来源有一定的限制，因此逐渐被合成培养基所取代。

（2）合成培养基　合成培养基是根据动物体内细胞生长所需成分人工合成、配方恒定的一种较理想的培养基，主要成分有氨基酸、维生素、盐离子和一些其他辅助物质。合成培养基的应用大大促进了培养细胞的发展，是目前普遍使用的培养基，但尚未成为十分完全的培养基，它只能维持细胞不死，不能促进细胞增殖生长，使用时还需添加天然培养基构成完全培养基，因此合成培养基又被称为基础培养基。

（3）完全培养基　合成培养基（基础培养基）只能维持细胞生存，要想使细胞生长和繁殖，还需添加天然培养基，常用的是牛血清；为防止污染，还需在培养液中添加一定量的抗生素。基础培养基添加血清、抗生素等物质后，称为完全培养基，也叫（血清）细胞培养基。

（4）无血清培养基　动物细胞的培养有赖于血清的存在，如果天然培养基或合成培养基内不添加血清，绝大部分细胞不能增殖。但使用血清又有对实验动物的伤害、存在潜在的污染源等道德和科学上的问题，目前无血清培养基可以弥补含血清培养基的缺点，还能取得良好的培养效果。

无血清培养基成分十分复杂，由基础培养基和补充因子两部分组成。基础培养基是各种营养物质的混合物，是维持组织或细胞生长、发育、遗传、繁殖等生命活动所必不可少的物质，目前 MEM、DMEM、RPMI1640 等培养基应用最为广泛。补充因子是用于代替血清中各种因子的物质总称，可以使培养基既能满足动物细胞培养的要求，又能避免含血清培养基的缺点。

2. 平衡盐溶液

细胞培养除了培养基之外，还要用到其他一些液体，如平衡盐溶液（balanced salt solution，BSS）。BSS 主要成分是无机盐和葡萄糖，BSS 中 Na^+、K^+、Ca^{2+}、Mg^{2+}、Cl^- 等无机离子不仅是组成细胞生命所需的基本元素，而且在维持渗透压、调控酸、碱平衡等方面也发挥着重要的作用。BSS 在细胞培养中常用于洗涤组织、细胞，配制各种培养用液的基础溶液。Hank′s 液、D-Hank′s 液和 PBS 溶液都是常用的平衡盐溶液。

3. 消化液

消化液常用来分散贴壁细胞原代培养或传代培养中的组织或细胞团，以达到离散细胞、获得细胞悬液的目的。常用的消化液有胰蛋白酶消化液、胶原酶消化液及乙二胺四乙酸二钠（EDTA-2Na）消化液。其中胰蛋白酶消化液是最常用的消化液；EDTA-2Na 消化液消化能力较弱，常与胰蛋白酶消化液混合使用；胶原酶消化液多用于将原代培养中特殊组织的细胞与胶原成分分离。这些消化液可以单独使用，也可以按一定比例混合使用，这主要取决于所要处理的细胞类型。

四、细胞培养过程的检测

培养的细胞生长成细胞群或细胞系（株）后，还要对这些细胞的生物学特性进行检查，检查项目包括细胞活力检测、细胞形态学检测、细胞生长曲线测定、细胞有丝分裂指数（MI）测定、细胞标记指数测定等。

细胞活力是细胞是否可以进行下一步扩增的重要指标，而且由于细胞的密度依赖性，传代时需要知道细胞的数量，所以细胞计数是细胞培养中非常重要的技术，常用的有血细胞计数板计数法和自动细胞计数仪计数法。

1. 血细胞计数板计数法

血细胞计数板是一块特制的长方形厚玻璃板（图 3-3），板面的中部有 4 条直槽，内侧两槽中间有一条横槽把中部隔成两个长方形的平台。此平台比整个玻璃板的平面低 0.1mm，当放上盖玻片后，平台与盖玻片之间的距离为 0.1mm。平台中心部分有 9 个大方格，称为计数室，每个大方格面积为 $1mm^2$，体积为 $0.1mm^3$。用倒置显微镜观察计数板四角的大方格，可见每个大方格又分为 16 个中方格，适用于细胞计数。

细胞计数及密度换算操作过程如下：

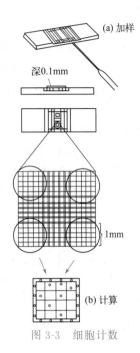

(a) 加样

深0.1mm

1mm

(b) 计算

图 3-3　细胞计数

（1）准备血细胞计数板　用酒精清洁计数板表面及盖玻片，用干净纱布轻轻拭干，注意不要划伤计数板表面。

（2）制备细胞悬液　用消化液分散单层培养细胞或直接收集悬浮培养细胞，吹打制成单个细胞悬液。要求细胞密度不低于 10^5 个/mL，如细胞密度低，可将悬液离心（1000r/min，2min），重悬于少量培养液中。

（3）加样品　将血细胞计数板盖上盖玻片，用微量移液器吸取少许细胞悬液沿盖玻片边缘滴一小滴（不宜过多），使细胞悬液充入计数室内。加样量不要过少或带气泡，也不要溢出盖玻片。

（4）计数　加样后静置 2～3min，然后在低倍镜下计数。在显微镜下，用低倍物镜观察计数板四角大方格中的细胞数（图 3-3）。计数时应循一定的路径，位于格线上的一般只数上方和左边线上的。计数细胞时，数四个大方格的细胞总数。

（5）清洗　使用完毕后，取下盖玻片，将血细胞计数板在水龙头下用水冲洗干净，洗完后晾干，然后放入盒内保存。

（6）计算　将计算结果代入下式，得出细胞密度。

细胞密度（个/mL）＝（4 大格细胞数之和/4）×10^4×稀释倍数

如，若已知 4 个大方格的细胞数为 120 个，计算原液中的细胞密度（个/mL）。

根据上式得：细胞密度（个/mL）＝(120/4)×10^4＝$3×10^5$ 个/mL。

细胞密度的换算：细胞密度换算是根据溶液稀释公式进行计算的，即溶液稀释前后溶质含量保持不变。公式为：

$$c_1V_1＝c_2V_2$$

式中，c_1、c_2 分别代表溶液稀释前和稀释后的浓度，mol/L；V_1、V_2 为溶液稀释前和稀释后的体积，L。

2. 自动细胞计数仪计数法

血细胞计数操作烦琐、耗时长、误差较大，逐渐被自动细胞计数仪代替。自动细胞计数仪计数快速，操作简单，计数更准确。

台盼蓝（又称锥虫蓝）染色法测细胞活力：正常的活细胞，细胞膜结构完整，能够排斥台盼蓝；而丧失活性或细胞膜不完整细胞的细胞膜通透性增加，可被台盼蓝染成蓝色。如果细胞膜完整性丧失，即可认为细胞已经死亡，这与中性红作用相反。

五、细胞培养方法与操作方式

体外培养的动物细胞有的可在悬浮状态下生长，称为非贴壁依赖细胞；有的必须贴附在某些基质上才能生长，称为贴壁依赖细胞；有的在两种条件下都能生长，称为兼性贴壁细胞。根据动物细胞的培养特性不同，可采用贴壁培养、悬浮培养和固定化培养三种方法进行大规模培养。

1. 贴壁培养

贴壁培养为细胞贴附在一定的固相表面进行的培养。贴壁培养的优点有：细胞紧密黏附于固相表面，可直接倾去旧培养液，清洗后直接更换培养液；容易采用灌注培养，从而达到提高细胞密度的目的；细胞贴附于生长基质时，能更有效地表达某一种产品；适用于所有类型的细胞等。与悬浮培养相比，贴壁培养的缺点是扩大培养比较困难、投资大、占地面积大等。在动物细胞大规模培养中，能为细胞提供贴附表面的培养基质有转瓶、微载体、中空纤维和细胞工厂等。其中微载体培养兼具悬浮培养和贴壁培养的优点，是目前公认的最有发展前途的一种动物细胞大规模培养技术。

转瓶培养属于传统的动物细胞规模化培养，主要用于贴壁依赖细胞的单层贴壁培养，用于少量培养到大规模培养的过渡阶段，或作为生物反应器接种细胞准备的一条途径。细胞接种在圆筒形转瓶中，转瓶在培养过程中一直在转瓶机的旋转架上缓慢转动，细胞可以交替接触培养液和空气。目前转瓶培养方式已经逐渐被细胞工厂代替。

2. 悬浮培养

悬浮培养指细胞在反应器中自由悬浮生长的培养，主要用于非贴壁依赖细胞（如杂交瘤细胞等）的培养。无血清悬浮培养是用已知人源或动物来源的蛋白质或激素代替动物血清的一种细胞培养方式，它能减少后期纯化工作，提高产品质量，正逐渐成为动物细胞大规模培养研究的新方向。

3. 固定化培养

固定化培养是将动物细胞与水不溶性载体结合起来，再进行培养，对于贴壁和悬浮类细胞都适用，具有细胞生长密度高、抗剪切力和抗污染能力强等优点，同时细胞易于与产物分开，有利于产物分离纯化。制备方法包括吸附法、共价贴附法、离子/共价交联法、包埋法、微囊法等。

4. 动物细胞大规模培养技术的操作方式

无论培养何种细胞，就操作方式而言，深层培养可分为分批式、流加式、半连续式、连续式和灌注式培养5种发酵工艺。

（1）分批式培养　分批式培养是将细胞和培养液一次性转入生物反应器内进行培养，在培养过程中不添加其他成分，待细胞增长和产物形成积累到适当的时间，一次性收获细胞、产物、培养基的操作方式。分批式培养的细胞所处环境时刻发生变化，由于初始营养物比较丰富，造成细胞早期过量利用，进而积累大量的代谢废物，培养后期细胞的生长易受到抑制，生命周期较短，细胞密度也不高。它是细胞规模培养发展过程中较早期采用的方式，也是其他操作方式的基础。分批式培养对设备和控制的要求较低，设备的通用性强，因此操作简单，容易掌握，无论在实验室还是在大型罐中都是最常用的培养方式。

（2）流加式培养　动物细胞的流加式培养工艺是指细胞培养基不是一次性地加入反应器中，而是根据细胞生长代谢的情况逐渐补加营养成分，维持葡萄糖、谷氨酰胺等关键营养物质在合适的平衡浓度，避免培养过程中出现营养限制和有毒代谢物过量积累，以达到延长细胞培养时间、增加细胞密度和提高产物浓度的目的。

与分批式培养相比，在流加式培养过程中细胞增殖稳定期延长，凋亡速率降低，产物生成率明显提高。与灌注式培养相比，其操作及放大工艺简单，能获得高浓度产品（培养液中），并可用于不同的细胞系。因此，流加式培养工艺已被广泛用于许多动物细胞表达产品的生产，是当前动物细胞培养工艺中的主流操作方式。

（3）半连续式培养　半连续式培养又称为重复分批式培养或换液培养，是在细胞增长和产物形成过程中，每间隔一段时间从中取出部分培养物，再用新的培养液补足到原有体积，使反应器内的总体积不变的一种操作方式。

该操作方式的优点是操作简便，生产效率高，可长时期进行生产并反复收获产品，可使细胞密度和产品产量一直保持在较高的水平。在动物细胞培养和药品生产中被广泛应用。

（4）连续式培养　将细胞接种于一定体积的培养基后，为防止衰退期出现，在细胞达最大密度之前以一定速度向生物反应器连续添加新鲜培养基，同时让含有细胞的培养物以相同的速度连续从反应器流出，以保持培养基体积恒定的操作方式叫连续式培养。理论上讲，该过程可无限延续下去。

连续式培养的优点是反应器可以达到恒定的培养状态，细胞在稳定状态下生长，可以有效地延长细胞的对数生长期。在稳定状态下细胞的营养物质浓度、产物浓度、pH 值可保持恒定，细胞浓度以及细胞比生长速率都可维持不变。缺点是由于开放式操作、培养周期长，容易造成污染；细胞的生长特性以及分泌产物容易变异；对设备、仪器的控制技术要求高。

（5）灌注式培养　把细胞和培养基一起加入反应器后，在细胞增长和产物形成过程中，不断地将部分条件培养基取出，同时又连续不断地灌注新的培养基的操作方式叫灌注式培养。它与连续式培养的不同之处在于取出部分条件培养基时，绝大部分细胞通过细胞截流装置或其他方式保留在反应器内，而连续式培养在取培养物时同时也取出了部分细胞。

灌注式培养具有反应体积小，回收体积大，产品在罐内停留时间短，可及时回收到低温条件下保存，有利于保持产品的活性等特点。缺点是操作比较繁杂，细胞培养基利用效率低，工艺放大过程困难。

六、细胞大规模培养技术的应用

目前动物细胞大规模培养已成功用于生产疫苗、蛋白质因子、免疫调节剂及单克隆抗体等生物制品。

（1）生产疫苗　目前，通过动物细胞大规模培养已实现商业化的疫苗产品有：口蹄疫疫苗、狂犬病疫苗、牛白血病病毒疫苗、脊髓灰质炎病毒疫苗等。

（2）生产多肽和蛋白质类药物　通过动物细胞大规模培养生产的多肽和蛋白质类药物有凝血因子Ⅷ和Ⅸ、促红细胞生成素、生长激素、IL-2 及神经生长因子等。

（3）生产免疫调节剂及单克隆抗体　利用动物细胞大规模培养生产的免疫调节剂主要有α干扰素、β干扰素、γ干扰素和免疫球蛋白（IgG、IgA、IgM）。

【技能拓展】

细胞培养用液的配制

1. 操作用品

（1）材料和试剂　$CaCl_2$（分析纯）、$MgSO_4 \cdot 7H_2O$（分析纯）、酚红、新鲜制备的超纯水、胰蛋白酶干粉（1：250）、胎牛血清（FBS）、青霉素液、链霉素液、KH_2PO_4、Na_2HPO_4、$NaHCO_3$、$NaCl$、KCl、DMEM/F-12 培养基等。

（2）器材和设备　高压蒸汽灭菌锅、pH 计、一次性 $0.22\mu m$ 塑料微孔滤膜、超纯水仪、补料瓶（500mL、1L）、分析天平等。

2. 配制方法

（1）Hank's 液的配制和无菌处理（1L）　准确称取 0.14g $CaCl_2$，溶解在装有 100mL 超纯水的烧杯中（1 液）；准确称取 0.20g $MgSO_4 \cdot 7H_2O$，溶解在装有 100mL 超纯水的另一烧杯中（2 液）；按配方准确称取其他试剂，依次溶解在盛有 650mL 超纯水的烧杯中，注意应等前一种试剂完全溶解后再溶解下一种试剂，混匀（3 液）；将 1、2 液缓慢倒入 3 液中，边倒边搅动，防止出现沉淀（4 液）；将 0.35g $NaHCO_3$ 溶解在 37℃ 100mL 超纯水中（5 液）；用数滴 $NaHCO_3$ 溶液溶解 0.01g 酚红（6 液）；将 5、6 液逐滴、搅拌加入 4 液中（7 液）；将 7 液倒入容量瓶并补加超纯水定容至 1000mL，充分混匀；过滤除菌后分装，4℃ 冰箱内保存；也可以先分装，再于 121℃ 高压蒸汽灭菌 30min，4℃ 冰箱内保存。

（2）D-Hank's 液的配制和无菌处理（1L）　D-Hank's 液不含 Ca^{2+}、Mg^{2+}，配制方法简便；不含葡萄糖，配制完可采用高压蒸汽灭菌法灭菌。配制方法如下：准确称取所需成分，依次溶解在装有 750mL 超纯水的烧杯中混匀，同 Hank's 液一样，D-Hank's 液配制时也要注意应等前一种试剂完全溶解后，再溶解下一种试剂；将烧杯中溶解的溶液转移到容量瓶中，补加超纯水定容至 1000mL；分装后，121℃ 高压蒸汽灭菌 30min，4℃ 冰箱内保存。

（3）PBS 缓冲液的配制和无菌处理（1L）　准确称取 8.0g NaCl、0.2g KCl、0.24g KH_2PO_4、1.44g Na_2HPO_4，溶解在装有 500mL 超纯水的烧杯中；移入 1L 容量瓶，调 pH 值至 7.2，补加超纯水定容至 1000mL，然后充分混匀；置于试剂瓶中，121℃、60min 灭菌后，4℃ 冰箱内保存。

【知识拓展】

一、原代细胞培养技术

原代培养也叫初代培养，是从供体取得组织细胞后在体外进行的首次培养，也是建立各种细胞系的第一步，是从事组织培养工作人员应熟悉和掌握的最基本的技术。

原代培养是获取细胞的主要手段，但原代培养的组织由多种细胞成分组成，比较复杂，细胞间存在很大差异。如果供体不同，即使组织类型、部位相同，个体差别也可以在细胞上反映出来，因而原代培养细胞部分生物学特征尚不稳定，如要做较为严格的对比性实验研究，还需对细胞进行短期传代后进行。最基本和常用的原代培养有组织块法和消化法。

二、细胞传代培养技术

1. 原代培养的首次传代

细胞由原培养瓶内分离稀释后传到新的培养瓶的过程称为传代，进行一次分离再培养称为传一代。原代培养后由于细胞数量增加并增殖，整个瓶底逐渐被细胞覆盖，这时需要进行分离培养，否则细胞会因营养缺乏、生存空间不足或密度过大，以及代谢产物的蓄积毒性影响细胞生长。

2. 细胞传代方法

对不同的培养细胞采取不同的传代方法。对贴壁细胞可以用胰蛋白酶进行消化传代，胰蛋白酶可以破坏细胞与细胞、细胞与培养瓶之间的连接或接触，经胰蛋白酶处理后的贴壁细胞被吹打后分散成单个细胞，再经稀释和接种后就可以达到细胞传代培养的目的。部分贴壁生长细胞，不经消化处理直接吹打也可使细胞从瓶壁上脱落下来，而进行传代，但仅限于部分贴壁不牢的细胞，如 HeLa 细胞、骨髓瘤细胞等。

因悬浮生长细胞不贴壁，故传代时不必采用酶消化方法，而可直接传代或离心收集细胞后传代，或自然沉降后吸除上清液，再吹打传代。

三、动物细胞的冻存、复苏及污染检测

1. 细胞的冻存

细胞培养的传代及日常维持过程中需要大量的费用，而且细胞一旦离开活体开始原代培养，它的各种生物学特性都会随着传代次数的增加及体外环境条件的变化而变化，因此及时进行细胞冻存十分必要。

冻存细胞时要缓慢冷冻，因为细胞在不加保护剂的情况下直接冷冻时，细胞内外的水分会很快形成冰晶，会引起一系列的不可逆的损伤性变化，从而引起细胞死亡。甘油或二甲基亚砜（DMSO）可以作保护剂。这两种物质能提高细胞膜对水的通透性，加上缓慢冷冻可使细胞内的水分渗出细胞外，减少细胞内冰晶的形成，从而减少由于冰晶形成造成的细胞损伤。

2. 细胞的复苏

复苏细胞应采用快速融化的方法，这样可以保证细胞外结晶在很短的时间内融化，避免由于缓慢融化使水分渗入细胞内，形成胞内再结晶，对细胞造成损伤。细胞复苏的一般操作为：将冻存细胞从液氮中取出，迅速置于 37℃ 水浴中，在 1min 内解冻冻存的细胞，离心弃上清液，移入含培养液的培养瓶内，放在 37℃、5% CO_2 温箱中培养，次日换液，弃去漂浮的死亡细胞，此时存活的细胞大部分可贴壁生长并增殖。

3. 污染检测

培养细胞的污染包括微生物的污染、混入培养环境中对细胞生存有害成分和造成细胞不纯的异物的污染。污染物一般包括微生物（真菌、细菌、病毒和支原体）、化学物质及细胞（非同种的其他细胞）。其中以微生物污染最多见。

（1）微生物污染　常见污染培养细胞的真菌有烟曲霉、黑曲霉、酵母菌等。霉菌污染一般肉眼可见，较易被发现，短期内培养液多不混浊，在培养液中形成白色或浅黄色漂浮物。倒置显微镜下可见细胞间纵横交错穿行的丝状、管状及树枝状菌丝，并悬浮漂荡在培养液中。

常见污染培养细胞的细菌有大肠埃希菌、白色葡萄球菌、假单胞菌等。细菌污染后易被发现，培养液短期内颜色变黄，且有明显混浊现象；有时静置的培养瓶液体初看不混浊，但稍加振荡，就有很多混浊物漂起。倒置显微镜下观察，可见培养液中有大量圆球状颗粒漂浮。

支原体在细胞培养中污染率高达 30%～60%。检测支原体污染的方法中，培养法检测最为可靠且成本低廉，但培养周期较长，工作量大；荧光染色法操作较为简便，但轻度污染不易检出，一般要求以培养无污染的指示细胞作为对照；扫描电子显微镜法直观、准确，但

对环境要求高，操作复杂，实验周期较长，常作为样品的最后定性检测；PCR（聚合酶链式反应）检测法灵敏度高、特异性强、检测速度快，比常规培养法和荧光染色法快5～10天，但对实验环境要求严格，实验成本较高，有时还会出现假阳性的现象。

（2）细胞交叉污染　细胞交叉污染是在进行多种细胞同时培养时，器材和培养用液混杂所致。这种污染使细胞形态和生物学特性发生变化，某些变化不易察觉。有些污染细胞具有生长优势（如HeLa细胞等），最终压过其他细胞，导致这些细胞生长抑制，最终死亡，细胞交叉污染导致细胞种类不纯，不能进行实验研究。

（3）化学污染　污染物质包括残存洗涤剂、细胞残余、解体的微生物等，接触细胞的器皿一旦被化学物质污染，将导致细胞死亡。因此，化学污染是细胞培养失败的重要原因，故细胞实验所用的全部器材均需严格消毒并正确掌握器材操作要领。

【场外训练】　L-天冬氨酸的制备

一、固定化细胞的制备

1. 菌种活化

① 用LB斜面培养基活化天冬氨酸酶生产菌种，于37℃培养17h。

② 接种1mL处于对数生长期的天冬氨酸酶生产菌种至装有已灭菌的50mL培养基（1%延胡索酸铵、2%玉米浆、2%牛肉浸膏、0.5% KH_2PO_4、0.05% $MgSO_4 \cdot 7H_2O$，pH 7.0）的250mL三角瓶中，37℃振荡培养24h，3000r/min离心20min，弃上清液，用生理盐水洗涤一次，离心收集菌体，置于4℃冰箱中备用。

2. 固定化细胞制备

湿菌体4g悬浮于4mL生理盐水中，于45℃保温。在17mL生理盐水中加入0.8g卡拉胶，加热至80℃使之熔解，然后冷却至45℃。两者于45℃混匀，冷却至室温，置于4℃冰箱中30min，再放入100mL 0.3mol/L KCl溶液中浸泡4h，将以上固定化细胞切成3mm³小块，经生理盐水洗涤后，置于1mol/L延胡索酸铵溶液中，37℃活化24h，备用。

二、酶活力测定并制作标准曲线

1. 天冬氨酸酶活力的测定

取0.5g湿菌体或相当于湿菌体0.5g的固定化细胞悬浮于2mL蒸馏水中，加入1.0mol/L延胡索酸铵溶液（1mmol/L $MgCl_2$、1%Triton，pH 9.0）30mL，37℃搅拌反应30min，煮沸终止反应，1200r/min离心5min，上清液稀释测定A_{240}值，与标准曲线对照测定延胡索酸含量，计算酶活力。一个酶活力单位定义为在测定条件下，每小时每克细胞转化生成1μmol天冬氨酸所需的酶量。

2. 延胡索酸标准曲线的绘制

延胡索酸在240nm波长处有特征吸收峰，在一定范围内吸光度与延胡索酸含量呈线性关系，且反应系统中无干扰。配制不同浓度标准溶液，检测吸光度，绘制延胡索酸标准曲线。

三、L-天冬氨酸

1. 酶活力测定

将 6g 固定化细胞装入带夹套的固定化生物反应器内（Φ15cm×30cm），1.0mol/L 延胡索酸铵（含 1mmol/L MgCl$_2$，pH 9.0）底物以恒定流速通过固定化细胞柱，空速 SV＝0.87h^{-1}，然后于 240nm 波长处测流出液的延胡索酸含量，计算酶活力，并计算转化率。

2. 产品的制备

收集反应器流出液，80℃加热 20min，用 6mol/L（NH$_4$）$_2$SO$_4$ 溶液调 pH 至 2.8 左右，置于冰箱中冷却，结晶，过滤，沉淀用 95％乙醇漂洗，烘干，即得 L-天冬氨酸。

任务 2　西洋参细胞培养法生产人参皂苷

西洋参 *Panax quinquefolius* L. 属于五加科人参属，系多年生草本植物，又名"洋参"或"花旗参"，是一种药用价值与人参相似的名贵药材。相比人参，西洋参更受人们的青睐，因为其性相对温和。西洋参味甘而微苦，性凉，具有补气养阴，清热生津的功效。近代药理研究证明，西洋参具有保护心血管系统，调节神经和内分泌系统，提高脑力、体力和免疫力的功能，其主要有效成分是人参皂苷（ginsenoside）。

西洋参主要产地是美国东部和加拿大东南部，后经引种驯化进入中国，主要产地在华北和东北地区。西洋参最适合种植在海拔为 1000m 左右并且气候温和、雨量充沛的山地阔叶林地带，生长期的最适温度在 18～24℃，最适空气湿度 80％左右。西洋参栽培要求土层深厚肥沃，腐殖质含量丰富，透水透气的森林棕壤或砂质壤土，pH 值为 5.5～7.0。由此可见，西洋参对于生长环境要求较高，生长缓慢，一般需要五六年才能完成营养成分的积累，收获入药，这导致了西洋参供不应求且价格昂贵，限制了其有效成分人参皂苷作为药物的开发与应用。为了摆脱西洋参来源的困境，突破栽培条件的限制及促进有效成分的快速积累，国内外学者进行了大量西洋参细胞组织培养研究，如愈伤组织诱导、细胞悬浮培养和发酵培养等，因此，利用西洋参细胞培养法生产人参皂苷具有非常重大的意义。

人参皂苷属于三萜类化合物，是由苷元和糖基相连而成的。根据苷元的骨架不同，人参皂苷可分为两类，一类是齐墩果烷型五环三萜类皂苷，其苷元为齐墩果酸；另一类是达玛烷型四环三萜类皂苷。达玛烷型在人参皂苷中占大多数，是主要的活性成分。达玛烷型又包括两类：人参二醇类皂苷，苷元为原人参二醇，如 Rb1、Rb2、Rc、Rd、Rg3、Rh2 等及糖苷基 PD；人参三醇类皂苷，其苷元为原人参三醇，如 Re、Rf、Rg1、Rg2、Rh1 等及糖苷基 PT。

迄今为止，已经分离并确定结构的人参皂苷有 70 余种，其中大部分含有非常重要的药物成分，在临床上也有广泛的应用。如 Rg3 和 Rh2 具有抑制癌细胞增殖、转移和侵袭的作用；Rb1 和 Rg1 具有兴奋中枢神经、抗疲劳、抗衰老等作用；CK 具有抗癌、抗炎和治疗糖尿病等多种药用价值，已经获得国家药品监督管理局（NMPA）批准，进行关节炎预防和治疗的临床试验。

任务描述	配制 MS 培养基母液,制备 MS 培养基并灭菌,完成西洋参外植体的预处理,诱导愈伤组织及传代培养,筛选愈伤组织进行悬浮细胞培养,利用植物细胞反应器生产人参皂苷,测定生长量并计算生长速率和细胞产量。	
学习目标	能做什么	要懂什么
	1. 能够按照 MS 培养基配方,准确配制培养基母液,并按照要求保存; 2. 能按照倍数扩大制备 MS 培养基并灭菌,熟练使用灭菌锅; 3. 能在超净工作台中完成外植体清洗、消毒等预处理,完成愈伤组织诱导、细胞分离等无菌操作; 4. 能准确记录实验现象、数据,正确处理数据; 5. 会正确书写工作任务单、工作台账本,并对结果进行准确分析。	1. 洗涤技术; 2. 培养基配制方法; 3. 灭菌技术; 4. 无菌操作技术; 5. 外植体预处理方法; 6. 愈伤组织诱导技术; 7. 植物细胞悬浮系的建立与传代培养技术。
工作步骤	步骤 1　MS 培养基的配制 步骤 2　外植体的预处理 步骤 3　愈伤组织的诱导 步骤 4　传代培养 步骤 5　筛选种子细胞 步骤 6　细胞悬浮培养 步骤 7　扩大培养 步骤 8　人参皂苷生产 步骤 9　生长量测定 步骤 10　完成评价	
岗前准备	思考以下问题: 1. 西洋参细胞培养的操作要点是什么? 2. 配制 MS 培养基的注意事项? 3. 调节 MS 培养基 pH 的目的? 4. 培养基中琼脂的作用? 结合工作任务,思考各阶段培养过程中是否加入琼脂? 5. 外植体消毒步骤、试剂准备、消毒时间? 结合工作任务,思考哪些步骤要求无菌操作? 6. 操作过程中有什么安全要求?	
主要考核指标	1. 外植体选取、消毒、接种、愈伤组织诱导、传代培养、筛选细胞、灭菌操作等(操作规范性、仪器的使用等); 2. 实验结果(细胞生长量); 3. 工作任务单、工作台账本随堂完成情况; 4. 实验室的清洁。	

操作前阅读【知识支撑】中的"四、常用培养基的种类、配方及其特点",【技能拓展】中的"一、培养基的配制"及"五、灭菌技术与无菌操作技术",以便更好地完成任务。

工作目标 >>>

分组开展工作任务。采用西洋参细胞培养法生产人参皂苷,并进行生长量的测定。

通过本任务,达到以下能力目标及知识目标:

1. 能完成 MS 培养基的配制并灭菌;掌握植物培养基的组成、配制及灭菌方法;

2. 能完成西洋参愈伤组织的诱导操作;理解无菌操作意义,掌握愈伤组织诱导技术;

3. 能完成单细胞分离,建立细胞悬浮培养体系;掌握单细胞分离技术,了解种子细胞选择方法;

4. 能完成人参皂苷的生产;掌握细胞生长计量方法,了解植物细胞反应器及其使用方法。

工作准备 >>>

1. 工作背景

建设植物细胞培养室,包括功能区划分及相关仪器设备准备,如超净工作台、高压灭菌锅、摇床、恒温培养箱等仪器设备,完成西洋参细胞培养法生产人参皂苷。

2. 技术标准

培养基母液及培养基配制准确,培养基的灭菌方法正确,无菌操作技术规范,离心机、显微镜操作正确,定量计算正确等。

3. 所需器材及试剂

(1) 器材　恒温摇床、生化培养箱、显微镜、天平、血细胞计数板、离心机、酸度计、水浴锅、显微镜、真空干燥箱、生物反应器、解剖刀、容量瓶、烧杯、三角瓶、培养皿、镊子、新鲜西洋参等。

(2) 试剂　75%乙醇、0.1% $HgCl_2$、2,4-D(2,4-二氯苯氧乙酸)、KT(细胞分裂素)、蔗糖、琼脂、果胶酶、MS 培养基等。

实践操作 >>>

西洋参细胞培养法生产人参皂苷的操作流程如图 3-4 所示。

1. 选取外植体

取新鲜西洋参根作为外植体,先用清水冲洗 3～5 次,再吸干表面水分。

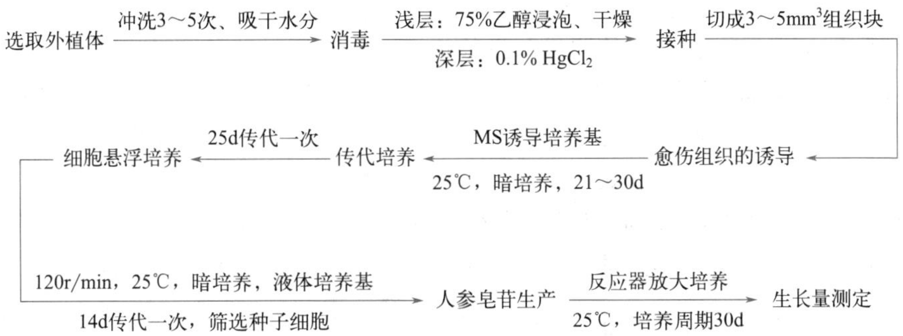

图 3-4 西洋参细胞培养法生产人参皂苷操作流程

2. 消毒

在超净工作台中，将西洋参的根浸入 75％ 乙醇中 2～3min，取出后，挥发至干燥，0.1％ HgCl$_2$ 消毒 5min，再用无菌水冲洗 3～5 次。

3. 接种

将西洋参的根置于无菌的培养皿中，用灭菌的镊子固定西洋参的根，将其分成上、中、下三段，用消毒后的解剖刀将三段分别切成 3～5mm^3 的小块，接种。

4. 愈伤组织的诱导

将切好的小块接种在含有 1mg/L 2,4-D、0.2mg/L KT、30g/L 蔗糖和 0.8％琼脂的 MS 诱导培养基中，每瓶接种 4～5 块，150mL 三角瓶中含有 30mL 培养基（灭菌前培养基 pH 5.8），于生化培养箱中暗培养 21～30d，培养温度为 25℃。

5. 传代培养

观察外植体的变化，接种 30d 后大部分出现淡黄色愈伤组织，将愈伤组织接种至新的 MS 诱导培养基中。此后，25d 传代一次，选取淡黄色或透明的愈伤组织进行传代培养，培养条件与诱导培养基相同。经过几次传代，即可获得大量的愈伤组织，供以后作为悬浮细胞培养接种之用。

6. 细胞悬浮培养（高产细胞系）

西洋参愈伤组织经多次筛选传代后，选择生长旺盛的愈伤组织（质地疏松、嫩白色透明状或淡黄色）转移到液体培养基中进行悬浮培养。250mL 三角瓶中含有 70mL 培养基，培养基 pH 5.8，接种 7g 愈伤组织（1g/10mL），置于摇床培养，转速 120r/min，培养温度为 25℃，暗培养。如愈伤组织不易分散，可用镊子轻轻夹碎，注意避免损伤愈伤组织。也可在培养基中加入 1g/L 果胶酶，培养 1d 后转入不含果胶酶的培养基中。悬浮细胞每隔 14d 传代一次，每次传代培养要筛选生理状态好的细胞（分散度好、均匀、生长速率快、透明或淡黄色）作为种子，最终获得性能优异的高产细胞系。

7. 人参皂苷生产

当得到稳定悬浮体系后，将悬浮细胞扩大培养，按照 25g/L 的接种量将西洋参细胞接种到 5L 的植物细胞反应器中，培养基成分与摇瓶培养相同，培养基 pH 5.8，温度 25℃，培养周期 30d。

8. 生长量测定

进行细胞数量、鲜重、干重的测量和生长速率、细胞产量的计算。

（1）计数法　每隔3d无菌取样，用血细胞计数板计数。由于在悬浮培养中总存在着大小不同的细胞团，直接取样很难进行可靠的细胞计数，可以加入1g/L果胶酶液对细胞团进行处理，使细胞分散后再进行计数，提高计数的准确性。

（2）称重法　每隔3d无菌取样，将培养液离心，2000r/min，15min，收集细胞于称量瓶中，称重计数，再将细胞和称量瓶放入烘箱中60℃烘烤6h，最后称量干重。

$$生长速率[g/(d \cdot L)] = \frac{最终干重(g) - 接种干重(g)}{培养天数(d) \times 培养液体积(L)}$$

$$细胞产量(g/L) = \frac{最终干重(g) - 接种干重(g)}{培养液体积(L)}$$

操作评价 >>>

一、个体评价与小组评价

任务 2　西洋参细胞培养法生产人参皂苷									
姓名									
组名									
能力目标	1. 能够按照 MS 培养基配方，准确配制培养基母液，并按照要求保存； 2. 能按照倍数扩大制备 MS 培养基并灭菌，熟练使用灭菌锅； 3. 能在超净工作台中完成外植体清洗、消毒等预处理及愈伤组织诱导、细胞分离等无菌操作； 4. 能准确记录实验现象、数据，正确处理数据； 5. 会正确书写工作任务单、工作台账本，并对结果进行准确分析。								
知识目标	1. 掌握植物培养基的组成、配制及灭菌方法； 2. 理解无菌操作意义，掌握愈伤组织诱导技术； 3. 掌握单细胞分离技术，了解种子细胞选择方法； 4. 掌握细胞生长计量方法，了解植物细胞反应器及其使用方法。								
评分项目	上岗前准备（思考题回答、实验服与台账准备）	外植体预处理	愈伤组织诱导及传代培养	细胞悬浮培养	人参皂苷生产与细胞生长量测定	团队协作性	台账完成情况	台面及仪器清理	总分
分值	10	10	20	15	20	10	5	10	100
自我评分									

任务 2　西洋参细胞培养法生产人参皂苷

需改进的技能								
小组评分								
组长评价	（评价要具体、符合实际）							

二、教师评价

序号	项目	配分	要求	得分
1	上岗前准备（10分）	A. 思考题回答(5分) B. 实验服准备、台账准备(5分)	操作过程了解充分 工作必需品准备充分	
2	外植体预处理（10分）	A. 选取、消毒(5分) B. 接种(5分)	正确操作	
3	愈伤组织诱导及传代培养（20分）	A. 培养基配制并灭菌(10分) B. 愈伤组织诱导(5分) C. 传代培养(5分)	准确配制 正确操作 正确操作	
4	细胞悬浮培养（15分）	A. 筛选组织悬浮培养(5分) B. 传代培养(5分) C. 筛选高产细胞系(5分)	正确操作	
5	人参皂苷生产与细胞生长量测定(20分)	A. 反应器扩大培养(5分) B. 血细胞计数板计数(5分) C. 干燥称重(5分) D. 数据处理(5分)	正确操作 正确操作 正确操作 准确计算	
6	项目参与度（5分）	操作的主观能动性(5分)	具有团队合作精神和主动探索精神	
7	台账与工作任务单完成情况（10分）	A. 完成台账(5分) B. 完成工作任务单(5分)	数据记录完整 书写工整、准确	
8	文明操作（10分）	A. 实验态度(5分) B. 清洗玻璃器皿等,清理工作台面(5分)	认真负责 清洗干净,放回原处,台面整洁	
合计				

一、植物细胞组织培养的环境条件

在植物细胞组织培养时，外植体接种后生长发育和分化受到环境条件的影响，一般包括温度、光照、湿度、通气条件、培养基渗透压、培养基 pH 等。

1. 温度

温度对外植体生长发育和二次代谢产物合成有重要的影响。通常植物细胞培养控制在 25℃。在植物细胞的诱导期和愈伤组织的分裂期，需要较高的温度，而器官的分化增殖期温度要低些。由于植物的长期分化，不同起源的植物对于温度的要求也不相同。在培养时，可以根据不同植物的最适环境温度来设定培养温度，通常用空调控制温度，用压缩机制冷或制热，获得较恒定的环境温度。

2. 光照

光照对植物细胞组织的生长及分化产生作用，可以通过光照强度、光质及光周期等影响植物细胞的生理特性。

光照强度对培养细胞的增殖和器官的分化有重要影响。大多数情况下，有光植物的生长和分化比较好。不同植物或者同一植物处于不同的时期，对光照强度的要求不同。

光质对愈伤组织诱导、增殖和器官分化有显著的影响。一般蓝光促进不定芽的分化，而红光、绿光对不定芽的分化有抑制作用。

光周期是影响外植体生长和分化的条件之一。一般来说，黑暗条件利于细胞、愈伤组织的增殖，而光照条件则利于器官的分化。

3. 通气条件

氧气是植物细胞组织培养中必需的因素，外植体呼吸需要氧气。在植物细胞组织培养时，需要考虑瓶盖通气问题，可使用有滤菌作用的封口膜，既保证透气又可以过滤细菌；在固体培养时，不要把植物组织细胞全部接种在培养基下面，因为这样，不利于氧气的供应；在液体培养时，可以采用振荡的方法，设定合适的振荡速度和幅度；培养室要经常通风换气，增加氧气量。

4. 湿度

植物细胞组织培养的湿度主要指培养容器和培养室的湿度。受培养基中水分影响，培养容器的湿度接近 100%。培养室湿度受季节变化的影响，一般冬季湿度低，夏季湿度高。组织培养时，培养室湿度会影响培养基的水分蒸发，一般在 70%～80%，以保证培养物正常生长和分化，湿度过高会引起培养基染菌，污染培养物；湿度过低，会使培养基的水分大量丧失，培养基的渗透压升高，影响培养物生长分化。

5. 培养基渗透压

培养基的渗透压对培养物的生长发育影响很大。培养基中含有盐类、蔗糖等化合物，均影响到培养基的渗透压，进而影响植物细胞的分化和器官的形成。植物细胞的渗透压等于或低于培养基的渗透压时，才能从培养基中吸收营养和水分。

6. 培养基 pH

培养基 pH 直接影响培养物的生长和分化，配制培养基时一定要将其 pH 调节到培养物的最适 pH。随着培养时间的增加，培养物会吸收培养基中的金属离子，使培养基的 pH 降低，这时最好更换新鲜的培养基，如果培养容器空间充分，也可以向容器中补充培养基，保证培养物处于最适的 pH 环境。

二、植物细胞组织培养的营养成分

在离体条件下，要使植物细胞组织能够正常生长，除了要满足温度、光照等环境条件，还要满足其对于营养成分的需求。植物生长发育中的必需营养元素至少有 16 种，它们是碳、氢、氧、氮、磷、钾、钙、镁、硫、铁、铜、锌、锰、硼、钼和氯。离体的植物组织生长发育除了需要无机元素外，还需要碳源、氨基酸类、维生素、肌醇等有机成分。水是植物细胞组织的主要组成部分，可提供植物所需的氢和氧，也是一切代谢活动的介质，是植物生命活动所必需的成分。

三、培养基的成分

培养基是植物组织细胞培养的物质基础，除了培养物本身的因素外，培养基的种类、成分等直接影响培养物的生长发育，应根据培养物的种类和培养部位选取适宜的培养基。培养基的种类繁多，配制的原则是满足培养物生长发育对营养成分的需求，包括无机盐类、有机化合物、植物生长调节剂、水和琼脂等。

1. 无机盐类

根据植物对必需元素需求量不同，无机元素可分为大量元素和微量元素。大量元素是指在培养基中浓度超过 0.05mmol/L 的元素，有氮、磷、钾、钙、镁、硫；微量元素是小于 0.05mmol/L 的元素，虽然需要的量很少，但微量元素是植物生长发育所必需的物质，有铁、铜、锌、锰、硼等。

2. 有机化合物

为了使培养物更好地生长发育，培养基中还要加入一些碳源、氨基酸等有机化合物。

最常用的碳源是糖类，植物细胞培养中最常使用的是蔗糖，使用浓度为 2%～5%，一般为 3%，葡萄糖、麦芽糖和果糖也可作为碳源被植物细胞吸收利用。

氨基酸是一种重要的有机氮源，可以直接被植物细胞吸收利用。植物细胞培养中最常用的氨基酸是甘氨酸，其他如谷氨酸、精氨酸及多种氨基酸的混合物也较常用。

大多数植物能合成所必需的维生素，但是合成量不足，培养时需要在培养基中加入一种或多种维生素。

肌醇是细胞壁构成材料，本身没有促进植物细胞生长的作用，但能促进活性物质发挥作用。

3. 植物生长调节剂

植物生长调节剂是培养基中的关键物质，微量的存在即可对培养物生长和发育产生显著影响。天然激素与人工合成类似化学物质合称为生长调节物质或植物生长调节剂。植物体内的酶通过合成与分解会控制天然激素的含量，进而影响植物的代谢活动。人工合成的生长调节物质比较稳定，不受到酶的影响，在植物细胞组织培养中常用。人工合成的生长调节物质主要包括生长素和细胞分裂素等。

4. 水

水是生物一切生命活动不可或缺的重要成分，离体培养时，水既是营养物质，又是培养基的重要成分，占培养基的95%。配制培养基时，一般用去离子水、蒸馏水或重蒸水。

5. pH

培养基在高压灭菌前大多将pH调节到5.0～6.0（通常是5.8）。

四、常用培养基的种类、配方及其特点

1. 培养基的种类

培养基种类有许多，根据培养物和培养目的不同，需要选用不同的培养基。按照这些培养基的含盐量和元素浓度，可将培养基分为四类：一是富盐平衡培养基，如MS、LS、BL和ER培养基；二是高硝态氮培养基，如B_5、N_6和SH培养基；三是中盐培养基，如H和Nitsch培养基；四是低盐培养基，如White和WS培养基。

2. 几种常用培养基的特点

MS培养基是1962年由Murashige和Skoog为培养烟草细胞而设计的，特点是无机盐浓度较高，可满足植物细胞组织的营养和生理需要。它可广泛地用于诱导愈伤组织的培养，也可用于胚、茎段、茎尖及花药的培养。

B_5培养基是1968年由Gamborg等为培养大豆组织而设计的，特点是含有较低的铵，这可能对一些培养物的生长有抑制作用。在豆科植物应用较多，也适用于木本植物。

Nitsch培养基是1969年由Nitsch JP和Nitsch C设计的，主要用于花药培养。

White培养基是1943年由White为培养番茄根尖而设计的，提高了$MgSO_4$的浓度和增加了硼素，主要用于生根的培养。

3. 几种常用培养基的配方

植物细胞组织培养中常用的4种培养基配方见表3-1。

表3-1 常用培养基配方　　　　　　　　单位：mg/L

培养基成分		MS培养基	B_5培养基	Nitsch培养基	White培养基
无机成分	NH_4NO_3	1650	—	720	—
	KNO_3	1900	2527.5	950	80
	$(NH_4)_2SO_4$	—	134	—	—
	KCl	—	—	—	65
	$CaCl_2 \cdot 2H_2O$	440	150	166	—
	$Ca(NO_3)_2 \cdot 4H_2O$	—	—	—	300
	$MgSO_4 \cdot 7H_2O$	370	246.5	185	720
	Na_2SO_4	—	—	—	200

培养基成分		MS 培养基	B₅ 培养基	Nitsch 培养基	White 培养基
无机成分	KH_2PO_4	170	—	68	—
	$FeSO_4 \cdot 7H_2O$	27.8	—	27.85	—
	$Na_2\text{-EDTA}$	37.3	—	37.75	—
	$NaFe\text{-EDTA}$	—	28	—	—
	$Fe_2(SO_4)_3$	—	—	—	2.5
	$MnSO_4 \cdot 4H_2O$	22.3	10	25	7
	$ZnSO_4 \cdot 7H_2O$	8.6	2	10	3
	$CoCl_2 \cdot 6H_2O$	0.025	0.025	0.025	—
	$CuSO_4 \cdot 5H_2O$	0.025	0.025	—	—
	MoO_3	—	—	0.25	—
	$Na_2MoO_4 \cdot 2H_2O$	0.25	0.25	—	—
	KI	0.83	0.75	10	0.75
	H_3BO_3	6.2	3		1.5
	$NaH_2PO_4 \cdot H_2O$	—	150		16.5
有机成分	烟酸	0.5	1		0.5
	维生素 B_6	0.5	1	—	0.1
	维生素 B_1	0.1	10	—	0.1
	肌醇	100	100	100	—
	甘氨酸	2	—	—	3
pH		5.8	5.8	5.8	5.6

注：本表不包括植物生长调节剂、蔗糖和琼脂等。

五、植物组织培养基本设备

进行植物细胞组织培养时，培养物需要在一定的环境和营养条件下生长发育，常用的设备如下。

1. 高压灭菌锅

用于培养基、蒸馏水和接种器械等的消毒灭菌，有小型手提式、中型立式、大型卧式等不同类型（图 3-5），可根据培养规模选用相应类型的高压灭菌锅。

2. 烘箱

烘箱是干热灭菌设备（图 3-6），可以对玻璃器皿进行干热消毒灭菌，温度升高至 160～180℃，持续 1～3h。也可以烘干洗过的器皿，温度 80～100℃为宜。

(a) 手提式   (b) 立式   (c) 卧式

图 3-5　高压灭菌锅

3. 超净工作台

超净工作台是最常用的无菌操作设备（图 3-6），工作原理是风机送风，经过滤器过滤后，将超净空气吹送到台面形成无菌风幕。

4. 显微镜

用于观察细胞和组织（图 3-7）。

5. 解剖镜

用于剥取植物茎尖、胚乳等，也可以观察内部植物组织生长情况（图 3-7）。

(a) 烘箱   (b) 超净工作台   (a) 显微镜   (b) 解剖镜

图 3-6　烘箱和超净工作台   图 3-7　显微镜和解剖镜

6. 摇床

用于植物组织和细胞液体悬浮培养，可以改善培养液体中的氧气供应状况（图 3-8）。

7. 培养架

进行固体培养时，培养物通常摆放在培养架上（图 3-9）。培养架有木制的、金属的或其他材料的，层板最好使用玻璃板，因为其透光性能好，能使每层培养物接受更多光照，又不受热。

8. 培养箱

用于植物细胞培养，一般用来培养一些对于环境要求严格的培养物，内有温度感受器。智能生化培养箱可以自动调控温度、湿度和光照（图 3-9）。

(a) 培养架   (b) 培养箱

图 3-8 摇床   图 3-9 培养架和培养箱

9. 其他

酸度计用于调节培养基或溶液的 pH，也可以在培养过程中测定培养液 pH 的变化；低速台式离心机，在细胞培养时，用于分离、沉淀细胞，一般转速为 2000～4000r/min；天平用于称取化学试剂。

六、植物细胞培养的类型与技术

植物细胞培养是指在离体无菌条件下对植物单个细胞或小的细胞团进行培养，形成单细胞无性系或再生植株的技术。

1. 植物细胞培养的类型

根据培养对象不同，植物细胞培养可分为愈伤组织培养、单细胞培养、单倍体细胞培养等。

愈伤组织培养是指在一定条件下，将从外植体的切口部位生成的脱分化薄壁细胞接种到新鲜的固体培养基获得更多植物细胞的技术。

单细胞培养是指从外植体、愈伤组织或细胞团中分离出单个细胞，进行体外培养，使其生长发育的技术。

单倍体细胞培养是指将植物单倍体在一定条件下进行培养，形成胚状体，再使之分化发育成单倍体植株和纯合二倍体植株的过程。

2. 植物细胞培养的技术

植物细胞培养的基本技术程序包括以下 5 点。

（1）培养基的配制和灭菌　详见【技能拓展】"一、培养基的配制"中的"2. 培养基的配制与灭菌"。

（2）外植体的选择　直接分离细胞的外植体，选择处于生长期的健康植株。用于愈伤组织诱导的外植体，根据植物种类、不同器官选取的部位不同。还可根据培养目的选取，如原生质体培养要选择容易分离原生质体的材料和部位。

（3）外植体的预处理　外植体在接种到培养基之前，必须进行彻底的消毒处理，不同的外植体（茎尖、茎段、叶片、根、花药、果实和种子）消毒方法不同。

（4）愈伤组织的诱导　研究表明，以幼胚为外植体建立的愈伤组织，细胞活力强、增殖速度快。培养基中生长素和细胞分裂素的添加对于疏松易散的愈伤组织具有较大影响。愈伤组织培养阶段还要进行必要的选择和传代培养，以得到大量均匀一致、疏松易散的细胞。

（5）植物细胞的获取　有直接分离法、愈伤组织诱导法和原生质体再生法等。

一、培养基的配制

在植物细胞组织培养时，通常根据培养基配方中各组分的性质，提前配制较高浓度的母液，使用时根据实际需要，按比例稀释。

1. 母液的配制

配制培养基母液可以保证配制浓度的准确性，且便于操作。配制时可分别配成大量元素母液、微量元素母液、铁盐母液和有机成分母液等。先以少量水让各种药品充分溶解，然后依次混合。如果一些离子之间易发生沉淀，一定要充分溶解再放入母液中。母液浓度通常是培养基浓度的 10～100 倍。MS 培养基母液及培养基配制方法列于表 3-2。

表 3-2 MS 培养基母液配制

母液	培养基成分	原液量 /（mg/L）	扩大倍数	母液称取量 /mg	母液体积 /mL	配制培养基吸取量 /（mL/L）
大量元素	KNO_3	1900	10	19000	1000	100
	NH_4NO_3	1650		16500		
	$CaCl_2 \cdot 2H_2O$	440		4400		
	$MgSO_4 \cdot 7H_2O$	370		3700		
	KH_2PO_4	170		1700		
微量元素	$MnSO_4 \cdot 4H_2O$	22.3	100	2230	1000	10
	$ZnSO_4 \cdot 7H_2O$	8.6		860		
	H_3BO_3	6.2		620		
	KI	0.83		83		
	$Na_2MoO_4 \cdot 2H_2O$	0.25		25		
	$CuSO_4 \cdot 5H_2O$	0.025		2.5		
	$CoCl_2 \cdot 6H_2O$	0.025		2.5		
铁盐	$FeSO_4 \cdot 7H_2O$	27.8	100	2780	1000	10
	Na_2-EDTA	37.3		3730		
有机成分	甘氨酸	2	100	200	1000	10
	维生素 B_1	0.1		10		
	维生素 B_6	0.5		50		
	烟酸	0.5		50		
	肌醇	100		10000		

2. 培养基的配制与灭菌

以 1000mL "MS＋1mg/L 2,4-D＋0.2mg/L KT＋3％（即 30g/L）蔗糖＋8％（即 8g/L）琼脂，pH 5.8" 为例：

① 准备好配制培养基的实验用具和试剂。

② 取 1000mL 烧杯，称量 30g 蔗糖和 8g 琼脂，溶解在 600～700mL 蒸馏水中，搅拌，加热，至琼脂全部熔化。

③ 用量筒或移液管称取母液，每配制 1000mL 培养基需要大量元素母液 100mL、微量元素母液 10mL、铁盐母液 10mL、有机成分母液 10mL 和激素（1mg/mL 的 2,4-D 1mL 和 1mg/mL 的 KT 0.2mL），放入预先盛有少量蒸馏水的烧杯中，然后与第②步中烧杯里的溶液混合。

④ 搅拌均匀后，加蒸馏水至 1000mL。

⑤ 用碱液（NaOH 溶液）将 pH 调节到 5.8。

⑥ 用漏斗迅速将培养基分装到三角瓶中，封口。

⑦ 高压蒸汽灭菌锅的温度为 121℃，0.1013MPa，灭菌 20min。

二、培养器皿及实验用具

1. 三角瓶（锥形瓶）

三角瓶是组织培养中最常用的玻璃容器。常用规格有 100mL、250mL、500mL、1L 等，可以用于静置培养和振荡培养。具有瓶口小不易失水、瓶底宽放置平稳等特点（见图 3-10a）。

2. 试管

试管体积较小，占用空间少，用于初代培养或试验不同配方时使用（见图 3-10b）。

3. 培养皿

培养皿常用 6cm、9cm、12cm 等规格（见图 3-10c）。

(a) 锥形瓶

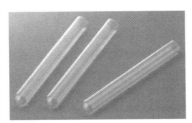
(b) 试管

(c) 培养皿

图 3-10　常用玻璃培养器皿

4. 酒精灯

用于金属接种用具的灼烧灭菌和在其火焰无菌圈内进行无菌操作。

5. 剪刀

用于剪取植物材料，常用的有弯头剪和解剖剪。弯头剪适于深入到试管内剪取植物材料（图 3-11a）。

6. 镊子

用于接种和传代。常用的有尖头镊子、钝头镊子和枪状镊子，尖头镊子适合组织解剖和分离植物叶片表皮，钝头镊子适合接种时选取材料，枪状镊子适合转移培养物，特别是使用三角瓶进行培养时（图 3-11b）。

7. 解剖刀

用于切割植物材料。通常选用可更换刀片的医用解剖刀（图 3-11c）。

8. 解剖针

用于分离植物材料，可深入到培养瓶中，转移细胞或愈伤组织（图 3-11d）。

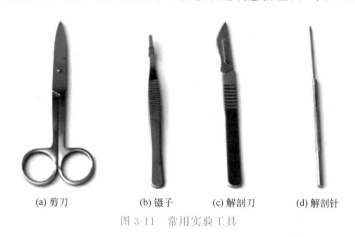

(a) 剪刀　　　　(b) 镊子　　　(c) 解剖刀　　　(d) 解剖针

图 3-11　常用实验工具

三、洗涤技术

在植物细胞培养中，玻璃器皿和实验用具可以反复使用，如果在实验中使用不清洁的玻璃器皿和用具，则会由于污染物和杂质的存在而影响到培养的效果，因此洗涤干净玻璃器皿和实验用具十分重要。

用过的玻璃器皿必须立即洗涤，先除去其中的培养基残渣，自来水冲洗后，用含有洗涤剂的水浸泡，再用特制的刷子把器皿内外刷洗干净，用自来水冲洗数遍，最后用蒸馏水洗2～3 次备用。

在植物细胞组织培养中经常用到镊子、剪刀、解剖针等金属工具。金属工具一般不适合用洗涤剂洗涤，在使用之后应该立即用酒精擦洗干净，晾干后备用。

四、器皿烘干处理

在植物细胞组织培养时，如果实验要求在无水条件下进行，则洗净的玻璃器皿和实验用具需要用适当方法干燥。常用的干燥方法主要有以下 5 种：

一是自然风干，不急需使用的器皿洗净后倒置在滴水架上或通气玻璃柜中自然晾干，注意环境的清洁。

二是烘干，洗净的玻璃器皿口朝下放入烘箱中，烘箱内的温度控制在 100～105℃，恒温半小时左右。金属类的器具可以直接放入烘箱中干燥，且温度可适当调高。

三是烤干，烧杯、培养皿可以放在石棉网上用小火烤干。

四是吹干，对于急需干燥的器皿，清洗后，可使用电吹风吹干。

五是有机溶剂法干燥，将一些易挥发的有机溶剂（如丙酮、乙醇等）加入洗净的器皿中，转动器皿，使器皿内的水与有机溶剂混合，然后倒出，器皿即迅速干燥。

注意，有刻度的玻璃仪器（如量筒、容量瓶等）不能用加热法干燥，否则会影响仪器的精度，一般采用自然风干或有机溶剂法干燥，吹干需用冷风。塑料器皿由于高温容易变形，也不能使用加热法干燥。

五、灭菌技术与无菌操作技术

1. 灭菌技术

植物细胞组织培养必须在无菌条件下进行，灭菌是最重要的内容之一。灭菌是指采用物理或化学方法，杀灭物体内部和外部的一切微生物或其他生物体，灭菌后的物体是完全无菌的。灭菌常用的物理方法有利用湿热、高压、射线等杀死微生物或通过离心、过滤等措施去除微生物。化学方法主要是使用抗生素和各种消毒剂（如氯化汞、甲醛、过氧化氢等）杀灭微生物。在实际工作中，根据不同的材料和要求采用有效的灭菌方法。灭菌操作主要是指培养基灭菌、培养用具灭菌、操作环境灭菌及外植体灭菌。

（1）培养基灭菌　培养基一般采用高压蒸汽灭菌。将新鲜配制好的培养基分装，放入高压蒸汽灭菌锅内，在 0.1013MPa 的压力下，锅内温度达到 121℃，可以很快杀死各种细菌及其高度耐热的芽孢。一般持续 20min 就能彻底灭菌，如果灭菌的培养基量大，就应适当延长灭菌时间。有些培养基的附加成分（如某些激素及维生素）不耐热，遇热时易分解失活，可采用过滤灭菌，再加入灭菌之后的培养基中。

（2）培养用具灭菌　玻璃器皿可以采用湿热灭菌，也可以干热灭菌。湿热灭菌与培养基灭菌条件相同，一般时间以 25～30min 为宜，湿热灭菌后玻璃器皿和外包装常常是潮湿状态，可以放入超净工作台吹干或放入烘箱中烘干。干热灭菌是将洗净并且干燥的玻璃器皿包扎后置入烘箱中，加热到 160～180℃，持续 2～3h 以达到灭菌目的的。

金属用具（如镊子、剪刀、解剖刀和解剖针等）在使用前和使用过程中必须保持无菌，使用前可以采用干热灭菌，将擦净或干燥的金属用具置于封闭的铁盒内，在 120℃的烘箱内处理 2h。

（3）操作环境灭菌　植物细胞组织培养的实验室整个环境都应该是无菌状态，可以采用气体熏蒸灭菌和紫外线灭菌。气体熏蒸灭菌是使化学药剂变为气体状态扩散到空气中，以杀死空气中和物体表面的微生物。在接种室、超净工作台上或接种箱里用紫外线灭菌。

（4）外植体灭菌　外植体是指从植物体上取得的用于无菌培养的部分组织或器官。外植体一般是采用化学试剂进行消毒，常用的消毒灭菌剂有乙醇、次氯酸钠、漂白粉、升汞（即氯化汞）和过氧化氢等，有时还会加入一定剂量的抗生素用来抑制微生物的生长。

2. 无菌操作技术

无菌操作是指接种操作的空间、使用的器皿和工具、操作人员的衣服和手，不能沾染任何活的微生物，以保证接种材料不沾染杂菌的整个接种操作过程。一般可按照以下步骤进行具体操作：

① 无菌操作室或接种室灭菌（详见【技能拓展】"五、灭菌技术与无菌操作技术"中的"（3）操作环境灭菌"）。

② 在超净工作台上放好接种所需要的实验材料和器械，如酒精灯、浓度适宜的酒精、镊子、培养基等。

③ 操作人员需要保持个人卫生，接种时穿上已灭菌的白色工作服，并佩戴口罩。接种前进行双手灭菌。

④ 接种前用75％的酒精喷雾喷洒或擦拭工作台，打开超净工作台的风机，用紫外灯照射灭菌20min。接种期间也要经常用75％的酒精棉球擦拭双手和台面，避免染菌。

⑤ 接种时，操作人员双手不能离开工作台，禁止讲话。

⑥ 在超净工作台上，将植物材料置于一个有盖的玻璃瓶中，加入适当的消毒剂，材料完全浸没后计时，盖上瓶盖，期间不时摇动玻璃瓶。

⑦ 消毒后，将消毒液倒出，加入适量的无菌水，盖上瓶盖，摇动数次，将水倒出，重复3～5次。

⑧ 三角瓶或试管在打开瓶盖前，以及盖上前，先用酒精灯火焰灼烧瓶口。当打开三角瓶或试管时，应倾斜一定角度，以免灰尘落入瓶中。

⑨ 切割外植体时，可在已灭菌的容器上进行。

⑩ 接种结束后，及时清理台面并灭菌，可用紫外灯照射30min。

【知识拓展】

一、植物细胞生产有用次生代谢产物

植物次生代谢产物是指植物细胞次生代谢产生的，大多对生物体代谢没有什么明显功能，但却对生物体具有选择性优势的一类化合物。有用次生代谢产物种类繁多，主要包括黄酮类、甾体类、皂苷类、生物碱类、醌类、蛋白质类等。

在次生代谢产物生产中，植物细胞培养比传统的植物生产更有优势：在室内培养，不受地域、季节、病虫害等因素的影响，能够确保连续不断地生产次生代谢产物；特定植物材料来源的培养物中细胞生长率和生物合成速率更高，而且在较短的时间内能形成最终产物；生长环境和营养条件可以控制调节，快速达到植物细胞最适生产条件，提高效率，与完整植株相比细胞培养可能更经济；可以建立高产细胞系，获得高于整体植株次生代谢产物含量的植物细胞，多次扩繁，收获大量细胞；植物细胞培养除了可以生产原植物本身含有的次生代谢产物，还可通过生物转化产生新的生物合成途径。

由于次生代谢产物是药品和食品工业原料的重要来源，利用植物细胞组织培养技术大规模生产次生代谢产物深受工业生产的青睐。

二、植物脱毒技术

植物病毒病是指由病毒和类似病毒的微生物如类病毒、植原体、螺原体及类细菌等引起的一类植物病害。几乎每种植物都可能感染一种或几种病毒，感染后的植物生长缓慢、产量下降、种性退化甚至失去生产价值。应用组织培养技术获得无毒植株，快速繁殖应用于生产，是目前应用最广泛和最有成效防治病毒病的方法。

植物脱毒是指通过各种物理或化学的方法将植物体内有害病毒及类似病毒去除而获得无病毒植株的过程。通过脱毒技术处理，脱除植物所感染的已知特定病毒的种苗称为无毒苗或脱毒苗。植物脱毒技术有茎尖培养脱毒技术、热处理脱毒技术和微体嫁接脱毒技术等。

三、转基因植物与安全性

转基因植物是指把从动物、植物、微生物中分离得到的目的基因或人工合成的基因，通过基因工程和遗传工程技术，整合到目标植物的基因组，使之稳定遗传并得以表达，从而获得具有新优良性状的植物及其后代。转基因植物的优势有：改善植物性状，如抗虫、抗病、高产、高质等；增加植物营养，提高附加价值；打破物种界限，不断培植新物种；让植物具有特殊功能、作用或风味等。

转基因植物安全性是指转基因植物带来的生物安全性、生态环境安全性和转基因产品作为食品对人体健康可能的影响问题等。目前为止，转基因植物的安全性仍然存在很大的争议，应该用理性的眼光看待转基因植物，加强转基因植物科学理论的宣传，正确引导舆论，建立较为完善的法规体系、管理体系与安全评估技术体系，将其风险性降到最低水平。

【场外训练】 **红豆杉细胞培养及紫杉醇含量检测**

1. 外植体的选择与处理

选择东北红豆杉的幼茎为外植体，取新生的幼茎，清水清洗干净，在超净工作台上用70%酒精浸泡 0.5～1min，无菌水冲洗 3 次，5%次氯酸钠浸泡 5～8min，无菌水清洗 3～5次，无菌滤纸吸干水分。

2. 接种

在超净工作台中，用手术刀把幼茎切割成大约 1cm 的小段，垂直或者倾斜插入含有4mg/L NAA（萘乙酸）、0.2mg/L 6-BA（6-苄氨基嘌呤）、20g/L 蔗糖和 0.6%琼脂的 B_5培养基中（灭菌前 pH 5.8）。接种完毕后，将培养瓶放入培养箱中进行暗培养，温度 25℃。

3. 生长和脱分化

外植体培养 2～3 周后开始形成愈伤组织，每隔 3～5d，观察并记录愈伤组织在外植体上的形成情况，计算诱导率和增殖倍数。

$$诱导率 = \frac{分化出愈伤组织的外植体数量（个）}{接种外植体数量（个）-污染外植体数量（个）} \times 100\%$$

$$愈伤组织增殖倍数=\frac{最终鲜重(g)-接种鲜重(g)}{接种鲜重(g)}$$

4. 传代培养

愈伤组织在固体培养基诱导 30d 左右，选颜色浅、生长旺盛的愈伤组织转移至新鲜的培养基上进行传代培养，周期为 30d，经过几次传代，可以获得生长迅速且稳定的愈伤组织。

5. 单细胞悬液的制备

将初步筛选的愈伤组织转移到液体培养基中，25℃，120～130r/min 黑暗条件下进行悬浮培养，每 10d 传代一次，传代 2～3 次后，选取生长状态好的细胞，静置，无菌条件下吸取上层培养液中的单细胞或小细胞团，过细胞筛，即可得到单细胞悬液。将细胞悬液稀释到 $2.0×10^3$ 个/mL，进行看护培养。

6. 细胞生长速率和紫杉醇含量检测

收集培养物，称重，40℃烘干至恒重并称重，计算生长速率。将烘干的培养物用研钵充分研磨，称取 0.25g 培养物粉末，乙醇-二氯甲烷（1∶1）超声提取 3 次，每次 30min，离心收集上清液，浓缩蒸干，乙醇溶解并定容，HPLC 测定。

任务 3 抗 HBsAg 的单克隆抗体生产

克隆是指由同一个细胞元件分裂繁殖而形成的每个基因完全相同的纯细胞基团。单克隆是指由同一个细胞通过无性繁殖而产生的遗传信息彼此相同的一个细胞群。

抗体（Ab）是一种能够与对应抗原（Ag）进行特异性结合从而对机体产生直接保护作用（如中和毒素）的，具有免疫功能的特异性球蛋白，也被称为免疫球蛋白（Ig）。抗体是由 B 淋巴细胞在机体的免疫系统被刺激后产生的。需要注意的是，免疫球蛋白是结构化学中的概念，但抗体是生物学中表述功能的概念，二者并非完全相同。绝大多数的抗体都是免疫球蛋白，而并不是所有的免疫球蛋白都是抗体。

B 淋巴细胞群在受到抗原的刺激后会针对抗原决定簇产生具有特异性的抗体，虽然机体内可以产生不同特异性的抗体多达百万种，但一个单一的 B 淋巴细胞却只可以分泌产生一种特异性抗体。基于此种特性，可以将能够分泌某种所需的特异性抗体的单一 B 淋巴细胞分离出来，培养出单个杂交瘤细胞后，使其以无性繁殖的方式形成细胞集落。该细胞集落是由同一个杂交瘤细胞克隆所得，细胞基因相同，所分泌产生的特异性抗体质地、性状均一。将这类由单一克隆的 B 淋巴细胞杂交瘤分泌产生的、具有识别抗原分子上某一特定抗原决定簇功能的抗体，称为单克隆抗体（mAb）。

利用细胞融合技术，将骨髓瘤细胞与免疫后的 B 淋巴细胞融合为杂交瘤细胞，再经过筛选后，经过单个细胞的无性繁殖（即克隆化）使得每一个克隆都能持续地生成只作用于某一个抗原决定簇的抗体的技术，即单克隆抗体技术。单克隆抗体的生产工艺流程主要有以下五个环节：①细胞准备；②细胞融合；③选育杂交瘤细胞；④杂交瘤细胞的培养；⑤单克隆抗体的分离和纯化（图 3-12）。

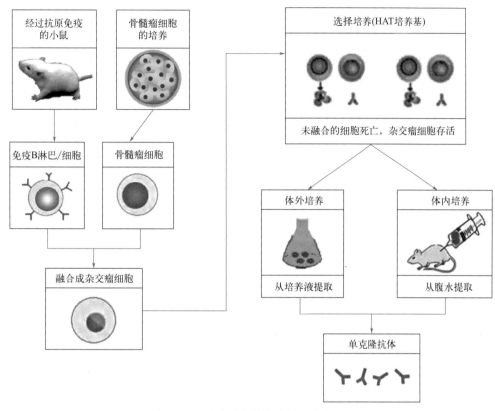

图 3-12　单克隆抗体生产的工艺流程

任务 3　课前自学清单	
任务描述	采用细胞融合技术制备抗 HBsAg 的单克隆抗体。	
学习目标	能做什么	要懂什么
	1. 能够掌握细胞融合的方法和无菌操作技术； 2. 能够利用酶联免疫法完成对杂交瘤细胞的筛选； 3. 能够通过腹水瘤实现单克隆抗体的生产； 4. 能准确记录实验现象、数据，正确处理数据； 5. 会正确书写工作任务单、工作台账本，并对结果进行准确分析。	1. 细胞融合技术； 2. 无菌操作技术； 3. 杂交瘤细胞筛选技术； 4. 通过腹水瘤生产单克隆抗体技术； 5. 单克隆抗体的纯化技术。

任务 3　课前自学清单

工作步骤	步骤 1　培养基配制 步骤 2　饲养细胞制备 步骤 3　亲本细胞准备 步骤 4　细胞融合 步骤 5　杂交瘤细胞筛选 步骤 6　抗 HBsAg 单克隆抗体生产 步骤 7　抗 HBsAg 单克隆抗体的分离与纯化
岗前准备	思考以下问题： 1. 细胞融合技术的应用有哪些？ 2. 为什么选择 PEG 作为细胞融合诱导剂？ 3. 如何加快杂交瘤细胞的筛选过程？ 4. 单克隆抗体与杂交瘤细胞的关系是什么？ 5. 单克隆抗体纯化的原理是什么？
主要考核指标	1. 无菌操作、细胞培养、细胞融合、杂交瘤筛选鉴定、单克隆抗体纯化； 2. 实验结果（单克隆抗体纯度评价）； 3. 工作任务单、工作台账本随堂完成情况； 4. 实验室的清洁。

→| 小提示 ————————————————————

操作前阅读【知识支撑】中的"一、单克隆抗体的制备""二、单克隆抗体的生产"及"三、单克隆抗体的纯化"，以便更好地完成本任务。

工作目标 ▷▷▷

分组开展工作任务。对抗 HBsAg 的单克隆抗体进行提取，并进行分离精制。

通过本任务，达到以下能力目标及知识目标：

1. 掌握单克隆抗体制备过程中的基本原理和基础操作技能；
2. 掌握单克隆抗体制备过程的一般工艺流程；
3. 掌握单克隆抗体的鉴定方法。

工作任务 ▷▷▷

1. 工作背景

准备小鼠脾细胞、杂交瘤细胞，配备相关仪器设备，如超净工作台、水浴锅、CO_2 培养箱、倒置显微镜等，完成细胞融合技术制备抗 HBsAg 的单克隆抗体。

2. 技术标准

正确鉴别细胞状态，细胞培养的无菌操作规范，正确筛选杂交瘤细胞，正确分离纯化单克隆抗体等。

3. 所需器材及试剂

（1）器材 CO_2 培养箱、无菌纱布、离心机、离心管、水浴锅、96 孔培养板、24 孔培养板、酶标仪、烧杯、镊子、量筒、吸管、培养皿、注射器、滴管、色谱柱、冷冻干燥机、HBsAg 免疫后的 Lou/c 大鼠淋巴细胞、Lou/c 大鼠骨髓瘤细胞的 IR983F 细胞系、Lou/c 大鼠等。

（2）试剂 DMEM 培养基、含有 HAT（H 为次黄嘌呤、A 为氨基蝶呤、T 为胸腺嘧啶核苷）的 DMEM 培养基、10%灭活小牛血清、1%非必需氨基酸、0.1mol/L 丙酮酸钠、1%谷氨酰胺、50mg/mL 庆大霉素、0.1mol/L 磷酸缓冲液、青霉素、链霉素、弗氏完全佐剂、0.25%胰蛋白酶溶液、50% PEG 4000、HT 培养液、酶联免疫试剂盒、邻苯二胺（OPD）、降植烷、NaCl、pH 2.8 的甘氨酸-HCl 缓冲溶液、0.1mol/L Tris-HCl 缓冲溶液等。

实践操作 >>>

抗 HBsAg 单克隆抗体生产的工艺流程如图 3-13 所示。

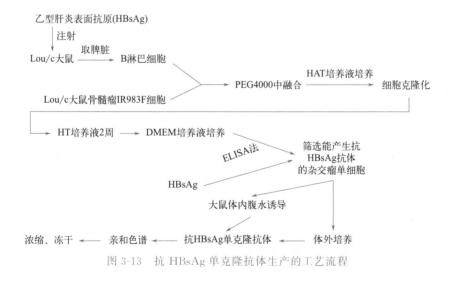

图 3-13 抗 HBsAg 单克隆抗体生产的工艺流程

1. 细胞准备

饲养细胞制备：取健康大鼠于细胞融合前 2～3 天处死，腹腔内注入 10mL DMEM 培养液，自腹壁吸出全部细胞悬液，离心后用 0.1mol/L 磷酸缓冲液洗涤并收集细胞。使用含有 10%小牛血清、100U/mL 青霉素、链霉素及 HAT 的 DMEM 培养液，制备成 $2×10^5$ 个/mL 细胞悬液。将此悬液按每孔 0.1mL 加到 96 孔板上，置于 37℃的 CO_2 培养箱中培养备用。

骨髓瘤细胞准备：Lou/c 大鼠骨髓瘤细胞的 IR983F 细胞系以常规方法制成细胞悬液，按照 1.5×10^5 个/mL 细胞的接种量接种至 DMEM 培养液，置于 37℃ 的 CO_2 培养箱中培养，待对数生长期时用常规消化分散法以 DMEM 培养液制得细胞悬液。

免疫大鼠淋巴细胞准备：取乙型肝炎表面抗原（HBsAg），用 0.1mol/L 磷酸缓冲液稀释至 20μg/mL 溶液。加入等体积弗氏完全佐剂充分乳化，取 2mL 注入 Lou/c 大鼠腹腔，两周后进行二次免疫，三个月后于融合前 3～4 天加强免疫一次。细胞融合前处死大鼠并取出脾脏，经消化分散后，用双层无菌纱布过滤，离心收集得细胞，用无血清的 DMEM 培养液稀释得到细胞悬液。

2. 细胞融合

取 10^4 个 IR983F 细胞与 10^8 个免疫大鼠脾淋巴细胞，离心后弃去上清液，使沉淀细胞松动。37℃ 恒温水浴中逐滴加入 0.8mL 50% PEG 4000。混合后，滴加 20mL DMEM 培养液，离心弃去上清液。用含有 20% 小牛血清的 DMEM 培养液稀释成细胞悬液。分别加到两块含饲养细胞的 24 孔培养板上，每孔细胞数约为 10^5 个（以 IR983F 细胞计）。在 37℃ 的 CO_2 培养箱中培养至第 5～6 天时可见到小克隆，9～10 天时可见到大克隆。培养 10 天后更换为含有 HT 的培养液，继续培养 14 天后改用常规 DMEM 培养液培养。若培养液呈现淡黄色可取一部分培养液进行抗体检测。

3. 杂交瘤细胞筛选

将呈阳性孔中的培养细胞以常规消化分散法制成细胞悬液，用含有 20% 小牛血清的 DMEM 培养液稀释为 50 个/mL 的细胞悬液，接种于已有饲养细胞的 96 孔板的 1～3 行，每孔平均的接种细胞数为 5 个；剩余细胞悬液再次稀释接种于 4～6 行，每孔平均的接种细胞数为 1 个；剩余细胞悬液再次稀释接种于 7～8 行，每孔平均接种细胞数为 0.2 个。在 37℃ 的 CO_2 培养箱中通入含 0.5% CO_2 的无菌空气培养至第 5～6 天，镜检记录下单克隆孔。培养至 9～19 天时部分孔上清液呈微黄色，说明可能已产生抗体。将阳性孔中细胞分散接种至其他孔板继续培养，并向原孔板替换培养液。待新孔板中细胞生长良好时即可进行消化分散，将细胞转移至小方瓶中扩大培养并保存细胞。

4. 抗 HBsAg 单克隆抗体的生产

向健康 Lou/c 大鼠腹腔注射 1mL 降植烷，饲养 1～9 周后向大鼠腹腔接种 5×10^5 个杂交瘤细胞。饲养约 10 天后即可产生明显的腹水，待腹水量达到最大限度而大鼠濒死时，处死大鼠并抽取腹水，可得腹水约 50mL。

5. 抗 HBsAg 单克隆抗体的分离纯化

将抗 HBsAg 单克隆抗体的亲和吸附剂装柱，用 5 倍柱床体积的 0.1mol/L 磷酸缓冲液冲洗和平衡柱床，将 100mL 含抗 HBsAg 单克隆抗体的腹水用生理盐水稀释 5 倍后上柱，用 0.1mol/L 磷酸缓冲液冲洗柱子，测定 A_{280}，待出现第一个杂蛋白峰后改用 NaCl 浓度为 2.5mol/L 的 0.1mol/L 磷酸缓冲液洗涤除去非特异性吸附的杂蛋白，用甘氨酸-HCl 缓冲溶液进行洗脱并收集洗脱液，用 0.1mol/L Tris-HCl 缓冲溶液中和至溶液 pH 为 7.0，后经超滤、浓缩和冻干后，可得抗 HBsAg 单克隆抗体。

一、个体评价与小组评价

任务 3　抗 HBsAg 的单克隆抗体生产

姓名	
组名	
能力目标	1. 掌握单克隆抗体制备过程中的基本原理和基础操作技能； 2. 掌握单克隆抗体制备过程的一般工艺流程； 3. 掌握单克隆抗体的鉴定方法。
知识目标	1. 掌握细胞融合的方法和无菌操作技术； 2. 理解杂交瘤细胞筛选技术； 3. 理解单克隆抗体的纯化技术。

评分项目	上岗前准备（思考题回答、实验服与准备）	材料准备	细胞融合	杂交瘤细胞筛选	抗 HBsAg 单克隆抗体生产	抗 HBsAg 单克隆抗体分离纯化	完成情况	台面及仪器清理	项目参与度	总分
分值	10	10	15	20	15	15	5	5	5	100
自我评分										

需改进的技能	

小组评分										

组长评价	（评价要具体、符合实际）

二、教师评价

序号	项目	配分	要求	得分
1	上岗前准备 （10分）	A. 思考题回答（5分） B. 实验服与护目镜准备、台账准备（5分）	操作过程了解充分 工作必需品准备充分	
2	材料准备 （10分）	A. 培养基无污染（5分） B. 细胞悬液稳定（5分）	正确操作	
3	细胞融合 （15分）	A. 接种操作（5分） B. 离心操作（5分） C. 固液分离（5分）	正确操作	
4	杂交瘤细胞筛选 （20分）	A. 接种操作（5分） B. 常规消化分散法（5分） C. 有限稀释（10分）	正确操作	
5	抗 HBsAg 单克隆抗体生产 （15分）	A. 杂交瘤细胞接种（5分） B. 腹水提取（10分）	正确操作	
6	抗 HBsAg 单克隆抗体分离纯化 （15分）	A. 色谱柱填充与冲洗（5分） B. 单克隆抗体洗脱收集（10分）	正确操作	
7	台账与工作任务单完成情况 （5分）	完成台账与工作任务单（是不是完整记录）（5分）	妥善记录数据	
8	文明操作 （5分）	清洗玻璃器皿等，清理工作台面（5分）	清洗干净，放回原处，台面整洁	
9	项目参与度 （5分）	操作的主观能动性（5分）	具有团队合作精神和主动探索精神	
		合计		

【知识支撑】

一、单克隆抗体的制备

1. 选择与免疫动物细胞

经特定抗原免疫的、能够产生所需目标抗体的动物淋巴细胞即为免疫细胞。选择免疫动物时要使其品系与骨髓瘤细胞相同或者有相近亲缘关系，杂交瘤才会稳定。免疫后的 B 淋巴细胞在抗原的刺激下发生分化、增殖，这些 B 淋巴细胞与骨髓瘤细胞融合后可形成能产生特异性抗体的杂交瘤。

免疫方法有体内免疫与体外免疫两种。体内免疫是将免疫性强的颗粒性抗原（如细菌、细胞抗原等），不添加佐剂直接注射入腹腔细胞完成初次免疫，$1 \sim 3$ 周后再追加免疫 $1 \sim 2$ 次。若采用可溶性抗原则需按照每只小鼠 $10 \sim 100 \mu g$ 抗原的剂量，将抗原与佐剂混合后注入腹腔进行初次免疫，待 $2 \sim 4$ 周后换用不加佐剂的原始抗原再追加免疫 $1 \sim 2$ 次。体内免疫适用于免疫原性强、抗原较多的情况，需在 B 淋巴细胞最大限度刺激后的增殖率最高时收集。体外免疫适于无法采用体内免疫的情况，具有需抗原少、干扰因素少、免疫周期短等优点，但存在融合后产生的杂交瘤细胞株不够稳定的缺陷。

制备骨髓瘤细胞常选用本身不分泌抗体，且与免疫动物属于同一品系的细胞类型，这样产生的杂交瘤杂交融合率高、分泌抗体能力强。常用的骨髓瘤细胞系有 SP2/0、P3.653 等。培养骨髓瘤细胞可采用一般的动物细胞培养液，如 RPMI1640 或者 DMEM 培养基等。

在准备融合前两周开始复苏骨髓瘤细胞，融合前一天换培养液继续培养，融合时活细胞计数应高于 95%，以保证细胞融合成功。

2. 细胞融合

取对数生长期的骨髓瘤细胞离心后弃上清液，取所需细胞数后用不完全培养液洗涤 2 次。利用研磨法制备免疫 B 淋巴细胞悬液，用不完全培养液洗涤 2 次。将上述骨髓瘤细胞与免疫 B 淋巴细胞以适当比例混匀，离心弃上清液。加入 $40\% \sim 50\%$ 的 PEG，室温下融合使细胞沉淀为均质悬液，多次滴加不完全培养液以终止 PEG（聚乙二醇）作用。离心弃上清液后，以含 20% 小牛血清的 RPMI1640 培养液混合，于培养箱中培养，等待进行杂交瘤细胞的选育。

3. 杂交瘤细胞的筛选与培养

向融合细胞中加入 20% 的小牛血清，悬浮于 HAT 培养基中，在 96 孔板上培养。通常杂交融合细胞 $5 \sim 6$ 天后产生新的细胞克隆，未成功融合的 B 淋巴细胞和骨髓瘤细胞则逐渐死亡。待发现目的抗体呈阳性的孔后，将细胞转移至 24 孔板继续扩大培养。

4. 杂交瘤细胞的克隆化

如在融合细胞的选育过程中，自杂交瘤培养的上清液检出目标抗体，应立即开始细胞的克隆化。由于刚融合的细胞不稳定，需尽快克隆化，一般需 3 次克隆化后能达到 100% 阳性。克隆化的方法有很多，包括有限稀释法、软琼脂平板法、荧光激活分离法等。

有限稀释法是将杂交瘤细胞悬液稀释至每孔 1 个细胞，初次克隆化使用 HT 培养液，后续培养可用 RPMI1640 培养液并加入饲养细胞以促进杂交瘤细胞的繁殖。饲养细胞常使用腹腔细胞、脾细胞或胸腺细胞。

软琼脂平板法是向培养液中加入约 0.5% 的琼脂糖凝胶，将杂交瘤细胞接种在该细胞培养平皿，于培养箱中培养，细胞分裂后形成小球样团块，用毛细吸管吸出小球，团块经打碎后移入 96 孔板中继续培养。

5. 抗体的检测

筛选后的杂交瘤细胞经选择培养可以获得的杂交细胞中，仅有小部分能针对免疫原分泌特异性抗体。应根据抗原的性质、抗体的类型不同，选择合适的筛选方法。选择原则是快速、简便、特异性强、灵敏度高。

二、单克隆抗体的生产

常用的单克隆抗体生产方法包括体外培养法和体内诱生法。体外培养法是利用生物反应器对杂交瘤细胞进行大规模培养并生产对应的单克隆抗体；体内诱生法则采用小鼠法或活牛法等动物体内培养杂交瘤的方法生产单克隆抗体。

1. 体外培养法

体外培养法使用旋转培养管大量培养杂交瘤细胞，自培养的上清液中提取得到单克隆抗体。通常情况下培养液内的抗体含量为 $10 \sim 60 \mu g/mL$，产量较低，若大量生产需较高成本。

2. 体内诱生法

（1）实体瘤法　取对数生长期的杂交瘤细胞，以 $1 \times 10^7 \sim 3 \times 10^7$ 个/mL 接种于小鼠背部的皮下。待肿瘤达到一定大小后（10～20 天）可采血，从血清中获得的单克隆抗体含量可达到 $1 \sim 10mg/mL$。该方法相对易操作，但采血量有限。

（2）腹水的制备　为使杂交瘤细胞在腹腔内良好增殖，可在注入细胞几周前预先将 $0.5mL$ 降植烷或液体石蜡注入腹腔内以破坏内腹，建立易于杂交瘤增殖的环境。注射 1×10^6 个杂交瘤细胞，接种 7～10 天后可产生腹水。一般一只小鼠可获得 $1 \sim 10mL$ 腹水。腹水中的单克隆抗体可达 $5 \sim 20mg/mL$，是目前最常用的方法。

三、单克隆抗体的纯化

不同类和亚类的单克隆抗体应选择不同的纯化方法。用途不同，对单克隆抗体的纯化方法也不同。以下介绍的是对动物体内诱生法生产的单克隆抗体进行纯化的一般过程。

1. 澄清与沉淀处理

小鼠腹水中存在细胞碎块、红细胞、纤维蛋白凝块和脂质等杂质，应先 $1000g$ 离心 5min 以去除沉淀，再高速离心 30min 除去残余小颗粒物质。使用 $0.2\mu m$ 微孔滤膜过滤去除污染的细菌、支原体和脂质。用饱和硫酸铵溶液沉淀抗体，单克隆抗体回收率可达到 90% 以上。

2. 分离

根据单克隆抗体的用途不同，选择不同的分离方法。常见的分离方法有凝胶过滤、阴离子交换色谱、亲和色谱等。

【知识拓展】

一、单克隆抗体的标记

抗体标记主要有酶标记、荧光素标记、同位素标记、生物素标记等，还有一些其他的标记方法例如金标记等。

1. 酶标记

以辣根过氧化物酶（HRP）标记为例：常用方法是高碘酸钠法。HRP的糖基用高碘酸钠氧化成醛基，加入抗体IgG后，该醛基与IgG氨基结合，形成Schiff碱（席夫碱）。氧化反应末，用硼氢化钠稳定Schiff碱。

2. 荧光素标记

以异硫氰酸荧光素（FITC）标记为例：碱性条件下，FITC的异硫氰基能与IgG的自由氨基结合，形成IgG与荧光素的结合物。

3. 同位素标记

以碘标记法为例：常用碘标记方法是氯胺T法，即将氧化剂氯胺T加入抗体和碘化物的溶液中，$Na^{125}I$在氯胺T作用下I转化成I_2，游离I_2可与抗体分子中酪氨酸和一些组氨酸发生卤化反应，终止反应后，经凝胶过滤将标记的抗体与碘化酪氨酸及还原剂分离开。

4. 生物素标记

生物素标记反应常用生物素琥珀酰亚胺酯进行。生物素是与抗体分子的游离赖氨酸等发生偶联反应而完成标记。

二、基因工程抗体

基因工程抗体生产是利用例如噬菌体抗体库技术等基因工程的方法，来获取目的抗体基因的阳性克隆后，依据最终产物目标选择原核细胞、真核细胞、转基因植物或动物等不同的方法来进行表达的。

1. 噬菌体抗体库技术

在免疫系统中，B淋巴细胞由于携带编码抗体的基因，因此可以识别抗原并表达分泌抗体。噬菌体表达抗体基因的方式与B淋巴细胞类似。由于噬菌体在真核细胞中不能进行复制，因此其对人体细胞无侵染性。

噬菌体展示技术的基本原理：利用构建好的噬菌体质粒作为载体，将外源基因插入噬菌体衣壳蛋白基因特定部位，形成融合蛋白表达在噬菌体的衣壳蛋白表面。

2. 基因工程抗体的表达

按照目的和用途不同，筛选出阳性克隆后，可选择用原核细胞、真核细胞、转基因植物或动物等不同的方法来进行基因工程抗体的表达。

【场外训练】 **抗HER2单克隆抗体生产**

曲妥珠单抗是一种针对HER-2/neu的重组人源化IgG单克隆抗体，能够特异性识别细胞表面受体蛋白HER2，使该蛋白质通过内吞噬作用由细胞膜进入到细胞内，从而抑制其信号传输，实现抑制肿瘤细胞生长的目的。曲妥珠单抗在用于治疗辅助化疗的HER2阳性乳腺癌患者后，可以显著延长患者的无病生存期，是治疗乳腺癌的最佳选择之一。

一、细胞复苏及扩大培养

1. 细胞复苏

从液氮罐中取出所需的种子细胞，放置于37℃水浴锅融化，离心重悬后接种于含培养基的250mL摇瓶中，放置于培养箱中培养。

2. 细胞传代

培养2～3天后，待摇瓶中细胞密度达到$2.0×10^6$～$3.0×10^6$个/mL，进行细胞传代，共传5个250mL摇瓶，接种密度为$0.5×10^6$个/mL。待摇瓶中细胞密度达$2.0×10^6$～$3.0×10^6$个/mL，按1:4稀释接种于2L种子罐中进行培养。

3. 种子罐扩增培养

（1）2L种子罐扩培　待摇瓶中细胞密度达到$2.0×10^6$～$3.0×10^6$个/mL，按1:4稀释接种于10L种子罐中进行培养。

（2）10L种子罐扩培　2L种子罐培养2～3天后，细胞密度达到$2.0×10^6$～$3.0×10^6$个/mL，按1:5稀释接种于100L种子罐中进行培养。

（3）100L种子罐扩培　培养至第7天后，细胞密度达到$16×10^6$～$19×10^6$个/mL，收集细胞液转移到生产罐中。每天取样计数，在第15～20天，细胞活力下降到80%，收集所有细胞上清液。

二、抗体纯化

上清液通过亲和色谱，去除大部分的杂蛋白；过滤洗脱液后，经阴阳离子交换色谱、病毒过滤，即可得到单克隆抗体原液。

 素质拓展

打造世界一流"细胞培养基王国"的罗顺

在疫苗、抗体、重组蛋白、细胞治疗及基因治疗等产品的研发和工业化生产过程中，大规模、高密度动物细胞培养技术是当今国际生物医药产业发展的基石，而其中细胞培养基是生物制药产业必不可少的核心原材料。一直以来，国内的细胞培养基市场也几乎被国外企业所垄断，各大药企使用的细胞培养基大多来自进口，国内能与进口大品牌相竞争的细胞培养基生产商寥寥无几，制约了我国生物制药产业的发展。

2011年，中国细胞培养基行业处于起步阶段，罗顺为改变细胞培养基被垄断的局面，创办了甘肃健顺生物科技有限公司，致力于为生物制药行业和人、兽用疫苗企业提供高质高效的细胞培养基产品。罗顺不仅将全球一流的细胞培养技术带回国内，还引进了十几位在欧美生物药企研发、生产等方面具有丰富经验的高层次专家，建立了公司强有力的科研和管理团队，打造了中国"无血清细胞培养基"产业技术人才的"黄埔军校"，打破了国外三大细胞培养基供应商市场垄断局面，与国内外近百家生物药企和科研院所建立了长期稳定合作关系，对提高中国生物制药和疫苗企业市场综合竞争力起到积极的作用。

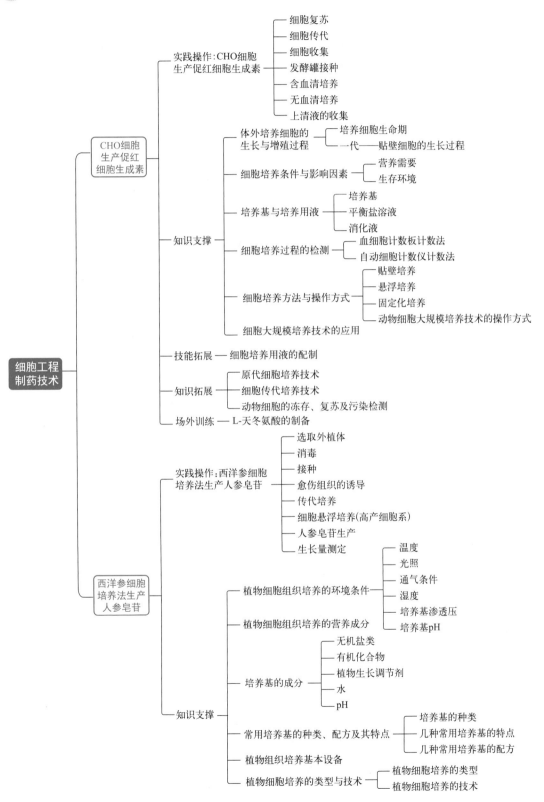

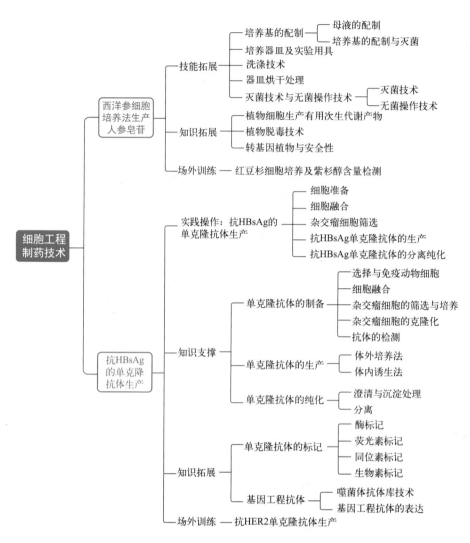

⊘ 项目检测 >>>

一、选择题

1. （　　）为天然培养基中最为重要和最常使用的天然培养基。

A. 血清　　　　　　　　B. 血浆　　　　　　　　C. 胚胎浸出液　　　　　　D. 胶原

2. 贴壁细胞汇合度达到（　　）可以进行传代。

A. 60%　　　　　　　　B. 70%　　　　　　　　C. 80%　　　　　　　　D. 90%

3. 以下（　　）不能用于贴壁细胞原代或传代培养过程中分散组织或细胞。

A. 胶原酶溶液　　　　　B. 胰蛋白酶溶液　　　　C. 胚胎浸出液　　　　　D. EDTA-2Na

4. 通常在细胞冻存液中加入（　　）作为冷冻保护剂。

A. EDTA　　　　　　　B. 谷氨酰胺　　　　　　C. DMSO　　　　　　　D. BSS

5. 对冻存细胞进行复苏时，细胞冻存管应立即放入（　　）水浴中。

A. 25℃　　　　　　　　B. 30℃　　　　　　　　C. 37℃　　　　　　　　D. 42℃

6. 想要取得好的细胞培养效果，在合成培养基中添加（　　）构成完全培养基是非常必要的。

    A. 生长因子   B. 激素   C. 无机盐   D. 血清

7. 下列（   ）是 MS 培养基中大量元素所用的试剂。

    A. 硫酸镁   B. 硫酸亚铁   C. 硫酸锌   D. 硫酸铜

8. 无机盐的浓度高，尤其硝酸盐的用量大，还含有一定数量铵盐的培养基是（   ）。

    A. White 培养基   B. N_6 培养基   C. MS 培养基   D. B_5 培养基

9. 接种工具灭菌常采用（   ）。

    A. 熏蒸灭菌   B. 高压灭菌   C. 灼烧灭菌   D. 过滤灭菌

10. 下列不能作为消毒剂用于外植体消毒的是（   ）。

    A. 升汞（氯化汞）   B. 次氯酸钠   C. 过氧化氢   D. 甲醛

11. 愈伤组织是一种（   ）组织。

    A. 淡黄色且能分裂的   B. 绿色不能分裂的

    C. 有一些变形的   D. 是一种成熟的

12. 下列说法中，关于杂交瘤的叙述不正确的是（   ）。

    A. 不可无限传代   B. 具有亲本的遗传物质

    C. 在特定培养条件下可无限增殖   D. 能够分泌特异性抗体

13. 细胞促融剂 PEG 对细胞具有毒性，最常使用的浓度为（   ）。

    A. 20%   B. 20%～30%   C. 40%～50%   D. 60%

14. 抗体的溶解度与溶液 pH 和盐浓度密切相关，当溶液 pH 与目标蛋白质的（   ）相等时，沉淀效果最好。

    A. 水解酸度   B. 等电点

    C. 物质的量浓度   D. 最大吸收波长

15. 下列不是抗体检测常用方法的是（   ）。

    A. 放射免疫测定   B. 酶联免疫法

    C. 免疫荧光实验   D. 软琼脂平板法

16. 免疫细胞是一种经特定抗原免疫后，能产生目的抗体的（   ）。

    A. 真菌细胞   B. 动物淋巴细胞

    C. 植物细胞   D. 动物腹腔细胞

二、判断题

1. 人工合成培养基和酶液采用高压蒸汽进行灭菌。（   ）

2. 玻璃器皿的清洗程序主要包括浸泡、刷洗、泡酸和冲洗。（   ）

3. BSS 主要成分是无机盐和生长因子，具有维持渗透压和 pH 值等作用，常用作配制各种培养用液的基础用液。（   ）

4. 25% 的胰蛋白酶溶液是最常用的消化液。（   ）

5. 微生物污染主要包括的细菌、真菌、支原体的污染。（   ）

6. 收集上清液，收获桶应置于 4℃。（   ）

7. 愈伤组织的形态特征：细胞分裂快，结构疏松。（   ）

8. 培养基中加入活性炭是为了给植物细胞提供碳源。（   ）

9. 原生质体培养时必须加渗透压保护剂。（   ）

10. 用于外植体、超净工作台、金属用具等表面消毒的乙醇浓度越大，效果越好。（   ）

11. 对植物组织的培养液和培养材料可用高压蒸汽灭菌。（　　）

12. 免疫动物细胞，只能通过体内免疫一种途径。（　　）

13. 细胞融合应使用对数生长期的骨髓瘤细胞。（　　）

14. 杂交瘤细胞的筛选常用酶联免疫法。（　　）

15. 筛选后的杂交瘤克隆在一个孔内只有一个克隆。（　　）

三、填空题

1. 体外培养的动物细胞其生长方式主要有 _____ 和 _____ 两种，分别称为 _____ 细胞和悬浮细胞。

2. 培养细胞生命期可分为 _____ 、 _____ 、 _____ 三个阶段。

3. 灌注式培养时在培养过程中，不断地将部分条件培养基取出，同时又连续不断地灌注新的培养基，而 _____ 被截留在反应器中的一种操作方式。

4. 常用的细胞计数方法有 _____ 和自动细胞计数仪计数法。

5. 植物细胞培养基按照含盐量分为 _____ 、 _____ 、 _____ 和 _____ 。

6. 利用紫外灯灭菌时，波长 _____ 的紫外线杀菌能力最强，紫外线的穿透力很弱，距离照射物以不超过 _____ 为宜。

7. 某些激素、抗生素和酶类不耐热，遇热时易分解失活，不能进行 _____ 灭菌，可采用 _____ 灭菌，再加入灭菌之后的培养基中。

8. 悬浮培养物大多是游离的单细胞与大大小小的 _____ 相结合。

9. 植物脱毒的方法主要有 _____ 、 _____ 和 _____ 。

10. 利用细胞融合技术，将 _____ 和 _____ 融合为杂交瘤细胞。

11. 体内免疫是将 _____ ，不添加佐剂直接注射入腹腔细胞完成初次免疫。

12. 克隆化的方法有很多，如 _____ 、 _____ 、 _____ 等。

13. 目前常用的单克隆抗体生产方法包括 _____ 和 _____ 。

14. 常见的单克隆抗体分离方法有 _____ 、 _____ 、 _____ 等。

四、简答题

1. 细胞复苏时为什么要进行快速解冻？

2. 细胞传代时为何要加胰蛋白酶？

3. 常用的灭菌方法有哪些？无菌操作的程序包括哪些？

4. 简述单克隆抗体的定义。

5. 细胞融合的方法有哪些？

项目四

酶工程制药技术

❖ **知识目标:**

1. 熟悉酶工程制药的基础知识;
2. 掌握酶工程制药生产的基本技术和方法;
3. 掌握典型超氧化物歧化酶（SOD）和胃蛋白酶生产的工艺流程及操作要点。

❖ **能力目标:**

1. 具备酶工程制药生产的基本操作技能;
2. 能熟练进行酶工程制药生产相关参数的控制，并能编制生产方案;
3. 能够操作 L-天冬酰胺酶和胰凝乳蛋白酶的典型制备工艺。

❖ **素质目标:**

1. 具有团结协作、勇于创新的精神和诚实守信的优良品质;
2. 树立"安全第一、质量首位、成本最低、效益最高"的意识，并贯彻到酶工程制药生产的各个环节;
3. 具有沉静执着、认真专注、精益求精的工匠精神。

项目导读

1. 项目简介

酶工程是酶的生产和应用的技术过程，即酶学和工程学相互渗透结合，应用酶的特异性催化功能并通过工程化，将相应原料转化成有用物质，为人类生产有用产品和提供服务。本项目侧重于介绍酶的来源、生产菌、酶类药物的生产方法、工艺过程、参数控制，酶活力的测定和酶的固定化等常用的酶工程制药技术。

2. 任务组成

本项目共有两个工作任务：第一个工作任务是超氧化物歧化酶（SOD）的生产，借助生物制药下游技术获得 SOD 粗品，再利用透析、柱色谱法和超滤进行精制，获得超氧化物歧化酶（SOD）精品;第二个工作任务是胃蛋白酶的生产，利用猪肠黏膜提取纯化胃蛋白酶。

工作任务开展前，请根据学习基础、实践能力，合理分组。

3. 学习方法

本项目主要通过以上两个工作任务，培养具备从事酶工程制药中的固定化技术和酶类药物生产的职业能力。

第一个任务是超氧化物歧化酶（SOD）的生产，借助生物制药下游技术获得超氧化物歧化酶粗品，再利用透析、柱色谱和超滤进行精制，获得超氧化物歧化酶精品。学会酶工程制药生产的操作技术、方法和基本操作技能。在此基础上，通过"场外训练"树立"安全第一、质量首位、成本最低、效益最高"的意识，并贯彻到酶工程制药生产的各个环节。

第二个任务是胃蛋白酶的生产，以猪胃黏膜为原料，经过脱脂、去杂质、浓缩、干燥得到胃蛋白酶成品。熟练进行典型酶工程制药生产相关参数的控制，并能编制生产的工艺方案。在此基础上，通过"场外训练"学会胰凝乳蛋白酶的制备工艺。

任务 1　超氧化物歧化酶（SOD）的生产

超氧化物歧化酶（superoxide dismutase，SOD）是一种重要的氧自由基清除剂，在自然界中分布极广。商品名有 Orgotein、Ormetein、Outosein、Polasein、Paroxinorn、HM-81 等。由于 SOD 能专一清除超氧阴离子自由基（O_2^-），故引起国内外生化界和医药界的极大关注。目前 SOD 临床应用集中在自身免疫病上，如类风湿关节炎、红斑狼疮、皮肌炎、肺气肿等；也用于抗辐射、抗肿瘤，治疗氧中毒、心肌缺氧与缺血再灌注综合征及某些心血管疾病。此酶属于金属酶，广泛存在于动植物、微生物细胞中。

SOD 的性质不仅取决于蛋白质部分，还取决于活性中心金属离子的存在。含有金属离子种类不同，SOD 的性质会有所不同，其中 Cu，Zn-SOD 与其他两种 SOD 差别较大，而 Mn-SOD 与 Fe-SOD 之间差别较小。

任务 1　课前自学清单	
任务描述	利用冷冻离心收集血红细胞,利用分级沉淀、热变性提取 SOD 粗品,再利用透析、柱色谱等进行分离纯化,最后对 SOD 进行质量检查。	
	能做什么	要懂什么
学习目标	1. 能够熟练使用冷冻离心机收集血红细胞； 2. 能够利用分级沉淀提取生物有效成分,熟练操作透析和柱色谱等技术； 3. 能够准确记录实验现象、数据,并能正确处理数据； 4. 学会正确书写工作任务单、工作台账本,并对结果进行准确分析。	1. 冷冻离心； 2. 分级沉淀； 3. 热变性； 4. 透析技术； 5. 柱色谱技术； 6. 超滤技术； 7. 冷冻干燥技术。

	任务1　课前自学清单
工作步骤	步骤1　试剂的配制 步骤2　新鲜牛血的预处理 步骤3　分级沉淀 步骤4　热变性 步骤5　透析 步骤6　柱色谱 步骤7　超滤 步骤8　冷冻干燥 步骤9　质量检查 步骤10　完成评价
岗前准备	思考以下问题： 1. 提取步骤的操作要点是什么？ 2. 分级沉淀的目的是什么？ 3. 透析的注意事项有哪些？ 4. 柱色谱的原理与操作要点是什么？ 5. 冷冻干燥时的操作要点是什么？
主要考核指标	1. 提取、分级沉淀、透析、柱色谱、冷冻干燥操作（操作规范性、仪器的使用等）； 2. 实验结果（SOD质量检查）； 3. 工作任务单、工作台账本随堂完成情况； 4. 实验室的清洁情况。

小提示

　　操作前阅读【知识支撑】中的"1. 酶的特性"及【技能拓展】中的"一、酶类药物的生产方法""二、酶类药物生产的工艺过程"，以便更好地完成本任务。

工作目标 >>>

　　分组开展工作任务。对新鲜牛血中的超氧化物歧化酶（SOD）进行提取，并进行分离精制。

　　通过本任务，达到以下能力目标及知识目标：

　　1. 能用柱色谱技术进行生物活性成分的提取分离；

　　2. 能用超滤技术、干燥技术进行生物活性成分的精制。

工作准备 >>>

1. 工作背景

创建超氧化物歧化酶（SOD）的生产操作平台，并配备离心机、冷冻干燥机等相关仪器设备，完成超氧化物歧化酶（SOD）的制备。

2. 技术标准

溶液配制准确，工艺操作正确，离心机与冷冻干燥机使用规范，定量计算正确，等等。

3. 所需器材及试剂

（1）器材　离心机、DEAE-Sephadex A-50 柱、冷冻干燥机、烧杯、新鲜牛血等。

（2）试剂　乙醇、氯仿、丙酮、磷酸钾缓冲液等。

实践操作 >>>

超氧化物歧化酶（SOD）的生产操作流程如图 4-1 所示。

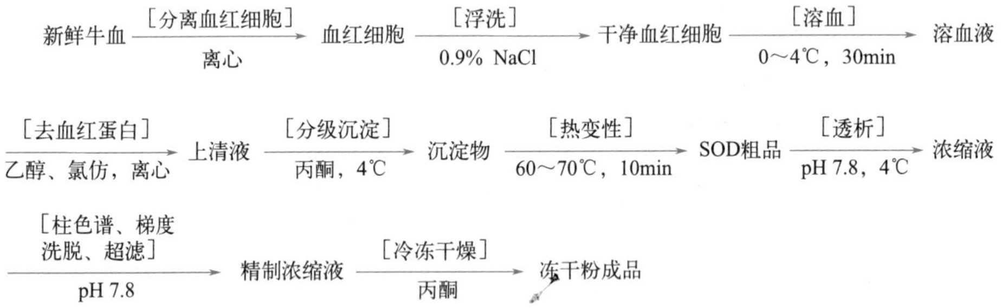

图 4-1　超氧化物歧化酶（SOD）的生产工艺流程

1. 分离、收集血红细胞

取新鲜牛血，按 100kg 牛血加 3.8g 枸橼酸钠的比例投料，搅拌均匀，以 3000r/min 冷冻离心 15min，收集血红细胞。

2. 浮选、溶血、去血红蛋白

将收集的血红细胞用 0.9％氯化钠溶液洗 3 次。在干净的血红细胞中加入等体积的去离子水，在 0～4℃下，搅拌溶血 30min，再缓慢加入溶血液 0.25 倍体积的 4℃以下的 95％乙醇和 0.15 倍体积（相对于溶血液体积而言）的 4℃以下的氯仿，搅拌 15min，使之混合均匀，静置 15min，冷冻离心 30min，去除血红蛋白，收集上清液。

3. 分级沉淀、热变性

向上清液中加入 1.5 倍体积的冷丙酮，搅拌均匀，产生大量的絮状沉淀，于冷处静置 20min，离心得沉淀物。沉淀物用 1～2 倍体积的去离子水溶解，在 60～70℃水浴中保温 10min，冷却，冷冻离心，收集浅绿色的上清液，再用 1.5 倍体积的冷丙酮使上清液沉淀，5℃以下静置过夜，冷冻离心，收集沉淀，得 SOD 粗品。

4. 透析、柱色谱

将 SOD 粗品溶于 pH 7.8、2.5mmol/L 磷酸钾缓冲液中，以相同缓冲液平衡透析。将透析液小心加到已用 pH 7.8、2.5mmol/L 磷酸钾缓冲液平衡好的 DEAE-纤维素（DEAE-32）柱或 DEAE-Sephadex A-50 上吸附，加样后，先用 2.5mmol/L、pH 7.8 磷酸钾缓冲液洗脱杂蛋白，然后用 2.5～50mmol/L、pH 7.8 的磷酸钾缓冲液进行梯度洗脱，收集具有 SOD 活性的洗脱液。

5. 超滤、冷冻干燥

将上述洗脱液再一次超滤浓缩、无菌过滤，冷冻干燥得 Cu，Zn-SOD 成品（冻干粉）。Mn-SOD 是从人肝中制备的，Mn-SOD 在纯化过程中极易被破坏，其产率比纯化 Cu，Zn-SOD 低得多，可以从肝脏中直接提取，也可以从细菌和藻类中提取。国外已从人肝中得到高纯度的 Mn-SOD。Fe-SOD 一般存在于需氧的原核生物中，也存在于少数真核生物中，其酶蛋白性质类似 Mn-SOD，所以其纯化方法大致与 Mn-SOD 类似。

6. SOD 的纯度鉴定

鉴定 SOD 的纯度主要根据以下三个指标。

（1）均一性　鉴定 SOD 电泳图谱，观察是否达到电泳纯，也可以进行超离心分析，观察其均一性。

（2）酶比活　无论是何种类型的 SOD，要求酶比活达到一定标准，如牛红细胞 SOD，其比活应不低于每毫克蛋白质含 3000U 酶活力单位（黄嘌呤氧化酶-细胞色素 C 法）。

（3）酶的某些理化性质　在 SOD 的理化性质中，最主要的是金属离子含量、氨基酸含量和吸收光谱。

操作评价 >>>

一、个体评价与小组评价

任务 1　超氧化物歧化酶（SOD）的生产									
姓名									
组名									
能力目标	1. 能用分级沉淀技术进行生物活性成分的提取分离； 2. 能用透析技术、柱色谱技术进行生物活性成分的精制； 3. 能准确记录实验现象，并能处理数据； 4. 学会正确书写工作任务单、工作台账本，并对结果进行准确分析。								
知识目标	1. 掌握分级沉淀、柱色谱； 2. 理解透析技术； 3. 理解超滤技术。								
评分项目	上岗前准备(思考题回答、实验服与台账准备)	新鲜牛血预处理	SOD 提取	SOD 粗品制备	团队协作性	SOD 精制	台账完成情况	台面及仪器清理	总分
分值	10	5	15	25	10	20	5	10	100
自我评分									

任务 1　超氧化物歧化酶（SOD）的生产								
需改进的技能								
小组评分								
组长评价	（评价要具体、符合实际）							

二、教师评价

序号	项目	配分	要求	得分
1	上岗前准备（10分）	A. 思考题回答(5分) B. 实验服与护目镜准备、台账准备(5分)	操作过程了解充分、工作必需品准备充分	
2	新鲜牛血预处理（5分）	分离血红细胞(5分)	正确操作	
3	SOD 提取（15分）	A. 离心操作(5分) B. 浮洗(5分) C. 溶血(5分)	正确操作 正确操作 正确操作	
4	胰岛素粗品制备（25分）	A. 溶血(5分) B. 去血红蛋白(5分) C. 分级沉淀(10分) D. 热变性(5分)	正确操作 正确操作 正确操作 正确操作	
5	胰岛素精制（20分）	A. 透析(5分) B. 柱色谱(5分) C. 超滤(5分) D. 冷冻干燥(5分)	正确操作 正确操作 正确操作 正确操作	
6	项目参与度（5分）	操作的主观能动性(5分)	具有团队合作精神 具有主动探索精神	
7	台账与工作任务单完成情况（15分）	A. 完成台账（是不是完整记录)(5分) B. 完成工作任务单(10分)	妥善记录数据	

序号	项目	配分	要求	得分
8	文明操作 （5分）	A. 实验态度（2分） B. 清洗玻璃器皿等,清理工作台面（3分）	认真负责 清洗干净,放回 原处,台面整洁	
		合计		

【知识支撑】

一、酶的来源与生产菌种

1. 酶的来源

酶作为生物催化剂普遍存在于动物、植物和微生物中，可以直接从生物体中分离提纯。从理论上讲，酶与其他蛋白质一样，也可以通过化学合成法来制得。但从实际应用上讲，由于试剂、设备和经济条件等多种因素的限制，通过人工合成的方法来进行酶的生产，还需要相当长的一段时间，因此酶的生产多数情况下，可以直接从生物体中抽提分离。酶的来源主要有以下几种。

（1）动物来源酶类　此类酶多数来源于动物的组织器官，如胃黏膜可制备胃蛋白酶，用胰脏为原料制备胰酶、胰蛋白酶、糜蛋白酶及弹性蛋白酶等。还可以用动物的肺制备抑肽酶、用动物的睾丸制备透明质酸等。从人的尿液中也可制得尿激酶，从蛇毒、蝎毒中可得到透明质酸，由蚯蚓内脏可提取到蚓激酶等。

（2）植物来源酶类　植物来源的酶最早是从植物刀豆中提取的脲酶，后来又相继从无花果中得到无花果蛋白酶，从木瓜中提取到木瓜蛋白酶，以及从菠萝中得到菠萝蛋白酶等。

（3）微生物来源酶类　几乎所有的酶都能通过微生物发酵来获得，而且微生物的结构简单，生长繁殖快，易于控制，可通过选育菌种提高酶的产量，以充实产业化，是制备酶的广阔资源。采用微生物发酵方法获得的酶主要有淀粉酶、枯草杆菌蛋白酶、纤维素酶、溶血性链球菌蛋白酶、灰色链霉菌蛋白酶及青霉素酶等。

利用微生物生产酶制剂，主要是因为微生物具有如下突出的优点：微生物种类繁多，酶的品种齐全，可以说一切动植物体内的酶几乎都能从微生物中得到；微生物生长繁殖快、生产周期短、产量高；培养方法简单，原料来源丰富，价格低廉，经济效益高，并可以通过控制培养条件来提高酶的产量；微生物具有较强的适应性和应变能力，可以通过各种遗传变异的手段，培育出新的高产菌株。所以，目前工业上应用的酶大多数应用微生物发酵法来生产。

（4）基因工程菌　近年来，基因工程技术在制药工业得到了迅速发展。通过研究得知酶的一级结构，并在分子水平上对酶的结构与功能进行深入了解，就可以用重组 DNA 技术生产这一类药物，为酶的临床应用开辟了广阔的前景。目前利用基因工程获得的酶主要有尿激酶、链激酶、葡激酶、天冬酰胺酶和超氧化物歧化酶等。

另外，对酶进行化学修饰能大大提高酶的稳定性。例如用精氨酸酶经聚乙二醇（PEG）修饰超氧化物歧化酶（SOD），修饰酶的热稳定性、pH稳定性、半衰期及抗炎活性都可得到不同程度的提高。也有采用将酶用脂质体包裹或制成微胶囊方法的，这不仅能保护酶的活性，还能大大提高生物利用度。

2. 酶的生产菌种

所有生物体在一定条件下，都能产生多种多样的酶。酶在生物体内产生的过程，称为酶的生物合成。经过预先设计，通过人工操作控制，利用细胞（包括微生物细胞、植物细胞和动物细胞）的生命活动，产生人们所需要的酶的过程，称为酶的发酵生产。

（1）对菌种的要求　酶制剂的生产与生产酶的特性相关，首先要选育性能优良的产酶菌种，然后用适当的方法进行培养和扩大繁殖，并积累大量的酶。虽然同一种酶可以从多种微生物中得到，但菌种性能的优劣、产量的高低，会直接影响到微生物发酵生产酶的成本，所以优良的产酶微生物应具备下列条件：产酶量高，酶的性质应符合使用要求，而且最好是产生胞外酶的菌种；不是致病菌，在系统发育上与病原体无关，也不产生毒素；稳定，不易变异退化，不易感染噬菌体；能够利用廉价的原料，发酵周期短，易于培养。

（2）生产菌种的来源　生产菌种可以从菌种保藏机构和有关研究部门获得，但多数应该是从自然界中分离筛选得到的。自然界是产酶菌种的主要来源，如土壤、深海、温泉、森林和火山等都是菌种的采集地。筛选产酶菌种的方法与其他发酵微生物的筛选方法基本一致，主要包括以下步骤：菌种采集、菌种的分离初筛、纯化、复筛和生产性能鉴定等。为了提高酶的产量，在酶的生产过程中应不断改良生产菌种，主要应用遗传学原理进行改良，其基本途径有基因突变、基因转移和基因克隆三种。

（3）目前常用的产酶微生物　大肠埃希菌是应用最广泛的产酶菌种，一般分泌胞内菌，需经细胞破碎才能分离得到。由于其遗传背景清楚，还可被广泛用于遗传工程改造，成为外来基因的宿主，因此是优良性状的"工程菌"。如工业上常用大肠埃希菌生产谷氨酸脱羧酶、青霉素酰化酶、天冬酰胺酶和 β-半乳糖苷酶等。

枯草杆菌主要用于发酵生产 α-淀粉酶、β-葡萄糖氧化酶、碱性磷酸酯酶等。啤酒酵母主要用于生产啤酒、乙醇、饮料和面包等，也可用于生产转化酶、乙醇脱氢酶和丙酮酸脱羧酶等。曲霉（黑曲霉和黄曲霉）可用于蛋白酶、淀粉酶、糖化酶、果胶酶、葡萄糖氧化酶和脂肪酶等的生产。

微生物发酵法生产酶制剂是一个十分复杂的过程，由于具体的生产菌和目的菌不同，菌种的设备、发酵方法与条件、酶的分离提纯也各不相同。

二、酶的特性和分类

1. 酶的特性

① 酶具有高效率的催化能力，其效率是一般无机催化剂的 $10^7 \sim 10^{13}$。

② 酶具有专一性，即每一种酶只能催化一种或一类化学反应。

③ 酶在生物体内参与每一次反应后，它本身的性质和数量都不会发生改变（与催化剂相似）。

④ 酶的作用条件较温和。酶的催化反应一般是在比较温和的条件下进行的，在最适温度和pH条件下，酶的活性最高。温度和pH偏高或偏低，酶活性都会明显降低。一般来

说，动物体内的酶最适温度在 35～40℃ 之间；植物体内的酶最适温度在 40～50℃ 之间；动物体内的酶最适 pH 大多在 6.5～8.0 之间，但也有例外，如胃蛋白酶的最适 pH 为 1.5；植物体内的酶最适 pH 大多在 4.5～6.5 之间。过酸、过碱或温度过高，会使酶的空间结构遭到破坏，使酶永久失活。0℃ 左右时，酶的活性很低，但酶的空间结构稳定，在适宜的温度下酶的活性可以升高。

⑤ 酶具有活性可调节性。

⑥ 有些酶的催化性与辅助因子有关。

⑦ 易变性，大多数酶都是蛋白质，因而会被高温、强酸、强碱等破坏。

2. 酶的分类

根据酶所催化的反应性质的不同，将酶分成六大类：

（1）氧化还原酶类 促进底物进行氧化还原反应的酶类，包括转移电子、氢的反应和分子氧参加的反应。例如：脱氢酶、氧化酶、还原酶、过氧化物酶等。

（2）转移酶类 催化底物之间进行某些基团（如乙酰基、甲基、氨基、磷酸基等）转移或交换的酶类。例如：甲基转移酶、氨基转移酶、乙酰转移酶、转硫酶、激酶和多聚酶等。

（3）水解酶类 催化底物发生水解反应的酶类。例如：淀粉酶、蛋白酶、脂肪酶、磷酸酶、糖苷酶等。

（4）裂合酶类 催化从底物（非水解）移去一个基团并留下双键的反应或其逆反应的酶类。例如：脱水酶、脱羧酶、碳酸酐酶、醛缩酶、柠檬酸合酶等。许多裂合酶催化逆反应，使两底物间形成新化学键并消除一个底物的双键。合酶属于此类。

（5）异构酶类 催化各种同分异构体、几何异构体或旋光异构体之间相互转化的酶类。例如：异构酶、消旋酶等。

（6）合成酶类 催化两分子底物合成为一分子化合物，同时偶联有 ATP 的磷酸键断裂释能的酶类。例如：谷氨酰胺合成酶、DNA 连接酶、氨酰-tRNA 连接酶及依赖生物素的羧化酶等。

【技能拓展】

一、酶类药物的生产方法

酶的生产是各种生物技术优化与组合的过程。它可分为生物提取法、生物合成（转化）法和化学合成法三种，其中生物提取法是最早采用且沿用至今的方法，生物合成法是 20 世纪 60 年代以来酶生产的主要方法，而化学合成法至今仍处在实验室研究的阶段。

1. 生物提取法

生物提取法是采用各种提取、分离、纯化技术从动物、植物及其器官、细胞或微生物细胞中将酶提取出来的方法。酶的提取是指在一定条件下，用适当的溶剂处理含酶原料，使酶充分溶解到溶剂中的过程，主要的提取方法有盐溶液提取、酸溶液提取、碱溶液提取和有机溶剂提取等。在酶的提取时，首先应当根据酶的结构和性质，选择适当的溶剂。一般来说，亲水性的酶要采用水溶液提取，疏水性的酶或者被疏水物包裹的酶采用碱溶液提取，等电点偏于碱性的酶应采用酸性溶液提取，等电点偏于酸性的酶应采用碱性溶液提取。在提取过程中，应当控制好温度、pH 值、离子强度等各种提取条件，以提高提取率并防止酶的变性失活。

酶的分离纯化是采用各种生化分离技术，如离心分离、萃取分离、沉淀分离、色谱分离、电泳分离及浓缩、结晶和干燥等，使酶与各种杂质分离，达到所需的纯度，以满足使用要求的方法。

酶的分离纯化技术多种多样，选用的时候要认真考虑以下问题：目标酶分子特性及其物理性质；酶与杂质的主要性质差异；酶的使用目的和要求；技术实施的难易程度；分离成本的高低；是否会造成环境污染；等等。

2. 生物合成法

生物合成法，也称生物转化法，它是利用微生物细胞、植物细胞或动物细胞的生命活动而获得人们所需酶的技术过程。自从 1949 年细菌淀粉酶发酵成功以来，生物合成法就成为酶的主要生产方法。生物合成法生产酶首先要经过筛选、诱变、细胞融合、基因重组等方法获得优良的产物工程菌，然后在生物反应器中进行细胞培养，通过细胞反应条件的优化，再经过分离纯化得到人们所需的酶。

生物合成法具有生产周期短，酶的产率高，不受生物资源、气候条件等影响的特点，但是它对发酵设备和工艺条件的要求较高。

3. 化学合成法

由于酶的化学合成要求单体达到很高的纯度，化学合成的成本高，而且只能合成那些已经弄清楚其化学结构的酶。这就使化学合成法受到限制，难以工业化生产。然而利用化学合成法进行酶的人工模拟和化学修饰，对认识和阐明生物体的行为和规律，设计和合成既具有酶的催化特点、又能克服酶的弱点的高效非酶催化剂等方面却成为人们关注的课题，具有重要的理论意义和应用前景。

模拟酶是在分子水平上模拟酶活性中心的结构特征和催化作用机制，设计并合成的仿酶体系。现在研究较多的小分子仿酶体系有环状模型、冠醚模型、卟啉模型、多环芳烃模型等大环化合物模型。例如，利用环状糊精模型，已经获得了酯酶、转氨酶、氧化还原酶、核糖核酸酶等多种酶的模拟酶，取得了可喜的进展。大分子仿酶体系有分子印迹酶模型和胶束酶模型等。例如，利用印迹酶模型已经得到了二肽合成酶、酯酶、过氧化物酶等多种酶的模拟酶。随着科学的发展和技术的进步，酶的生产技术将进一步发展和完善。人们将可以根据需要生产得到更多更好的酶，以满足世界科技和经济发展的要求。

二、酶类药物生产的工艺过程

以动植物为材料，酶生产的工艺过程主要包括：选取符合要求的动植物材料→生物材料的预处理→提取→纯化。

1. 原料选择应注意的问题

生物材料和体液中虽普遍含有酶，但在数量和种类上，不同材料却有很大的差别，组织中酶的总量虽然不少，但各种酶的含量却非常少。从已有的资料看，个别酶的含量在 $0.0001\% \sim 1\%$，见表 4-1。因此，在提取酶时，应根据各种酶的分布特点和存在特性选择适宜的生物材料。

表 4-1　某些酶在组织中的含量

酶	来源	含量/%	酶	来源	含量/%
胰蛋白酶	牛胰脏	0.55	细胞色素 C	肝脏	0.015
3-磷酸甘油醛脱氢酶	兔骨骼肌	0.40	柠檬酸合酶	猪心肌	0.07
过氧化氢酶	辣根	0.02	脱氧核糖核酸酶	胰脏	0.0005

① 了解目的酶在生物材料中的分布特点，选择适宜的生物材料，如乙酰辅酶 A 在鸽子肝脏中含量高，提取此酶时宜选用鸽子肝脏为原料；溶菌酶选用鸡蛋清；凝血酶提取选用牛血液；透明质酸酶选用羊睾丸；超氧化物歧化酶选用血液和肝脏；等等。用微生物生产酶时，需根据酶活力测定，来决定取酶的时间。

② 考虑生物在不同发育阶段及营养状况时酶含量的差别及杂质干扰的情况，如从鸽子肝脏提取乙酰辅酶 A 时，在饥饿状态下取材，可排除杂质肝糖原对提取过程的影响；凝乳酶只能用哺乳期的小牛胃作材料。

③ 用动物组织作原料，应在动物宰杀后立即取材。

④ 考虑生化制备的综合成本，选材时应注意原料来源应丰富，能综合利用一种资源获得多种产品，还应考虑纯化条件的经济性。

2. 生物材料的预处理

生物材料中的酶多存在于组织或细胞中，因此提取前需将组织或细胞破碎，以便酶从其中释放出来，利于提取。由于酶活性与其空间构象有关，所以预处理时一般应避免剧烈条件；但如果是结合酶，则必须进行剧烈处理，以利于酶的释放。生物材料的预处理方法有以下几种。

（1）机械处理　用绞肉机将事先切成小块的组织绞碎。当绞成组织糜后，许多酶都能从颗粒较粗的组织糜中提取出来，但组织糜颗粒不能太粗，这就要选择好绞肉机板孔径，若使用不当，会对产率有很大的影响。通常可先用粗孔径的机板绞，有时甚至要反复多绞几次。如果是速冻的组织也可在冰冻状态下直接切块绞碎。采用绞肉机，一般并不能破碎细胞，而有的酶必须在细胞破碎后才能有效地提取，对此则需采用特殊的匀浆工艺才行。实验室常用的是玻璃匀浆器和组织捣碎器，工业上可用高压匀浆机。对于用机械处理仍不能有效提取的酶，可用下述方法处理。

（2）反复冻融处理　将材料冷冻到 −10℃ 左右，再缓慢融解至室温，如此反复多次。由于细胞中冰晶的形成及剩余液体中盐浓度的增高，可使细胞中颗粒及整个细胞破碎，从而使酶释放出来。

（3）制备丙酮粉　组织经丙酮迅速脱水干燥制成丙酮粉，不仅可减少酶的变性，同时因细胞结构的破坏使蛋白质与脂质结合的某些化学键打开，促使某些结合酶释放到溶液中，如鸽子肝脏中乙酰辅酶 A 的提取就是用此法处理。常用的方法是将组织糜或匀浆悬浮于 0.01mol/L（pH 6.5）磷酸缓冲液中，再在 0℃ 下将其一边搅拌，一边慢慢倒入 10 倍体积的 −15℃ 无水丙酮内，10min 后，离心过滤取其沉淀物，反复用冷丙酮洗几次，真空干燥即得丙酮粉。丙酮粉在低温下可保存数年。

（4）微生物细胞的预处理　若是胞外酶，则除去菌体后就可直接从发酵液中提取；若是胞内酶，则需将菌体细胞破壁后再进行提取。通常用离心或压滤法取得菌体，用生理盐水洗涤除去培养基后，冷冻保存。

3. 酶的提取

酶的提取方法主要有水溶液法、有机溶剂法和表面活性剂法三种。

（1）水溶液法　常用稀盐溶液或缓冲液提取。经过预处理的原料，包括组织糜、匀浆、细胞颗粒及丙酮粉等，都可用水溶液抽提。为了防止提取过程中酶活力降低，一般在低温下操作；但对温度耐受性较高的酶（如超氧化物歧化酶），却应提高温度，以使杂蛋白变性，利于酶的提取和纯化。

水溶液的 pH 选择对提取液也很重要，应考虑的因素有：酶的稳定性、酶的溶解度、酶与其他物质结合的性质。选择 pH 的总原则是：在酶稳定的 pH 范围内，选择偏离等电点的适当 pH。

应注意的是，许多酶在蒸馏水中不溶解，而在低盐浓度下易溶解，所以提取时加入少量盐可提高酶的溶解度。盐浓度一般以等渗为好，相当于 0.15mol/L NaCl 的离子强度最适宜于酶的提取。

（2）有机溶剂法　某些结合酶，如微粒体和线粒体膜的酶，由于和脂质牢固结合，用水溶液很难提取，为此必须除去结合的脂质，且不能使酶变性，最常用的有机溶剂是丁醇。

丁醇具有下述性能：亲脂性强，特别是亲磷脂的能力较强；兼具亲水性，0℃时在水中的溶解度为 10.5%；在脂与水分子间能起表面活性剂的桥梁作用。

用丁醇提取方法有两种：一种是均相法，用丁醇提取组织的匀浆，然后离心，取下相层，但许多酶在与脂质分离后极不稳定，需加注意；另一种是二相法，在每克组织或菌体的干粉中加 5mL 丁醇，搅拌 20min，离心，取沉淀（注意：均相法是取液相，二相法是取沉淀），接着用丙酮洗去沉淀上的丁醇，再在真空中除去溶剂，所得干粉可进一步用水提取。

（3）表面活性剂法　表面活性剂分子具有亲水或疏水性的基团，能与酶结合，使之分散在溶液中，可用于提取结合酶，但此法用得较少。

4. 酶的纯化

酶的纯化是一个复杂的过程，不同的酶，因性质不同，其纯化工艺有较大的差别。评价一个纯化工艺的好坏，主要看两个指标：一是酶比活，二是总活力回收率。设计纯化工艺时应综合考虑上述两项指标。目前，国内外纯化酶的方法很多，如盐析法、有机溶剂沉淀法、选择性变性法、柱色谱法、电泳法和超滤法等，类同于蛋白质的纯化方法。在此重点讨论酶在纯化过程中可能遇到的技术难点。

（1）杂质的除去　酶提取液中，除所需酶外，还含有大量的杂蛋白、多糖、脂类和核酸等，为了进一步纯化，可用下列方法除去。

① 调 pH 值和加热沉淀法。利用蛋白质在酸碱条件下的变性性质，可通过调节 pH 值除去某些杂蛋白；也可利用不同蛋白质对热稳定的差异，将酶液加热到一定温度，使杂蛋白变性而沉淀。如超氧化物歧化酶就是利用这一特点，在 65℃加热 10min，除去大量的杂蛋白。

② 蛋白质表面变性法。利用蛋白质表面变性性质的差别，也可除去杂蛋白。例如制备过氧化氢酶时，加入氯仿和乙醇进行震荡，可除去杂蛋白。

③ 选择性变性法。利用蛋白质稳定性的不同，除去杂蛋白。如对胰蛋白酶、细胞色素 C 等少数特别稳定的酶，可用 2.5％三氯乙酸处理，这时其他杂蛋白都变性而沉淀，而胰蛋白酶和细胞色素 C 仍留在溶液中。

④ 降解或沉淀核酸法。在用微生物制备酶时，常含有较多的核酸，为此，可用核酸酶将核酸降解成核苷酸，使黏度下降，便于离心分离。也可采用一些核酸沉淀剂，如三甲基十六烷基溴化铵、硫酸链霉素、聚乙烯亚胺、鱼精蛋白和二氯化锰等。

⑤ 利用结合底物保护法除去杂蛋白。近年来发现，酶与底物结合或与竞争性抑制剂结合后，稳定性大大提高，这样就可用加热法除去杂蛋白。

（2）脱盐　在酶的提纯以及酶的性质研究中，常常需要脱盐。最常用的脱盐方法是透析和凝胶过滤。

① 透析。最广泛使用的是玻璃纸袋，它有固定的尺寸、稳定的孔径。由于透析主要是扩散过程，如果袋内外的盐浓度相等，扩散就会停止，因此需经常更换溶剂。如在冷处透析，溶剂应预先冷却，避免样品变性。透析时的盐是否除净，可用化学试剂或电导仪进行检查。

凝胶色谱法脱盐和分离蛋白质

② 凝胶过滤。这是目前最常用的方法，不仅可除去小分子的盐，而且也可除去其他分子量较小的物质。用于脱盐的凝胶主要有 Sephadex G-10、Sephadex G-15、Sephadex G-25 及 Bio-Gel P-2、Bio-Gel P-4、Bio-Gel P-6 和 Bio-Gel P-10。

（3）浓缩　酶的浓缩方法很多，有冷冻干燥、离子交换、超滤、凝胶吸水和聚乙二醇吸水等。冷冻干燥法是最有效的方法，它可将酶液制成干粉。采用这种方法既能使酶浓缩，酶又不易变性，便于长期保存。需要干燥的样品最好是水溶液，如溶液中混有有机溶剂，就会降低水的冰点，在冷冻干燥时，样品会融化起泡而导致酶活性部分丧失。另外，低沸点的有机溶剂（如乙醇、丙酮等）在低温时仍有较高的蒸气压，逸出水汽冷凝在真空轴里，会使真空轴失效。离子交换法常用的交换剂有 DEAE-Sephadex A50 等。当需要浓缩的酶液通过交换柱时，几乎全部的酶蛋白会被吸收，然后用改变洗脱液 pH 值或离子强度等洗脱，就可以达到浓缩目的。超滤法的优点在于操作简单、快速且温和，操作中不产生相的变化。影响超滤的因素很多，如膜的渗透性，溶质形状、大小及其扩散性，压力，溶质浓度，离子环境和温度等。凝胶吸水法由于 Sephadex、Bio-Gel 都具有吸水及吸收分子量较小化合物的性能，因此用这些凝胶干燥粉末和需要浓缩的酶液混在一起后，干燥粉末就会吸收溶剂，再用离心或过滤方法除去凝胶，酶液就得到了浓缩。这些凝胶的吸水量为 1～3.7mL/g。在实验室浓缩小体积的酶液时，可将样品装入透析袋内，然后用风扇吹透析袋，使水分逐渐挥发而使酶液浓缩。

（4）酶的结晶　把酶提纯到一定纯度以后（通常纯度应达 50％以上），可进行结晶，伴随着结晶的形成，酶的纯度经常有一定程度的提高。从这个意义上讲，结晶既是提纯的结果，又是提纯的手段。酶结晶的明显特征在于有顺序，蛋白质分子在结晶中均是对称型排列，并具有周期性的重复结构。形成结晶的条件是设法降低酶分子的自由能，从而建立起一个有利于结晶形成的平衡状态。

① 酶的结晶方法。主要是缓慢地改变酶蛋白的溶解度，使其略处于过饱和状态。常用改变酶溶解度的方法有以下几种。

a. 盐析法。即在适当的 pH 值、温度等条件下，保持酶的稳定，慢慢改变盐浓度进行结晶。结晶时采用的盐有硫酸铵、柠檬酸钠、醋酸铵、硫酸镁和甲酸钠等。利用硫酸铵结晶时，一般是将盐加入一个比较浓的酶溶液中，并使溶液微呈混浊为止。然后非常缓慢地增加盐浓度。操作要在低温下进行，缓冲液 pH 值要接近酶的等电点。我国利用此法已得到羊胰蛋白酶原、羊胰蛋白酶和猪胰蛋白酶的结晶。

b. 有机溶剂法。酶液中滴加有机溶剂，有时也能使酶形成结晶。这种方法的优点是结晶悬液中含盐少。结晶中的有机溶剂有乙醇、丙醇、丁醇、乙腈、异丙醇、二甲基亚砜和二氧杂环乙烷等。与盐析法相比，用有机溶剂法易引起酶失活。一般在含少量无机盐的情况下，选择使酶稳定的 pH 值，缓慢滴加有机溶剂，并不断搅拌，当酶液微呈混浊时，在冰箱中放置 1～2h。然后离心去掉无定形物，取上清液在冰箱中放置，使其结晶。加有机溶剂时，应注意不能使酶液中所含的盐析出，而要用氯化物或己酸盐。用这种方法已获得了不少酶结晶，如天冬酰胺酶等。

c. 复合结晶法。可以利用有些酶和有机化合物或金属离子形成复合物或盐的性质来结晶。

d. 透析平衡法。利用透析平衡进行结晶也是常用方法之一。它既可进行大量样品的结晶，又可进行微量样品的结晶。大量样品的透析平衡结晶是将样品装在透析袋中，对一定的盐溶液或有机溶剂进行透析平衡，这时酶液可缓慢达到饱和而析出晶体。这个方法的优点是透析膜内外的浓度差减少时，平衡的速度也会变慢。利用这种方法获得了过氧化氢酶、己糖激酶和羊胰蛋白酶等结晶。

e. 等电点法。一定条件下，酶的溶解度明显受 pH 影响，这是由酶所具有的两性离子性质决定的。一般地说，在等电点附近酶的溶解度很小，这一特征为酶的结晶条件提供了理论依据。例如在透析平衡时，可改变透析外液的氢离子浓度，从而达到结晶的 pH。

② 结晶条件的选择。在进行酶的结晶时，要选择一定条件与相应的结晶方法配合。这不仅为了能够得到结晶，也是为了保证不引起酶活性丧失。影响酶活性因素很多，下列几个条件尤为重要。

a. 酶液的浓度。酶只有到相当纯后才能进行结晶。总的来说，酶的纯度越高，结晶越容易，生成大的单晶的可能性越大。杂质的存在是影响单晶长大的主要障碍，甚至也会影响微晶的形成。在早期的酶结晶研究工作中，大都是由天然酶混合物直接结晶的，例如从鸡蛋清中可获得溶菌酶结晶，在这种情况下，结晶对酶有明显的纯化作用。

b. 酶的浓度。结晶母液应保持尽可能高的浓度。酶的浓度越高越有利于溶液中溶质分子间的相互碰撞聚合，形成结晶的机会越大。对大多数酶来说，蛋白质浓度为 $5～10\text{mg/mL}$ 为好。

c. 温度。结晶的温度通常在 4℃ 下或室温 25℃ 下，低温条件下酶不仅溶解度低，而且不易变性。

d. 时间。结晶形成的时间长短不一，从数小时到几个月都有，有的甚至需要 1 年或更长时间。一般来说，较大而性能好的结晶是在生长慢的情况下得到的。一般希望微晶的形成快些，然后慢慢地改变结晶条件，使微晶慢慢长大。

e. pH。除沉淀剂的浓度外，在结晶条件方面最重要的因素是 pH。有时 pH 只差 0.2 就只得到沉淀而不能形成微晶体或单晶。调整 pH 可使晶体长到最适大小，也可以改变晶体。结晶溶液 pH 一般选择在被结晶酶的等电点附近。

f. 金属离子。许多金属离子能引起或有助于酶的结晶，例如羧肽酶、超氧化物歧化酶、碳酸酐酶在二价金属离子存在下，都有促进晶体长大的作用。在酶的结晶过程中，常用的金

属离子有 Ca^{2+} 、Co^{2+} 、Cu^{2+} 、Mg^{2+} 、Mn^{2+} 、Ni^{2+} 等。

g. 晶种。不易结晶的蛋白质和酶，有的需加入微量的晶种才能结晶。例如，在胰凝乳蛋白酶结晶母液中加入微量胰凝乳蛋白酶结晶，可导致大量晶体的形成。要生成大的晶体时，也可引入晶种。加晶种以前，酶液要调到适于结晶的条件，然后加入晶种，在显微镜下观察，如果晶种开始溶解，就要追加更多的沉淀，直到晶种不溶解为止。当晶种不溶解又无定形物形成时，将此溶液静置，使晶体慢慢长大。如超氧化物歧化酶就是用此法制备大单晶的。

（5）酶分离和纯化中应注意的问题　提纯过程中，酶纯度越高，稳定性越差，因此在酶分离和纯化时尤其要注意以下几点。

① 防止酶蛋白变性。为防止酶蛋白变性，保持其生物活性，应避免高温，避免 pH 过高或过低，一般要在低温（4℃左右）和中性 pH 下操作。为防止蛋白酶的表面变性，不可剧烈搅拌，避免产生泡沫。应避免酶与重金属或其他蛋白质变性剂接触。如要用有机溶剂处理，操作必须在低温下、短时间内进行。

② 防止辅助因子流失。有些酶除酶蛋白外，还含有辅酶、辅基和金属离子等辅助因子。在进行超滤、透析等操作时，要防止这些辅助因子的流失，影响总产品的活性。

③ 防止酶被蛋白酶降解。在提取液尤其是微生物培养液中，除目的酶外，还常常存在一些蛋白酶，要及时采取有效措施将它们除去。如果操作时间长，还要防止杂菌污染酶液，造成目的酶的失活。

从动物或植物中提取酶会受到原料的限制，随着酶应用日益广泛和需求量的增加，工业生产的重点已逐渐向用微生物发酵法生产为主。

【知识拓展】

酶工程制药技术的发展前景

酶工程作为生物工程的重要组成部分，其作用之重要、研究成果之显著已为世人所公认。充分发挥酶的催化功能、扩大酶的应用范围、提高酶的应用效率是酶工程应用研究的主要目标。21 世纪酶工程的发展主题是：新酶的研究与开发、酶的优化生产和酶的高效应用。除采用常用技术外，还要借助基因学和蛋白质组学的最新知识，借助 DNA 重排和细胞、噬菌体表面展示技术进行新酶的研究与开发，目前最令人瞩目的新酶有核酸类酶、抗体酶和端粒酶等。要采用固定化、分子修饰和非水相催化等技术实现酶的高效应用，将固定化技术广泛应用于生物芯片、生物传感器、生物反应器、临床诊断、药物设计、亲和色谱及蛋白质结构和功能的研究，使酶技术在制药领域发挥更大的作用。

【场外训练】　固定化酶法生产 5′-复合单核苷酸

核糖核酸（RNA）经 5′-磷酸二酯酶作用可分解为腺苷、胞苷、尿苷及鸟苷的一磷酸化合物，即 AMP、CMP、UMP 及 GMP。5′-磷酸二酯酶存在于橘青霉细胞、谷氨酸发酵菌细胞及麦芽根等生物材料中。本法以麦芽根为材料取 5′-磷酸二酯酶，并使其固定化后用于水解酵母 RNA，来生产 5′-复合单核苷酸注射液。5′-复合单核苷酸注射液可用于治疗白细胞下降、血小板减少及肝功能失调等疾病。

一、工艺流程

5′-复合单核苷酸的生产操作流程如图 4-2 所示。

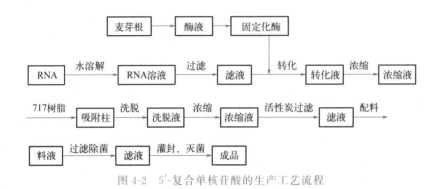

图 4-2　5′-复合单核苷酸的生产工艺流程

二、工艺过程及控制要点

1. 5′-磷酸二酯酶的制备

取干麦芽根，加 9～10 倍体积（质量体积比）的水，用 2mol/L HCl 调 pH 至 5.2，于 30℃条件下浸泡 15～20h，然后加压去渣，浸出液过滤，滤液冷却至 5℃，加入 2.5 倍体积的 5℃ 95％冷工业乙醇，5℃静置 2～3h 后，吸去上层清液，回收乙醇，下层离心收集沉淀，用少量丙酮及乙醚先后洗涤 2～3 次，真空干燥，粉碎得 5′-磷酸二酯酶，备用。

2. 固定化 5′-磷酸二酯酶的制备

取上述磷酸二酯酶 0.2kg（控制固定化后的固定化酶比活力在 100U/g 以上为宜），用 1.5％（NH₄）₂SO₄ 溶液溶解，过滤得酶液。另取湿 ABXE-纤维素 40kg，加入 0～5℃的蒸馏水至 80L，搅拌下先后加入 1mol/L HCl 和 5％ NaNO₂ 溶液各 10L，搅拌均匀，于 0～5℃下反应 150min 后，抽滤，滤饼迅速用预冷的 0.05mol/L HCl 和蒸馏水各洗 3 次，抽干后将滤饼投入上述 5′-磷酸二酯酶溶液中，搅拌均匀后，用 1mol/L Na₂CO₃ 溶液调 pH8.0，搅拌反应 30min，用冷水洗 3～4 次，抽干，得固定化 5′-磷酸二酯酶，备用。

3. 转化反应

取 2kg RNA，缓慢加入预热至 60～70℃的 360L 0.001mol/L（pH5.0）ZnCl₂ 溶液中，用 1mol/L NaOH 溶液调至 pH5.0～5.5，滤除沉淀，将清液升温至 70℃，加入上述湿的固定化 5′-磷酸二酯酶 40kg（要求酶的比活力在 100U/g 以上），于 67℃维持 pH5.0～5.5，搅拌反应 1～2h。根据增色效应，用紫外吸收法判断转化平衡点。转化完成后，滤出转化液，用于分离 5′-单核苷酸。固定化酶再继续用于下一批转化反应。

4. 5′-复合单核苷酸的分离纯化

将上述转化液用 6mol/L HCl 溶液调 pH 至 3.0，滤除沉淀，滤液用 6mol/L NaOH 溶液调 pH 至 7.0，上样已处理好的 Cl⁻型阴离子交换树脂柱（Φ30cm×100cm），流速为 2～2.5L/min，吸附后，用 250～300L 去离子水洗涤柱床，然后用 3％ NaCl 溶液以 1～1.2L/

min 流速洗脱，当流出液 pH 达到 7.0 时开始分部收集，直至洗脱液中不含核苷酸为止，合并含核苷酸钠的洗脱液进行精制。

5. 精制及灌封

上述核苷酸钠溶液用薄膜浓缩器减压浓缩后，测定核苷酸含量，再用无热原水稀释至 20mg/mL，加入 0.1%～0.5% 药用活性炭，煮沸 10min 脱色并除热原，滤除活性炭，滤液经 6 号除菌漏斗或 0.45μm 孔径的微孔滤膜过滤除菌后灌封，即为 5′-复合单核苷酸注射液。

任务 2　胃蛋白酶的生产

胃蛋白酶（pepsin）是由胃中的胃黏膜主细胞所分泌的一种消化性蛋白酶，其功能是将食物中的蛋白质分解为小的肽片段。主细胞分泌的是胃蛋白酶原，胃蛋白酶原经胃酸或者胃蛋白酶刺激后形成胃蛋白酶，胃蛋白酶不是由细胞直接生成的。胃蛋白酶是胃中唯一的一种蛋白水解酶，是动物体内食物蛋白质主要的初级水解消化酶，属于天冬氨酸型的内切蛋白酶。胃蛋白酶原作为胃蛋白酶的前体，主要存在于胃里，胃蛋白酶原必须转化成酶才具有活性，这是生物体的一种调控机制。胃蛋白酶的含量因动物种类而异，也与动物的摄食习惯有关。一般来说，草食动物如猴子、兔等的胃蛋白酶含量最高，杂食动物及肉食动物次之，反刍动物最低。胃蛋白酶广泛应用于医药工业、食品工业及现代生物技术等各种领域。胃蛋白酶合剂作为一种助消化剂，临床上用于治疗胃蛋白酶缺乏或病后消化功能减退引起的消化不良症。药用胃蛋白酶是胃液中含有胃蛋白酶、组织蛋白酶和胶原酶等多种蛋白水解酶的混合物。胃蛋白酶存在 A、B、C、D 四种同工酶，其中胃蛋白酶 A 是主要成分。药用胃蛋白酶为粗酶制剂，外观为淡黄色粉末，有肉类特殊气味及微酸味，易溶于水，吸湿性强，水溶液呈酸性，难溶于乙醇、氯仿、乙醚等有机溶剂中。胃蛋白酶结晶呈针状或板状，经电泳可分出四个组分。其组成元素除 N、C、H、O、S 外，还有 P、Cl，分子量为 34500，等电点为 1.0，最适 pH 1.8 左右。结晶胃蛋白酶溶于 70% 乙醇和 pH 4.0 的 20% 乙醇中，但在 pH 1.8～2.0 时则不溶解。在冷的磺基水杨酸中不沉淀，加热后可产生沉淀。干燥胃蛋白酶较稳定，100℃ 加热 10min 无明显失活。在水中，于 70℃ 以上或 pH 6.2 以上开始失活，pH 8.0 以上则呈不可逆性失活。在酸性溶液中较稳定，但在 2mol/L 以上的盐酸中也会慢慢失活。胃蛋白酶对多数天然蛋白质底物都能水解，对肽键的专一性相当广，尤其容易水解芳香族氨基酸残基或具有大侧链的疏水性氨基酸残基形成的肽键，对羧基末端或氨基末端的肽键也容易水解。

任务 2　课前自学清单	
任务描述	利用猪胃黏膜为原料提取胃蛋白酶，再经过脱脂、去杂质、浓缩、干燥得到胃蛋白酶成品。

任务 2　课前自学清单

	能做什么	要懂什么
学习目标	1. 能够熟练进行动物材料处理、有效成分提取操作； 2. 能够利用降温法进行脱脂操作； 3. 能够进行有机溶剂沉淀操作； 4. 能够进行浓缩、干燥、球磨、过筛操作； 5. 能准确记录实验现象、数据，正确处理数据； 6. 会正确书写工作任务单、工作台账本，并对结果进行准确分析。	1. 动物材料预处理技术； 2. 脱脂技术； 3. 有机溶剂沉淀技术； 4. 减压浓缩技术； 5. 真空干燥技术； 6. 球磨过筛技术。
工作步骤	步骤 1　激活、提取、过滤 步骤 2　脱脂 步骤 3　有机溶剂沉淀除杂 步骤 4　减压浓缩 步骤 5　真空干燥 步骤 6　球磨过筛 步骤 7　效价测定 步骤 8　完成评价	
岗前准备	思考以下问题： 1. 提取步骤的操作要点是什么？ 2. 降温法脱脂的原理是什么？ 3. 使杂质沉淀除了用有机溶剂沉淀法，还可以用哪些沉淀方法？ 4. 80～100 目筛的含义是什么？	
主要考核指标	1. 提取、过滤、脱脂、有机溶剂沉淀除杂、减压浓缩、真空干燥、球磨过筛（操作规范性、仪器的使用等）； 2. 实验结果（胃蛋白酶质量和含量）； 3. 工作任务单、工作台账本随堂完成情况； 4. 实验室的清洁。	

小提示

操作前阅读【知识支撑】中的"一、酶工程制药的基本技术"及【技能拓展】中的"一、酶活力的测定"，以便更好地完成本任务。

工作目标 >>>

分组开展工作任务。用提取法制取胃蛋白酶，并进行分离提纯。

通过本任务，达到以下能力目标及知识目标：

1. 能够熟练进行动物材料处理、有效成分提取操作；

2. 能够利用降温法进行脱脂操作；

3. 能够进行有机溶剂沉淀操作；

4. 能够进行浓缩、干燥、球磨、过筛操作；

5. 能准确记录实验现象、数据，正确处理数据；

6. 会正确书写工作任务单、工作台账本，并对结果进行准确分析。

工作准备

1. 工作背景

创建胃蛋白酶的生产操作平台，并配备夹层蒸汽锅、真空抽滤机、布氏漏斗、沉淀脱脂器、真空干燥箱、球磨机、不锈钢锅、搪瓷桶等，完成胃蛋白酶的制备。

2. 技术标准

动物材料预处理、提取、过滤、脱脂、有机溶剂沉淀、减压浓缩、真空干燥、球磨过筛操作正确，沉淀脱脂器、球磨机等仪器设备使用规范，定量计算正确，等等。

3. 所需器材及试剂

（1）器材　冰箱、夹层蒸汽锅、沉淀脱脂器、真空抽滤机、旋转蒸发仪、水浴锅、真空干燥箱、球磨机、80～100目筛、分光光度计、烧杯、量筒、玻璃棒、滤纸、猪胃黏膜等。

（2）试剂　盐酸、氯仿（或乙醚）、酪氨酸、血红蛋白试液、三氯醋酸等。

实践操作

以猪胃黏膜为原料提取胃蛋白酶的操作流程图如图4-3所示。

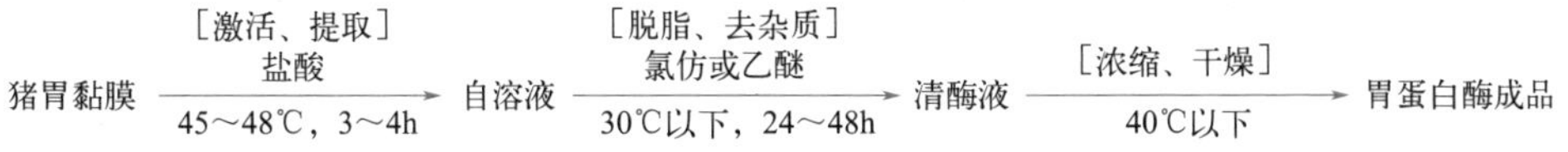

猪胃黏膜 $\xrightarrow[\text{45～48℃，3～4h}]{\text{[激活、提取]}\atop\text{盐酸}}$ 自溶液 $\xrightarrow[\text{30℃以下，24～48h}]{\text{[脱脂、去杂质]}\atop\text{氯仿或乙醚}}$ 清酶液 $\xrightarrow[\text{40℃以下}]{\text{[浓缩、干燥]}}$ 胃蛋白酶成品

图 4-3　胃蛋白酶制备操作流程图

1. 激活、提取

在夹层蒸汽锅内预先加水500g及化学纯盐酸18～20mL，搅匀，加热至50℃，在搅拌下加入猪胃黏膜1000g，快速搅拌使酸度均匀，保持45～48℃消化3～4h。过滤除去未消化的组织蛋白质，收集滤液。

2. 脱脂、去杂质

将所得滤液降温至30℃以下，加入15%～20%氯仿或乙醚，搅匀后转入沉淀脱脂器内，静置24～48h（氯仿在室温、乙醚在30℃以下）使杂质沉淀。

3. 浓缩、干燥

分取脱脂后的清酶液，在40℃以下减压浓缩至原体积的1/4左右，再将浓缩液真空干燥。干品球磨过80～100目筛，即得胃蛋白酶粉。

4. 效价测定

（1）对照品溶液的制备　精密称取经 105℃ 干燥至恒重的酪氨酸适量，加盐酸溶液（取 1mol/L 盐酸溶液 65mL，加水至 1000mL）制成每 1mL 中含 0.5mg 酪氨酸的溶液。

（2）供试品溶液的制备　取本品适量，精密称定，用上述盐酸溶液制成每 1mL 中约含 0.2～0.4 单位的溶液。

（3）测定法　取试管 6 支，其中 3 支各精密加入对照品溶液 1mL，另 3 支各精密加入供试品溶液 1mL，置 37℃±0.5℃ 水浴中，保温 5min，精密加入预热至 37℃±0.5℃ 的血红蛋白试液 5mL，摇匀，并准确计时，在 37℃±0.5℃ 水浴中反应 10min。立即精密加入 5％ 三氯醋酸溶液 5mL，摇匀，过滤，取滤液备用。另取试管 2 支，各精密加入血红蛋白试液 5mL，置 37℃±0.5℃ 水浴中保湿 10min，再精密加入 5％ 三氯醋酸溶液 5mL，其中 1 支加供试品溶液 1mL，另 1 支加上述盐酸溶液 1mL，摇匀，过滤，取滤液，分别作为供试品和对照品的空白对照。

在 275nm 的波长处测定吸光度，算出平均值 A_S 和 A，按下式计算。

$$每克含蛋白酶活力（单位）= \frac{A \times W_S \times n}{A_S \times W \times 10 \times 181.19}$$

式中　A_S——对照品的平均吸收度；

　　　A——供试品的平均吸收度；

　　　W_S——每毫升对照品溶液中含酪氨酸的量，μg；

　　　W——供试品取样量，g；

　　　n——供试品稀释倍数；

181.19——酪氨酸的摩尔质量，g/mol。

在上述条件下，每分钟能催化水解血红蛋白生成 1mol 酪氨酸的酶量，为一个蛋白酶活力单位。

操作评价　>>>

一、个体评价与小组评价

任务 2　胃蛋白酶的生产	
姓名	
组名	
能力目标	1. 能够熟练进行动物材料处理，进行有效成分提取操作； 2. 能够利用降温法进行脱脂操作； 3. 能够进行有机溶剂沉淀操作； 4. 能够进行浓缩、干燥、球磨、过筛操作； 5. 能准确记录实验现象、数据，正确处理数据； 6. 会正确书写工作任务单、工作台账本，并对结果进行准确分析。

任务 2　胃蛋白酶的生产

知识 目标	1. 掌握动物材料有效成分提取方法； 2. 掌握脱脂、有机溶剂沉淀、球磨过筛方法； 3. 理解脱脂、浓缩、干燥技术。									
评分 项目	上岗前准备（思考题回答、实验服与台账准备）	激活、提取	脱脂	有机溶剂沉淀除杂	浓缩、干燥	球磨过筛	团队协作性	台账完成情况	台面及仪器清理	总分
分值	10	10	10	15	15	15	10	5	10	100
自我评分										
需改进的技能										
小组评分										
组长评价	（评价要具体、符合实际）									

二、教师评价

序号	项目	配分	要求	得分
1	上岗前准备 （10 分）	A. 思考题回答（5 分） B. 实验服与护目镜准备、台账准备（5 分）	操作过程了解充分 工作必需品准备充分	
2	激活、提取 （10 分）	A. 计算准确无误（5 分） B. 操作规范（5 分）	准确计算 正确操作	
3	脱脂 （10 分）	A. 温度控制（5 分） B. 脱脂操作（5 分）	准确控制 正确操作	
4	有机溶剂沉淀除杂 （10 分）	A. 计算准确（5 分） B. 除杂操作（5 分）	准确计算 正确操作	

序号	项目	配分	要求	得分
5	浓缩、干燥 (10分)	A. 浓缩(5分) B. 干燥(5分)	正确操作	
6	球磨、过筛 (20分)	A. 球磨(10分) B. 过筛(10分)	正确操作	
7	项目参与度 (10分)	操作的主观能动性(10分)	具有团队合作精神 和主动探索精神	
8	台账与工作任 务单完成情况 (10分)	A. 完成台账(是不是完整记 录)(5分) B. 完成工作任务单(5分)	妥善记录数据	
9	文明操作 (10分)	A. 实验态度(5分) B. 清场(5分)	认真负责 清洗干净，放回 原处，台面整洁	
合计				

【知识支撑】

一、酶工程制药的基本技术

酶工程制药的基本技术主要包括利用基因工程技术生产酶、酶分子的定向进化、酶的化学修饰、非水相酶催化等。

1. 利用基因工程技术生产酶

基因工程技术的发展使得工业化生产性能更佳、功能更强大的酶成为可能。利用基因工程技术生产酶是指通过 DNA 重组技术将编码目的酶的基因导入宿主细胞，通过培养宿主细胞大量生产目的酶。主要技术过程是：首先选择目标酶的特定 DNA 片段（目的基因），并将其与适当的载体结合，形成重组 DNA；接着将重组 DNA 导入宿主细胞，使其获得新的功能或更优越的特性，并控制目标酶的表达；最后对目标酶进行分离纯化，从而获得具有更高实际应用价值的酶制剂。

在医药行业，通过基因工程技术可以实现酶基因的克隆表达，涉及多种酶，如多聚糖酶、凝乳酶、超氧化物歧化酶、链激酶、溶菌酶、色氨酸合成酶等。这些大量的工具酶或药用酶可以通过基因工程技术规模化工业化生产。

2. 酶分子的定向进化

酶的定向进化也称为酶的体外分子进化，定向进化从一个或多个已存在的酶出发，经基因随机突变和体外基因重组，构建一个人工突变酶，通过筛选最终获得具有某些特性的进化酶。酶分子定向进化能够实现人为地改变天然酶的某些性质，提高酶的催化活性，增强其在不良环境中的稳定性、改造底物特异性，产生新的催化能力，扩大酶生物催化应用范围。如嗜热脂肪芽孢杆菌中的卡那霉素核苷酸转移酶，经定位诱变，其在 50～60℃ 时，酶半衰期增加 200 倍。

3. 酶的化学修饰

酶的化学修饰是指利用化学手段将某些化学物质或基团结合到酶分子上，或将酶分子的某部分删除或置换，达到改变酶的理化性质及生物活性的目的。经过化学修饰，酶的性质发生显著变化。在医药方面，通过选择合适的化学修饰剂及修饰方法，可以提高医用酶的稳定性，延长半衰期，降低免疫原性，提高渗透性，改善药物在体内生物分布或代谢行为，等等。例如，采用氨基酸置换修饰，明显提高溶菌酶的热稳定性；采用大分子结合修饰，明显提高超氧化物歧化酶、腺苷脱氨酶、L-天冬氨酸酶的稳定性，延长酶的半衰期，降低或消除其抗原性。在生物技术领域，通过化学修饰可提高酶的催化效率及酶对热、酸、碱和有机溶剂的耐受能力，改变酶的底物专一性和最适 pH 等酶学性质，还可以创造新的催化性能。例如，采用金属离子置换修饰，能提高 α-淀粉酶、锌型蛋白酶的催化效率，增加其稳定性；采用大分子结合修饰，能提高胰蛋白酶的催化效率；辣根过氧化物酶经 PEG 修饰后，能提高其在极端 pH 条件下抗变性能力，耐热性明显增加。

4. 非水相酶催化

非水相酶催化是指酶在非水介质中进行催化反应的过程。将天然状态下的催化剂（酶）转变为适用于在工业生产过程中的苛刻条件下执行催化功能，这是将酶应用于生物催化的主要挑战之一。大多数酶在水相中催化反应，但化学反应过程中通常需要使用非生理性底物，这些底物或其部分产物在水中难以溶解。由于在水相催化反应中产物浓度较低，因此采用传统的水相催化过程在经济上不具备可行性。

二、酶工程制药的参数调节

为充分发挥酶的催化功能，在酶反应器应用过程中需确定适宜的操作条件。调节控制底物浓度、酶浓度、温度、pH 和反应液流动速度等参数，根据需求进行适当调节。这能最大限度发挥酶催化效率，提高反应效果和产物质量。

1. 底物浓度的确定与调节控制

酶的催化作用是指底物在酶的作用下转化为产物的过程。底物浓度是决定酶催化反应速率的主要因素，在酶催化反应过程中，需要确定一个适宜的底物浓度范围。底物浓度过低，反应速率慢；底物浓度过高，反应液的黏度增加。有些酶在底物浓度高时产生抑制作用。为了防止高浓度底物引起的抑制，对于分批式反应器，采用逐步流加底物的方法，即先将一部分底物和酶加到反应器中进行反应，随着反应的进行，底物浓度逐渐降低，再连续或分次地添加一定浓度的底物溶液到反应器中；对于连续式反应器，通常将一定浓度的底物溶液连续地加进反应器中，以保持反应器中底物浓度的恒定。这样，反应液连续地排出，并确保酶催化反应的稳定进行。

2. 酶浓度的确定与调节控制

研究表明，在底物浓度足够高的条件下，酶催化反应的速率与酶浓度成正比，增加酶浓度可以提高催化反应的速度。然而，增加酶浓度也会增加使用酶的成本，特别是对于价格高的酶，这可能不具有经济性。在综合考虑反应速率和经济性的情况下，需要确定适宜的酶浓度，以实现高效催化反应。

3. 反应温度的确定与调节控制

温度对酶的催化作用有显著影响，因此，要根据酶的动力学特性确定酶催化反应的最适温度，并将反应温度控制在适宜的温度范围内。

4. pH 的确定与调节控制

反应液的 pH 对酶的催化反应有显著影响，因此，在酶催化反应过程中，需要根据酶的动力学特性确定酶催化反应的最适 pH，并将反应液的 pH 保持在适宜的范围内。采用分批式反应器进行酶催化反应时，通常在加入酶液之前，先用稀酸或稀碱将底物溶液调节到酶的最适 pH，然后加酶进行催化反应。而对于在连续式反应器中进行的酶催化反应，通常将调节好 pH 的底物溶液连续加入反应器中。然而，有些酶的底物或者产物就是酸或碱，例如葡萄糖氧化酶催化葡萄糖与氧气反应生成葡萄糖酸，乙醇氧化酶催化乙醇氧化生成醋酸等，这时反应前后 pH 的变化较大，需要实时进行 pH 调节。pH 的调节通常采用稀酸溶液或稀碱溶液进行，加入时需要一边搅拌一边缓慢加入，以防止局部过酸或过碱，必要时可以添加缓冲溶液来维持反应液的 pH。

5. 搅拌速度的确定与调节控制

搅拌速度与反应液的混合程度密切相关，而混合程度直接影响酶的催化效率。在搅拌罐式反应器和游离酶膜反应器中，通常设计安装有搅拌装置，以确保适当地搅拌，实现均匀地混合。如果搅拌速度过慢，会影响混合的均匀性；而搅拌过快，产生的剪切力会使酶的结构受到影响，尤其是会使固定化酶的结构破坏，影响催化反应的进行。

6. 流动速度的确定与调节控制

在连续式酶反应器中，底物溶液持续地输入反应器，同时反应液连续地排出，通过溶液的流动来实现酶与底物的混合与催化。如果流体流速过慢，固定化酶颗粒就不能很好飘浮翻动，甚至在反应器底部沉积，影响酶与底物的均匀接触和催化反应的顺利进行；如果流体流速过高或流体流动状态混乱，则固定化酶颗粒在反应器中激烈翻动、碰撞，会破坏固定化酶的结构，甚至使酶脱落、流失，影响催化反应的进行。

三、酶制剂的管理与安全评价

1. 酶制剂的质量管理

（1）质量指标　酶制剂的质量主要通过活性、纯度、稳定性、配方和包装等参数来评估。这些参数互相影响，但是配方和包装相对容易控制并保持恒定。因此，质量控制主要考察活性、纯度和稳定性。

（2）酶活性　酶活性单位（U）是酶活性高低的一种度量，用 U/g 或 U/mL 表示。

（3）酶类药物的鉴别　酶分子均是有特异性生物活性的蛋白质，其鉴别方法有常用的蛋白质鉴别方法，如在碱性条件下的双缩脲反应、茚三酮显色反应、浓硝酸的黄色沉淀反应等；仪器分析方法如比色法、HPLC 法；也有针对酶的特异性底物进行的酶活性试验；等等。

（4）酶类药物的检查　酶类药物的检测项目中，有很多与一般生化药物的检查项目和检测方法相同，如酸碱度、溶液的澄清度与颜色、干燥失重、炽灼残渣、重金属、热原、异常毒性、降压物质等。目前酶类药物主要是生化产品和微生物发酵产品，在生产过程中可能带入微量脂类、蛋白质等大分子杂质及其他的酶类，而这些杂质可以影响酶的质量，因此，对于酶类药物需要设定相应的含量限度来保证其质量。不同品种的酶类药物需要使用适合的检测方法进行检测。

（5）酶类药物含量测定　利用酶催化作用的高度专一性，以酶作用后底物或产物浓度的变化值为检测指标，进而计算酶制品的效价或酶比活力。

2. 酶制剂的安全性管理

酶制剂并非单纯制品，通常含有培养基残留物、无机盐、防腐剂、稀释剂等。在生产过程中，可能受到沙门氏菌、金黄色葡萄球菌、大肠埃希菌等微生物的污染。同时，酶制剂可能还含生物毒素，例如黄曲霉毒素，这些毒素可以是菌种本身产生的，也可能是由于原料（霉变的原料）所带入的。培养基中的无机盐，以及可能混入的重金属，如汞、铜、铅、砷等，都是需要考虑的因素。为了确保产品绝对安全，必须严格控制原料选择、菌种使用及后续处理等所有生产环节。此外，生产场地必须符合GMP（良好生产规范）要求，以确保制备过程受到适当的监管和控制。

对酶制剂产品的安全性要求，联合国粮农组织（FAO）和世界卫生组织（WHO）食品添加剂专家委员会（Joint FAO/WHO Expert Committee on Food Additives，JECFA）提出了对酶制剂来源安全性的评估标准。这一标准为各国酶制剂的生产提供了安全性评估的依据。

【技能拓展】

一、酶活力的测定

酶活力是指酶催化一定化学反应的能力。酶活力的大小可用在一定条件下，用酶催化某一化学反应的速度来表示，酶催化反应速率越大，酶活力越高，反之活力越低。

测定酶活力第一步是酶促反应，即将酶与相应底物接触，在适宜条件下（包括温度、pH、抑制剂或激活剂）进行催化反应。第二步是检测，即测定酶促反应前后的物质变化情况，或检测底物浓度的减少，或检测产物浓度的增加，或检测辅酶的变化等。其检测方法多种多样，如容量检测法、气体检测法、光学检测法（分光光度法、荧光法、发光法）、离子选择电极法、酶联免疫法等。

二、酶的固定化

1. 固定化酶的特点

固定化酶（immobilized enzyme）是指被固定在载体上或被束缚在一定的空间范围内进行催化反应的酶。与游离酶相比，固定化酶具有的优点包括：①易分离，极易将固定化酶与底物、产物分开，产物中无残留酶，易于纯化，产品质量高；②反复使用，可以在较长时间内多次使用；③稳定性好，在大多数情况下，可以提高酶的稳定性；④反应可控，酶反应过程能够加以严格控制；⑤利用率高，酶的利用效率提高，单位酶催化的底物量增加，用酶量减少。

2. 固定化酶的制备原则

酶的固定化方法要根据应用目的、应用环境等情况选择，固定化酶的制备一般要遵循以下几个基本原则。

（1）固定化不改变酶的催化活性及其专一性　酶的催化反应取决于酶的空间结构，因此在固定化时要保证酶的空间结构尤其是活性中心的空间结构不被破坏。

（2）固定化应有利于生产自动化、连续化　用于固定化的载体必须有一定的机械强度，使之在制备过程中不易被破坏或受损。

（3）固定化酶应有尽可能小的空间位阻　固定化应避免影响酶与底物的结合，以提高催化效率和产量。

（4）酶与载体应结合牢固　方便固定化酶的回收、储藏和反复使用。

（5）固定化酶应有尽可能高的稳定性　所选载体不与底物、产物或反应介质发生化学反应。

（6）固定化成本应适中　以利于工业使用。

3. 酶的固定化方法

酶的固定化是指将酶与水不溶性的载体结合的过程。通常根据固定化的反应类型进行分类，其中主要的方法包括载体结合法、交联法和包埋法等，以及一些新型的酶固定化方法，比如耦合固定化、无定向固定化和定向固定化等。

4. 固定化酶的评价指标

游离酶制备成为固定化酶后，其催化功能也由原本的均相体系反应变为固-液相不均一反应，这会导致固定化酶的催化性质发生改变。因此，制备固定化酶后，需要对其性质进行评估。常用的评估指标有固定化酶的活力、偶联率及相对活力和半衰期。

（1）固定化酶的活力　固定化酶的活力即指固定化酶催化某一特定化学反应的能力，其大小可用在一定条件下它所催化的某一反应的反应初速度来表示。固定化酶的活力单位可定义为每毫克干重固定化酶每分钟转化底物（或产生产物）的量，表示为 $\mu mol/(min \cdot mg)$。与游离酶相仿，表示固定化酶的活力一般要注明下列条件：温度、搅拌速度、固定化酶的干燥条件、固定化的原酶含量或蛋白质含量及原酶的比活力。

（2）偶联率及相对活力　可用偶联率或相对活力来表示影响酶固有性质诸因素的综合效应及固定化期间引起的酶失活情况。

固定化酶的活力回收率是指固定化酶总活力占用于固定的固定化酶总活力的百分数。

偶联率＝（加入酶总活力－上清液酶活力）/加入酶总活力×100%

活力回收率＝固定化酶总活力/加入酶的总活力×100%

相对活力＝固定化酶总活力/（加入酶的总活力－上清液酶活力）×100%

偶联率＝1 时，表示反应控制好，固定化或扩散限制引起的酶失活不明显；偶联率＜1 时，固定化或扩散限制对酶活力有影响；偶联率＞1 时，表明有细胞分裂或去除抑制剂等原因使酶活力增加。

（3）固定化酶的半衰期　是指在连续测定条件下，固定化酶的活力下降为最初活力一半所经历的连续工作时间，以 $t_{1/2}$ 表示。固定化酶的操作稳定性是影响其实用性的关键因素，半衰期是衡量稳定性的指标。半衰期的测定可以和化工催化剂一样实测，即进行长期实际操作，也可以通过较短时间操作进行推算。

（4）固定化酶的热稳定性　将固定化酶在不同温度下温育 1h 之后，在最适温度下测酶活力，固定化酶的活力一般应保持在 60% 以上。

【知识拓展】

一、酶在疾病诊断方面的应用

现代酶工程技术在医药工业中广泛应用，具有技术先进、工艺流程简单、污染小、效率高、产品收率高、耗能低等优点。酶可作为一种工具来诊断某些疾病，其中应用最广泛的是血清酶活性的测定。检测体内与疾病相关的酶量以及相关代谢物质的量的变化，借以对病变进行定性、定量以至定位的诊断。

利用固定化酶制备酶传感器。生物传感器是由生物识别元件（酶、微生物、动植物组织、抗体等）与换能器组成的分析系统。生物识别元件是酶、抗原（体）、细胞器、组织切片和微生物细胞等生物材料经固定化后形成的膜结构，对被测定物质有选择性的分子识别能力。换能器可将识别元件上进行的生化反应中消耗或生成的化学物质，或产生的光或热等转换为电信号，并呈现一定的比例关系。利用生物反应器可以简便、快速地测定各种特异性很强的物质，在临床分析、工业监测等方面有着重要的意义。

二、酶在疾病治疗方面的应用

酶类药物已应用在消化系统疾病、炎症、血栓、烧伤、肿瘤等临床多种疾病的治疗中。

（1）促进消化酶类　最早的医用酶，包括蛋白酶、脂肪酶、淀粉酶等水解酶。

（2）消炎酶类　溶菌酶、核酸酶等可以移去血块，治疗血栓静脉炎等疾病。

（3）与治疗心脑血管疾病有关的酶类　纤维蛋白溶解酶、尿激酶等，这类酶对于溶解血栓有独特效果，可以促进血块溶解，防止血栓的形成。

（4）抗肿瘤的酶类　通过破坏肿瘤细胞所需的代谢物来抑制其生长，如 L-天冬酰胺酶，可以治疗白血病。

（5）与纤维蛋白溶解作用有关的酶类　链激酶、尿激酶等。血纤维在血液的凝固与解凝过程中有重要作用，提高血液中蛋白水解酶的水平，有助于促进血栓的溶解。

（6）其他治疗酶　细胞色素 C 是参与生物氧化的一种有效的电子传递体，用于组织缺氧治疗的急救和辅助用药。

三、酶在制药方面的应用

（1）应用基因工程技术改造酶，获得突变酶、抗体酶，进行酶分子的定向进化　例如，抗体酶可用于治疗可卡因上瘾、有机磷神经毒剂中毒及甲状腺疾病。目前正在发展的抗体介导前药治疗技术，是将能水解前药释放出肿瘤细胞毒剂的酶和肿瘤专一性抗体相偶联，这样酶就会通过和肿瘤结合的抗体而存在于细胞的表面，从而提高肿瘤细胞局部药物浓度，增强对肿瘤的杀伤力，达到提高肿瘤化疗效果的目的。

（2）应用酶工程改变药用酶的性质　天然来源的药用酶在应用上存在许多的缺点，如稳定性差、有抗原性、体内半衰期短等，用一定的分子通过化学反应对酶分子进行化学修饰，可使这些性质得到改善。例如猪血 SOD（超氧化物歧化酶）存在体内半衰期短、有一定的抗原性等缺点，用聚乙二醇（PEG）修饰后可使其半衰期由几分钟延长至一个多小时，抗原性几乎全部丧失，用低抗凝活性肝素修饰的 SOD 还能增强其抗炎活性。

（3）应用酶转化法改造传统制药工艺　传统制药大多通过化学反应工艺来获得所需的药物，往往存在产率低和对设备条件要求高（如高温、高压）等缺点。传统的通过发酵手段生产药物的工艺也存在转化率低、分离纯化困难的不足。这些缺点和不足正随着生物技术在制药工艺方面的应用而被克服。利用酶转化法，尤其是应用固定化生物反应器改进制药工艺，已在有机酸、氨基酸、核苷酸、抗生素、维生素、甾体激素等领域取得显著成效。如用酶转化法生产 L-天冬氨酸、L-丙氨酸、L-色氨酸的收率可达 100%；应用固定化微生物细胞生产抗生素也在土霉素、青霉素、柔红霉素、赤霉素等品种中取得进展。这些工艺的特点是在温和的条件下进行、转化效率高、产物与反应物易分离。

【场外训练】　胰凝乳蛋白酶的制备

1. 工艺流程

胰凝乳蛋白酶的生产操作流程如图 4-4 所示。

新鲜猪胰脏 $\xrightarrow[\text{冰冷}0.125mol/L\ H_2SO_4]{[\text{酸化}]}$ 提取液 $\xrightarrow[(NH_4)_2SO_4]{[\text{盐析}]}$ 沉淀

$\xrightarrow[(NH_4)_2SO_4、pH\ 6.0]{[\text{结晶}]}$ 提取液 $\xrightarrow{[\text{干燥}]}$ 胰凝乳蛋白酶

图 4-4　胰凝乳蛋白酶的生产工艺流程

2. 工艺过程及控制要点

（1）提取过程　取新鲜猪胰脏，放在盛有冰冷 0.125mol/L H_2SO_4 的容器中，保存在冰箱中待用。去除胰脏表面的脂肪和结缔组织后称重。用组织捣碎机绞碎，然后混悬于 2 倍体积的冰冷 0.125mol/L H_2SO_4 溶液中，放冰箱内过夜。将上述混悬液离心 10min，上层液经二层纱布过滤至烧杯中，将沉淀再混悬于等体积的冰冷的 0.125mol/L H_2SO_4 溶液中，再离心，将两次上层液合并，即为提取液。

（2）分离过程　取提取液 10mL，加 1.14g 固体 $(NH_4)_2SO_4$，放置 10min，离心（3000r/min）10min，弃去沉淀，保留上清液。在上清液中加入 1.323g 固体 $(NH_4)_2SO_4$，放置 10min 离心 10min，弃去上清液，保留沉淀。将沉淀溶解于 3 倍体积的水中，装入透析袋中，用 pH 值为 7.4 的 0.1mol/L 磷酸盐缓冲液透析，直至 1% $BaCl_2$ 检查无白色 $BaSO_4$ 沉淀产生，然后离心 5min，弃去沉淀（变性的酶蛋白），保留上清液。在上清液中加 $(NH_4)_2SO_4$（0.39g/mL），放置 10min，离心 10min，弃去上清液，保留沉淀（即为胰凝乳蛋白酶）。

（3）结晶过程　取分离所得的胰凝乳蛋白酶溶于 3 倍体积的水中，然后加 $(NH_4)_2SO_4$（1.14g/mL）至胰凝乳蛋白酶溶液，用 0.1mol/L 的 NaOH 调节 pH 值至 6.0，在室温下（25～30℃）放置 12h，即可出现结晶。

（4）干燥过程　将结晶液于 5000r/min 离心 10min，去除上清，放置冷冻干燥器中干

燥，称重。

3. 活性测定方法

（1）试样处理　取 23.7mg N-乙酰-L-酪氨酸乙酯（ATEE），加入 0.067mol/L 磷酸缓冲溶液 50mL，温热使其溶解，冷却后用同一缓冲溶液稀释到 100mL。

（2）酶活力测定　胰凝乳蛋白酶溶于 0.0012mol/L 盐酸液中，使其 12~16μ（《美国药典》单位）/mL，吸取 200μL 酶液，加入含有 3mL 底物溶液的比色杯中，迅速摇匀后，即在 237nm 处测定吸光度的增加。每 30s 读数一次，连续读数 5min，5min 内吸光度上升，应呈线性关系。每分钟吸光度增加 0.0075 为一个酶活力单位。

（3）酶活力计算　$P = (A_5 - A_0)/5 \times 0.0075 \times M$

式中　A_5——反应 5min 时吸光度；

A_0——反应 0min 时吸光度；

M——反应液内酶含量，mg；

P——每毫克胰凝乳蛋白酶活力单位数。

📖 素质拓展

中国酶工程研究先驱，糖工程研究倡导者张树政

张树政作为中国女性生物化学家之一，在糖生物学领域塑造了自己的辉煌。生于书香之家，张树政的人生早已注定了与科学为伴的道路。她的祖父是清朝末科进士，父亲毕业于北京大学法科，母亲则鞠躬尽瘁于教育事业。她自小离开故土，来到北京，踏入科学的殿堂。从热衷学习到保送进入燕京大学化学系，尽管太平洋战争的爆发迫使燕京大学停办，她的求知热情未曾退却，转至沦陷区的北京大学化学系，她不屈不挠地攻克学业，于 1945 年获得理学士学位。此后，她在各科研岗位间历经辗转，最终稳定下来，成为中国科学院微生物研究所的研究员。1991 年，她更是当选为中国科学院生物学部委员（院士）。她的一生，既是中国科学的缩影，更是中国传统智慧与现代科技的结合。

张树政在科学研究领域无愧于"匠人匠心"的美誉。20 世纪 50 年代初，她对酒精工业中不同种曲霉淀粉酶系进行分析比较，发现了黑曲霉的优越性，并成功将其应用于酒精生产工艺中。这一革新性的应用，极大地提高了酒精产量，节约了宝贵的粮食资源。随后，她又在白地霉生产单细胞蛋白和木糖、阿拉伯糖代谢途径的研究中取得了重要突破。她的探索不仅为饥饿时期的营养补充提供了解决方案，也为后来的研究者提供了独到的思路和方法。她对糖苷酶的研究也一直处于领先地位，为酒精和酿酒行业的发展做出了重要贡献。

张树政是一位杰出的科学家，也是对年轻科学家和女性科学家们的激励和榜样。她的故事告诉我们，只要我们坚守初心，怀揣匠心，追求卓越，就能在科学事业的道路上创造不朽的伟业。让我们与张树政一同努力，激发内心的匠人精神，为推动科学的进步和社会的繁荣贡献自己的力量。相信在科学的殿堂上，每一个坚定且有梦想的人，都能绽放出属于自己的辉煌光芒！

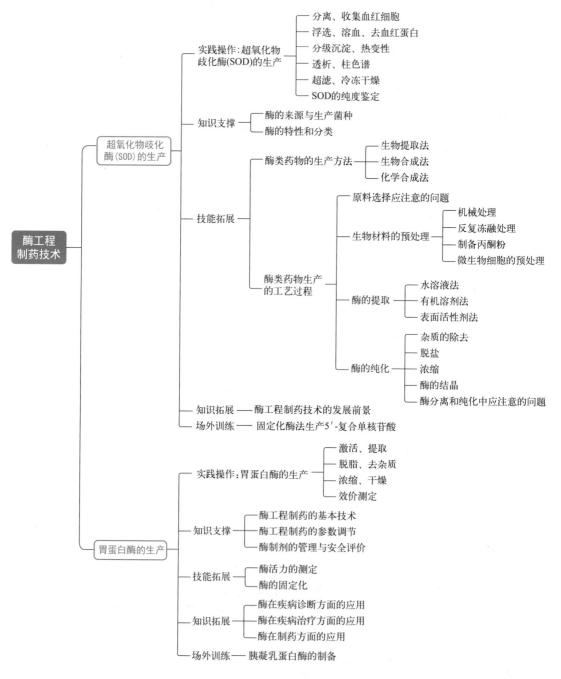

- 酶工程制药技术
  - 超氧化物歧化酶(SOD)的生产
    - 实践操作:超氧化物歧化酶(SOD)的生产
      - 分离、收集血红细胞
      - 浮选、溶血、去血红蛋白
      - 分级沉淀、热变性
      - 透析、柱色谱
      - 超滤、冷冻干燥
      - SOD的纯度鉴定
    - 知识支撑
      - 酶的来源与生产菌种
      - 酶的特性和分类
    - 技能拓展
      - 酶类药物的生产方法
        - 生物提取法
        - 生物合成法
        - 化学合成法
      - 酶类药物生产的工艺过程
        - 原料选择应注意的问题
        - 生物材料的预处理
          - 机械处理
          - 反复冻融处理
          - 制备丙酮粉
          - 微生物细胞的预处理
        - 酶的提取
          - 水溶液法
          - 有机溶剂法
          - 表面活性剂法
        - 酶的纯化
          - 杂质的除去
          - 脱盐
          - 浓缩
          - 酶的结晶
          - 酶分离和纯化中应注意的问题
    - 知识拓展 —— 酶工程制药技术的发展前景
    - 场外训练 —— 固定化酶法生产5′-复合单核苷酸
  - 胃蛋白酶的生产
    - 实践操作:胃蛋白酶的生产
      - 激活、提取
      - 脱脂、去杂质
      - 浓缩、干燥
      - 效价测定
    - 知识支撑
      - 酶工程制药的基本技术
      - 酶工程制药的参数调节
      - 酶制剂的管理与安全评价
    - 技能拓展
      - 酶活力的测定
      - 酶的固定化
    - 知识拓展
      - 酶在疾病诊断方面的应用
      - 酶在疾病治疗方面的应用
      - 酶在制药方面的应用
    - 场外训练 —— 胰凝乳蛋白酶的制备

📝 项目检测 >>>

一、选择题

1. 关于生物材料的预处理方法,下列描述不正确的是 (   )。

A. 生物材料中酶多存在于组织或细胞中，因此提取前需将组织或细胞破碎，以便酶从其中释放出来，利于提取

B. 由于酶活性与其空间构象有关，所以预处理时一般应选择剧烈条件

C. 实验室常用的是玻璃匀浆器和组织捣碎器，工业上可用高压匀浆机

D. 除去菌体后就可直接从发酵液中提取胞外酶

2. 作为一个优良的产酶菌种，下列描述不正确的是（　　）。

A. 繁殖快、产酶高，最好是产生胞内酶的菌株

B. 不是致病菌，也不产生有毒物质

C. 产酶性能稳定，不易变异退化

D. 所需原料稳定，来源广泛，价格低廉

3. 下列描述不正确的是（　　）。

A. 酶经固定化后，酶活性中心的主要氨基酸与载体发生了部分结合

B. 酶经固定化后，酶活力一般都升高

C. 酶经固定化后，酶的空间结构发生了变化

D. 酶经固定化后，酶与底物结合时存在空间位阻效应

4. 不是酶的提取方法的是（　　）。

A. 水溶液法　　　　B. 有机溶剂法　　　　C. 回流提取法　　　　D. 表面活性剂法

5. 酶提取液中，除所需酶外，还含有大量的杂蛋白、多糖、脂类和核酸等，为了进一步纯化，可用（　　）方法除去杂质。

A. 利用蛋白质在酸碱条件下的变性性质，可以通过调节 pH 值除去某些杂蛋白

B. 利用蛋白质表面变性性质的差别，也可除去杂蛋白

C. 利用蛋白质稳定性的不同，除去杂蛋白

D. 以上都可以

二、判断题

1. 酶催化反应速率愈大，酶活力愈低，反之活力愈高。（　　）

2. 酶的催化作用是底物在酶的作用下转化为产物的过程，底物浓度是决定酶催化反应速率的主要因素。（　　）

3. 酶化学修饰方法有表面化学修饰、酶分子内部修饰和结合定点突变的化学修饰。（　　）

4. 筛选产酶菌方法包括菌种采集、菌种分离初筛、纯化、复筛和生产性能鉴定等。（　　）

5. 大多数酶都是蛋白质，不容易被高温、强酸、强碱等破坏。（　　）

6. 生物提取法是利用微生物细胞、植物细胞或动物细胞的生命活动而获得人们所需酶的技术过程。（　　）

7. 酶的催化反应取决于酶的空间结构，因此在固定化时要保证酶的空间结构尤其是活性中心的空间结构不被破坏。（　　）

8. 游离酶制备成为固定化酶后，其催化功能也由原来的均相体系反应变为液-液相不均一反应，酶的催化性质会发生改变。（　　）

9. 固定化酶操作稳定性是影响其实用性的关键因素，半衰期是衡量稳定性的指标。（　　）

10. 由于不同的蛋白质分子表面所带的电荷多少不同，分布情况也不一样，因此不同的蛋白质盐析所需的盐浓度也各异。（　　）

三、填空题

1. 酶的生产是各种生物技术优化与组合的过程，一般可分为_____、_____和_____三种方法。

2. 评价一个纯化工艺的好坏，主要看两个指标：一是_____，二是_____。

3. 纯化酶的方法有_____、_____和_____等。

4. pH 的调节通常采用稀酸溶液或稀碱溶液进行，加入稀酸或稀碱溶液时_____，以防止局部过酸或过碱，必要时可以采用缓冲溶液配制底物溶液，以维持反应液的 pH。

5. 酶的化学修饰是利用_____将某些化学物质或基团结合到酶分子上，或将酶分子的某部分删除或置换，改变酶的理化性质及生物活性的技术。

6. 酶活力的测定可以分为_____和_____两种。

四、简答题

1. 为什么目前酶制剂的生产主要以微生物发酵为主？

2. 查阅资料，归纳总结酶分离纯化的过程，并分析过程中需要注意哪些主要工艺参数。

3. 与游离酶相比，固定化酶的优缺点各是什么？

4. 为什么要对酶进行化学修饰？

5. 在完成酶的提取过程中，一旦细胞破碎，其原有的胞内体系即被破坏，各种酶分子在胞内的互相制约体系不复存在，细胞原有的各种蛋白酶随时有可能水解其他酶类，为了保护目的酶的生物活性，可以采取哪些措施？

项目五
生物制品制备

❖ 知识目标：

1. 掌握常见的血浆蛋白种类，掌握免疫球蛋白制品的分类；
2. 理解血浆制品的临床应用和污染风险；
3. 掌握血浆蛋白制品制备的盐析工艺，免疫球蛋白纯化的色谱工艺；
4. 理解疫苗的成分、性质和种类，理解疫苗与免疫；
5. 理解细菌类疫苗的生产工艺与检定，理解病毒类疫苗的生产工艺及病毒培养方式；
6. 了解菌种/毒种的筛选、质量控制、保藏与管理，了解病毒生产用毒种；
7. 了解生物安全防护措施。

❖ 能力目标：

1. 能够熟练使利用盐析法分离血浆蛋白，并熟练使用离心机；
2. 能够利用离子交换色谱法分离纯化免疫球蛋白，并熟练使用色谱柱、部分收集器；
3. 能准确识别图像，分析结果；
4. 能用沉淀技术、萃取技术、透析技术进行细菌多糖的分离纯化；
5. 能够运用凝胶色谱技术。

❖ 素质目标：

1. 具有团队合作精神；
2. 具备分析问题、解决问题、举一反三的应用能力，具备科学探索精神与创新能力；
3. 具有沉静执着、认真专注、精益求精的工匠精神；
4. 树立安全操作、认真负责、节约成本的职业操守意识。

项目导读

1. 项目简介

根据现行版《中国药典》，生物制品（biological products）是指以微生物、细胞、动物或人源组织和体液等为起始原材料，用生物学技术制成，用于预防、治疗和诊断人类疾病的制剂，如疫苗、血液制品、生物技术药物、微生态制剂、免疫调节剂、诊断制品等。本项目侧重介绍血浆蛋白制品的制备以及细菌类疫苗、病毒类疫苗的生产。

2. 任务组成

本项目共有三个工作任务：第一个任务是血浆蛋白制品的制备，借助盐析等沉淀技术获得血浆中的免疫球蛋白，经透析或凝胶过滤脱盐后，再用离子交换色谱柱纯化；第二个任务是细菌类疫苗的生产，通过抗流感嗜血杆菌多糖（Hib-PRP）的纯化，学习细菌多糖疫苗、细菌灭活疫苗、细菌减毒活疫苗及类毒素疫苗的生产与检定；第三个任务是病毒类疫苗的生产，以人用狂犬病疫苗原液制备为例，学习病毒类疫苗的生产工艺。

工作任务开展前，请根据学习基础、实践能力，合理分组。

3. 学习方法

本项目主要通过以上三个工作任务，培养从事生物制品制备岗位的职业能力。

在"血浆蛋白制品的制备"工作任务中，学会盐析、凝胶过滤，以及离子交换色谱操作技能，掌握盐析技术、凝胶过滤与离子交换色谱技术；在此基础上，通过"场外训练"，了解人血清白蛋白制备工艺，增进了对不同血浆蛋白制品制备工艺的理解。在"细菌类疫苗的生产"工作任务中，以抗流感嗜血杆菌多糖（Hib-PRP）的纯化为例，理解细菌减毒活疫苗、细菌灭活疫苗、细菌多糖疫苗、类毒素疫苗等不同类型细菌疫苗的典型生产工艺与检定方法；在此基础上，通过"场外训练"，又系统了解了脑膜炎球菌多糖疫苗的制造与检定。在"病毒类疫苗的生产"工作任务中，以狂犬病疫苗原液制备为例，理解病毒类疫苗的生产工艺；在此基础上，通过"场外训练"，又系统了解了流行性腮腺炎疫苗的制造与检定。

离子交换色谱法的原理

任务 1　血浆蛋白制品的制备

血浆蛋白制品从狭义上是指从人类血浆提取的用于临床治疗的生物制品，从广义上是指从具有血液系统的生物体的血浆提取的用于治疗人类疾病的生物制品。

血浆蛋白是指血浆中的蛋白质部分，是血浆中主要的固体成分。血浆蛋白总浓度 $70 \sim 75 g/L$。血浆蛋白是多种蛋白质的总称，免疫球蛋白（Ig, immunoglobulin）是其中一种。Ig 是免疫球蛋白的总称，IgG（immunoglobulin G）是免疫球蛋白中的一种，约占免疫球蛋白总量的 80%，正常值为 $8 \sim 16 g/L$，可以采用分级沉淀、电泳分离、离子交换色谱、凝胶过滤和密度梯度离心等多种方法来制备。在实际应用时，作为酶标记的抗体蛋白还应该强调高纯度、高效价，因此除了一般方法提纯外，最好再经过亲和色谱等方法提纯。

任务 1　课前自学清单	
任务描述	利用盐析沉淀法提取血浆中的免疫球蛋白 IgG，凝胶过滤脱盐后，再用离子交换色谱柱纯化。

任务 1　课前自学清单

	能做什么	要懂什么
学习目标	1. 能够利用盐析法沉淀提取生物活性成分，熟练使用离心机； 2. 能够熟练完成凝胶过滤色谱和离子交换色谱操作； 3. 能准确记录实验现象、数据，正确处理数据； 4. 会正确书写工作任务单、工作台账本，并对结果进行准确分析。	1. 正常血浆蛋白的种类和性质； 2. 免疫球蛋白知识； 3. 盐析工艺； 4. 凝胶过滤色谱、离子交换色谱工艺。
工作步骤	步骤 1　试剂的配制 步骤 2　盐析 步骤 3　凝胶准备 步骤 4　装柱 步骤 5　样品上柱 步骤 6　凝胶再生与保存 步骤 7　DEAE 纤维素处理 步骤 8　装柱、上柱 步骤 9　免疫球蛋白溶液的浓缩 步骤 10　鉴定	
岗前准备	思考以下问题： 1. 盐析步骤的操作要点是什么？ 2. 凝胶装柱的注意事项，如何保证均匀无气泡？ 3. 样品上柱时，为什么用 20% 的磺基水杨酸检测蛋白质的流出？ 4. IgG 用电泳鉴定时的操作注意事项。	
主要考核指标	1. 盐析、凝胶过滤色谱、离子交换色谱操作(操作规范性、仪器的使用、装柱等)； 2. 实验结果(能否得到脱盐的蛋白质溶液、IgG 电泳条带鉴定)； 3. 工作任务单、工作台账本随堂完成情况； 4. 实验室的清洁。	

小提示

　　操作前阅读【知识支撑】中的"二、免疫球蛋白及其制品""三、血浆蛋白制品制备的盐析工艺"，以及"四、免疫球蛋白纯化用色谱工艺"，以便更好地完成本任务。

工作目标　>>>

　　分组开展工作任务。对血浆中的免疫球蛋白 IgG 进行提取，并进行纯化。

通过本任务，达到以下能力目标及知识目标：

1. 能用盐析等沉淀技术进行生物活性成分的提取分离；掌握盐析法；

2. 能用凝胶过滤、离子交换色谱进行生物活性成分的精制；理解凝胶过滤技术与离子交换技术原理。

工作准备 >>>

1. 工作背景

创建免疫球蛋白 IgG 分离纯化的操作平台，并配备组织离心机、色谱柱、自动部分收集器、电泳仪等相关仪器设备，完成免疫球蛋白 IgG 的提取分离。

2. 技术标准

溶液配制准确，凝胶过滤色谱、离子交换色谱、电泳过程操作正确，电泳仪使用规范。

3. 设备与材料

（1）器材　高速离心机、电磁搅拌器、$(2.0\sim2.5)$cm$\times(40\sim50)$cm 色谱柱、自动部分收集器、紫外分光光度计或自动记录流动紫外分析仪、烧杯、试管、玻璃棒、人或动物血浆等。

（2）试剂　$(NH_4)_2SO_4$、0.5mol/L NaOH、1.0% $BaCl_2$、0.9% NaCl、0.01mol/L 磷酸盐缓冲液（PBS），Sephadex G50、DEAE 纤维素、0.1mol/L HCl 等。

实践操作 >>>

血浆免疫球蛋白 IgG 的制备操作流程如图 5-1 所示。

血清 —盐析→ 粗提的IgG溶液 —脱盐 4~6h→ 脱盐的IgG溶液 —纯化→ 纯化的IgG溶液 —鉴定 18~20h→ 一条区带

图 5-1　血浆免疫球蛋白 IgG 的制备操作流程

1. 盐析

取正常血清 5mL 于试管中，边摇晃边缓慢地加入等体积饱和 $(NH_4)_2SO_4$ 溶液混匀，使之达到 50% 饱和度，于室温中放置 30min，10000r/min 离心 10min，弃去含有清蛋白（即白蛋白）的上清液。向含有各种球蛋白的沉淀中加入 0.9% NaCl 4mL，再加入饱和 $(NH_4)_2SO_4$ 溶液 2.7mL，使饱和度达到 40%，振荡溶解，放置 30min，10000r/min 离心 10min。去掉上清液（伪球蛋白），沉淀再溶于 0.9% NaCl 中。提取 3 次，将最后一次沉淀溶于 5mL 0.9% NaCl 中，即为粗提的免疫球蛋白 IgG 溶液。

饱和 $(NH_4)_2SO_4$ 溶液的配制：称取 $(NH_4)_2SO_4$ 固体 200g，加在约 200mL 蒸馏水中，加热到 50℃ 左右，搅拌溶解，室温冷却，结晶沉于瓶底。

2. 脱盐

（1）凝胶准备　称取 Sephadex G50 10.0g，置于 1000mL 蒸馏水中，浸泡 21h，用玻璃棒轻轻搅匀，置于 90～100℃ 水浴中。时常搅动，使气泡逸出。1h 后取出烧杯，待凝胶大部分下沉后，弃去含有细微悬浮凝胶颗粒的上层液。换水数次，加 pH 7.4 的 0.01mol/L PBS 进行平衡。

（2）装柱　色谱柱垂直固定于铁架上，将 PBS 凝胶悬浮液边搅边加入色谱柱中（柱内不得有气泡）。凝胶面要平整，可在凝胶表面加一圆形滤纸片，以免在加入液体时冲起胶粒，用螺旋夹控制流速在 20～40 滴/min，用 PBS 平衡几分钟，即可使用。

（3）样品上柱　将色谱柱上端的液面下降到凝胶表面（切勿进入空气），将螺旋夹拧紧，再将盐析制得的球蛋白样品溶液用滴管小心地加入色谱柱内（按床柱体积 10%、浓度 1% 加样）。打开螺旋夹，用部分收集器或试管收集流出的液体。当样品溶液恰好完全进入凝胶柱时，用 PBS 溶液约 2mL 小心地冲洗管壁上的蛋白质，然后再加 PBS 溶液 2mL 重复冲洗一次。每当收集管或试管内收集 1mL 液体时，应取一滴加 20% 磺基水杨酸测试有无蛋白质流出（如有蛋白质，溶液呈现白色混浊）。当有蛋白质流出时，用试管收集有蛋白质的部分，每收集 1mL，需换 1 支试管，并不断用磺基水杨酸测试，直至检查呈阴性为止。将有蛋白质的溶液合并，即为脱盐的免疫球蛋白溶液（离子测定可用 1% $BaCl_2$ 测 SO_4^{2-}，用奈氏试剂测 NH_4^+，流出液应呈阴性）。

（4）凝胶再生与保存　凝胶色谱柱可重复使用。每次用完后用 PBS 溶液进行流洗，为防止凝胶霉变，可加含 0.02% 叠氮化钠（NaN_3）的溶液进行流洗。长期不用时，宜将凝胶由柱内倒出，加 NaN_3 至 0.02%，湿态保存于 4℃ 冰箱内，若温度低于 4℃，可能造成胶粒冻结损坏。

3. 纯化

（1）DEAE 纤维素处理　取 DEAE 纤维素 20g，加入蒸馏水中，搅拌后放置 30min。待纤维素大部分下沉后，弃去含有细微颗粒的上层液体，反复 2～3 次。次日加 0.1mol/L NaOH 1000mL，搅拌后放置 1h，倾去上层液体，再用蒸馏水洗至 pH 7.0。然后用 0.1mol/L HCl 1000mL 洗 1h 左右，再用蒸馏水洗去游离酸。最后用 PBS 缓冲液冲洗，平衡上柱。

（2）装柱　与上述凝胶装柱法相同，柱内体积约为 50mL。

（3）样品上柱　脱盐收集的球蛋白溶液上柱后，用 pH 7.4 的 0.01mol/L PBS 洗脱，流速 1mL/min。洗脱 50～60mL 后，纯化的 IgG 即被洗下，收集。

将用过的 DEAE 纤维素再用蒸馏水清洗，最后用 0.5mol/L NaOH 处理 1h。用蒸馏水洗至中性，回收，贮于冰箱中备用。

4. IgG 溶液的浓缩

将纯化后的 IgG 溶液量准体积，每毫升加 Sephadex G25 干胶 0.25g，振荡 2～3min。3000r/min 离心 5min，上清液即为浓缩的 IgG 溶液，用滴管吸至另一试管中，待电泳鉴定。

5. 鉴定

按照血清蛋白醋酸纤维素薄膜电泳法进行。提纯的免疫球蛋白 IgG 在电泳时应呈现一条区带。

一、个体评价与小组评价

任务 1　血浆蛋白制品的制备									
姓名									
组名									
能力目标	1. 能用盐析等沉淀技术进行生物活性成分的提取分离； 2. 能够熟练完成凝胶过滤色谱和离子交换色谱； 3. 能准确记录实验现象、数据，正确处理数据； 4. 会正确书写工作任务单、工作台账本，并对结果进行准确分析。								
知识目标	1. 掌握盐析法； 2. 理解凝胶过滤色谱技术； 3. 理解离子交换色谱技术。								
评分项目	上岗前准备（思考题回答、实验服与台账准备）	盐析	凝胶装柱	样品上柱	DEAE纤维素离子交换纯化	电泳	台账完成情况	台面及仪器清理	总分
分值	10	5	15	25	25	5	5	10	100
自我评分									
需改进的技能									
小组评分									
组长评价	（评价要具体、符合实际）								

二、教师评价

序号	项目	配分	要求	得分
1	上岗前准备 （10分）	A. 思考题回答（5分） B. 实验服与护目镜准备、台账准备（5分）	操作过程了解充分 工作必需品准备充分	
2	盐析 （5分）	得到粗提 IgG 溶液	正确操作	
3	脱盐 （30分）	A. 凝胶准备（5分） B. 装柱（10分） C. 样品上柱（10分） D. 凝胶再生与保存（5分）	正确操作	
4	纯化 （30分）	A. DEAE 纤维素处理（5分） B. 装柱（10分） C. 样品上柱（10分） D. DEAE 纤维素回收（5分）	正确操作	
5	IgG 溶液的浓缩与鉴定 （10分）	A. IgG 溶液浓缩（5分） B. 电泳鉴定（5分）	正确操作	
6	项目参与度 （5分）	操作的主观能动性（5分）	具有团队合作精神 具有主动探索精神	
7	台账与工作任务单完成情况（5分）	A. 完成台账（是不是完整记录）（3分） B. 完成工作任务单（2分）	妥善记录数据	
8	文明操作 （5分）	A. 实验态度（3分） B. 清洗玻璃器皿等，清理工作台面（2分）	认真负责 清洗干净，放回原处，台面整洁	
合计				

【知识支撑】

一、正常血浆蛋白的种类和性质

1. 血浆蛋白分类

按分离方法不同，可将血浆蛋白分为不同组分。

（1）盐析法分类　根据各种血浆蛋白在不同浓度盐溶液中的溶解度不同，采用盐析可将血浆蛋白分为清蛋白、球蛋白及纤维蛋白原。被饱和硫酸铵沉淀的为清蛋白，球蛋白及纤维蛋白原可被半饱和硫酸铵沉淀，纤维蛋白原可被半饱和氯化钠沉淀。

（2）电泳法分类　根据血浆蛋白分子量大小、表面电荷性质及多少、在电场中泳动速度不同而加以分离。以醋酸纤维素膜为支持物，可将血浆蛋白分为清蛋白、α_1 球蛋白、α_2 球蛋白、β 球蛋白、γ 球蛋白及纤维蛋白原。采用分辨率更高的电泳法，分离成分更多。

（3）根据生理功能分类　见表 5-1。

表 5-1　人类血浆蛋白按生理功能分类

种类	血浆蛋白
载体蛋白	清蛋白、脂蛋白、运铁蛋白、铜蓝蛋白等
免疫防御系统蛋白	IgG、IgM、IgA、IgD、IgE 和补体 C1～C9 等
凝血和纤溶蛋白	凝血因子Ⅶ、凝血因子Ⅷ、凝血酶原、纤溶酶原等
激素	促红细胞生成素、胰岛素等
参与炎症应答的蛋白	C 反应蛋白、α_1 酸性糖蛋白等

2. 血浆蛋白的性质

绝大多数血浆蛋白在肝合成。除清蛋白外，几乎所有的血浆蛋白均为糖蛋白。急性炎症或某种类型组织损伤等情况下，某些血浆蛋白的水平会增高，它们被称为急性时相蛋白质（acute phase protein，APP）。在循环过程中，每种血浆蛋白均有自己特异的半衰期。

二、免疫球蛋白及其制品

1. 免疫球蛋白

人体免疫球蛋白（immunoglobulin，Ig）是体内一组有抗体活性的蛋白质，是由浆细胞合成、分泌的，存在于血液、体液和外分泌液中。它具有结合抗原、固定补体、穿过胎盘、使异种组织过敏、结合类风湿因子等生物活性。

2. 免疫球蛋白制品的分类

（1）按照结构分类　免疫球蛋白根据结构不同（主要是根据重链恒定区的氨基酸组成和排列顺序差异）可分为 IgG、IgA、IgM、IgD 和 IgE 5 种。它们在血清中的含量（IgG 70%～80%、IgA15%～20%、IgM7%、IgD 和 IgE 极微）、分子量、沉降系数和半存活期等性质都各不相同。在血清中能发现所有类型的免疫球蛋白。血清中每种免疫球蛋白的平均浓度都依年龄而发生改变，依性别仅有微小变化。出生时人体内存在所有类型的免疫球蛋白，并有其功能。

（2）按照特性和用途分类　一般将免疫球蛋白分为三类，正常免疫球蛋白、静脉注射用免疫球蛋白、特异性免疫球蛋白。

① 正常免疫球蛋白。是自大批量合并的正常人血浆中提取制备而得的，它所含的抗体只能是提供人群中所含平均抗体滴度的一定浓缩倍数。主要用途是预防甲型肝炎和麻疹。

② 静脉注射用免疫球蛋白。是应用胃蛋白酶、纤维蛋白溶酶、化学修饰等技术将 IgG 中的聚合体去除或降低其抗补体活性，仍保留其原来抗体活性制备而得的，适宜于静脉注射。主要用于对免疫抗体缺乏的补充，免疫调节，预防和治疗病毒、细菌感染性疾病，等等。

③ 特异性免疫球蛋白。特异性免疫球蛋白与普通免疫球蛋白的区别是原料血浆来自已知血中有特定抗体并且滴度较高的供者（免疫血浆），而后者是来源于大量的普通正常人血浆。特异性免疫球蛋白具有一般免疫球蛋白所有的生物学活性。由于其是预先用相应抗原免疫供血者，然后从含有高效价的特异性抗体的血浆中制备而得的，因此比普通免疫球蛋白所含特异性抗体高，对某些疾病的治疗优于普通免疫球蛋白。

3. 免疫球蛋白临床应用

输注免疫球蛋白是一种被动免疫疗法。被动免疫的一个重要方面是它的"直接作用"，即抗体与抗原相互作用，起到直接中和毒素与杀死细菌和病毒的作用。

（1）治疗原发性免疫缺陷性疾病　如抗体缺陷综合征、成人免疫缺陷综合征、低球蛋白血症、联合免疫缺陷综合征、侏儒症免疫缺陷和 X 染色体伴性淋巴细胞增生综合征等患者，若每年有 3 次以上呼吸道、消化道或尿路感染，可考虑使用免疫球蛋白制品，以帮助提高机体免疫力。

（2）治疗获得性免疫缺陷病　如骨髓移植、肾移植、肝移植、新生儿感染、严重烧伤、白血病、多发性骨髓瘤、病毒感染等患者，可考虑使用免疫球蛋白制品，以提高机体免疫力和抗感染能力。

（3）治疗自身免疫性疾病　如特发性血小板减少性紫癜、系统性红斑狼疮、自身免疫性溶血性贫血、血小板输注无效、重症肌无力等患者，可大剂量静脉注射免疫球蛋白进行辅助治疗，进行免疫封闭。

（4）进行特异性被动免疫　各种特异性免疫球蛋白制品，如抗 RhD（新生儿溶血病）、抗乙肝、抗狂犬病、抗破伤风等，可应用于各种特殊情况下的被动免疫治疗。

（5）治疗其他疾病　静脉注射用丙种球蛋白也可用于川崎病、干性角膜结膜炎综合征、小儿难治性癫痫和原因不明的习惯性流产等的辅助治疗。

三、血浆蛋白制品制备的盐析工艺

蛋白质在水溶液中的溶解度取决于蛋白质分子表面离子周围的水分子数目，主要是由蛋白质分子外周亲水基团与水形成水化膜的程度以及蛋白质分子带有电荷的情况决定的。蛋白质溶液中加入中性盐后，中性盐与水分子的亲和力大于蛋白质，致使蛋白质分子周围的水化层减弱乃至消失。同时，离子强度发生改变，蛋白质表面的电荷大量被中和，蛋白质溶解度更加降低，蛋白质分子之间聚集而沉淀。各种蛋白质在不同盐浓度中的溶解度不同，不同饱和度的盐溶液沉淀的蛋白质不同，从而使之从其他蛋白质中分离出来。简单地说就是将硫酸铵、硫化钠或氯化钠等加入蛋白质溶液，使蛋白质表面电荷被中和以及水化膜被破坏，导致蛋白质在水溶液中的稳定性因素去除而沉淀。由于血浆中蛋白质的颗粒大小、所带电荷和亲水程度不同，所以盐析所需的盐浓度也不一样，调节盐浓度可使不同的蛋白质沉淀，从而达到分离的目的。因此利用不同浓度的硫酸铵溶液分段盐析，便可将血浆蛋白中清蛋白和球蛋白从溶液中沉淀出来。

盐析法的
"基本档案"

四、免疫球蛋白纯化用色谱工艺

亲和色谱法是利用抗原抗体的结合具有特异性、可逆性，将纯化抗原先交联到载体（琼脂糖珠）上，制成亲和色谱柱，当免疫球蛋白通过时，免疫球蛋白中的抗体与抗原特异性结合在柱上，杂质流出。然后通过改变缓冲液 pH、离子强度，使免疫球蛋白解脱下来。在单克隆抗体生产时第一步往往采用亲和色谱，即把单抗从培养液中快速地捕获出来，并去除大量的 HCP（宿主蛋白）、单抗去折叠片段、病毒、HCD（宿主 DNA）和培养基组分物质。

离子交换色谱是利用离子交换剂对各种离子的亲和力不同，借以分离混合物中各种离子的一种色谱技术。离子交换色谱的固定相是载有大量电荷的离子交换剂，流动相是具有一定 pH 和一定离子强度的电解质溶液，当混合物溶液中带有与离子交换剂相反电荷的溶质流经离子交换剂时，后者即对不同溶质进行选择性吸附。离子交换剂根据其所带电荷的性质分为阴离子交换剂和阳离子交换剂两类。阴离子交换剂本身带有正电荷，可以吸引并结合混合物中带负电荷的物质；阳离子交换剂本身带负电荷，可以吸引并结合混合物中带正电荷的物质。

洗脱液中蛋白质的检查和鉴别一般是以对各组分中的蛋白质含量和特异成分检查来完成的，通常是用紫外分光光度法检查蛋白质分布情况。分光光度法对样品处理简易、快速，且可和自动记录装置联合使用，可以对洗脱液进行连续检测。特异成分的检定，通常是用电泳技术和各种免疫化学技术进行的。

【技能拓展】

高效液相色谱法检测抗毒素

破伤风抗毒素是人类最早应用于临床的血浆蛋白制品，具有接近 150 年的历史。经典的抗毒素精制工艺为胃酶消化硫酸铵盐析法，目前国际上推荐辛酸结合色谱方法提取纯化免疫球蛋白。抗毒素制备完成后，可采用高效液相色谱法评价其中含有的聚合物和 IgG 含量以及破伤风免疫球蛋白 $F(ab')_2$ 的纯度。

(1) 色谱条件与系统适用性试验　用亲水硅胶高效体积排阻色谱柱（SEC，排阻极限 500kDa，粒度＜5μm），柱直径 7.8mm、长 30cm，含 1% 异丙醇的 pH 7.0、0.2mol/L 磷酸盐缓冲液（量取 0.5mol/L 磷酸二氢钠溶液 200mL、0.5mol/L 磷酸氢二钠溶液 420mL、异丙醇 15.5mL 及水 914.5mL，混匀）为流动相，检测波长为 280nm，流速为 0.6mL/min。分别取每毫升含蛋白质 12mg 的人免疫球蛋白、人血清白蛋白溶液各 20μL，分别注入色谱柱，记录色谱图。人免疫球蛋白单体峰与裂解体峰的分离度应大于 1.5，人血清白蛋白单体峰与二聚体峰的分离度应大于 1.5，拖尾因子按人血清白蛋白单体峰计算应为 0.95～1.40。

(2) 测定法　取供试品适量，用流动相稀释成每毫升约含蛋白质 12mg 的溶液，取 20μL，注入色谱柱，记录色谱图 40min（标准图谱见图 5-2）。按面积归一化法计算色谱图中 $F(ab')_2$、IgG 单体和聚合物相对含量。图谱各峰的界限为两峰间最低点到基线的垂直线。主峰为 $F(ab')_2$，相对保留时间约 0.93 的峰为 IgG 单体，相对保留时间约 0.88 及之前的峰均为聚合物。

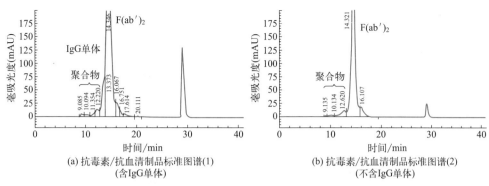

图 5-2　抗毒素/抗血清制品液相色谱标准图谱

【知识拓展】

一、血浆制品的临床应用

血浆制品的临床应用如表 5-2 所示。

表 5-2　血浆制品临床应用

血浆制品		临床应用
白蛋白	人血清白蛋白	血容量扩张剂
凝血因子	Ⅷ因子	血友病 A
	凝血酶原复合物	复杂肝病、华法林或香豆素衍生物过量逆转
	Ⅸ因子	血友病 B
	Ⅶ因子	Ⅶ因子缺乏症
	vWF(血管性血友病因子)	血管性血友病因子缺乏症(3 型和严重 2 型)
	Ⅺ因子	血友病 C(Ⅺ因子缺乏)
	纤维蛋白原	纤维蛋白原缺乏症
	活化凝血酶原复合物	有因子Ⅷ抑制剂的血友病患者
蛋白酶抑制剂	抗凝血酶	抗凝血酶缺乏症
	α_1 抗胰蛋白酶	先天性 α_1 抗胰蛋白酶缺乏症,并具有临床上明显的全腺泡型肺气肿
	C1 抑制因子	遗传性血管神经水肿
抗凝剂	蛋白 C	蛋白 C 缺乏症
	纤维蛋白胶	局部止血、愈合、密封剂(手术辅助剂)
肌内注射免疫球蛋白	普通(多价)	预防甲肝还有风疹等其他特性传染病
	乙肝	预防乙肝

	血浆制品	临床应用
肌内注射免疫球蛋白	破伤风	治疗或预防破伤风感染
	Anti-Rho(D)	预防新生儿溶血病
	狂犬病	预防狂犬病感染
	带状疱疹	预防带状疱疹感染
静脉注射用免疫球蛋白	普通(多价)	免疫缺陷病的替代治疗剂
	巨细胞病毒	预防巨细胞病毒感染
	乙肝	预防乙肝
	Rho(D)	预防新生儿溶血病

二、血浆制品的污染风险

在世界范围内，由血液制品污染病毒造成的疾病传播屡有发生。如在 1985 年，美国在规定血液进行抗 HIV（人类免疫缺陷病毒）筛选前，使用未经病毒灭活处理的Ⅷ因子制品的血友病患者，有 85%～90% 受到 HIV 感染；法国巴黎国立输血中心也曾发生过使用 HIV 污染的凝血因子造成血友病人严重感染的事件。在我国，目前 90% 以上与输血相关的肝炎属丙型肝炎。据估计，受血者中丙型肝炎病毒感染的发生率为 6.8%～17.7%，我国也发现抗 HIV 阳性献血员及使用进口血液制品发生 HIV 感染者。由于血液制品用量大、范围广，消除病毒污染，确保血液制品的安全性更具有非常重要的意义。

有许多种不同的病毒可能通过血或血液制品传播，其中危害性最大的是乙肝病毒（HBV）、丙肝病毒（HCV）和人类免疫缺陷病毒。这三种病毒和嗜 T 淋巴细胞病毒、巨细胞病毒（CMV）及 EB 病毒都是脂包膜病毒，而甲肝病毒（HAV）、克-雅病（Creutzfeldt Jakob disease）病毒和细小病毒 Bl（PVBl）是非脂包膜病毒。后一类病毒在供血者中的发病率和造成疾病的严重程度相对较低。对经血液制品传播的病毒及其特性的了解，是建立与选择病毒灭活方法的前提。如应用过滤装置去除病毒，主要应考虑病毒大小，病毒包膜性质也是重要影响因素。

【场外训练】 人血清白蛋白制备工艺

血浆蛋白分离的方法很多，其中大部分方法只适用于实验室研究使用，如电泳、等电点聚焦等，可以应用于大规模生产的只有沉淀法（盐析、有机溶剂沉淀法等）、色谱法（凝胶色谱、离子交换色谱及亲和色谱），超滤、吸附、变性处理等均为辅助手段。目前，国内用于生产人血清白蛋白和免疫球蛋白类制品的生产方法基本都是低温乙醇法。工艺流程见图 5-3。

低温乙醇法的原理和要点是往蛋白质的水溶液中加入乙醇，产生几种效应，主要效应是降低水分子的活度，降低溶液的介电常数，从蛋白质分子周围排代水分子，使蛋白质分子之间通过极性基团的相互作用在范德瓦尔斯力下发生凝聚，从而沉淀下来。影响这种沉淀过程的主要有溶液的蛋白质浓度、pH 值、离子强度、溶液的温度和乙醇的浓度这 5 大参数。在

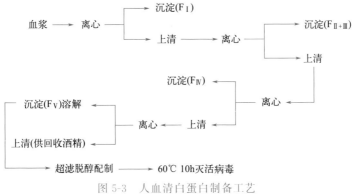

图 5-3　人血清白蛋白制备工艺

前 4 个参数都一致的情况下，乙醇的沉淀作用取决于蛋白质分子的大小。在逐渐提高乙醇浓度时，蛋白质将按分子大小顺序先后沉淀。人血清白蛋白作为血浆主要成分中分子量最小的一种，是在最后一步的沉淀反应中分离出来的。

任务 2　细菌类疫苗的生产

　　疫苗（vaccine）是指利用细菌、病毒等病原微生物的全部、部分（如多糖、蛋白质等）或其代谢物（如毒素等），经过人工减毒、灭活或利用基因工程等方法制成的、用于预防传染病的免疫制剂。疫苗研发包括临床研究、工艺开发和检定方法研究，具有困难、复杂、高风险、昂贵等特点。疫苗的临床研究一般包括三个阶段：Ⅰ 期是对少量受试者进行早期安全性和免疫原性研究，Ⅱ 期是在 200～400 名受试者中进行安全性、免疫原性和剂量范围研究；Ⅲ 期是按许可标准进行安全性和有效性试验。工艺开发包括制造符合临床试验监管要求的试验用疫苗（如多批用于临床试验、临床前毒理学研究和分析评估的疫苗），确定最终放大的生产工艺，以及按通常 1/10 或是全量生产规模连续生产三批疫苗供临床免疫原性研究使用。检定方法研究是指建立全套能够检测原料纯度、疫苗产品稳定性和效力，以及通过免疫学和其他标准预测疫苗效力的方法。一般来说，疫苗在通过了早期人体临床概念验证研究后，获得最终批准的可能性非常大。尽管疫苗的批量生产非常复杂，但投产 3～5 年后大多数疫苗的成本会有较大程度的下降，对于生产厂家有限的成熟疫苗，能够在整个产品周期内保持较高的生产利润。

　　疫苗生产工艺可分为批生产和后处理两大类。批生产包括细胞培养和（或）发酵以及后续的疫苗纯化步骤，后处理包括佐剂/防腐剂的加入、西林瓶或注射器的灌装（包括活病毒疫苗冻干）、贴签、包装和入库保藏等。疫苗工艺开发对于整个疫苗的研发成功至关重要。

任务 2　课前自学清单	
任务 描述	利用沉淀技术、离心技术，对 Hib 多糖-蛋白质结合疫苗生产过程中的多糖进行提纯与质量检定。

任务 2　课前自学清单

	能做什么	要懂什么
学习目标	1. 能够利用沉淀技术分离多糖,并熟练使用离心机; 2. 能够利用沉淀技术、萃取技术、透析技术纯化多糖; 3. 能准确记录实验现象、数据,正确处理数据; 4. 会正确书写工作任务单、工作台账本,并对结果进行准确分析。	1. 细菌灭活疫苗生产工艺与检定; 2. 多糖提纯和精制; 3. 多糖质量检定。
工作步骤	步骤 1　多糖振荡解聚 步骤 2　多糖去核酸 步骤 3　多糖去蛋白质 步骤 4　多糖精制 步骤 5　完成评价	
岗前准备	思考以下问题: 1. 疫苗生产时,对于菌种的制备有何要求? 2. 多糖提纯与精制时,为何需要调节乙醇浓度? 3. 氯化钙溶液的作用是什么? 4. 多糖精制时,为何需要透析去酚? 5. 为何需要去除多糖中的核酸?	
主要考核指标	1. 多糖粗制、多糖精制、多糖质量检定操作(操作规范性、仪器使用情况等); 2. 实验结果; 3. 工作任务单、工作台账本完成情况; 4. 实验室清洁。	

▣〉 **小提示**

　　操作前阅读【知识支撑】中的"一、细菌灭活疫苗生产工艺与检定",以及"三、细菌多糖疫苗生产工艺与检定"中的"3. 多糖提纯和精制",以便更好地完成本任务。

工作目标 >>>

　　对抗流感嗜血杆菌多糖(Hib-PRP)进行纯化生产。

　　通过本任务,达到以下能力目标及知识目标:

　　1. 能用沉淀技术、萃取技术和透析技术进行细菌多糖分离纯化,掌握多糖提纯和精制的方法;

　　2. 理解疫苗的成分、性质和种类,理解四种细菌类疫苗的生产工艺与检定;

3. 了解菌种/毒种的筛选、质量控制、保藏与管理。

1. 工作背景

以 Hib-PRP 的纯化为例，创建细菌多糖分离纯化的操作平台，并配备离心机、真空冷冻干燥机等相关仪器设备，校企合作，完成多糖的提纯和精制。

2. 技术标准

溶液配制准确，多糖分离纯化过程操作正确，离心机、真空冷冻干燥机使用规范，透析操作规范等。

3. 所需器材及试剂

（1）器材 振荡器、离心机、搅拌器、真空冷冻干燥机、冰箱、烧杯、量筒、玻璃棒、滤纸、透析袋、Hib 复合多糖等。
（2）试剂 氯化钠、氯化钙、无水乙醇、醋酸钠、苯酚、丙酮。

Hib-PRP 的完整纯化工艺流程如图 5-4 所示（细菌发酵及多糖检定不做要求）。

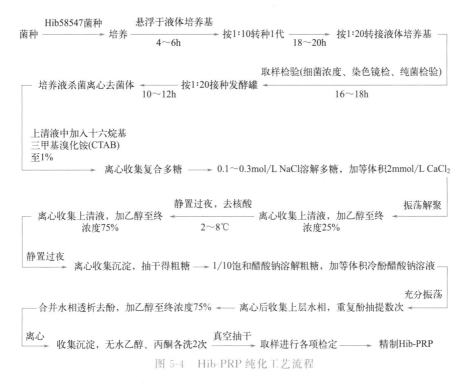

图 5-4 Hib-PRP 纯化工艺流程

将已杀菌的培养物离心去菌体后收集上清液，采用 CTAB 沉淀收集复合多糖，进行纯化。

1. 振荡解聚

用 $0.1\sim0.3mol/L$ NaCl 溶液溶解多糖，加入等体积 $2mmol/L$ $CaCl_2$ 溶液进行振荡解聚。

2. 去核酸

在 25% 乙醇浓度下，核酸凝聚为微小颗粒，可用高速离心法去除，较简便的方法是使用适宜的滤板（EKS 型）进行过滤。

3. 去蛋白质

将粗制多糖溶解于 $1/10$ 饱和中性醋酸钠溶液中，使其浓度达 $10\sim20mg/mL$，然后按 $1:1$ 容量用冷酚提取 $2\sim3$ 次，离心分离，吸取上清液。

4. 精制多糖

上层水相加乙醇至终浓度为 75%，离心收集沉淀物，用无水乙醇及丙酮各洗 2 次以上，即可得洁白的多糖抗原。乙醇加量与多糖产量和纯度有关，乙醇加量多，多糖产量高，但纯度相对较低。

操作评价 >>>

一、个体评价与小组评价

<table>
<tr><td colspan="9" align="center">任务 2　细菌类疫苗的生产</td></tr>
<tr><td>姓名</td><td colspan="8"></td></tr>
<tr><td>组名</td><td colspan="8"></td></tr>
<tr><td>能力目标</td><td colspan="8">1. 能用沉淀技术进行细菌多糖的分离纯化；
2. 能用萃取技术进行细菌多糖的分离纯化；
3. 能准确记录实验现象、数据；
4. 会正确书写工作任务单、工作台账本，并对结果进行准确分析。</td></tr>
<tr><td>知识目标</td><td colspan="8">掌握细菌多糖提纯和精制的工艺方法。</td></tr>
<tr><td>评分项目</td><td>上岗前准备（思考题回答，实验服、护目镜与台账准备）</td><td>多糖解聚</td><td>多糖去核酸</td><td>多糖去蛋白质</td><td>多糖精制</td><td>团队协作性</td><td>台账完成情况</td><td>台面及仪器清理</td><td>总分</td></tr>
<tr><td>分值</td><td>10</td><td>15</td><td>15</td><td>15</td><td>15</td><td>10</td><td>10</td><td>10</td><td>100</td></tr>
<tr><td>自我评分</td><td></td><td></td><td></td><td></td><td></td><td></td><td></td><td></td><td></td></tr>
</table>

任务 2　细菌类疫苗的生产								
需改进的技能								
小组评分								
组长评价	（评价要具体、符合实际）							

二、教师评价

序号	项目	配分	要求	得分
1	上岗前准备（10分）	A. 思考题回答（5分） B. 实验服及护目镜准备、台账准备（5分）	操作过程了解充分 工作必需品准备充分	
2	多糖解聚（15分）	A. 氯化钠溶解（5分） B. 氯化钙体积调节（5分） C. 离心操作（5分）	正确操作	
3	多糖去核酸（15分）	A. 离心操作（5分） B. 乙醇浓度调节（10分）	正确操作	
4	多糖去蛋白质（15分）	A. 醋酸钠溶解（5分） B. 冷酚醋酸钠体积调节（5分） C. 酚抽提（5分）	正确操作	
5	多糖精制（15分）	A. 透析（5分） B. 离心操作（5分） C. 无水乙醇、丙酮洗涤（5分）	正确操作	
6	项目参与度（10分）	操作的主观能动性（10分）	具有团队合作精神 和主动探索精神	
7	台账与工作任务单完成情况（15分）	A. 完成台账（是不是完整记录）（5分） B. 完成工作任务单（10分）	妥善记录数据	

序号	项目	配分	要求	得分
8	文明操作 （5分）	A. 实验态度（3分） B. 清洗玻璃器皿等，清理工作台面（2分）	认真负责 清洗干净，放回原处，台面整洁	
		合计		

【知识支撑】

一、细菌灭活疫苗生产工艺与检定

细菌灭活疫苗是使用 β-丙内酯、福尔马林、戊二醛等化学制剂或加热处理，将人工大量培养的自然强毒株或标准菌株灭活，使其丧失毒性作用，并经一系列工艺操作制成的疫苗，如全菌体百日咳疫苗、伤寒全菌体灭活疫苗、霍乱弧菌疫苗等，需加佐剂以提高其免疫效果。

1. 菌种检定与制备

（1）菌种检定　包括培养特性、血清学特性、毒性试验、毒力试验、免疫力试验、抗原性试验等。

以百日咳疫苗为例。全菌体百日咳疫苗（WPV）常选用国际或地方分离的菌株组合，应具有百日咳杆菌（图 5-5）典型特性，此外应具有Ⅰ相菌毒力强、免疫原性高，并能适合大规模培养的特点。菌种培养特性、血清学特性、免疫力试验、毒力试验、皮肤坏死试验的方法和结果必须符合《中国药典》三部要求。无细胞百日咳疫苗（APV）应具有典型的百日咳杆菌Ⅰ相菌特征，对凝集原没有特别规定，但对某些产品成分若确定应含有凝集原者除外。

以霍乱弧菌疫苗为例。用于生产的菌种一是具有典型生物性质，其毒力、免疫原性、保护力试验等符合《中国药典》要求；二是组成疫苗时，多选用霍乱弧菌（图 5-6）不同生物型和血清型的代表株，而且为制备毒素，应选择高产毒素的菌株。此外，为了保证疫苗的良好抗原性，在制备死菌苗以及脱毒毒素时，所用试剂不应对其抗原产生破坏作用。

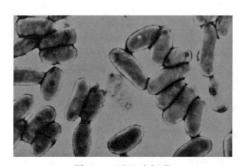

图 5-5　百日咳杆菌

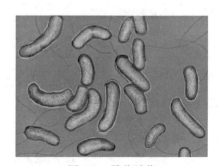

图 5-6　霍乱弧菌

（2）菌种制备

① 菌种启开。将冻干菌种启开后，接种于适宜培养基上，于（37±1）℃培养一定时间，得到一代菌种。

② 传代扩量。将一代菌种扩量接种到适宜培养基上，于（37±1）℃培养一定时间，得到二代菌种，以此类推。冻干菌种启开后用于生产时的传代不应超过规定代次。以伤寒全菌体灭活疫苗为例，规定每启开 1 支工作种子批冻干菌种用于生产，其传代不应超过 6 代。

2. 生产培养

培养方法有固体培养法和液体通气培养法，大规模生产多采用液体通气培养法。固体培养法是将扩量菌种接种到含有适宜琼脂培养基的克氏瓶（图 5-7）内，于（37±1）℃培养一定时间。液体通气培养法是用固体或液体扩量菌种液，再将其接种到含有适宜液体培养基的发酵罐内，于（37±1）℃通气、搅拌培养一定时间。

以百日咳疫苗为例，可采用固体培养工艺和液体培养工艺培养菌种。我国多年来一直采用半综合炭琼脂固体培养工艺大批培养百日咳杆菌。冻干菌种在 35～37℃，连续传代接种至半综合炭琼脂固体培养基的克氏瓶中，用不锈钢刮棒收集菌苔至缓冲盐水溶液中，加入

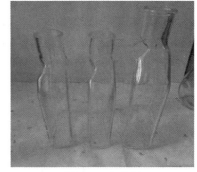

图 5-7　克氏瓶

终浓度 0.1％的甲醛溶液杀菌，也可用经批准的其他适宜杀菌剂和杀菌方法。原液经无菌试验和纯菌试验合格后，保存于 2～8℃冷库中，放置 3～4 个月，待菌种解毒完全及其他检定合格后才可用于配制 DPT 联合疫苗（百日咳、白喉、破伤风混合疫苗）。为使生产工艺摆脱手工操作，发展了百日咳疫苗液体培养工艺，以大型发酵罐为容器，采用搅拌通气方式培养。将百日咳杆菌菌种接种至 100～500L、含半综合液体培养基的发酵罐中，于 35～37℃培养。通过控制培养物 pH 值及细胞生长浓度达到最佳培养效果，时间不能超过 48h。用于大批培养的发酵罐多采用搪瓷料做衬里，如用不锈钢材料则应使用对百日咳杆菌无抑制作用的 316L 型钢材。

无细胞百日咳疫苗采用液体培养基静止培养工艺和液体培养基发酵罐培养工艺培养菌种。液体培养基静止培养工艺是在半综合固体培养基上传代培养菌种，再移种至装有 SS 综合液体培养基的扁瓶中，于 35～37℃水平放置，薄层静止培养 4～5d 后，收集培养物。液体培养基发酵罐培养工艺是启开菌种，经液体培养基传代扩量，再将菌种接种至装有 SS 综合液体培养基的发酵罐中（应含有 0.1％的 2,6-二甲基 β 环糊精），在 35～37℃通气搅拌培养约 40h，使大量 FHA（丝状血凝素）和 PT（百日咳毒素）抗原能释放到培养物上清液中。

3. 细菌采集

在固体培养法中，细菌采集应逐瓶检查，废弃污染杂菌者，将未污染者菌苔刮入含 PBS（磷酸盐缓冲液）的大瓶中。在发酵罐液体培养法中，可直接将培养液收集到大瓶或其他容器中，逐瓶进行纯菌试验，废弃有杂菌生长的培养液。

以百日咳疫苗为例。菌种经发酵罐液体培养工艺培养后，可用两种方法收集细菌：一是世界卫生组织建议的离心法，离心后将百日咳杆菌菌体收集到缓冲生理盐水中，继续进行解

毒；二是在培养物中加入盐酸，调节 pH 值至 3.8～4.0，静置 10～15h，使菌体和某些可溶性抗原自然沉淀，次日虹吸去掉上清液，将 pH 值重新调至 7.2，再加入甲醛解毒，经检定合格后，将 1、2、3 型菌液按相同比例配合，即成百日咳疫苗原液。

4. 杀菌/脱毒

杀菌剂对疫苗的质量至关重要，尤其应重视醛类杀菌剂对抗原的破坏作用。我国多采用甲醛杀菌剂，其最终浓度不超过 1%，应于 37℃ 或于 2～8℃ 放置一定时间。杀菌后的原液还需进行杀菌情况检查，可取样各接种于一支不含琼脂的硫乙醇酸盐培养基、琼脂斜面及碱性琼脂斜面，于 37℃ 培养 5d，应无相应菌种生长。

以伤寒疫苗为例。伤寒全菌体灭活疫苗采用涂种法培养菌种，将菌种接种在固体培养基上，于 37℃ 培养 18～24h 后，刮取菌苔混悬于 PBS 中，经纯菌试验合格后，原液中加入终体积分数为 1.0%～1.2% 的甲醛处理。加杀菌剂后的原液应置 37℃ 下不超过 7d，经无菌试验合格后，将不同菌株或不同生产日期的疫苗合并、稀释。原液自采集之日起至用于稀释时不得少于 4 个月。稀释后的疫苗用含 3.0g/L 苯酚或其他适宜防腐剂的 PBS 杀菌，稀释后疫苗浓度为每毫升含菌 3.0×10^8 个。

伤寒 Vi 多糖疫苗采用发酵罐液体工艺培养菌种，培养基内不能含有会与加入的十六烷基三甲基溴化铵形成沉淀的物质，也不能含有对人体有害的或其他过敏原物质。接种菌种后，培养过程中要严密监测有无污染，如发现杂菌污染则应废弃。在菌种对数生长期后期、静止期前期收获培养物，一般在 35～37℃ 培养 8～12h 为宜。加入甲醛溶液杀菌，其最终体积分数为 0.5%～2.0%。

5. 原液检定及保存

（1）浓度测定　按《中国细菌浊度标准》测定。

（2）镜检　涂片染色镜检，至少观察 10 个视野，菌形应典型且无杂菌。

（3）无菌试验　需氧菌、厌氧菌及真菌试验应呈阴性。

（4）凝集试验　用相应血清做定量凝集试验，应呈阳性反应。

（5）免疫力试验　以一定菌数的剂量免疫小鼠，再用攻击菌攻击小鼠，观察并记录小鼠死亡数，计算 LD_{50}（半数致死量）结果，达到要求者为合格。

（6）原液保存　原液于 2～8℃ 保存。原液自采集之日起有效期一般 3～4 年。

以百日咳疫苗为例。用原液与百日咳 I 相血清做定量凝集试验，凝集价应达到血清效价一半以上，同时做单价分型血清定性试验。在特异毒性试验中，原液用生理盐水稀释至成品浓度，给体重 14～16g NIH 小鼠自腹腔注射 0.5mL，另取同样小鼠注射生理盐水作对照。于注射前、注射后 72h 及 7d 分别称小鼠体重，注射 72h 总体重不少于注射前体重，7d 后增加的体重不少于对照平均增加体重的 60%，试验期间小鼠不得有死亡。效价测定按《中国药典》规定进行。

6. 半成品配制

按要求将原液稀释至一定菌数，或与其他疫苗成分按比例混合后加入吸附剂（如氢氧化铝等）配制成半成品。

以百日咳疫苗为例。大部分百日咳疫苗原液都与白喉类毒素和破伤风类毒素配合成吸附百白破联合疫苗或百白二联疫苗使用。按《中国药典》要求，百日咳杆菌的含量为 9×10^9 个/mL，应不高于 30IU，白喉类毒素 20Lf/mL（类毒素的浓度单位）、破伤风类毒 5Lf/

mL、氢氧化铝吸附剂 1.0～1.5mg/mL、硫柳汞防腐剂 0.1g/L，NaCl 含量补足至 8.5g/L。将类毒素与百日咳疫苗加入已稀释的吸附液中，调 pH 值至 5.8～7.2。

7. 成品检定

按《中国药典》要求进行。以伤寒疫苗为例，伤寒全菌体灭活疫苗的质量检定包括原液、半成品及成品。检定项目包括菌形及纯菌试验、无菌试验、血清学鉴别试验、免疫力试验、苯酚含量及异常毒性试验。伤寒 Vi 多糖疫苗的质量检定也包括原液、半成品及成品。除常规项目外，还应对每批提纯生糖进行如下检定：蛋白质含量应小于 10mg/g；核酸含量应小于 20mg/g；O-乙酰基含量应不低于 2mmol/g；用琼脂糖 CL-4B 凝胶过滤法测定分子大小，分配系数 K_D 值在 0.25 以前的洗脱液多糖回收率应在 50％以上。每批疫苗还应检查多糖含量，每人用剂量多糖含量应不低于 30mg。

二、细菌减毒活疫苗生产工艺与检定

细菌减毒活疫苗是用人工诱变方法培育出的弱毒菌株或无毒菌株而制成的，如卡介苗、减毒的鼠疫疫苗、减毒的炭疽疫苗等，一般属于第二代疫苗。

核酸含量测定的常用方法

1. 菌种传代检定

检定项目包括培养特性、毒力试验、安全试验、免疫力试验等。

以卡介苗为例。卡介苗是目前世界上接种人数最多、最安全的疫苗之一，我国卡介苗的生产用菌种为上海卡介菌 D2 PB302 菌株，其工作种子批至单批收获培养物的传代总代数不得超过 12 代。种子批需进行系列检定，合格后方可使用。

（1）培养特性　卡介菌在 37～39℃之间的苏通培养基上发育良好，浮于表面，干皱成团，略呈浅黄色，菌膜多皱，微带黄色。在牛胆汁马铃薯培养基上为浅灰色黏膏状菌苔。在鸡蛋培养基上有突起的皱型和扩散型两类菌落，且带浅黄色。抗酸染色后应为抗酸杆菌。

（2）毒力试验　用 TB-PPD 皮肤试验（10IU/0.2mL）呈阴性（TB-PPD 为结核菌素纯蛋白衍生物的简称），体重 300～400g 同性健康豚鼠 4 只，各腹腔注射 1mL 菌液（菌液浓度 5mg/mL），每周称体重，观察 5 周，体重不应减轻，解剖检查，大网膜上可现脓疱，肠系膜淋巴结及脾可能肿大，肝及其他脏器应无肉眼可见病变。

（3）无有毒分枝杆菌试验　取体重 300～400g 的同性健康豚鼠 6 只，于股内侧皮下各注射 1mL 菌液（菌液浓度 10mg/mL），注射前称体重，注射后每周观察 1 次注射部位及局部淋巴结变化，每 2 周称体重 1 次，豚鼠体重不应降低。6 周时解剖 3 只，满 3 个月将另 3 只豚鼠解剖，检查各脏器应无肉眼可见的结核病变。若有可疑病灶时，应做涂片和组织切片检查，并采取部分病灶磨碎，加少量生理盐水溶液混匀，皮下注射 2 只豚鼠。若证明为结核病变，应废弃该菌种。试验经过应详细记录备查。若未满 3 个月试验豚鼠因其他病患死亡，应解剖检查，依上法处理。若死亡 2 只以上则应重试。

（4）免疫力试验　用种子批制备菌苗，以 1/10 人份 0.2mL 的剂量经皮下注射免疫 300～400g 豚鼠 4 只，对照组注射 0.2mL 生理盐水，豚鼠免疫后 4～5 周，经皮下注射攻击 $10^3～10^4$ 强毒人型结核分枝杆菌，攻击后 5～6 周解剖豚鼠，免疫组与对照组的病变指数及脾脏毒菌分离数的对数值经统计学处理，应有显著差异。

2. 生产培养

菌种在 37～39℃，用克氏瓶固体培养或发酵罐液体培养一段时间。

以卡介苗为例。冻干卡介苗问世前，大多数卡介苗制造中心在马铃薯培养基上进行菌种的连续传代保存。生产时，将苏通培养基表面膜的一部分种入含有苏通培养基的瓶中，收获第 2 代及更多代次的膜制备菌苗。使用冻干种子批制备时，除初次培养外，其余程序类似。我国卡介苗制备采用膜培养法，启开工作种子批菌种，培养在苏通马铃薯培养基或苏通胆汁马铃薯培养基上，挑取发育良好的马铃薯管底部菌膜，移种于改良苏通综合培养基表面，在 37℃ 静止培养 10～14 天，在液体苏通培养基上培养 2～3 代后的菌膜可用于制备卡介苗，菌种自启开后至最终收获物的传代代数不能超过 12 代。英国采用冻干种子批和深层培养技术，冻干菌苗开启重溶后，种入改良罗氏鸡蛋培养基表面至少传 2 代，第 3 代深层培养在液体 Dubos 培养基中，离心收集菌体，洗涤后再离心集菌，加保护液，制成所需浓度的卡介苗。

以炭疽活疫苗为例。使用菌种不同，疫苗生产用培养基会有差异。例如，生产 A16R 炭疽疫苗采用牛肉消化液琼脂培养基，生产钱氏炭疽疫苗采用鸡粪培养基，生产无毒芽孢疫苗采用植物蛋白（黄豆消化液）。此外，培养基要求不加葡萄糖、低氯化钠。种子培养物须经纯菌检查，合格后方可接种于生产培养基。

3. 收菌

以卡介苗为例。菌膜压干后称湿重，移入盛有不锈钢珠的瓶内，钢珠与菌体的比例应根据研磨机转速控制在适宜范围内，并尽可能在低温下研磨，或用手工研磨，加入适量无致敏原保护液稀释成一定浓度的菌体原液。原液稀释至规定浓度，进行分装、冻干，干燥后立即真空封口。

4. 合并

以鼠疫疫苗为例。制造用培养基可用厚金格尔消化液琼脂（pH6.8～7.2）或适宜固体培养基。菌种在 28～30℃ 培养 44～48h，用冻干保护液洗下菌苔，原液经纯菌试验合格后，合并稀释成要求浓度，按每瓶 0.5mL 或 1.0mL 分装，冷冻干燥后真空封口。

5. 原液检定

包括纯菌试验、浓度测定。

6. 半成品配制

包括稀释、加冻干保护剂。冻干保护剂可防止生物活性物质和细菌在冷冻干燥时受到破坏，它们可以降低细胞内外的渗透压差，防止细胞膜损坏；可防止因细胞内水分结晶而对细胞膜或其他生物成分产生的应力，从而保护细胞膜或分子的立体结构；如果冻干保护剂含有细菌营养物质，还可使细胞在复苏时迅速修复细胞膜所受的损伤。

以炭疽活疫苗为例。原液经纯菌试验、浓度测定及活菌计数合格后，用灭菌的 50% 甘油溶液将原液稀释成每毫升含菌数 4.0×10^9 个，制得皮上划痕疫苗。

以鼠疫疫苗为例。原液经纯菌试验合格后，加入冻干保护剂后进行分装冻干。分装前，用细菌比浊标准调整原液浓度。

7. 检定

包括纯菌试验、浓度测定。

8. 分装及冻干

以卡介苗为例。卡介苗常用蔗糖、谷氨酸钠、明胶、氯化钾等材料按一定比例组成保护剂，蔗糖含量一般约 10%，其余含量一般约 1%。

9. 成品检定

包括鉴别试验、物理检查、水分测定、无菌试验、活菌计数、热稳定试验与效力试验。

以鼠疫活疫苗为例。疫苗成品需做物理性状检查、真空度检查、冻干制品的残余水分检查、疫苗浓度测定及活菌数测定。注射用疫苗每毫升含菌应不超过 1×10^9 CFU，注射 0.5mL，进行活菌培养计数，活菌率不应低于 45%；划痕用疫苗每人份 0.05mL 应含菌 3.6×10^8 CFU（菌落形成单位）。成品疫苗每批应抽样做安全试验，免疫力试验方法根据《中国药典》进行检定。

以卡介苗为例。检定项目包括生物学与物理检定、安全性检定（纯菌试验、无有毒分枝杆菌试验）及效力检定（包括活菌计数与热稳定性试验和动物效力测定）。

（1）活菌计数与热稳定性试验　每批冻干卡介苗应抽 1 批做冻干前活菌计数，各亚批疫苗均应在冻干后进行活菌计数。抽取 5 支疫苗，稀释、混合后进行活菌数测定，冻干疫苗培养 4 周后的活菌数应大于 1.0×10^6 CFU/mg。同时取冻干后疫苗，在 37℃放置 28 天，进行加速破坏试验，测定放置后样品的活菌数，与 4℃保存的同批疫苗进行同时比较，计算存活百分率。加温放置制品的活菌数应不低于冷藏疫苗的 25%，且不得低于 2.5×10^5 CFU/mg。

（2）动物效力测定　同一代菌种生产的各批冻干卡介苗中，应抽 1 个亚批做效力测定，每隔两个月应至少抽 1 个亚批做效力试验。用结核菌素试验（PPD 10IU）呈阴性、体重 300~400g 同性健康豚鼠 4 只，每只皮下注射 0.5mg 冻干皮内注射用卡介苗，注射 5 周后再进行皮内注射（PPD 10 IU/0.2mL），24h 后观察结果，局部硬结反应直径应不小于 5mm。

三、细菌多糖疫苗生产工艺与检定

多糖是构成细菌荚膜的主要成分，从荚膜细菌中纯化细菌多糖，诱导机体产生抗体，可保护机体抵抗入侵荚膜菌感染，将具有免疫原性的多糖纯化后制成的疫苗称为细菌多糖疫苗。细菌多糖疫苗属于传统疫苗中的亚单位疫苗，如 23 价肺炎球菌多糖疫苗、伤寒 Vi 多糖疫苗等。

1. 菌种培养及收获

以 23 价肺炎球菌多糖疫苗为例。国内生产用菌种由中国食品药品检定研究院生物制品检定所检定分发，共有 23 个型别，经过菌种检定、细菌培养和荚膜多糖纯化试验，筛选出了培养稳定、收获量较高的 23 个型别肺炎球菌作为生产用菌种，并建立了原始种子批、主种子批和工作种子批菌种。冻干菌种启开后在 35~37℃进行固体斜面培养，再经摇瓶、种子罐和大罐三级发酵。

以 A 群脑膜炎球菌多糖疫苗为例。生产用菌种为 A 群脑膜炎奈瑟菌 CMCC 29201（A4）菌株，由中国食品药品检定研究院生物制品检定所或国家指定单位保管和分发。主种子批启开后的传代次数不得超过 5 代，工作种子批启开后至接种发酵罐培养的传代次数不得超过 5 代。原始种子批和冻干种子批冻干后保存在 2~8℃。工作种子批菌种启开后，经适当传代和检定，合格后接种于改良半综合培养基或其他适宜培养基，用于制备数量适宜的生产用种子。生产用培养基亦采用改良半综合培养基或其他适宜培养基，培养基配方中不应含有能与十六烷基三甲基溴化铵形成沉淀的成分，也不应含有对人体有害的成分或其他过敏物质。生产用种子采用培养罐液体培养，在培养时和杀菌前取样进行纯菌试验及革兰氏染色镜检，若发现污染杂菌则应废弃。一般培养 6~8h 为宜，可随菌种接种量及培养基种类不同而异。

2. 培养物收集和杀菌

以 A 群脑膜炎球菌多糖疫苗为例。用发酵罐液体培养，在菌种对数生长期后期或静止期前期中止培养，取样进行菌液浓度测定和纯菌检查，合格后收获培养液，加入甲醛溶液杀菌，或在 56℃ 加热 10min，确保杀菌完全又不破坏细菌多糖。

3. 多糖提纯和精制

可用乙醇沉淀粗多糖，经去蛋白质、去核酸纯化后，再用乙醇沉淀精多糖。

以 A 群脑膜炎球菌多糖疫苗为例。应使用清洁的玻璃或塑料器皿，并在（8±5）℃ 低温室内进行，并应用冷却试剂。

（1）去核酸 杀菌完成后，离心收集上清液，加入十六烷基三甲基溴化铵，使其终质量浓度为 1.0g/L。充分混匀形成沉淀，放置适当时间后离心，收集沉淀物，加入氯化钙溶液，使其终浓度为 1mol/L，摇动或搅拌 1h，使多糖与十六烷基三甲基溴化铵解离。加入无水乙醇，使其终体积分数为 25%，沉淀核酸和大量可溶性蛋白质，在 2～8℃ 静置 1～3h 或过夜，离心去除沉淀，保留完全澄清的上清液。

（2）沉淀多糖 在完全澄清的上清液中加入冷乙醇，使其终体积分数为 80%，沉淀 A 群脑膜炎球菌多糖。充分振摇使多糖沉淀（一般需 1～2h），离心收集沉淀。用一定量的无水乙醇至少洗沉淀物 3 次，去除残余的十六烷基三甲基溴化铵和氯化钙。再用一定量的丙酮洗沉淀物 2 次，真空干燥后即得粗制多糖，保存在 −20℃ 以下条件，待进一步精制。

（3）精制多糖 可用冷酚提取法。取真空干燥保存的粗制多糖中间产品，溶解于 1/10 饱和中性醋酸钠溶液中，使其浓度为 10～20mg/mL，然后按一定比例用冷酚溶液提取数次，提取时充分振摇约 30s，再离心 15min（35000g），收集上清液，用 0.1mol/L 氯化钙溶液或其他适宜溶液冷透析 24h，必要时将溶液离心 3h（100000g），沉淀内毒素（脂多糖），上清液加乙醇，使其终体积分数为 75%～80%，离心收集沉淀物。

4. 半成品配制

以 23 价肺炎球菌多糖疫苗为例。菌种经摇瓶、种子罐和大罐三级发酵，杀菌，多糖提纯等步骤分别制成 23 型单糖，再按比例配制混合为 23 价多糖半成品。

以 A 群脑膜炎球菌多糖疫苗为例。将单批或多批检定合格的多糖原液合并，再加入无菌无热原质乳糖作保护剂，用灭菌注射用水稀释，使每人用剂量疫苗含多糖 30μg、乳糖 2.5～3.0mg。取样进行半成品检定。

5. 分装及冻干

以 A 群脑膜炎球菌多糖疫苗为例。按《生物制品分装和冻干规程》进行分装和冻干，冻干过程中保持制品温度在 30℃ 以下，利用真空或充氮封口。每瓶含多糖 150μg 或 300μg。每次人用剂量含多糖应不低于 30μg。

6. 成品检定

包括鉴别试验（可用速率比浊法、琼脂双扩散法、免疫双扩散法）、水分测定、pH 值测定、多糖含量及分子大小测定、核酸含量测定、特异性试验、无菌试验、热原试验等。

四、类毒素疫苗生产工艺与检定

类毒素是一种主动免疫制剂，用于细菌毒素性疾病的预防，包括破伤风、白喉、葡萄球菌、霍乱、肉毒素、气性坏疽等类毒素，其中使用最广的是白喉类毒素和破伤风类毒素。类毒素疫苗是从细菌培养液中提取细菌外毒素蛋白，然后用化学方法脱毒制成的、无毒但仍保留免疫原性的一类疫苗，如白喉类毒素、破伤风类毒素。类毒素疫苗免疫后诱导机体产生的抗毒素抗体能特异中和相应的细菌毒素。

类毒素疫苗的生产工艺包括菌种培养、产毒素、脱毒、精制（或精制、脱毒）、除菌过滤、吸附精制等步骤。

1. 破伤风类毒素的生产工艺和检定

破伤风类毒素的生产工艺如图 5-8 所示。

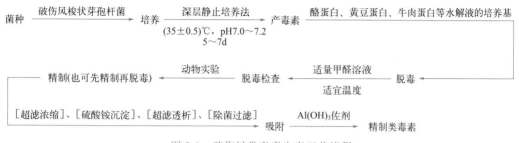

图 5-8　破伤风类毒素生产工艺流程

破伤风类毒素的质量检定要求进行类毒素的含量和效价测定。

（1）絮状单位（Lf）测定　根据类毒素和相应抗毒素以一定比例在试管内特异性结合，在 45℃ 加温情况下可产生絮状沉淀的原理进行。Lf 是类毒素与抗毒素的结合单位，不能完全代表类毒素的免疫原性。测定时一般使用抗毒素絮状单位标准品来测定类毒素的絮状单位，但由于该方法是用抗毒素标准品来反标类毒素单位，因此，WHO（世界卫生组织）于 1990 年制备了破伤风类毒素的絮状单位国际参考试剂，并用此标准来测定类毒素的絮状单位数。

（2）效价测定　用不同稀释度的破伤风类毒素标准品和待检样品免疫豚鼠或小鼠，4 周后再用破伤风毒素攻击，记录 5 日后动物的存活率，用概率单位平行线法计算效价。

2. 白喉类毒素的生产工艺和检定

白喉类毒素的生产工艺如图 5-9 所示。

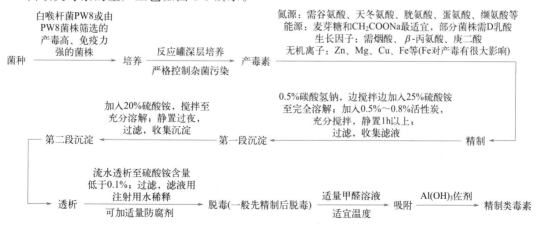

图 5-9　白喉类毒素生产工艺流程

白喉类毒素的质量检定包括鉴别试验、外观检查、化学检定、安全试验和保护力试验。

（1）鉴别试验　法一，疫苗注射动物，应产生抗体；法二，疫苗加碳酸氢钠或枸橼酸钠溶解佐剂后，做絮状试验应出现絮状反应；法三，疫苗经解聚液溶解佐剂后，取上清液做凝胶免疫沉淀试验，应出现免疫沉淀反应。可选择上述一种方法进行。

（2）外观　振摇后为乳白色均匀悬液，没有凝块或异物。

（3）化学检定　pH 值为 6.0～7.0；氯化钠含量为 7.5～9.5g/L；氢氧化铝含量不高于 3.0mg/mL；硫柳汞含量不高于 0.1g/L；游离甲醛含量不高于 0.2g/L。

（4）安全试验　采用豚鼠皮下注射法，精制白喉类毒素（简称精白类）注射剂量为 250Lf，吸附精制白喉类毒素（简称吸精白类）为 5 个人用剂量，注射后 30d 观察反应，不得有中毒症状。

（5）保护力试验　精白类免疫剂量为 17.5Lf，吸精白类 3～5Lf（0.1mL），注射 30d 后，精白类免疫豚鼠用 10MLD（最小致死剂量）白喉毒素攻击，吸精白类免疫豚鼠用 200MID（最小感染量）白喉毒素攻击，动物存活不得少于 80%。

【技能拓展】

一、菌种、毒种的筛选

疫苗生产用菌种、毒种的筛选应根据所生产疫苗的用途、使用方法、生产条件、生产过程等因素来确定。通常应考虑菌种、毒种的安全性、遗传学稳定性、免疫原性及生产适用性等。

（1）安全性　灭活疫苗生产使用的菌种、毒种一般毒力较高，有致病性，在生产过程中必须注意彻底灭活，并加强疫苗的安全试验。减毒活疫苗通常选用对易感人群无致病力的弱毒菌种、毒种，但仍具有一定残余毒力，残余毒力高的菌种、毒种免疫原性好，但临床反应较大，接种者难以忍受，而残余毒力弱的虽临床反应轻，但免疫原性差，免疫效果不好。因此，减毒活疫苗要达到接种反应轻、免疫原性好的要求，就要选择减毒适宜的菌种、毒种。

（2）遗传学稳定性　所用菌种、毒种如为天然弱毒株，或是采用物理、化学、生物学方法诱变的弱毒株或无毒株，应特别注意其遗传稳定性。选种时注意选择变异后在遗传学上稳定的菌株、毒株，以防止传代时或疫苗生产过程中发生毒力返祖。还应尽可能选择具备独特、稳定生物学或代谢特征的菌种、毒种，以便与供毒的同型菌或自然感染的同型菌相区别。

（3）免疫原性　疫苗生产用菌种、毒种应有良好免疫原性，用它生产的疫苗注射人体后，能促使机体产生高滴度保护性抗体，或激发必要的细胞免疫反应，且具有良好免疫持久性。

（4）无致癌性　生产用菌种、毒种及其代谢物质都不应有致癌作用，人工诱变菌株、毒株时，也不应用有致癌性的药物来筛选。

（5）生产适用性　生产用菌种、毒种要易于培养和生产，生产工艺和流程也应尽可能简单化。生产蛋白质、多糖等组分疫苗时，所用菌种、毒种应含有丰富的有效组分，且有效组分应易于分离和纯化，无效组分应易于除去。

二、菌种、毒种的质量控制

菌种、毒种的质量控制应严格按照《中国药典》规定进行，应对它们的来源和生物学特性进行质控，以确保所用菌种、毒种正确、无变异、无杂菌污染；应在疫苗生产中建立种子批系统，使生产所用菌种、毒种的代次一致，以保证种子的来源稳定。

用于疫苗生产或检定的菌种/毒种，应清楚其来源和历史，并由国家药品检定机构或国家药品管理当局委托单位进行保存、检定和分发。菌种在使用前应进行全面检定，包括形态学特性检定、生长特性检定、生化特性检定、血清学试验、毒力试验、免疫力试验、毒性试验及抗原性试验。毒种的特性检定包括无毒试验、病毒滴度及纯度试验。

种子批系统包括原始种子批、主种子批和工作种子批。原始种子批（original seed）用于制备主种子批，是指一定数量的已验明来源、历史和生物学特性，并经临床研究证明其安全性，且免疫原性良好的菌株或病毒株。原始种子批是在研制时收集、分离，通过研究确定其可用于生产，送国家药品检定机构审查认可后，经中国医学细菌保藏管理中心复核并编入国家标准菌号的菌株或病毒株。主种子批（master seed lot）用于制备疫苗生产用的工作种子批，是指一定数量的由原始种子批传代、扩增获得的菌株或病毒株。生产单位取原始种子批的菌种/毒种1支，经启封、传代扩大培养、生物学特性检定合格后，再制备一批主种子批，并以保存原始种子批的条件进行保存备用。工作种子批（working seed lot）是指按国务院药品监督管理部门批准的方法，从主种子批传代获得的一定数量的活病毒或细菌的均一悬液。工作种子批经等量分装贮存后，直接用于疫苗生产。生产前启开1支工作种子批菌种/毒种，检定合格后用于生产；生产结束将销毁、废弃该菌种/毒种，再次生产时需另取1支工作种子批菌种/毒种。为了保证疫苗生产用菌种/毒种的稳定和一致，由原始菌种/毒种制备主种子批时，起始传代一般不超过3代；由主种子批制备工作种子批时，传代不超过5～10代；工作种子批用于生产时，传代不超过5～10代。毒种与菌种不同，在原始种子批和主种子批就对毒种的代次进行了严格控制，工作种子批的毒种直接用于生产，不再传代。

三、菌种、毒种的保藏与管理

中国医学细菌保藏管理中心负责全国医用细菌的保藏和管理，所有库内保存的菌种其来源、特性、用途等都有详细记录。医学细菌保藏管理中心内设有医学细菌菌种库，临床收集的菌种先登入菌种库大账，给予临时菌号，待检定合格后给予国家正式菌号，冻干一定数量后入库保存，同时建档备查。向中国医学细菌保藏管理中心领取菌种时，必须持有单位的正式公函，说明菌种名称、型别、数量及其用途。领取一、二类菌种时，需经当地省、自治区、直辖市的卫生健康委员会同意，索取一类菌种时还需国家卫生健康委员会（简称国家卫健委）批准。中国疾病预防控制中心病毒病预防控制所的医学病毒保藏管理中心主要负责病毒类毒种的保存和管理。

用于疫苗生产和检定菌种、毒种的保管与分发，按《中国药典》中《生物制品生产检定用菌毒种管理及质量控制》进行。各单位自行分离或收集的、拟用于生产或检定的菌种、毒种，须经中国药品生物制品检定所审查认可。生产用菌种、毒种的检定应按疫苗规程要求定期进行。不同属或同属菌毒种的强毒和弱毒株不得同时在同一或未经严格消毒的无菌室内操作。

【知识拓展】

一、疫苗的成分和性质

1. 疫苗的成分

疫苗的基本成分包括抗原、佐剂、灭活剂、稳定剂、防腐剂及其他相关成分。

（1）抗原　是疫苗最主要的有效活性成分，决定了疫苗的特异免疫原性。抗原是指在机体内刺激免疫系统发生免疫应答，并诱导机体产生可与其发生特异反应的抗体或效应细胞的物质。免疫原性和反应原性是抗原的两个基本特性，决定了疫苗的成功与否。免疫原性（immunogenicity）是指抗原进入机体后引起的免疫细胞间的一系列免疫反应，包括抗原加工、处理、提呈、被 B 细胞（B 淋巴细胞）和 T 细胞（T 淋巴细胞）抗原或受体识别等。反应原性（reactionogenicity）是指抗原与抗体或效应 T 细胞发生特异反应的特性。不同抗原引起的免疫反应类型、强度，对免疫系统的激活和持续时间都不相同。可用作抗原的生物活性物质包括活病毒或细菌通过多次传代得到的减毒株、灭活病毒或细菌、病毒或菌体提纯物、类毒素、细菌多糖、有效蛋白成分、合成多肽及 DNA 疫苗所用的核酸等。

（2）佐剂　能增强抗原的特异性免疫应答，可表现为增强抗体的体液免疫应答或细胞免疫应答或二者都有。除了应有增强抗原免疫应答的作用外，理想的佐剂还应是无毒、安全的，并且必须在非冷藏条件下保持稳定。

（3）灭活剂　主要用于疫苗生产过程中对活体微生物的杀灭。加热、紫外线照射等物理方法可杀灭活体细胞或病毒，但一般会对抗原免疫原性造成较大影响，因此疫苗生产制备常采用化学方法进行灭活。常用化学灭活剂有甲醛、酚、丙酮、去氧胆酸钠等。由于化学灭活剂对人体有一定毒害作用，因此在灭活抗原后必须及时除去，并严格检定，以保证疫苗安全性。

（4）稳定剂　某些抗原表位对环境中的光、温度等因素非常敏感，极易发生变性，导致疫苗的免疫原性降低，而有效的抗原表位是疫苗作用的基础，因此，为保证作为抗原的病毒或其他微生物存活并保持免疫原性，疫苗中常加入适宜的稳定剂或保护剂。在冻干疫苗中常用的稳定剂有乳糖、明胶、山梨醇等。

（5）防腐剂　用于提高疫苗保质期，保证其在保存过程中不受微生物污染。大多数灭活疫苗均使用防腐剂，如甲醛、苯酚、硫柳汞、叠氮化钠、2-苯氧乙醇、氯仿等。在选择防腐剂时，应注意其对疫苗效果是否可能发生负面影响。由于添加剂量较低，疫苗中的防腐剂一般不会对人体造成严重不良反应。但随着人类接种疫苗种类的增加，防腐剂进入人体内的累积量大大增加，因此需研制无防腐剂疫苗和联合疫苗，尽可能减少儿童对汞类等防腐剂的接触。

（6）其他相关成分　包括缓冲液、盐类等非活性成分。缓冲液种类、盐类含量都会影响疫苗的效力、纯度和安全性，因此都有严格的质量标准。

2. 疫苗的性质

（1）免疫原性　指疫苗接种进入机体后引起机体产生免疫应答的强度和持续时间。抗原的理化性质如抗原的种类、分子量大小、结构特征及稳定性等会影响抗原的免疫原性强弱。不可溶性抗原、颗粒性抗原的免疫原性最强，蛋白质免疫原性较强，多糖次之，类脂则较差。抗原分子量过小，易被机体分解、过滤，不易产生良好免疫应答。有些较弱抗原可通过与佐剂合用来增强免疫应答。

（2）安全性 包括接种后的全身和局部反应，引起免疫应答的安全程度，引起的疫苗株散播情况。

（3）稳定性 疫苗经过一定时间的贮存和冷链运输后，仍能保持其有效的生物活性。

二、疫苗的种类

根据疫苗的研制技术可将其分为传统疫苗和新型疫苗两大类。

传统疫苗又称常规疫苗或第一代疫苗，是长期以来用于传染病预防的主要生物制品。传统疫苗包括灭活疫苗、减毒活疫苗、用天然微生物的某些成分制成的类毒素和亚单位疫苗。传统疫苗的研制和生产主要是通过改变培养条件，或在不同寄主动物上传代使致病性微生物毒性减弱，或通过物理、化学方法进行灭活来完成的。

新型疫苗主要包括基因工程疫苗、遗传重组疫苗、合成肽疫苗、抗独特型抗体疫苗、微胶囊疫苗等。目前疫苗研制和生产已从预防性疫苗发展到治疗性疫苗，从经典的病毒疫苗和细菌疫苗发展到寄生虫疫苗、肿瘤疫苗和避孕疫苗等。

基因工程疫苗（gene engineering vaccine）又称遗传工程疫苗（genetically engineered vaccine），是指使用重组 DNA 技术克隆并表达保护性抗原基因，利用表达的抗原产物或重组体本身制成的疫苗，包括基因工程亚单位疫苗（如乙型肝炎疫苗）、基因工程载体疫苗、基因缺失活疫苗（如霍乱活菌疫苗）、核酸疫苗、蛋白质工程疫苗等。其中，核酸疫苗被称为疫苗学的新纪元和疫苗的第三次革命〔如治疗新型冠状病毒（后文简称新冠）肺炎的 mRNA 疫苗和 DNA 疫苗〕。

遗传重组疫苗（genetic recombinant vaccine）是指利用经遗传重组方法获得的重组微生物制成的疫苗（如使用甲型流感病毒弱毒株与流感病毒野毒株重组获得的流感减毒活疫苗）。

合成肽疫苗（synthetic peptide vaccine）又称表位疫苗（epitope vaccine），是指利用化学方法合成多肽制成的疫苗。

抗独特型抗体疫苗（anti-idiotype vaccine）是指使用与特定抗原的免疫原性相近的抗体（Ab2）作为抗原制成的疫苗。

微胶囊疫苗（microcapsulized vaccine）也称可控缓释疫苗（controlled sustained release vaccine），是指使用微胶囊技术包裹特定抗原后制成的疫苗。微胶囊疫苗是使用现代材料和工艺技术改进剂型，简化免疫程序、提高免疫效果的新型疫苗。微胶囊一般由丙交酯和乙交酯的共聚物制成。

【场外训练】 脑膜炎球菌多糖疫苗的制造与检定

脑膜炎球菌多糖疫苗有 A、C、Y、W135 四个群。我国生产的是 A 群脑膜炎球菌多糖疫苗，它的生产工艺流程如图 5-10 所示。脑膜炎球菌多糖疫苗的检定包括原液检定、半成品检定及成品检定。其中，原液检定项目有固体总量、蛋白质含量、核酸含量、O-乙酰基含量、磷含量、分子量测定、鉴别试验与内毒素测定。半成品检定是指已配制稀释后待分装冻干的制品经无菌试验，应无任何细菌生长。成品检定项目有鉴别试验，外观检测，水分、多糖含量、分子量测定，无菌检查，异常毒性检查与热原检查。

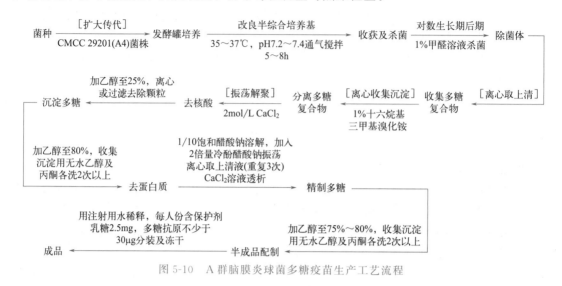

图 5-10　A 群脑膜炎球菌多糖疫苗生产工艺流程

（1）收获及杀菌　应在细菌培养对数生长期后期进行收获，培养时间过长细菌自溶，菌体蛋白析出，增加精制难度。收获时立即用甲醛溶液杀菌，这是我国独创之处，可以固定细胞壁，减少菌体蛋白和内毒素的释放，有利于多糖的精制。

（2）纯化　纯化工艺过程要在无菌条件下进行，所用器具应做无热原处理以防内毒素污染，由于多糖抗原的热不稳定性，尤其在液体状态下，大分子更易降解为小分子而失去免疫原性，因此整个提取过程应在 10℃以下条件下进行，所用试剂都应冷却后使用。

① 去核酸。培养物离心除菌体，上清液加 cetavlon（十六烷基三甲基溴化铵）使多糖凝聚，离心收集沉淀物，加入氯化钙溶液至最终浓度为 1mol/L，使多糖与 cetavlon 解离，加入乙醇至最终浓度为 25%，在此乙醇浓度下核酸凝聚为微小颗粒，可用高速离心法或滤板过滤。

② 沉淀多糖。去核酸后的上清液，加入冷却乙醇至最终浓度为 80%，离心收集沉淀，再用无水乙醇及丙酮各洗 2 次以上，可见白色粉末状的粗制多糖，于−20℃保存。

③ 去蛋白质。将粗制多糖溶解于 1/10 饱和中性醋酸钠溶液中，使其浓度达 10～20mg/mL，再按 1∶2 容量用冷酚提取 2～3 次，离心后吸取上清液，并用 0.1mol/L 氯化钙溶液透析。

④ 去内毒素。由于我国采用了减少菌体内毒素释放的措施，因此国内工艺不采用此步骤。

⑤ 精制多糖。在上述氯化钙溶液透析液中加乙醇至最终浓度为 75%～80%，离心收集沉淀物，用无水乙醇及丙酮各洗 2 次以上，即得洁白的多糖抗原，乙醇的加量与产量和纯度有关，加至 80%产量高，但纯度相对要低，加至 75%则相反。

（3）原液贮存　由于多糖抗原液态时热不稳定，因此我国采用将液态半成品置−20℃冰库贮存的方法，国外则将半成品冻干后贮存，这些方法都能取得较为理想的效果。

（4）半成品配制　在原液中加入无菌、无热原质乳糖作保护剂，以防多糖降解，并用注射用水稀释，使每人用剂量疫苗，含多糖不少于 30μg，乳糖 2.5～3.0mg。

（5）分装及冻干　分装于小立瓶中冻干，冻干过程制品温度不应高于 30℃，采用真空充氮封口。

任务 3 病毒类疫苗的生产

病毒类疫苗是指由病毒、衣原体、立克次氏体或其衍生物制成的，进入机体后可诱导机体产生抵抗相应病毒能力的疫苗。病毒类疫苗是最早应用的疫苗类型，通过一些物理化学和生物学手段（包括加热、加甲醛、基因改造等）减轻甚至完全消除病毒的毒性，就得到了病毒类疫苗，如我国国药集团及北京科兴中维生物技术有限公司研发的新性冠状病毒肺炎疫苗就属于灭活的病毒疫苗。

狂犬病毒固定毒 aGV 株接种于 Vero 细胞，经培养、收获、浓缩、灭活病毒、纯化后，加入适量人血清白蛋白，即为疫苗原液。该原液加入适量保护剂，经分装冻干为成品后就能用于预防狂犬病。

	任务 3　课前自学清单	
任务 描述	连续传代 Vero 细胞；制备狂犬病毒液；超滤浓缩病毒液；分子筛色谱去杂质；进行 Vero 细胞 DNA 残留量、病毒抗原、疫苗效价等检测。	
学习 目标	能做什么 1. 能复苏传代 Vero 细胞； 2. 能制备狂犬病毒液； 3. 能进行病毒灭活水解； 4. 会操作澄清、超滤、色谱工艺； 5. 能用定量 PCR 法测宿主 DNA 残留。	要懂什么 1. 无菌操作的基本原则； 2. 狂犬病毒的复制规律； 3. 病毒灭活技术； 4. 凝胶色谱技术； 5. 定量 PCR 法测定 Vero 细胞 DNA 残留量、酶标法检测抗原含量、病毒滴度检测。
工作 步骤	步骤 1　细胞复苏、换液 步骤 2　细胞传代 步骤 3　换液、种毒 步骤 4　病毒液收获、合并、澄清 步骤 5　超滤浓缩 步骤 6　灭活水解 步骤 7　色谱 步骤 8　计算工艺产率 步骤 9　用定量 PCR 法测定原液 Vero 细胞 DNA 残留量 步骤 10　完成数据处理及工作任务单、工作台账本的书写 步骤 11　完成评价	
岗前 准备	思考以下问题： 1. 生产过程中无菌操作的重要性。 2. 如何去除 Vero 细胞 DNA 残留？ 3. 如何保证生物安全？ 4. 怎样正确使用设备，如离心机、超滤系统、色谱分析系统等？	

	任务 3 　课前自学清单
主要 考核 指标	1. 通过细胞传代,单瓶细胞污染率≤5%,中间品不出现污染; 2. 完成疫苗原液 Vero 细胞 DNA 残留量检测; 3. 制定良好的组内协作计划; 4. 保证设备的合理使用,保持实验室的清洁卫生; 5. 工作任务单、工作台账本的完成情况。

 小提示

操作前阅读【知识支撑】中的"二、病毒的培养方式",以及"四、病毒类疫苗的生产工艺",以便更好地完成本任务。

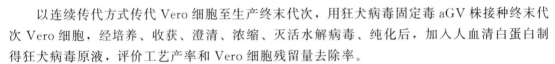

工作目标 >>>

以连续传代方式传代 Vero 细胞至生产终末代次,用狂犬病毒固定毒 aGV 株接种终末代次 Vero 细胞,经培养、收获、澄清、浓缩、灭活水解病毒、纯化后,加入人血清白蛋白制得狂犬病毒原液,评价工艺率和 Vero 细胞残留量去除率。

通过本任务,达到以下能力目标及知识目标:

1. 能够运用病毒灭活技术;
2. 能够运用凝胶色谱技术;
3. 熟悉狂犬病疫苗的原液制备工艺;
4. 理解病毒类疫苗种类、生产工艺及病毒培养方式,了解病毒生产用毒种;
5. 理解疫苗与免疫。

工作准备 >>>

1. 工作背景

狂犬病疫苗生产经历过多种制备方式,即神经组织疫苗、原代细胞疫苗、人二倍体细胞疫苗和传代细胞培养疫苗。目前,我国市场上有原代细胞、Vero 细胞、人二倍体细胞三种狂犬病疫苗,其中 Vero 细胞狂犬病疫苗市场占有率在 90% 以上。在 Vero 细胞狂犬病疫苗生产中,需控制 Vero 细胞 DNA 残留,因此,在疫苗制备工艺中去除残余 DNA 的方法非常重要。

2. 标准操作技术文件配备

应配备相关操作的 SOP(标准操作规程)以及各设备使用保养的标准操作文件。实验室的物料管理、废弃物处理、清洗灭菌等辅助操作也应建立相应的标准操作文件。准备好实验记录本以记录各项实验操作。

3. 所需器材及试剂

（1）器材　脉动真空灭菌柜、pH 计、超滤系统、连续流离心机、色谱分析系统、紫外监测仪、电子天平、电子秤、蠕动泵、恒流泵、生物观测台、细胞计数仪、转瓶机、电子计数秤、倒置显微镜、生化培养箱、电热恒温水浴锅、PCR 仪、HCD 前处理系统、漩涡混合仪、恒温水浴锅/槽、金属浴、离心机、筒式滤器、各规格容量瓶、烧杯、称量纸、药匙、量筒、玻璃棒、胶头滴管、试管及试管架、2L 立瓶、5L 立瓶、导引管、胶塞、镊子、止血钳、吸管、防静电绳、包布、导气管、空气过滤器、15L 立瓶、无菌衣、毛巾、取样瓶、血清瓶、移液器、低吸附吸头、低吸附离心管、离心管架、深孔板及管套、PCR 管/板、3aGV 工作毒种、Vero 细胞工作种子 1 支、人血清白蛋白、牛血清、胰蛋白酶、Vero DNA 定量标准品、蛋白酶 K 等。

（2）试剂　MEM 溶液（维生素溶液）、细胞培养液、氢氧化钠、盐酸、碳酸氢钠、酚磺酞、β-丙内酯、氯化钠、氯化钾、磷酸氢二钠十二水合物、磷酸二氢钾、消毒液、qPCR reaction buffer（qPCR 反应缓冲液）、primer/probe mix（引物和探针混合物）、鲎试剂、注射用水等。

实践操作 >>>

1. 狂犬病疫苗原液制备工艺流程

用狂犬病毒固定毒 aGV 株接种终末代次 Vero 细胞制备狂犬病毒原液的工艺流程如图 5-11 所示。

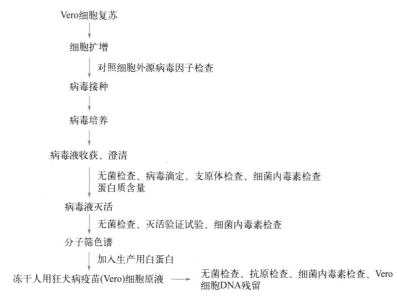

图 5-11　狂犬病疫苗原液制备工艺流程

2. 狂犬病疫苗原液制备

（1）细胞复苏、换液　在层流罩下取两个细胞瓶，放入分装罩下，按 400mL/瓶加入细胞培养液。盖塞，其中一瓶换液时使用，另一瓶用于复苏细胞。将已融化的细胞冻存管用 75％乙醇喷洒消毒，待乙醇干后放置于层流罩下的操作台上，用胶头滴管吸取细胞悬液注入含有细胞培养液的细胞瓶中。盖塞，包扎瓶口，贴上标签注明名称、批号、代次、瓶号、日期，摇匀。将细胞瓶转入 37℃定温室静置培养 6～8h 后，在层流罩下倒掉旧细胞培养液，按 400mL/瓶加入新细胞培养液，盖塞，包扎瓶口。将克氏瓶转入 37℃静置培养 3～4 天。

细胞培养液：取 100mL MEM 溶液，加入 80mL 牛血清，再加入 26mL 7.5％ NaHCO₃，补加注射用水至 1000mL，即为细胞培养液。

（2）细胞传代　取 1 瓶 Hank′s 液放置到层流罩下操作台上。按比例取 1～2 瓶 2％胰蛋白酶，缓慢倾斜倒入 Hank′s 液瓶中，取导引管插入瓶中，绑上三角包布，出液端分装罩固定于分液架上端，摇匀。待使用时解去分装罩包布，细胞消化液最终含 0.25％胰蛋白酶。取细胞瓶置于操作台上，倒去培养液并放置到分装罩下，导出消化液 200mL/瓶，移出分装罩下，盖上新胶塞压紧。将细胞瓶来回晃动，使消化液浸润细胞后水平放置在操作台上，待细胞呈白雾状后竖起细胞瓶。倒掉瓶内胰蛋白酶消化液（如细胞脱落至胰蛋白酶消化液中则直接加培养液），盖上胶塞待用。取消化完成的细胞瓶放置于操作台上，使培养液经筒式滤器除菌后流入细胞瓶中。加液至 1200mL/瓶，夹紧止血钳并移出克氏瓶，盖上胶塞。将母瓶充分摇匀，取灭菌合格的细胞瓶数个，置于操作台上，将细胞悬液缓慢倒入新细胞瓶内，每瓶 400mL，盖上胶塞，包布包扎瓶口。贴上标签，注明名称、批号、内容、传代日期，摇匀。每消化一次为 1 代，逐步消化传代至生产终末代次。

Hank′s 液（平衡盐溶液）：加入顺序为 NaCl→KCl→Na₂HPO₄·12H₂O→酚磺酞→KH₂PO₄，用搅拌泵搅拌，再将注射用水补足。配制后用 0.5mol/L NaOH 或 1mol/L HCl 调节 pH 值至 7.8～8.0。

2％胰蛋白酶：称 20g 胰蛋白酶，补加注射用水至 1000mL，并用 7.5％ NaHCO₃ 溶液调节 pH 值至 7.4～7.5。

（3）换液、种毒　将细胞瓶在层流罩外解开包布，置于层流罩内操作台上，用止血钳打开瓶口胶塞，弃去细胞培养液。对照细胞弃去细胞培养液，加入维持液。盖上新胶塞，包布，绑好瓶口。与种毒细胞同条件静置培养。将 3aGV 工作毒种以 0.01～0.1MOI 量（感染复数，是指病毒感染细胞的比例）接种于 P145 代生产细胞，同一工作种子批毒种应按同一MOI 接种，根据细胞计数结果和 MOI 值计算种毒量。将灭菌量筒和经表面消毒擦拭后的毒种瓶放置于层流罩下，根据毒种使用量量取毒种。添加毒种时双人核对，以免漏加毒种或所加毒种液量与所需毒种液量不符。

（4）病毒液收获、合并、澄清　先在定温室对细胞瓶进行目测检查，检查是否有异常脱落和疑似污染细胞瓶。一收前液体澄清透明，二收液体清澈有轻微金黄色，三收细胞瓶壁有明显白雾聚团且间隙较大。随机抽取前、中、后三瓶进行细胞镜检。种毒后一收前细胞轮廓不规则，病变明显；二收前细胞轮廓不规则有明显聚拢，存在细微空隙，细胞有轻微脱落，病变较明显；三收前细胞呈撕裂状，细胞聚拢较明显，细胞脱落较明显。如图 5-12 所示。

收液前将细胞瓶按顺序置于层流罩操作台上，仔细观察，做到四看。平看：对整架细胞从上到下一层一层往下看，五瓶细胞颜色一致。看手：把细胞瓶拿到手上，俯视观察托举细胞瓶的手掌，液体清澈无混浊。看瓶口：放在层流罩下解玻璃纸时，瓶口玻璃纸完好。看瓶

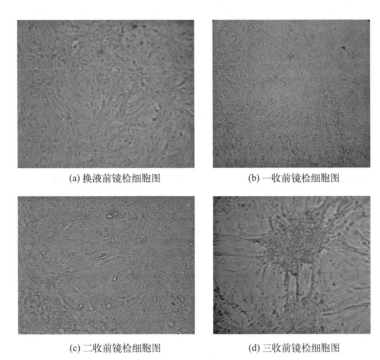

(a) 换液前镜检细胞图　　　　　　　　　(b) 一收前镜检细胞图

(c) 二收前镜检细胞图　　　　　　　　　(d) 三收前镜检细胞图

图 5-12　细胞镜检图

身：细胞贴壁均匀，无霉点。

收液时取细胞瓶按从右到左、从上到下顺序，放置于操作台上（不超过五瓶细胞），边收液边加液，依次循环操作。收满一瓶时用止血钳夹好进液口，卸掉收液瓶空气过滤器上的连接头，折好收液进口管道，并用防静电绳扎紧。收满一瓶后贴上标签，注明名称、收获日期、批号、液量、有效期。

将收液后的细胞瓶移至分装罩下进行加液，一收二加加液量 2500mL/瓶、二收三加加液量 2000mL/瓶。加液完成后，将细胞瓶推出分装罩。夹胶塞人员从近到远、从上到下夹取胶塞，密封细胞瓶。夹胶塞人员将细胞瓶推至绑瓶人员面前。绑瓶人员盖上包布，用灭菌防静电绳绑好瓶口，放置在滤器箱上。上瓶人员拍紧胶塞，按顺序放置在转瓶机上。上下瓶操作人员按照取细胞顺序，依次将细胞瓶重新放置于转瓶机上，进行旋转培养。每放置一瓶加液后的细胞瓶，取下一瓶待收液细胞。

取出 $5\mu m$ 和 $0.65\mu m$ 滤器（进液口带有连接管，出液口带有三通管）放到操作台上，拧紧卡箍、支架及排气口。拿出夹泵管道，缓慢解开夹泵管一端的防静电绳，轻轻剥开包布，避免手指碰到管口，连接 $5\mu m$ 滤器进液口，另一端放置待用。缓慢解开连接管另一端的防静电绳，连接 $5\mu m$ 滤器出液口。拿出带缓冲瓶的管道，三通接口一端连接缓冲瓶进液口，进液口用止血钳夹死，待收获液留样时使用；缓冲瓶出液管道用止血钳夹死，待取样时使用；另一端三通接口连接澄清后病毒收获液罐的进液管道，出液管道用止血钳夹死，待超滤浓缩时使用。将病毒收获液出液口连接 $5\mu m$ 滤器夹泵管道快接头。所有管道连接完毕后，用防静电绳绑紧各接口连接处，复核两个不同型号的滤器进出口方向及前后顺序是否连接正确、管道是否通畅、止血钳是否夹对位置。将夹泵管道安装于蠕动泵卡槽内。待病毒制备组将此罐液体收获完毕后，松开病毒收获液出液管止血钳。打开 $5\mu m$ 滤器排气阀上包布，拿起排气瓶软管接口端与排气阀连接，缓慢调节蠕动泵转速，待液体进入滤器后，看见红色液体从排气口流出且无气泡排出后关闭排气阀。打开 $0.65\mu m$ 滤器排气阀上包布，取下 $5\mu m$ 滤器排气阀上软管，连接 $0.65\mu m$ 滤器排气阀，打开排气阀，拿起 $5\mu m$ 滤器倒置，待看见液体流出并轻轻晃动滤器，使滤膜表面上吸附的气泡完全排干净，待 $0.65\mu m$ 滤器排气口有液体流出直到气泡完全排干净后，关闭排气阀，再倒置 $0.65\mu m$ 滤器，轻轻晃动使气泡完全排干净，平稳放好。调节蠕动泵转速进行病毒收获液澄清操作并在操作时同步填写相关记录。调节蠕动泵转速或调节真空系统压力，确保流速不超过 $5000mL/min$。

（5）超滤浓缩 将真空管路连接至超滤缓冲罐的囊式滤器上，打开阀门。将病毒澄清液罐按照一收、二收、三收顺序松开出液口止血钳，将病毒收获液输送至超滤缓冲罐中，当液体至 $250000\sim300000mL$ 时，关闭阀门，待升降车上称量显示读数不变时，开始超滤。

启动超滤系统，打开进口阀和回流阀，点击开始键，待泵稳定后点击截流阀键，启动排气泡程序，排尽超滤系统内空气后，待泵运行稳定，打开透过端，调节透过端阀门，超滤浓缩操作开始。待病毒收获液全部输送结束后，关闭废液口，点击操作程序上暂停键。关闭进液口、回流口，打开真空，将盛装病毒收获液的不锈钢罐抬起，将剩余病毒收获液输送至超滤缓冲罐。打开进液口、回流口，开始运行程序。将进液口流速调至 $75L/min$，打开废液口，调节阀门使过膜压力保持在 $1\sim2psi$❶，继续超滤浓缩。

当超滤浓缩的病毒液体积达到要求时，暂停系统运行，点击结束按钮结束系统运行。关闭超滤系统运行软件，重新登录后待运行。使用蠕动泵将浓缩液收至 $15L$ 立瓶中。最终浓缩倍数为 $40\sim70$ 倍。盖好灭菌包布，贴上已填写内容的标签，移入 $2\sim8℃$ 冷库存放。

（6）灭活、水解 从低温冰柜中取出 β-丙内酯承装盒（连同冰袋），双人核对 β-丙内酯批号、保存条件。

加 β-丙内酯：将 β-丙内酯放于操作台上，摇动大立瓶，使浓缩液转动，且产生漩涡。用 $5mL$ 移液枪或灭菌后 $1mL$ 吸管按 $1/4000$ 比例吸取 β-丙内酯 $3.0mL$ 加入 $12000mL$ 浓缩液中，盖好胶塞，用包布包扎好瓶口，按相同方向摇动立瓶，保持浓缩液持续转动。灭活操作结束后移入 $2\sim8℃$ 冷库，置于灭活中浓缩液区。将浓缩液于 $2\sim8℃$ 冷库灭活 $24h$。

已灭活病毒浓缩液放于无毒 C 级 $37℃$ 定温室中。病毒浓缩液升温后，$37℃$ 水解 $2h$。水解结束立即对每容器进行取样、送样、病毒灭活检测及验证试验。

（7）色谱分析 打开蠕动泵，浓缩液流入离心机转子内，经连续流离心后流进收集的 $50L$ 桶或 $15L$ 立瓶内，检查浓缩液是否从转子内外溢，若出现漏液现象停止离心操作。用电子秤检测离心机运行流速，控制在 $400\sim500mL/min$。操作结束后，先关闭蠕动泵再关闭离心机。将离心后盛放浓缩液的 $50L$ 桶或 $15L$ 立瓶详细注明标签的内容（品名、批号、液量、日期），离心后浓缩液放置于操作间，待色谱分析。采用分子筛色谱方法

---

❶ $1psi=6894.757Pa$。

按照色谱操作 SOP 进行纯化，介质为 Sepharose 4FF（琼脂糖凝胶 4FF），洗脱液为 pH7.46～7.54 的磷酸盐缓冲液（PBS），上样量为柱体积的 2%～4%，检测波长为 280nm，收集第一峰。

纯化后取样进行蛋白质含量测定。

取样后立即加入生产用人血清白蛋白至终浓度为 1%，即为原液。取样进行无菌检查、抗原含量测定、细菌内毒素检查、Vero 细胞 DNA 残留测定（定量 PCR 法），将取样后的原液移至 2～8℃冷库存放。

（8）计算工艺产率　根据病毒收获液量，计算最后的原液工艺产率，按百分数表示。

【知识支撑】

一、病毒类疫苗的种类

第一，按疫苗的理化性状分类。根据疫苗物理状态，可分为液体疫苗、冻干疫苗等。根据疫苗是否被灭活，可分为灭活疫苗和减毒活疫苗。根据病毒是否被裂解，可分为全病毒疫苗、裂解疫苗、亚单位疫苗、表面抗原疫苗等。根据疫苗中是否有佐剂，可分为佐剂疫苗和无佐剂疫苗。

第二，按疫苗病毒培养的组织来源和制造方法分类。动物培养疫苗有乙型脑炎鼠脑纯化疫苗、羊脑狂犬病疫苗等。鸡胚培养疫苗有鸡胚尿囊液流感疫苗、鸡胚全胚流感疫苗、鸡胚尿囊液腮腺炎疫苗等。细胞培养疫苗有鸡胚细胞培养的麻疹疫苗、猴肾细胞培养的脊髓灰质炎疫苗、二倍体细胞培养的脊髓灰质炎疫苗等。基因工程疫苗有基因工程乙型肝炎疫苗等。

第三，按疫苗所预防疾病的种类分类。目前广泛使用的病毒疫苗有十余种，包括脊髓灰质炎疫苗、乙型脑炎疫苗、腮腺炎疫苗、麻疹疫苗、风疹疫苗、水痘疫苗、肝炎疫苗、狂犬病疫苗、流感疫苗等。

二、病毒的培养方式

1. 动物培养法

动物是人类最早用来进行病毒分离、鉴定和疫苗制备的材料，尤其是小型哺乳动物，可将病毒接种在动物脑内、鼻腔、腹腔、皮下等，使之在相应的细胞内繁殖。动物培养法具有潜在传播病毒危险，而且饲养管理动物过程复杂，普通动物又会携带很多外源因子，疫苗中残留的动物组织也会影响疫苗安全性，因此目前在生产中已较少用到，转而被细胞培养等技术取代。乙型脑炎鼠脑纯化疫苗、肾综合征出血热鼠脑纯化疫苗等的生产仍采用动物培养法。

2. 鸡胚培养法

在细胞培养法之前，鸡胚培养法已被广泛应用于某些病毒的分离、鉴定和疫苗生产。该方法至今仍用于疱疹病毒、痘类病毒、黏液病毒和立克次氏体等的研究，以及流感疫苗、黄热病疫苗、斑疹伤寒疫苗等的生产。根据病毒的种类不同，可将病毒接种到 7～11 日龄鸡胚的卵黄囊、尿囊腔或绒毛尿囊膜等不同部位。

3. 组织培养法

这是一种从 20 世纪 50 年代开始广泛采用的病毒培养方法，几乎所有人类和动物的组织都能在试管中培养。

4. 细胞培养法

目前大多数病毒类疫苗都采用细胞培养法进行生产，方法有静置培养、转瓶培养、微载体细胞培养和中空纤维培养。根据组织来源和细胞性质不同，可将细胞分为原代细胞、传代细胞、二倍体细胞和杂交瘤细胞等。原代细胞和二倍体细胞多用于制备疫苗的毒株建立、疫苗的制造和分离，传代细胞一般用于检定，杂交瘤细胞用于单克隆抗体制备。用于疫苗生产的主要是原代细胞和传代细胞，原代细胞是将动物细胞进行二次培养而不再传代的细胞（如猴肾细胞、地鼠肾细胞等），传代细胞是指长期传代的动物细胞株（如人二倍体细胞）。传代细胞须建立原始细胞库、主细胞库和工作细胞库，且传代次数应控制在一定范围内。

细胞培养步骤包括毒种悬液的制备（将工作种子批毒种按一定比例稀释成毒种悬液）、细胞培养的生长液和维持液的配制（生长液提供细胞生长繁殖所需要的营养，维持液维持细胞接种毒种后存活、使病毒大量复制）、病毒接种与培养、培养条件控制（pH 值、CO_2 浓度、氧分压、培养时间和温度）、病毒收获、病毒灭活、疫苗纯化、配制（根据病毒滴度配制成半成品）、冻干（冻干疫苗在真空或充氮后密封保存，使其残余水分保持在 3％以下）。

三、疫苗生产用毒种

1. 管理

用于病毒类医疗生产的毒种和细胞都必须经过严格的质量控制和国家市场监督管理总局审批。生产用毒种必须建立完整的历史资料，包括病毒分离、实验室减毒过程和全面质控以及临床研究等。经国家批准，由国家药品检定机构或国家指定的单位保管和分发，按照要求建立原始种子批、主种子批和工作种子批的三级病毒种子批管理，在规定传代水平内使用。

2. 特性

疫苗生产和检定用毒种应具有典型的形态和感染特定组织的特性，在传代过程中能长期保持其生物学特性；应具有特定抗原性，能诱发机体产生特定免疫力；易在特定组织中大量繁殖；在人工繁殖过程中不应产生神经毒素或引起机体损害的其他毒素；制备活疫苗的毒株在人工繁殖过程中应无恢复原致病力的现象；在分离和形成毒种的全过程应不被其他病毒污染。用于制备活疫苗的毒种往往需要将毒株经过数十次或上百次传代，降低毒力，直至无临床致病性，才能用于生产。

3. 质控项目

包括鉴别试验（鉴别病毒的特异性）、病毒外源因子检查、免疫原性检查、猴体神经毒力试验及其他试验（如无菌试验、病毒滴度测定、某些毒种的特定安全试验等）。

四、病毒类疫苗的生产工艺

病毒类疫苗的生产工艺流程如图 5-13 所示。

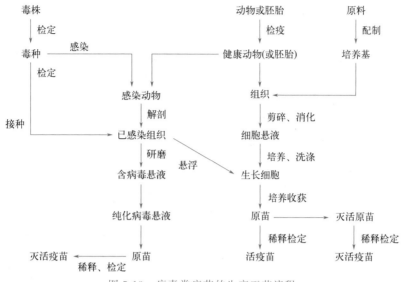

图 5-13　病毒类疫苗的生产工艺流程

【知识拓展】

一、疫苗与免疫

1. 疫苗与免疫反应

免疫反应过程复杂，不仅有多种细胞和细胞因子参与，且受许多因素（尤其是遗传因素）控制和影响，其作用机制和许多环节至今尚不十分清楚。不同病原微生物和不同感染途径可引起机体产生不同免疫反应。根据参与免疫应答的免疫细胞不同，将免疫反应分为 T 淋巴细胞（来源于胸腺的多能干细胞）介导的细胞免疫反应和 B 淋巴细胞（来源于骨髓的多能干细胞）介导的体液免疫反应。因此，不同疫苗和不同接种途径会使机体产生不同免疫反应。

在体液免疫反应中产生的抗体可中和并清除病原微生物及其产生的毒素。灭活疫苗和亚单位疫苗（以感染原的某个或某几个特异蛋白质为主制成的疫苗）需多次免疫才能使接种者产生有效免疫反应和免疫记忆，这两种疫苗主要引起 B 淋巴细胞介导的体液免疫反应。B 淋巴细胞可通过产生 IgM、IgD、IgA、IgE、IgG 等不同类型抗体对不同抗原做出反应。接种疫苗后的接种者若感染相应病原体时，体内少量未与抗体形成复合物的感染源可侵入细胞内并进行复制，此时 B 淋巴细胞分泌的抗体将通过抗体依赖性细胞毒作用或补体依赖的溶细胞作用清除被感染细胞。

T 淋巴细胞介导的细胞免疫反应具有抗细胞内病毒感染、抗细胞内细菌感染、抗真菌感染和抗肿瘤作用。由于减毒活疫苗可在接种者体内进行短暂生长和增殖，延长免疫系统对抗原的识别时间，因此有利于提高免疫能力和促进记忆型免疫细胞产生，激发 T 淋巴细胞介导的细胞免疫反应，产生记忆型 CD8$^+$ 细胞毒性 T 细胞（T 淋巴细胞的 1 个亚群）。

黏膜是人体免疫系统的第一道主要屏障。在黏膜淋巴组织中有大量 B 淋巴细胞，所产生的抗体以多聚 IgA 为主。作为人体第一道屏障的重要组成部分，IgA 通过结合抗原、细菌、细菌毒素或病毒，阻止它们附着并侵入黏膜，也可通过补体蛋白和抗体介导的细胞毒作用参与抗原清除。IgA 型抗体可由黏膜上皮细胞转送至肠道和呼吸道，IgA 从浆细胞（又称效应 B 细胞）分泌后，与黏膜上皮细胞表面 IgA 受体结合并被吞噬到上皮细胞内，再被转移到细胞表面并被分泌进入黏膜内，完成循环。口服疫苗等黏膜接种不仅可使接种者产生很强的循环抗体反应，也可在黏膜局部产生免疫反应，从而将通过黏膜感染的病原体杀死在黏膜局部，有时还能产生较好的细胞免疫反应。

2. 疫苗与免疫记忆

免疫记忆也称再次免疫反应或既往反应，是指淋巴细胞在抗原刺激下通过分化，产生一类特殊淋巴细胞，这类淋巴细胞再次遇到同一抗原时，可产生比初次免疫更强的抗体。免疫记忆是免疫的重要特征，细胞免疫和体液免疫均可发生免疫记忆现象。初次免疫应答所持续的时间较短，在初次免疫应答末期，一些效应 T 细胞转化为记忆 T 细胞，当一定量的同一抗原再次进入机体时，对这一抗原有特异性识别受体的记忆 T 细胞迅速增殖，并发生再次免疫应答。记忆 T 细胞的存活时间更长，因此再次免疫应答的强度和速度都要远高于初次免疫应答。记忆 T 细胞对抗原刺激强度的要求也相对较低，并可在没有抗原提呈细胞（又称辅佐细胞，是机体内具有摄取、处理和传递抗原信息，诱发 T 淋巴细胞、B 淋巴细胞发生免疫应答作用的细胞，主要包括巨噬细胞、树突状细胞、并指状细胞、郎格罕细胞及 B 淋巴细胞）和促激活分子的时候被激活。由此可见，探索人体通过接种刺激选择性地激发免疫应答，从而对某一特定抗原产生大量记忆性淋巴细胞，以抵御病原微生物的感染是疫苗研制的关键。

二、生物安全防护措施

生物制品生产区可分为有毒区和无毒区，在有毒区的一切物品（包括空气、水体和所有表面等）都被视为污染物，有危害。但只要切断病原微生物的传播途径，不让它和人员发生接触，就不会发生感染。做好生物安全防护可采取以下主要措施。

一是采取有效隔离措施，将病原微生物和外界分隔开。建造生产区域时，设置气闸和缓冲区，使有毒生产区域与相邻区域保持相对负压，将病原微生物包围在一定空间范围内，避免暴露在开放环境中。接触病原微生物的空气、水经高效过滤或灭活处理后再排放。生产第一类、第二类强毒的操作间安装 Ⅱ 级及以上级别生物安全柜，在生物安全柜中进行操作。

二是使用防护装备做好个人防护。实验室内必须穿工作服，在工作服外再加罩衫或防护服。戴帽子、口罩和手套，如感染性材料可能发生溢出或溅出，则应戴两副手套，工作完全结束后方可除去手套，必要时佩戴护目镜。实验完成后必须脱下工作服，留在实验室内并定期消毒洗涤。生产结束后，依次按照外层手套、护目镜、隔离衣、口罩和防护帽、鞋套、内层手套的顺序脱卸个人防护装备。

三是及时做好消毒灭菌工作。生产车间和隔离区在进行活体微生物操作时以及操作后，工作人员要对有可能污染的区域和物品进行严格的消毒灭菌处理，尤其是生产后的废液、设备与器具等。在生产区设置高压灭菌锅和化学清洁装置，便于进行原位消毒处理。不能原位消毒处理的，尤其是带有活生物体的污染物，必须将其放在特制密封袋中，装入密闭容器，直接送到焚烧炉内进行焚烧处理，防止有害因子的污染扩散和交叉污染。

四是严格进行生物安全操作。可根据《实验室生物安全手册》等规章制度进行相关操作，包括生物安全柜的使用，移液管和移液辅助器的使用，离心机的使用，摇床的使用，搅拌器、匀浆器和超声处理器的使用，冰箱与冰柜的维护和使用，装有感染性物质安瓿的贮存，装有冻干感染性物质安瓿的开启，血清的分离，避免感染性物质的注入，等等。

【场外训练】　流行性腮腺炎疫苗的制造与检定

流行性腮腺炎疫苗的生产工艺流程如图 5-14 所示。

图 5-14　流行性腮腺炎疫苗生产工艺流程

1. 细胞培养

主要用 SPF（无特定病原体）鸡胚细胞进行细胞培养，生产工艺为静止培养或转瓶培养。

2. 质量控制

流行性腮腺炎疫苗的检定项目有毒种检定、病原原液检定、半成品检定和成品检定。成品检定项目包括鉴别试验、物理检查、残余水分测定、病毒滴度测定、热稳定性试验、无菌试验、异常毒性试验及牛血清蛋白残留量测定。

 素质拓展

大国担当——中国自主研发多种疫苗

我国在新时代十年的伟大变革中，倡导大力提升自主创新能力，一些关键核心技术实现突破，战略性新兴产业发展壮大，进入创新型国家行列。在这一过程中，我国的生物医药取得重大成果，生物医药产业驶入发展"快车道"，一系列新产品新服务为保障人民生命健康提供了新助力。其中，我国疫苗产业市场化程度日益提高。

近年来，众多本土企业正发力流感疫苗、肺炎疫苗、狂犬疫苗、流脑类（流行性脑脊髓膜炎）疫苗等大品种二类疫苗的自主研发。2019 年，中国疫苗产业迎来了历史性的重磅变革——当年 12 月 1 日，《中华人民共和国疫苗管理法》正式施行。这是全球首部综合性疫苗管理法律，充分体现了我国对疫苗的高度重视，对促进疫苗产业创新和行业健康发展具有重要意义。《中华人民共和国疫苗管理法》明确，国家鼓励疫苗上市许可持有人加大研制和创新资金投入，优化生产工艺，提升质量控制水平，推动疫苗技术进步；支持多联多价等新型疫苗的研制。

2020 年，我国共有 334 款国产疫苗批件，分属于 53 家疫苗企业。研发火热与市场繁荣互为催化，近年来，HPV 疫苗、流感疫苗、肺炎疫苗、狂犬疫苗……更多拥有自主知识产权的创新疫苗正在加速面市。与此同时，国家免疫规划始终保障有力——国家"买单"的免疫规划疫苗可预防的传染病已达 15 种，中央财政投入每年已超过 40 亿元。而今，我国多种疫苗可预防传染病已经降到了历史最低水平。同时，更多拥有自主知识产权的创新疫苗正在加速面市。一剂疫苗正为健康中国蓝图注入强大信心。

项目总结 >>>

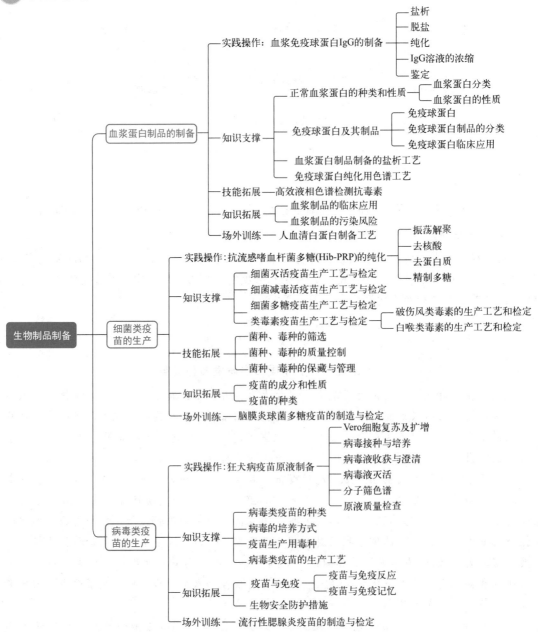

一、选择题

1. 有关血液制品的描述错误的是（　　　）。

A. 各种原因引起的血管破裂可能导致出血，如果失血量超过总血量 10%，则需要输血

B. 血液制品指由健康人的血液或经特异免疫的人血浆，经分离、提纯或由重组 DNA 技术制成的血浆蛋白成分，以及血液细胞有形成分的统称

C. 成分血的浓度高、纯度好、疗效快、不良反应少、稳定性好、便于保存和运输；还可以一血多用，节省血液资源，节约患者费用，减少疾病传播

D. 具有载氧功能、维持血浆渗透压和酸碱平衡、扩充血容量的人工制剂称为血液制品

2. 不属于血浆制品的是（　　　）。

A. 新鲜冷冻血浆　　　　B. 冷沉淀　　　　C. 普通冷冻血浆　　　　D. 免疫球蛋白

3. 输血患者中，占成分输血比例最高的是（　　　）。

A. 血浆制品　　　　B. 红细胞成分制品　　C. 白细胞成分制品　　D. 白蛋白类制品

4. 红细胞成分制品中，应用最多的是（　　　）。

A. 红细胞悬液　　　　B. 洗涤红细胞　　　　C. 浓缩红细胞　　　　D. 冰冻红细胞

5. 具有扩充血容量和维持正常血浆胶体渗透压作用，使用最广泛的血浆蛋白制品为（　　　）。

A. 人免疫球蛋白　　　B. 人血清白蛋白　　　C. 浓缩白细胞　　　D. 人纤维蛋白原

6. 人纤维蛋白原即为（　　　）。

A. 人凝血因子 I　　　B. 人凝血因子 II　　　C. 人凝血因子 IX　　　D. 人凝血因子 X

7. 人凝血酶原复合物中主要含有的是（　　　）。

A. 人凝血因子 I　　　B. 人凝血因子 II　　　C. 人凝血因子 IX　　　D. 人凝血因子 X

8. 下列（　　　）不属于细菌类疫苗生产时，菌种检定的内容。

A. 培养特性、血清学特性　　　　　　　　B. 毒性试验、毒力试验

C. 免疫力试验　　　　　　　　　　　　　D. 杂菌检查

9. 下列关于疫苗生产所使用的冻干保护剂的作用，描述不正确的是（　　　）。

A. 可防止生物活性物质和细菌在冷冻干燥时受到破坏

B. 可防止因细胞内水分结晶而对细胞膜或其他生物成分产生应力

C. 如果含有细菌营养物质，还可使细胞在复苏时迅速修复细胞膜所受的损伤

D. 可延长疫苗的保质期

10. 下列（　　　）不是疫苗大规模生产时所采用的工艺。

A. 固体培养基培养工艺　　　　　　　　　B. 液体培养基摇瓶培养工艺

C. 液体培养基静止培养工艺　　　　　　　D. 液体培养基发酵罐培养工艺

二、判断题

1. 在正常人血清蛋白质醋酸纤维薄膜电泳图谱中泳动最快的是白蛋白。（　　　）

2. 白蛋白是血浆中含量最高的蛋白质。（　　　）

3. 人血清白蛋白主要通过低温乙醇法制备。（　　　）

4. 免疫球蛋白中含量最高的是 IgM。（　　　）

5. 免疫球蛋白只能肌内注射，不能静脉注射。（　　　）

6. 血浆制品污染风险比较高。（　　　）

7. 在疫苗生产的菌种固体培养过程中，细菌采集应逐瓶检查，废弃污染杂菌者，将未污染者菌苔刮入含 PBS 的大瓶中。（　　　）

8. 细菌减毒活疫苗是用人工诱变方法培育出的弱毒菌株或无毒菌株而制成的。（　　　）

9. 在细菌多糖疫苗的生产中，可用丙酮沉淀粗多糖，经去蛋白质、去核酸纯化后，再用丙酮沉淀精多糖。（　　　）

10. 用于病毒类医疗生产的毒种和细胞必须经过严格的质量控制，但不一定需要国家市场监督管理总局的审批。（　　　）

11. 目前大多数病毒性疫苗采用动物培养法进行生产。（　　　）

三、填空题

1. 血浆蛋白种类很多，组成上几乎都是_____。

2. _____是体内一组有抗体活性的蛋白质，由浆细胞合成、分泌，存在于血液、体液和外分泌液中，具有结合抗原、固定补体、穿过胎盘、使异种组织过敏、结合类风湿因子等生物活性。

3. 免疫球蛋白分类的依据根据结构不同，主要就是根据重链恒定区的氨基酸组成和排列顺序的差异可以分为_____5 种。

4. 破伤风梭菌能产生强烈的外毒素，有_____和_____两种。

5. 大规模生产疫苗时多采用_____培养法。

6. 生产疫苗时需使用杀菌剂，我国多采用_____杀菌剂。

四、简答题

1. 简述免疫球蛋白临床应用。

2. 免疫球蛋白 IgG 的制备工艺中，凝胶过滤脱盐得到粗蛋白用什么做指示剂，如何判断脱盐结束？

3. 简述细菌减毒类疫苗的生产工艺。

项目六

生物制药生产的下游技术

❖ 知识目标：

1. 掌握细胞破碎技术的相关知识；
2. 掌握沉淀技术；
3. 理解结晶技术和干燥技术；
4. 掌握电泳技术；
5. 理解超滤技术；
6. 掌握离子交换技术；理解其他色谱技术。

❖ 能力目标：

1. 能够熟练使用组织捣碎机进行组织细胞破碎；
2. 能够利用盐析法沉淀提取生物活性成分，并熟练使用离心机；
3. 能够利用结晶法、干燥法分离纯化生物活性成分，并熟练使用真空干燥箱；
4. 能够利用电泳法分离纯化生物活性成分，熟练使用电泳槽、电泳仪；
5. 能够利用离子交换色谱法分离纯化生物活性成分，并熟练使用色谱柱、部分收集器；
6. 能准确处理数据，分析结果。

❖ 素质目标：

1. 具有团队合作精神；
2. 具备分析问题、解决问题、举一反三的应用能力，具备科学探索精神与创新能力；
3. 具有沉静执着、认真专注、精益求精的工匠精神；
4. 树立安全操作、认真负责、节约成本的职业操守意识。

项目导读

1. 项目简介

生物制药生产的下游技术一般指生物活性成分的提取分离与纯化技术，通常涉及细胞与不溶物的去除、产品的提取和浓缩、产品的提纯等。本项目侧重于介绍沉淀、电泳、色谱、超滤等常用的生物活性成分提纯技术。

2. 任务组成

本项目共有三个工作任务：第一个任务是胰岛素的提取分离，借助盐析等沉淀技术获得胰岛素粗品，再利用结晶技术与干燥技术进行分离纯化，获得胰岛素精品；第二个任务是血清蛋白的电泳分离纯化，利用聚丙烯酰胺凝胶电泳法分离纯化血清中的蛋白质组分；

第三个任务是酪蛋白磷酸肽的制备与离子交换纯化，借助酶解法制备酪蛋白磷酸肽，再利用离子交换色谱技术纯化制得酪蛋白磷酸肽。

工作任务开展前，请根据学习基础、实践能力，合理分组。

3. 学习方法

本项目主要通过以上三个工作任务，培养从事生物制药过程中的下游工艺岗位的职业能力。

在"胰岛素的提取分离"工作任务中，学会动物细胞的破碎、盐析沉淀、结晶、干燥的操作技能，掌握沉淀技术，理解结晶技术与干燥技术；在此基础上，通过"场外训练"，学会等电点沉淀以及有机溶剂沉淀的操作技能，进一步锻炼操作技能，培养举一反三的可持续学习能力和勇于实践的科学探索精神。在"血清蛋白的电泳分离纯化"工作任务中，学会聚丙烯酰胺凝胶电泳的操作技能，掌握电泳技术，理解超滤技术；在此基础上，通过"场外训练"，学会利用聚丙烯酰胺凝胶电泳测定蛋白质分子量。在"酪蛋白磷酸肽的制备与纯化"工作任务中，学会离子交换色谱的操作技能，掌握离子交换技术，理解吸附色谱、凝胶色谱、亲和色谱、等电聚焦色谱、疏水作用色谱等其他色谱技术；在此基础上，通过"场外训练"，学会利用凝胶过滤色谱法分离纯化生物多肽。

任务 1　胰岛素的提取分离

胰岛素是由胰脏内的胰岛 β 细胞受内源性或外源性物质（如葡萄糖、乳糖、核糖、精氨酸、胰高血糖素等）刺激而分泌的一种蛋白质激素。胰岛素是机体内唯一能降低血糖的激素，可以调节糖代谢、减少糖原异生、抑制糖原分解、加速葡萄糖的无氧酵解和有氧氧化、促进组织对葡萄糖的利用，同时促进糖原、脂肪、蛋白质合成。外源性胰岛素主要用来治疗糖尿病，其应用于临床已有 70 多年的历史，至今仍是治疗糖尿病的首选药物。

不同动物的胰岛素组成均有所差异，猪胰岛素与人胰岛素（human insulin）结构最为相似，只有 B 链羧基端的一个氨基酸不同。20 世纪 80 年代初已成功地运用遗传工程技术由微生物大量生产人胰岛素，并已用于临床。1955 年，英国 F. 桑格小组测定了牛胰岛素的全部氨基酸序列，开辟了人类认识蛋白质分子化学结构的道路。1965 年 9 月 17 日，中国科学家人工合成了具有全部生物活力的结晶牛胰岛素，它是第一个在实验室中用人工方法合成的蛋白质，稍后美国和联邦德国的科学家也完成了类似工作。70 年代初期，英国和中国的科学家又成功地用 X 射线衍射方法测定了猪胰岛素的立体结构。这些工作为深入研究胰岛素分子结构与功能关系奠定了基础。人们用化学全合成和半合成方法制备类似物，研究其结构改变对生物功能的影响；进行不同种属胰岛素的比较研究；研究异常胰岛素分子病，即由于胰岛素基因的突变使胰岛素分子中个别氨基酸改变而产生的一种分子病。这些研究对于阐明某些糖尿病的病因也具有重要的实际意义。

胰岛素由 A、B 两个肽链组成。人胰岛素共由 51 个氨基酸组成，其中 A 链有 11 种 21

个氨基酸，B 链有 15 种 30 个氨基酸。

	任务 1　课前自学清单	
任务描述	利用组织捣碎机破碎胰脏,利用盐析沉淀法提取胰脏中的胰岛素,利用结晶法与干燥法进行成品加工,计算胰岛素精品效价。	
学习目标	能做什么	要懂什么
	1. 能够熟练使用组织捣碎机进行组织细胞破碎; 2. 能够利用盐析法沉淀提取生物活性成分,并熟练使用离心机; 3. 能准确记录实验现象、数据,正确处理数据; 4. 会正确书写工作任务单、工作台账本,并对结果进行准确分析。	1. 细胞破碎技术; 2. 沉淀技术; 3. 盐析时无机盐的选择; 4. 盐析时盐饱和度的调节; 5. 盐析的一般操作步骤; 6. 结晶技术; 7. 干燥技术。
工作步骤	步骤 1　试剂配制 步骤 2　胰脏预处理 步骤 3　提取 步骤 4　碱化及酸化 步骤 5　减压浓缩 步骤 6　脱脂 步骤 7　盐析 步骤 8　精制 步骤 9　效价测定 步骤 10　完成数据处理及工作任务单、工作台账本的书写 步骤 11　完成评价	
岗前准备	思考以下问题: 1. 提取步骤的操作要点是什么? 2. 酸化及碱化的目的是什么? 3. 减压浓缩时,如何控制相对密度? 4. 盐析时,为什么需要调节 pH 值至 2.5? 5. 结晶时的操作要点是什么?	
主要考核指标	1. 提取、酸化及碱化、盐析、结晶、干燥操作(操作规范性、仪器使用等); 2. 实验结果(胰岛素效价); 3. 工作任务单、工作台账本随堂完成情况; 4. 实验室清洁。	

⇥ 小提示

　　操作前阅读【知识支撑】"二、沉淀技术"中的"1. 盐析法",【技能拓展】中的"三、盐析操作注意事项",以便更好地完成本任务

工作目标

分组开展工作任务。对胰脏中的胰岛素进行提取，并进行精制。

通过本任务，达到以下能力目标及知识目标：

1. 能用盐析等沉淀技术进行生物活性成分的提取分离，掌握盐析法、有机溶剂沉淀法；
2. 能用结晶技术、干燥技术进行生物活性成分的精制，理解结晶技术与干燥技术。

工作准备

1. 工作背景

创建蛋白质分离纯化的操作平台，并配备组织捣碎机、离心机等相关仪器设备，完成胰岛素的提取分离。

2. 技术标准

溶液配制准确，电泳过程操作正确，电泳仪及分光光度计使用规范，定量计算正确，等等。

3. 所需器材及试剂

（1）器材　组织捣碎机、离心机、布氏漏斗、抽滤瓶、真空抽滤机、旋转蒸发仪、分液漏斗、酸度计、水浴锅、冰箱、显微镜、真空干燥箱、不锈钢锅、搪瓷桶、烧杯、量筒、玻璃棒、滤纸、胰脏、猪（或牛）胰岛素标准品、猪（或牛）胰岛素对照品等。

（2）试剂　68%及86%乙醇、草酸、6mol/L 硫酸、氨水、2mol/L 浓氨水、硅藻土、0.01mol/L 盐酸、丙酮、6.5%及20%乙酸锌溶液、2%及10%柠檬酸溶液、氯化钠、乙醚、五氧化二磷。

实践操作

胰岛素提取精制的操作流程图如图 6-1 所示。

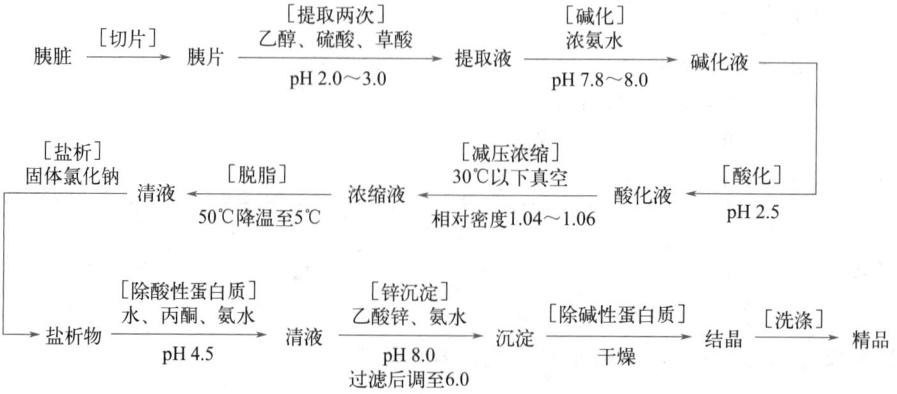

图 6-1　胰岛素提取精制操作流程

1. 胰脏预处理

将胰脏冰冻切片，备用。

2. 提取

取冻胰片 100g 用组织捣碎机绞碎，置于搪瓷桶中，加入 2.3～2.6 倍量 86％乙醇、5％冻胰质量的草酸，在 10～15℃下加入 6mol/L 硫酸，调 pH 值至 2.0～3.0，搅拌提取 2h。3000r/min 离心 10min（或抽滤），取上清液，残渣待用。残渣加入 1 倍量 68％乙醇、0.4％冻胰质量的草酸，再提取 1h，并同上法进行固液分离，取上清液。合并提取液。

3. 碱化及酸化

将提取液置于搪瓷桶中，冷却至 10～15℃，用浓氨水调 pH 值至 7.8～8.0，加入硅藻土（每 100g 胰脏加 6g），抽滤，除去碱性蛋白质沉淀。滤液用 6mol/L 硫酸酸化至 pH 2.5，在 0～5℃下静置 3h 以上，沉淀完全后抽滤，弃去酸性蛋白质沉淀，取上清液。

4. 减压浓缩

取酸化后的上清液，在 30℃以下真空浓缩除去乙醇，浓缩至浓缩液相对密度为 1.04～1.06（约为原来体积的 1/9～1/10）为止。

5. 脱脂

将浓缩液转入不锈钢锅中，于 10min 内加热至 50℃，立即冷却至 5℃，转至分液漏斗，静置 2～3h，使油层分离。

6. 盐析

分出下层清液（上层油脂可用少量蒸馏水洗涤，回收胰岛素），用 0.01mol/L 盐酸调 pH 2.5 后，量取清液体积，于 20～25℃搅拌下加入质量浓度为 0.27kg/L 的固体氯化钠，静置 3h，离心或抽滤，收集盐析物，即得胰岛素粗品（含水量约 40％）。

7. 精制

（1）除酸性蛋白质　取胰岛素粗品置于搪瓷桶中，按其干重加 7 倍量冷蒸馏水溶解（7 倍量水应包括胰岛素粗品中所含水量），再加入 3 倍量冷丙酮（按粗品计），用 2mol/L 氨水调 pH 4.5，按补加氨水量补加丙酮，使水和丙酮比例为 7:3，冷却至 0～5℃过夜，抽滤，除去沉淀，取上清液。

（2）锌沉淀　清液用 2mol/L 氨水调 pH 值至 6.0，按溶液体积加 3.6％乙酸锌（计算乙酸锌用量并配成 20％乙酸锌溶液加入），再用 2mol/L 氨水调节使最终 pH 值为 6.0，冷却至 0～5℃过夜，抽滤，收集沉淀。

（3）结晶干燥　沉淀按每克精品（干重）加入 2％柠檬酸 50mL、6.5％乙酸锌溶液 2mL、丙酮 16mL，并用冰水稀释至 100mL，冷却至 0～5℃，用 2mol/L 氨水碱化至 pH 8.0，迅速过滤，除去沉淀。滤液立即用 10％柠檬酸溶液调 pH 值为 6.0，补加丙酮，使丙酮含量保持为 16％。在 10℃下缓慢搅拌 2～4h 后放入 3～5℃冰箱 72h，使之结晶。前 48h 内需用玻璃棒间歇搅拌，后 24h 静置不动。在显微镜下观察，外形为正方形或扁斜方形六面体结晶。离心收集结晶，刷去晶体表面黄色沉淀，再用蒸馏水、丙酮、乙醚洗涤，离心后的晶体在五氧化二磷真空干燥箱中干燥，即得结晶胰岛素（效价每毫克应在 25U 以上）。

8. 效价测定

将效价确定的胰岛素标准品用 0.01mol/L 盐酸配制并稀释成 40U/mL、30U/mL、

20U/mL、10U/mL、1U/mL、0.5U/mL 溶液。结晶胰岛素样品以 0.01mol/L 盐酸溶液配制并稀释成 1.5mol/mL 溶液进样测定。效价计算以主峰面积为纵坐标，标准品浓度为横坐标线性回归，计算而得。

操作评价 >>>

一、个体评价与小组评价

<table>
<tr><td colspan="10" style="text-align:center">任务1　胰岛素的提取分离</td></tr>
<tr><td>姓名</td><td colspan="9"></td></tr>
<tr><td>组名</td><td colspan="9"></td></tr>
<tr><td>能力目标</td><td colspan="9">1. 能用盐析等沉淀技术进行生物活性成分的提取分离；
2. 能用结晶技术、干燥技术进行生物活性成分的精制；
3. 能准确记录实验现象、数据；
4. 会正确书写工作任务单、工作台账本，并对结果进行准确分析。</td></tr>
<tr><td>知识目标</td><td colspan="9">1. 掌握盐析法、有机溶剂沉淀法；
2. 理解结晶技术；
3. 理解干燥技术。</td></tr>
<tr><td>评分项目</td><td>上岗前准备（思考题回答，实验服、护目镜与台账准备）</td><td>胰脏预处理</td><td>胰岛素提取</td><td>胰岛素粗品制备</td><td>胰岛素精制</td><td>团队协作性</td><td>台账完成情况</td><td>台面及仪器清理</td><td>总分</td></tr>
<tr><td>分值</td><td>10</td><td>5</td><td>15</td><td>25</td><td>20</td><td>10</td><td>5</td><td>10</td><td>100</td></tr>
<tr><td>自我评分</td><td></td><td></td><td></td><td></td><td></td><td></td><td></td><td></td><td></td></tr>
<tr><td>需改进的技能</td><td colspan="9"></td></tr>
<tr><td>小组评分</td><td></td><td></td><td></td><td></td><td></td><td></td><td></td><td></td><td></td></tr>
<tr><td rowspan="2">组长评价</td><td colspan="9">（评价要具体、符合实际）</td></tr>
<tr><td colspan="9"></td></tr>
</table>

二、教师评价

序号	项目	配分	要求	得分
1	上岗前准备 （10分）	A. 思考题回答（5分） B. 实验服与护目镜准备、台账准备（5分）	操作过程了解充分 工作必需品准备充分	
2	胰脏预处理 （5分）	切片处理均匀（5分）	正确操作	
3	胰岛素提取 （15分）	A. 破碎处理（5分） B. 离心操作（5分） C. 固液分离（5分）	正确操作	
4	胰岛素粗品制备 （25分）	A. 碱化及酸化（5分） B. 减压浓缩（5分） C. 脱脂（5分） D. 盐析（10分）	正确操作	
5	胰岛素精制 （20分）	A. 除酸性蛋白质（5分） B. 锌沉淀（5分） C. 结晶干燥（10分）	正确操作	
6	项目参与度 （5分）	操作的主观能动性（5分）	具有团队合作精神 和主动探索精神	
7	台账与工作任务 单完成情况 （15分）	A. 完成台账（是不是完整记录）（5分） B. 完成工作任务单（10分）	妥善记录数据	
8	文明操作 （5分）	A. 实验态度（3分） B. 清洗玻璃器皿等，清理工作台面（2分）	认真负责 清洗干净，放回 原处，台面整洁	
合计				

【知识支撑】

一、细胞破碎技术

动物、植物、微生物体内的各种生物活性成分或分泌于细胞内，或分泌于细胞外。分泌于细胞外的活性成分，通过分离细胞即可获得粗品；分泌于细胞内的成分，则必须首先破碎细胞，释放活性成分，并且保持其天然生物活性，再进行提取、分离和纯化。细胞破碎技术是用物理方法、化学方法或生物学方法来破坏细胞壁和细胞膜，使胞内产物得到最大程度的释放。其中，细胞壁的破碎最为关键。细胞破碎前，组织材料常需要进行预处理，如动物材料要除去血污、脂肪组织、结缔组织等，植物种子需要去壳，微生物材料需要将菌体和发酵液分离等。对于不同的生物材料、处理规模和处理要求，使用的破碎方法和条件各不相同。

1. 物理方法

物理方法是指通过各种物理因素使组织细胞破碎的方法。常用物理方法有研磨法、组织捣碎法、高压匀浆破碎法、超声波破碎法、反复冻融法等。

（1）研磨法　是一种常用方法，它将细胞悬浮液与玻璃小珠、石英砂或氧化铝等研磨剂一起快速搅拌，使细胞获得破碎。该法较温和，适宜实验室使用，可用研钵或匀浆器。在工业规模破碎中，常采用高速珠磨机，在高速旋转中依靠钢珠或小玻璃珠碰撞与摩擦使细胞破碎，这会产生大量热量，需要降温。珠磨适用于大多数真菌菌丝和藻类等微生物细胞的破碎。

（2）匀浆法　在小规模生产中，可先将组织打碎，再用匀浆机将细胞打碎。为了防止发热和升温过高，通常用短时间（10～20s）间歇运行的方式，因此，这种方法比较剧烈。在大规模生产中，高压匀浆器（均质器）是常用的设备，它由可产生高压（如 50～70MPa）的正向排代泵和排出阀组成，排出阀具有狭窄的小孔，其大小可以调节。细胞浆液通过止逆阀进入泵体内，在高压下迫使其在排出阀的小孔中高速冲出，并射向撞击环。由于突然减压和高速冲击，细胞受到高的液相剪切力而破碎。在操作方式上，可以采用单次通过匀浆器或多次循环通过等方式，也可连续操作。为了控制温度的升高，可在进口处用干冰调节温度，使出口温度调节在 20℃左右。在工业规模的细胞破碎中，对于酵母等难破碎的，以及浓度高或处于生长静止期的细胞，常采用多次循环的操作方法。该法不适用于含菌丝的细胞。

（3）超声波破碎法　借助超声波振动，利用超声波振荡器发射的 15～25kHz 超声波探头处理细胞悬浮液。在超声波作用下，细胞悬浮液发生空化作用，空穴形成、增大和闭合，产生极大冲击波和剪切力，促使细胞破碎。该法适用于多数微生物破碎，但会释放大量热量，同时生成自由基破坏某些活性成分，因此不易放大，目前多用于实验室规模。

（4）反复冻融法　将细胞放在低温下冷冻（约−15℃），然后在室温中融化，反复多次，达到破壁作用。由于冷冻，一方面细胞膜的疏水键结构破裂，增加细胞亲水性；另一方面细胞内的水发生结晶，形成冰晶粒，引起细胞膨胀而破裂。细胞壁较脆弱的菌体可用此法破碎。

2. 化学方法

常用酸、碱、表面活性剂和有机溶剂等化学试剂进行处理。

（1）酸、碱处理　用酸、碱溶液调节溶液 pH 值，改变细胞所处环境，从而改变蛋白质电荷性质，使蛋白质间或蛋白质与其他物质间的作用力降低，易于溶解到溶液中，便于后续提取。

（2）有机溶剂处理　细胞壁脂质层吸收有机溶剂后会发生膨胀，通透性增大直至细胞壁破裂，胞内产物被释放出来。常用的溶剂是甲苯，可处理无色杆菌、芽孢杆菌、假单胞杆菌、梭菌等菌体。由于甲苯具有致癌性，也可选用其他具有与细胞壁脂质类似溶解度参数的溶剂。

（3）表面活性剂处理　表面活性剂分子中同时有亲水基团和疏水基团，可在适当 pH 值和离子强度下凝集成微胶束。微胶束的疏水基团聚集在胶束内部，将溶解的脂蛋白等成分包在中心；亲水基团朝向外层，通过改变膜脂通透性使之溶解。该法特别适用于膜结合酶的溶解，通过降低酶或蛋白质的疏水作用，使结合于生物膜或颗粒的酶或蛋白质能被尽量提取出来。

3. 生物方法

包括自溶法和酶解法。

（1）自溶法 利用组织细胞内自身的酶系统，在一定 pH 值和适当温度下，将细胞破碎。此法成本较低，在一定程度上可用于工业化生产，但破碎时间长，对外界条件要求较高。

（2）酶解法 利用能溶解细胞壁的酶处理菌体细胞，分解细胞壁上的特殊化学键，使细胞壁受到部分或完全破坏后，再利用渗透压冲击等方法破坏细胞膜，进一步增大胞内产物的通透性。这种方法的优点是操作温和，选择性强，较为快速；缺点是成本较高，在大规模生产中的应用受限。常用水解酶有溶菌酶（lysozyme）、纤维素酶、蜗牛酶等，溶菌酶适用于革兰氏阴性菌细胞的分解，当应用于革兰氏阳性菌时，需利用乙二胺四乙酸（EDTA）使之能更有效地作用于细胞壁。真核细胞的细胞壁不同于原核细胞，需采用不同的酶。

二、沉淀技术

1. 盐析法

盐析（salting out）是指向蛋白质溶液中加入大量中性盐，从而使蛋白质溶解度降低而析出沉淀的现象。大量中性盐在溶解时争夺了蛋白质颗粒表面的水化层，在解离后又中和了蛋白质分子表面的电荷，稳定蛋白质亲水胶体的这两个因素被破坏，于是蛋白质颗粒聚集沉淀。盐析沉淀的蛋白质一般不变性，能再溶解（盐溶），因此是最常用的蛋白质沉淀方法。不同蛋白质分子大小及电荷多少不同，因此，盐析时所需的盐浓度就会不同。不同性质的蛋白质可通过加入不同的高浓度中性盐而分别从溶液中沉淀出来，即分级沉淀。通常单价离子的中性盐（如 NaCl）比二价离子的中性盐〔如 $(NH_4)_2SO_4$〕对蛋白质的溶解度要小。硫酸铵用于盐析最佳，因为它在水中的溶解度很高，而且溶解度随温度变化较小。

该法常用于酶、激素等具有生物活性蛋白质的分离制备。如硫酸铵分级盐析在人和各种动物血清蛋白的分离纯化中得到了广泛应用，特别是在人、犊牛及常见实验动物（如小鼠、兔、猴等）血清蛋白分离方面的研究较多，近年来对猪血清蛋白的分离也有研究。又如用硫酸铵和硫酸镁盐析来分离提纯并结晶牛胰脏中水解蛋白质的酶原和酶，所得的大多数酶都是均一的。

2. 低温有机溶剂沉淀法

与水互溶的有机溶剂能使蛋白质在水中溶解度显著降低。在温度、pH 值、离子强度不变时，引起不同蛋白质沉淀的有机溶剂浓度不同，因此控制有机溶剂浓度也可分级沉淀蛋白质。乙醇和丙酮最常用，丙酮介电常数小于乙醇，因此丙酮沉淀能力比乙醇强。该法优点是沉淀蛋白质的选择性较高，且不需脱盐。缺点是温度高可引起蛋白质变性，应低温操作。可预先将有机溶剂冷却至 $-40 \sim -60 \text{℃}$，在不断搅拌状态下逐滴加入有机溶剂，以防局部浓度过高。如利用 25% 乙醇溶液，在 -5℃ 下析出卵清蛋白，可与卵清的其他蛋白质分开。

3. 等电点沉淀

当蛋白质处于等电点 pH 值时，其净电荷为零，相邻蛋白质分子之间没有静电斥力，彼此结聚而沉淀，因此它的溶解度达到最低。当蛋白质处于等电点以上或以下的 pH 值时，它的分子因携带同种符号（或正或负）的净电荷而互相排斥，阻止了单个分子结聚成沉淀物，所以此时溶解度较大。不同的蛋白质具有不同的等电点，利用蛋白质在等电点时溶解度最低的原理可以把蛋白质混合物彼此分开。如果所要提取的蛋白质在其等电点附近不变性，可以用这种方法进行沉淀。当蛋白质混合物的 pH 值被调到其中一种成分的等电点 pH 值时，这种蛋白质的大部分或全部将被沉淀下来，那些等电点高于或低于该 pH 值的蛋白质则仍被留在溶液中。沉淀出来的蛋白质仍然保持着天然构象，能重新溶解于适当的 pH 值和一定浓度的盐溶液中。但是单纯使用等电点沉淀法效果不好，常需与其他方法（如盐析法）配合使用。

【技能拓展】

一、盐析时无机盐的选择

常用无机盐有硫酸铵、氯化钠、硫酸钠等。其中，应用最广泛的是硫酸铵。硫酸铵的优点是温度系数小而溶解度大（如 25℃ 时饱和溶解度为 4.1mol/L，即 767g/L；0℃ 时饱和溶解度为 3.9mol/L，即 676g/L。所以它的饱和溶解度不随温度而显著变化），在这一溶解度范围内，许多蛋白质都可盐析出来。此外，硫酸铵价廉易得，分段效果较其他盐好，不易引起蛋白质变性。缺点是对蛋白氮的测定有干扰，缓冲能力也较差。硫酸铵浓溶液的 pH 值常在 4.5～5.5 之间，市售的硫酸铵还常含有少量游离硫酸，pH 值往往降至 4.5 以下。因此，当用其他 pH 值（即 pH 范围不在 4.5～5.5 之间）进行盐析时，需用硫酸或氨水调节。

盐析有时也用硫酸钠，如盐析免疫球蛋白时能取得不错的效果，但缺点是 30℃ 以下溶解度太低。又如磷酸钠，它的盐析作用比硫酸铵好，但其溶解度太低，受温度影响大，应用不是很广泛。还有氯化钠，它的溶解度不如硫酸铵，但在不同温度下溶解度变化不大，这是它的方便之处，而且其价格便宜，但氯化钠不易纯化。

二、盐析时盐饱和度的调整

盐析时的盐浓度一般以饱和度表示，饱和溶液的饱和度为 100%。用硫酸铵盐析时，溶液饱和度的调整方法有 3 种。

方法 1：当蛋白质溶液体积不大、所需调整的浓度不高时，可加入饱和硫酸铵溶液。在溶液中加入过量饱和硫酸铵溶液，加热至 50～60℃，保温数分钟，趁热滤去沉淀，在 0℃ 或 25℃ 下平衡 1～2 天，有固体析出时即达 100% 饱和度。盐析所需饱和度可按下式计算：

$$V = V_0 \times \frac{S_2 - S_1}{1 - S_2}$$

式中　V——所需饱和硫酸铵溶液体积，mL 或 L；

　　　V_0——原溶液体积，mL 或 L；

　　　S_2——所需达到的饱和度（忽略体积改变所造成的误差），%；

　　　S_1——原溶液的饱和度（忽略体积改变所造成的误差），%。

方法 2：当所需达到的盐析饱和度较高而溶液的体积又不再过分增大时，可直接加固体硫酸铵。加入量可按下式计算：

$$X = \frac{G(S_2 - S_1)}{1 - AS_2}$$

式中　X——将饱和度为S_1的溶液提高到饱和度为S_2时所需加入硫酸铵的质量，g；

　　　G，A——为常数，与温度有关。如G在0℃时为707，20℃时为756；A在0℃时为0.27，20℃时为0.29。

方法3：将盐析的样品液装于透析袋内对饱和硫酸铵进行透析。这种方法操作时，盐的浓度变化较连续，不会出现盐浓度局部过高的现象，但盐的饱和度测定过程较烦琐，运用较少。

三、盐析操作注意事项

1. 盐的饱和度

不同蛋白质盐析时，盐的饱和度不同，分离蛋白质混合物时，盐的饱和度常常由稀到浓逐渐增加。当出现一种蛋白质沉淀后，可进行离心或过滤分离，再继续增加盐的饱和度，使第二种蛋白质沉淀。例如用硫酸铵盐析分离血浆中的蛋白质，饱和度达20％时，纤维蛋白原首先析出；饱和度增至28％～33％时，优球蛋白析出；饱和度再增至33％～50％时，假球蛋白析出；饱和度达50％以上时，清蛋白析出。又如用不同饱和度的硫酸铵分级盐析，可从牛胰酸性提取液中分离得到9种以上的蛋白质及酶。

2. pH 值

pH值在等电点时，蛋白质溶解度最小，容易沉淀析出。因此盐析时除个别特殊情况外，pH值常选择在被分离的蛋白质等电点附近。此外，由于硫酸铵有弱酸性，其饱和溶液的pH值低于7，因此，如果待分离的蛋白质遇酸易变性，则盐析应在适当缓冲液中进行。

3. 蛋白质浓度

在相同盐析条件（盐的饱和度等）下，蛋白质浓度越高越容易沉淀。但是，蛋白质浓度高些虽然对沉淀有利，浓度过高也易引起杂蛋白的共沉作用。因此，必须选择适当浓度以尽可能避免共沉作用的干扰。此外，如果对某种蛋白质进行两次盐析，第一次由于蛋白质浓度较低，盐析分段范围可较宽，第二次由于蛋白质浓度增大，则盐析分段范围应该变窄。例如胆碱酯酶用硫酸铵盐析时，第一次硫酸铵饱和度范围为35％～60％，第二次为40％～60％。

4. 温度

盐析操作一般可在室温下进行，对于某些对热特别敏感的酶，则宜维持低温条件。通常蛋白质盐析时，温度变化影响不大，但用中性盐结晶纯化时，温度影响则比较明显。

5. 脱盐

一般脱盐后才能获得蛋白质纯品，最常用方法是透析法。透析法所需时间较长，常在低温下进行，因此需加入防腐剂避免微生物污染。透析袋（图6-2）在使用前必须进行处理，可将透析袋置于0.5mol/L EDTA溶液中煮0.5h，弃去溶液，用蒸馏水洗净，置50％甘油中保存备用。也可用分子筛色谱进行脱盐，常用Sephadex G-25（交联葡聚糖凝胶）柱色谱（图6-3），上样量不超过柱体积（床体积）的20％。

图 6-2　透析袋

图 6-3　凝胶柱色谱

【知识拓展】

一、结晶技术

结晶技术是使溶质从过饱和溶液中以结晶状态析出的操作技术。结晶技术是制备纯物质的有效方法之一，只有同类分子或离子才能有规则地排列成晶体，因此结晶过程有很好的选择性。结晶可使溶质从成分复杂的母液中析出，再通过固液分离、洗涤等操作，得到纯度高的产品。晶体外观好，适于商品化及包装，也能够满足纯度要求。制药生产中大多数的药物产品（如抗生素、氨基酸等）均要求有适合的晶型，因此需要通过结晶技术来获得。

结晶的首要条件是溶液处于过饱和状态。工业生产中常用蒸发法、冷却法、真空蒸发冷却法、反应法及盐析法来制备过饱和溶液。结晶产品的质量指标主要包括晶体大小、形状和纯度。在结晶过程中，结晶速率、结晶产率、结晶工艺过程与操作条件、晶体结块、重结晶等均会影响结晶产品质量。在生产过程中，结晶操作方式与设备结构多种多样。根据产生过饱和溶液的方式不同，可分为冷却结晶、蒸发浓缩结晶、蒸发绝热结晶、盐析结晶、反应结晶等。根据结晶设备结构不同，可分为搅拌式和无搅拌式、母液循环式和晶浆循环式等。根据结晶操作方式不同，可分为连续结晶、半连续结晶和间歇结晶（分批结晶）。

二、干燥技术

干燥是药品生产中不可缺少的分离纯化过程，一般也是工艺过程的最后一步。干燥效果直接影响出厂产品质量，因此十分重要。如果药物中的湿分含量（主要是水分含量）过高，将有可能导致药物在短期内失效，降低药物的使用期。不同药物的含水量要求各不相同，在干燥中需要根据药物的不同性质与要求，选用不同形式的干燥设备与操作方式进行干燥处理。

利用热能使湿分从固体物料中气化，并经干燥介质（常用惰性气体）带走湿分的过程，称为热干燥法（简称干燥），其应用最为普遍，如青霉素、红霉素、螺旋霉素等都采用热干燥，但应尽可能控制较低的干燥温度，以保证药品质量。

冷冻干燥法（简称冻干）是利用升华原理使物料脱水的一种干燥方法，将含水物料冷冻成固体，在低温低压条件下利用水的升华性能，使物料低温脱水而达到干燥。真空冷冻干燥法在低温、低氧环境下进行，此时大多数生物反应停滞，且处理过程无液态水存在，水分以固体状态直接升华，因此，物料原有的结构和形状可以得到最大程度保护，最终获得外观和内在品质兼备的优质干燥制品。目前，该法已在许多领域中得到了广泛应用，图6-4所示为真空冷冻干燥机。对于热敏性药物或具有生物活性的药物，多选用冷冻干燥，可很好地保持药物活性，如血液制品、卡介苗、氨苄西林等。

图6-4 真空冷冻干燥机

【场外训练】 等电点沉淀提取酪蛋白

1. 鲜牛奶中酪蛋白的提取制备

取100mL牛奶加热到40℃，在搅拌下慢慢加入预热到40℃、pH4.7的0.2mol/L醋酸-醋酸钠缓冲液100mL，最后pH值应是4.7。将上述悬浮液冷却至室温，继续放置5min，离心5min（5000r/min），沉淀为酪蛋白粗制品。用水洗涤沉淀2次，向沉淀中加入100mL左右的水（用玻璃棒将沉淀充分打碎），离心5min（5000r/min），弃去上清液。用乙醇、无水乙醚洗涤沉淀，在沉淀中加入20mL 95％乙醇，搅拌片刻（尽可能充分地把块状沉淀打碎）。将全部悬浊液转移至布氏漏斗中抽滤。用无水乙醇-无水乙醚混合液洗涤沉淀2次，抽干。最后用无水乙醚洗涤沉淀2次，抽干。将沉淀摊开在表面皿上，风干，得酪蛋白纯品。

2. 酪蛋白质量浓度和得率的计算

准确称量从牛奶中分离出的酪蛋白制品。计算酪蛋白实际质量浓度，以1L牛奶中酪蛋白的质量（g）表示。牛奶中酪蛋白的理论质量浓度为35g/L。

$$酪蛋白得率/\% = \frac{酪蛋白实际质量浓度}{酪蛋白理论质量浓度} \times 100$$

酪蛋白含量与季节有关，在热处理乳过程中也有一些乳清蛋白沉淀出来，其沉淀量依热处理条件不同而有差异，因此实验测定出来的酪蛋白浓度可能要高于相应的实际值或理论值。

3. 酪蛋白的性质鉴定

溶解度：取试管6支，分别加入水、10％氯化钠、0.5％碳酸钠、0.1mol/L氢氧化钠、0.2％盐酸及饱和氢氧化钙溶液各2mL。于每管中加入少量酪蛋白。不断搅拌，观察并记录各试管中的酪蛋白溶解度。

酪蛋白的理化性质及其用途

米伦反应❶：取酪蛋白少许，放置于试管中。加入 1mL 蒸馏水，再加入米伦试剂 10 滴，振摇，并缓慢加热。观察其颜色变化。

含硫测定（胱氨酸、半胱氨酸和蛋氨酸）：取少量酪蛋白溶于 1mL 0.1mol/L NaOH 溶液中，再加 1～3 滴 3％醋酸铅，加热煮沸，溶液变为黑色。

任务 2　血清蛋白的电泳分离纯化

血清蛋白
及其用途

血清蛋白是血浆里含量最丰富的蛋白质，它是血液中脂肪酸的携带者。脂肪酸对身体而言很重要，它们是构成脂质的成分，而脂质又构成了细胞周围和细胞内所有的生物膜；它们也是能量的不竭源泉。体内的脂肪酸仓库是脂肪。当身体需要能量或者需要"建造材料"时，脂肪细胞就把脂肪酸释放到血液中，而脂肪酸被血清蛋白获取，并被运送到需要的部位。每一个血清蛋白分子能携带七个脂肪酸分子，这些脂肪酸分子结合在蛋白质缝隙中，它们富含碳的尾部埋藏在里面，安全地避开周围的水分子。血清蛋白同样能够携带许多其他不溶于水的分子，尤其是血清白蛋白，它能够携带着许多药物分子，比如布洛芬（一种镇痛、消炎药）。正因为血清蛋白是如此普遍地存在于血液中，并且容易被提纯，所以它成为科学家最早研究的蛋白质之一。

任务 2　课前自学清单	
任务描述	利用聚丙烯酰胺凝胶电泳法分离猪血清白蛋白、猪血清 G 型免疫球蛋白(IgG)，并进行定量分析。
学习目标	**能做什么** 1. 能用聚丙烯酰胺凝胶电泳法进行分离纯化； 2. 能用洗脱法定量分析分离后的蛋白质混合物，并用该法进行蛋白质类药物的纯度鉴定； 3. 能准确记录实验现象、数据，正确处理数据； 4. 会正确书写工作任务单、工作台账本，并对结果进行准确分析。 **要懂什么** 1. 电泳法原理及其影响因素； 2. 聚丙烯酰胺凝胶电泳的三个效应，操作注意事项； 3. 琼脂糖凝胶电泳； 4. SDS-聚丙烯酰胺凝胶电泳； 5. 醋酸纤维素薄膜电泳； 6. 超滤技术。
工作步骤	步骤 1　试剂配制 步骤 2　聚丙烯酰胺凝胶电泳分离猪血清蛋白 步骤 3　完成数据处理及工作任务单、工作台账本的书写 步骤 4　完成评价

❶ 米伦反应是由于蛋白质分子中有羟基苯基（—C_6H_4—OH）存在。在蛋白质分子中，只有酪氨酸才具有羟基苯基，所以蛋白质对米伦试剂起阳性反应。

	任务 2　课前自学清单
岗前 准备	思考以下问题： 1. 选择多少浓度的分离胶分离纯化血清蛋白？ 2. 水封的目的是什么？ 3. 在血清样品中加入蔗糖和溴酚蓝的作用是什么？ 4. 在电泳时，电压调大调小将带来什么影响？ 5. 实验是否需要在低温下进行？为什么？ 6. 最接近正极的应该是哪种蛋白质？ 7. 电泳法的关键步骤有哪些？
主要 考核 指标	1. 电泳操作（操作规范性、电泳仪的使用等）； 2. 实验结果（电泳后各蛋白质条带的绘制、定量测定结果等）； 3. 工作任务单、工作台账本随堂完成情况； 4. 实验室清洁。

小提示

操作前阅读【知识支撑】中的"一、电泳"及"三、聚丙烯酰胺凝胶电泳"，【技能拓展】中的"一、聚丙烯酰胺凝胶电泳的操作注意事项"，以便更好地完成本任务及预判结果。

工作目标 >>>

分组开展工作任务。对血清蛋白进行电泳分离纯化，并测定不同组分的含量。

通过本任务，达到以下能力目标及知识目标：

1. 能用聚丙烯酰胺凝胶电泳进行分离纯化，掌握聚丙烯酰胺凝胶电泳法；
2. 能定量分析分离后的蛋白质混合物。

工作准备 >>>

1. 工作背景

创建血清蛋白分离纯化的操作平台，并配备电泳仪等相关仪器设备，完成血清蛋白的电泳分离纯化。

2. 技术标准

溶液配制准确，电泳过程操作正确，电泳仪及分光光度计使用规范，定量计算正确，等等。

3. 所需器材及试剂

（1）器材　离心机、电泳仪（电压 $300\sim600\mathrm{V}$，电流 $50\sim100\mathrm{mA}$）、电泳槽、垂直板型

电泳槽、可见分光光度计、自动光吸收扫描仪（或色谱扫描仪）、烧杯、量筒、具塞试剂瓶、容量瓶、玻璃棒、锥形瓶、棕色瓶、注射器、移液枪及枪头、胶头滴管、滤纸、猪血、猪IgG标准样品、白蛋白标准样品等（也可使用小牛血清，并购买相应蛋白质标准品）。

（2）试剂

葡萄糖枸橼酸溶液：2.51g枸橼酸（72mmol/L）、4.18g枸橼酸钠（85mmol/L）、3.34g葡萄糖（111mmol/L）溶解于167mL水中。

30.8%胶母液：称取30g丙烯酰胺、0.8g N,N'-亚甲基双丙烯酰胺，加少量蒸馏水溶解后定容至100mL。过滤，4℃保存。

pH8.9分离胶缓冲液：取36.6g Tris（三羟甲基氨基甲烷），加少量蒸馏水溶解。用1mol/L盐酸调节pH至8.9（约48mL）后，定容至100mL。

pH6.7浓缩胶缓冲液：取6.0g Tris，加少量蒸馏水溶解。用1mol/L盐酸调节pH至6.7（约48mL）后，定容至100mL。

质量浓度为0.1kg/L的TEMED溶液：取10mL TEMED（N,N,N',N'-四甲基乙二胺），加蒸馏水稀释至100mL，置棕色瓶中，放冰箱储存。

质量浓度为0.1kg/L的过硫酸铵溶液：称取过硫酸铵$(NH_4)_2S_2O_8$（简称AP）1g，溶于10mL蒸馏水中。临用前配制。

电极缓冲液的贮存液（pH8.3）：取Tris 6g、甘氨酸28.8g，溶解，用蒸馏水稀释至1L。

电极缓冲液（pH8.3）：取电极缓冲液的贮存液稀释10倍。

固定液：454mL 50%甲醇水溶液和46mL冰乙酸。

氨基黑10B染色液：取1g氨基黑10B染料，用体积分数为7%的乙酸溶解，稀释至1L。

体积分数为7%的乙酸脱色液：取冰乙酸35mL，加蒸馏水465mL。

质量浓度为0.4kg/L的蔗糖溶液、0.1%溴酚蓝指示剂。

实践操作 >>>

聚丙烯酰胺凝胶电泳分离血清蛋白操作过程如下。

1. 猪血清制备

在1L新鲜猪血中加入167mL葡萄糖枸橼酸溶液，颠倒混匀，尽可能快地将葡萄糖枸橼酸溶液加入新鲜血液中（宰杀动物取血的几分钟内），以免血液凝集。取新鲜采集的猪血，离心，收集上清液，即为猪血清。

2. 电泳

（1）凝胶制备　不连续系统板状凝胶的制备步骤如下所示。

① 装板。将垂直板型电泳装置（图6-5）内的板状凝胶模子（图6-6）取出。

凝胶模子由3部分组成，包括一个压制成"└┘"形的硅橡胶带、两块长短不等的玻璃板及样品槽模板。胶带内侧有两条凹槽，可将两块相应大小的玻璃板嵌入槽内。玻璃板间形成一个0.5～2mm厚的间隙，待制胶时，将胶灌入其中。灌胶前，将玻璃板洗净、晾干、嵌入胶带凹槽中。将长玻璃板下沿与胶带框底间保持1～2mm距离，使此端凝胶与一侧电极槽相通，而短玻璃板下沿则插入橡胶框底槽内，形成一个"夹心"凝胶腔。把凝胶腔置于电泳槽内夹紧。

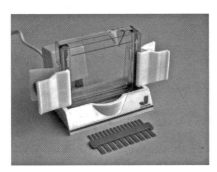

图 6-5 垂直板型电泳槽示意图

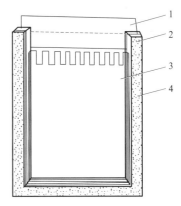

图 6-6 凝胶模子示意图

1—样品槽模板；2—长玻璃片；

3—短玻璃片；4—U形硅胶框

② 配胶。根据所测蛋白质的分子量范围，选择某一合适的分离胶浓度，按照表 6-1 所列的试剂用量和加样顺序配制某一合适浓度的凝胶。

③ 凝胶液的注入和聚合。分离胶凝胶液的注入和聚合：将所配制凝胶液沿着凝胶腔的长玻璃板内面缓缓倒入或用滴管滴入，小心不要产生气泡。将凝胶液加到距玻璃板上沿 2～3cm 处为止。用注射器（或移液枪）通过注射针头（或移液枪枪头）沿玻璃管内壁缓慢注入 0.5～1cm 高度的蒸馏水（或正丁醇）进行水封。水封的目的是隔绝空气中的氧，并有消除凝胶柱表面的弯月面，使凝胶柱顶部的表面平坦的作用。水封切忌注入蒸馏水时呈滴状垂直下落，否则会使顶部的凝胶浓度变稀，从而改变预定凝胶孔径，并造成凝胶表面不平坦。水层封好后，静置凝胶液进行聚合反应，聚合时温度要与电泳时温度相同。正常情况下 10min 开始聚合，应控制在 40min 左右聚合完成。刚加水时有界面，后逐渐消失，等到再出现界面时，表面凝胶已聚合，再静置 30min 使聚合完全。

浓缩胶凝胶液的注入和聚合：吸去分离胶胶面顶端水封层，并用无毛边滤纸条吸去残留的水液，滤纸尽量不要接触分离胶的界面。按比例混合浓缩胶（表 6-1），混合均匀后用滴管将凝胶液加到分离胶上方，当浓缩胶液面距短玻璃板上缘 0.2cm 时，把梳形样品槽模板轻轻插入胶液顶部。静置聚合，待出现明显界面表示聚合完成。插入样品槽模板的目的是使凝胶液聚合后，在凝胶顶部形成数个相互隔开的凹槽。电泳前，将血清样品液分别加在这些凹槽中。

表 6-1 不连续系统不同浓度凝胶配制用量表

试剂名称	分离胶浓度	配制 15mL 不同浓度的分离胶液所需试剂量/mL					配制 5mL 4%浓缩胶/mL
		7.5%	10%	12%	15%	20%	
分离胶	30.8%胶母液	3.7	5	6	7.5	10	
	Tris-HCl（pH8.9）	1.8	1.8	1.8	1.8	1.8	

试剂名称 \ 分离胶浓度		配制 15mL 不同浓度的分离胶液所需试剂量/mL					配制 5mL 4% 浓缩胶/mL
		7.5%	10%	12%	15%	20%	
浓缩胶	30.8% 胶母液	—	—	—	—	—	0.7
	Tris-HCl (pH6.7)	—	—	—	—	—	0.63
TEMED 试剂		0.15	0.15	0.15	0.15	0.15	0.05
蒸馏水		9.2	7.8	6.8	5.3	2.8	3.4

以上储备液加入后混匀,为了去除抑制凝胶聚合的氧,AP 加入之前进行抽气处理,本实验将此步省略并不影响实验结果

10%过硫酸铵(AP)	0.2	0.2	0.2	0.2	0.2	0.05

(2) 样品处理　在 $10\mu L$ 血清样品中加 $5\mu L$ 40%蔗糖、$5\mu L$ 0.1%溴酚蓝指示剂,混匀。

(3) 加样　在垂直型电泳装置(图 6-5)的两个"半槽",即电极上槽和下槽内,分别加电极缓冲液,电极上槽(即铂金丝在上方的"半槽")内加的缓冲液必须高于铂金丝。依次在各个样品槽内加血清样品,各加 $10\sim15\mu L$(含蛋白质 $10\sim15\mu g$),稀溶液可加 $20\sim30\mu L$(还要根据凝胶厚度及蛋白质浓度灵活掌握)。

(4) 电泳　上槽接负极,下槽接正极,打开电泳仪(仔细观察正负极变化)。对于垂直板型电泳,开始时电流控制在 $1\sim2mA$/样品孔,太高电流强度会造成产热量大,使分离失效。如果高温对样品不利,可降低电流、延长时间,或进行有效冷却。一般样品进入浓缩胶前电流控制在 $15\sim20mA$,持续 $30\sim60min$;待样品进入分离胶后,将电流调到 $20\sim30mA$,保持电流强度不变。待指示染料迁移至下沿 $0.5\sim1cm$ 处停止电泳,需 $3\sim4h$。

(5) 染色　电泳结束后,将两块玻璃板剥开,将胶取出放入平皿中,加入固定液固定 30min。然后弃去固定液,加入染色液,染色 10min。

(6) 脱色　染色完毕,倾出染色液,加入脱色液。一天换 $2\sim3$ 次脱色液,直至凝胶的蓝黑色背景褪去、蛋白质条带清晰为止。脱色时间一般约需一昼夜。

(7) 结果判断与定量　利用电泳扫描仪进行血清中各蛋白质组分的定量分析。

(8) 完成工作任务单、工作台账本　绘制电泳图谱(标注出各个区带的血清蛋白组分),计算血清中各蛋白质组分含量。

操作评价 >>>

一、个体评价与小组评价

任务 2　血清蛋白的分离纯化	
姓名	
组名	

任务 2　血清蛋白的分离纯化

能力 目标	1. 能用聚丙烯酰胺凝胶电泳分离猪血清蛋白； 2. 能准确记录实验现象、数据； 3. 会正确书写工作任务单、工作台账本，并对结果进行准确分析。				
知识 目标	1. 掌握电泳法原理，理解影响电泳的因素； 2. 理解聚丙烯酰胺凝胶电泳的三个效应，掌握其操作注意事项； 3. 理解琼脂糖凝胶电泳； 4. 理解 SDS-聚丙烯酰胺凝胶电泳； 5. 了解醋酸纤维素薄膜电泳； 6. 了解超滤技术。				
评分 项目	上岗前准备 （思考题回答， 实验服、护目镜 与台账准备）	聚丙烯酰胺 凝胶电泳	团队协 作性	工作任务单及 台账完成情况	实验后台面及 仪器清理
分值	10	电泳装置搭建：10 分离胶的制作：10 浓缩胶的制作：10 "插梳"与点样：10 猪血清蛋白分离效果：15	10	15	10
自我 评分					
总分					
需改进 的技能					
小组评分					
组长评价	（评价要具体、符合实际）				

二、教师评价

序号	项目	配分	要求	得分
1	上岗前准备（10分）	A. 思考题回答（5分） B. 实验服与护目镜准备、台账准备（5分）	操作过程了解充分 工作必需品准备充分	
2	浓缩胶的配制（10分）	加入试剂顺序正确，凝胶制备顺利（10分）	操作准确	
3	分离胶的配制（10分）	加入试剂顺序正确，凝胶制备顺利（10分）	操作准确 计算正确	
4	样品制备与点样（10分）	A. 用移液枪准确吸取样品、蔗糖与溴酚蓝（5分） B. 准确点样在样品槽内（5分）	正确操作	
5	电泳、固定与脱色（20分）	A. 电泳仪操作正确（10分） B. 血清蛋白样品条带清晰（10分）	绘制正确	
6	结果判断（5分）	准确判断不同血清蛋白组分（5分）	判断正确	
7	项目参与度（10分）	操作的主观能动性（10分）	具有团队合作精神和主动探索精神	
8	台账与工作任务单完成情况（15分）	A. 完成台账（完整记录）（5分） B. 完成工作任务单（10分）	妥善记录数据	
9	文明操作（10分）	A. 实验态度（5分） B. 清洗玻璃器皿等，清理工作台面（5分）	认真负责 清洗干净，放回原处，台面整洁	
	合计			

【知识支撑】

一、电泳

电泳是指带电颗粒在电场作用下，向着与其电性相反的电极移动的现象。利用带电粒子在电场中移动速度不同而达到分离的技术称为电泳技术。1807 年，俄国莫斯科大学的斐迪南·弗雷德里克·罗伊斯（Ferdinand Frederic Reuss）最早发现了电泳现象。1936 年，瑞典学者 A. W. K. 蒂塞利乌斯设计制造了移动界面电泳仪，分离了马血清白蛋白的 3 种球蛋白，创建了电泳技术。各种蛋白质都有其特定的等电点，在等电点时，蛋白质呈电中性，即分子带有等量的正负电荷，在电场中既不向正极移动也不向负极移动。蛋白质在 pH 值比它等电点高的溶液中，游离成负离子，向正极移动。反之，在 pH 值比它等电点低的溶液中，蛋白质游离成正离子向负极移动。因此，可用电泳法分离不同蛋白质。在分离蛋白质混合物时，应选择一个合适的 pH 值，使各种蛋白质分子所带的电荷量差异较大，有利于彼此分开。

目前所采用的电泳方法大致可分为两大类：自由界面电泳和区带电泳。自由界面电泳不需支持物，如显微电泳（图 6-7）、等电聚焦电泳、等速电泳、密度梯度电泳等。区带电泳应用比较广泛，按其支持物不同可以分为四大类：①滤纸及醋酸纤维素薄膜电泳（图 6-8）；②凝胶电泳；③粉末电泳（如淀粉、纤维粉电泳）；④线丝电泳（如尼龙丝、人造丝电泳）。

区带电泳已广泛应用于生物化学中物质的分析分离以及临床检验等方面，其中，蛋白质的分离纯化常用聚丙烯酰胺凝胶电泳或醋酸纤维素薄膜电泳。

图 6-7　显微（细胞）电泳系统（可进行细胞生物学、细胞免疫学研究等）

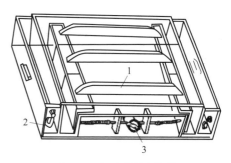

图 6-8　水平式纸电泳仪
1—滤纸架；2—电泳槽；3—活塞

二、影响电泳的因素

颗粒在电场中的移动速度主要决定于其本身所带电荷量，同时受颗粒形状和颗粒大小的影响。此外，还受到电场强度、溶液 pH 值、离子强度及支持体的特性等外界条件的影响。

电泳法的原理
与影响因素

1. 电场强度

是指每厘米的电位降，也称电位梯度（电势梯度，V/cm）。电场强度对带电粒子泳动速度影响很大，电场强度越高，移动越快。但电压高时电流也大，产生热量多，可能造成蛋白质样品变性，或引起对流，造成待分离物混合等。因此，电泳时要选择适当电场强度。

2. 溶液的 pH 值

溶液 pH 值直接影响蛋白质的分离，即决定蛋白质的带电量。为了使电泳介质的 pH 值保持稳定，常用具有一定 pH 值的缓冲液作为溶液。如分离血清蛋白质常用 pH 8.6 的巴比妥缓冲液或三羟基氨基甲烷（Tris）缓冲液。

3. 溶液的离子强度

缓冲液离子强度过低则缓冲能力差，离子强度过高则会降低蛋白质的带电量，使电泳速度减慢。常用的离子强度在 0.02~0.2mol/L 之间。

4. 电渗

是指在电场中，溶液对于固体支持物的相对移动。例如，在纸电泳中，由于滤纸纤维素本身带有一定量负电荷（含有羟基），因此与滤纸相接触的水分子会带上一些正电荷，水分子便向负极移动，并带动溶液中的颗粒一起向负极移动。若颗粒本身向负极移动，则其表观泳动速度将比其本来泳动速度快；若颗粒本身向正极移动，则其表观泳动速度将慢于其本来泳动速度；如果是净电荷为零的颗粒，则随水向负极移动。最常遇到的是γ-球蛋白由原点向负极移动，这是电渗作用引起的倒移现象。缓冲液黏度和温度等也对泳动速度有一定影响。

三、聚丙烯酰胺凝胶电泳

聚丙烯酰胺凝胶是人工合成的凝胶，具有机械强度好、弹性大、透明、化学稳定性高、无电渗作用、设备简单、样品需要量小（1～100μg）、分辨率高等优点，并可通过控制单体浓度或单体与交联剂比例聚合成不同孔径的凝胶，可用于蛋白质、核酸等分子大小不同物质的分离和定性定量分析，还可结合十二烷基硫酸钠（SDS）测定蛋白质亚基分子量。

聚丙烯酰胺凝胶电泳的优点是可以在天然状态下分离生物大分子；可分析蛋白质和其他生物大分子的混合物；电泳分离后仍然保持生物活性。

蛋白质混合物由于不同组分的分子大小和形状不同，所带净电荷数量不同，会造成彼此间电泳迁移率的差别，从而得到分离。用该法在碱性缓冲液体系中分离血清蛋白质，分离效果好、分辨率高，可分出30多个条带清晰的成分，用纸电泳则只能分出5～7个成分（图6-9）。

聚丙烯酰胺凝胶分离蛋白质，结果不仅取决于蛋白质电荷密度（电荷效应），还取决于蛋白质尺寸和形状（分子筛效应），在不连续缓冲系统中，还存在浓缩效应的影响（图6-10）。

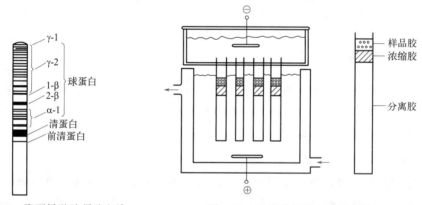

图 6-9　聚丙烯酰胺凝胶电泳
分离血清蛋白质的区带分布图

图 6-10　不连续凝胶电泳示意图

1. 浓缩效应

浓缩效应的作用原理是电泳缓冲系统（Gly-Tris）中的弱酸，即甘氨酸，在接近其解离常数（pK_a）的 pH 值（pH 6.7）时，任何时候都只有一部分分子带负电。当浓缩胶选用 pH 6.7 的 Tris-HCl 缓冲液时，在电泳的开头，盐酸几乎全部解离释放出氯离子（Cl^-），甘氨酸则只有 0.1%～1% 解离释放出甘氨酸根离子（Gly^-），而酸性蛋白质一般在浓缩胶中解离为带负电荷的离子。这三种离子带有相同类型的电荷同时向正极移动，其有效泳动率大小顺序为：

$$m_{Cl}^- \cdot a_{Cl}^- > m_{蛋}^- \cdot a_{蛋}^- > m_{Gly}^- \cdot a_{Gly}^-$$

式中，m 代表泳动率；a 代表解离度；$m \cdot a$ 代表有效泳动率。

根据有效泳动率大小，把最快的 Cl¯ 称为快离子，把最慢的 Gly¯ 称为慢离子。在电泳时，快离子泳动率最大，因此很快超过蛋白质，于是在快离子后形成一个离子浓度低的区域，即低电导区。由于导电性与电场强度成反比，所以这一区带便获得较高的电场强度（或电势梯度）❶，并加速蛋白质和甘氨酸慢离子的泳动，追赶快离子。蛋白质在追赶过程中被逐渐压缩成一个狭窄的中间层，这就是浓缩效应。

蛋白质的浓缩作用仅取决于样品和浓缩胶中的 Tris-HCl 浓度，与样品中蛋白质最初浓度无关。浓缩胶为大孔径凝胶，因此对样品几乎没有分子筛作用。当移动界面到达浓缩胶和分离胶界面时，凝胶 pH 值明显增加，导致甘氨酸大量解离。此时甘氨酸有效泳动率增加，使它越过蛋白质并直接在氯离子后移动，原来的高电压梯度消失。同时由于凝胶孔径变小，蛋白质分子迁移率减小，于是蛋白质分子在均一电势梯度和 pH 中泳动，并根据其固有的带电性和分子大小进行分离。

2. 电荷效应

蛋白质混合物在浓缩胶和分离胶的界面处被高度浓缩、堆积成层，并形成一个狭窄的高浓度蛋白质区。每种蛋白质分子所载的有效电荷数不同，因此泳动率亦不同。各种蛋白质样品经分离胶电泳后，如果各组分的分子量相等，它们就会按电荷大小顺序排列。

3. 分子筛效应

蛋白质混合物进入分离胶后，浓缩效应消失，蛋白质样品就在均一的电势梯度和 pH 条件下通过一定孔径的分离胶。由于蛋白质样品之间的分子量或构型不同，通过分离胶所受到的摩擦力和阻滞程度也不同，最终表现出的泳动率也不相同，这就是所谓的分子筛效应。如球形蛋白质分子在电泳过程中受到的阻力较小，移动较快；而分子量大、形状不规则的蛋白质分子，受到的阻力较大，移动较慢。因此，即使蛋白质分子的净电荷相似（即自由泳动率相等），也会因分子筛效应在分离胶中被分开。

四、琼脂糖凝胶电泳

琼脂糖凝胶电泳（agarose gel electrophoresis）是用琼脂或琼脂糖作支持介质的一种电泳方法，兼有分子筛和电泳的双重作用。对于分子量较大的样品，如大分子核酸、病毒等，一般可采用孔径较大的琼脂糖凝胶进行电泳分离。琼脂糖凝胶具有网络结构，物质分子通过时会受到阻力，大分子物质在电泳时受到的阻力大，因此在琼脂糖凝胶电泳中，带电颗粒的分离不仅取决于净电荷性质和数量，还取决于分子大小，大大提高了电泳时的分辨能力。但其凝胶孔径远大于蛋白质分子，对大多数蛋白质来说其分子筛效应微不足道，因此这一电泳技术被广泛应用于核酸的研究中。

琼脂糖凝胶电泳是分离、鉴定和纯化 DNA 片段的常用方法，琼脂糖发挥分子筛功能，使得大小和构象不同的核酸分子的迁移率出现较大差异，从而达到分离的目的。不同浓度的琼脂糖凝胶可以分离从 200bp（碱基对）至 50kb（千碱基对）的 DNA 片段（表 6-2）。在琼脂糖溶液中加入低浓度溴化乙锭（EB），在紫外光下可以检出 10ng 的 DNA 条带（图 6-11）。

---

❶ 电势梯度 V＝电流强度 I/电导率 S，因此，在电流恒定的条件下，导电性（导电率）与电场强度（电势梯度）成反比。

表 6-2　琼脂糖凝胶电泳可分辨的线性 DNA 片段大小

琼脂糖凝胶浓度/%	可分辨的线性 DNA 片段大小/kb
0.4	5～60
0.7	0.8～10
1.0	0.4～6
1.5	0.2～4
1.75	0.2～3
2.0	0.1～3

　　琼脂糖凝胶电泳法测定 DNA 的特点是快速、简便、样品用量少、灵敏度高，可以分辨用其他方法（如密度梯度离心法）无法分离的 DNA 片段，并且在一次测定中能得到较多的信息。如用琼脂糖凝胶电泳检测质粒 DNA 样品时，根据条带位置可得知质粒分子的三种构型及其比例，还可了解质粒 DNA 样品中的杂质，如 RNA、染色体 DNA、蛋白质等的污染程度，与已知浓度及分子量的标准物对照后还可得知被测样品的浓度与分子量。

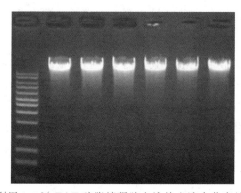

图 6-11　利用 1.0% TAE 琼脂糖凝胶电泳从血液中分离纯化总 DNA

　　琼脂糖主要在 DNA 制备电泳中作为一种固体支持基质，其密度取决于琼脂糖浓度。在 pH 8.0 条件下，凝胶中带负电荷的 DNA 向正极移动，其迁移速率由下列因素决定。

1. DNA 的分子大小

　　线状双链 DNA 分子在一定浓度琼脂糖凝胶中的迁移速率与 DNA 分子量的对数成反比，分子越大则所受阻力越大，也越难于在凝胶孔隙中行进，因而迁移得越慢。

2. DNA 分子的构型

　　DNA 分子处于不同构型时，其在电场中的迁移距离不仅和分子量有关，还和它本身构型有关。相同分子量的线状、开环和超螺旋 DNA 在琼脂糖凝胶中迁移速度是不一样的，一般来说，超螺旋 DNA 移动最快，线状 DNA 在特定的电泳条件下略快于开环双链 DNA。但是，当条件变化时，情况会相反，这与琼脂糖的浓度、电流强度、离子强度及 EB 含量等因素有关。

　　在用电泳鉴定质粒 DNA 纯度时，如果发现凝胶上有数条 DNA 带，要是难以确定这是质粒 DNA 不同构型引起的还是因为含有其他 DNA 引起的，可从琼脂糖凝胶上将 DNA 条带逐个回收，用同一种限制性内切酶分别水解，然后再次电泳，如在凝胶上出现相同的

DNA 图谱，则可鉴定为同一种 DNA。

3. 琼脂糖浓度

一个给定大小的线状 DNA 分子，其迁移速度在不同浓度的琼脂糖凝胶中各不相同。DNA 电泳迁移速率的对数与凝胶浓度呈线性关系。凝胶浓度的选择取决于 DNA 分子大小。分离小于 0.5kb 的 DNA 片段所需胶浓度是 1.2%~1.5%，分离大于 10kb 的 DNA 分子所需胶浓度为 0.3%~0.7%，DNA 片段大小介于两者之间则所需胶浓度为 0.8%~1.0%。

4. 电源电压

在电泳时，为了尽快得到结果，所用电压一般约为 5V/cm，但是所得结果的分辨率不够高。如果需要精确测定 DNA 的分子量，则应使电压低至 1V/cm。在低电压条件下，线状 DNA 片段的迁移速率与所加电压成正比。但是随着电场强度的增加，不同分子量的 DNA 片段的迁移速率将以不同的幅度增长，片段越大，因场强升高引起的迁移速率升高幅度也越大，因此电压增加，琼脂糖凝胶的有效分离范围将缩小。电压过高时，还会引起凝胶发热甚至熔化，造成实验失败。此外，还要考虑分子大小，小片段 DNA 电泳时会因扩散而造成条带模糊，可选用较大的电压缩短电泳时间，减少扩散；大片段 DNA 电泳时则只能用低电压才能避免发生拖尾现象，得到较好的带型与分子量间的线性关系。因此，选择电源电压的大小应根据具体情况而定。为了获得 DNA 片段的最大分辨率，凝胶电泳时电压不应超过 5V/cm。

5. 嵌入染料的存在

荧光染料溴化乙锭用于检测琼脂糖凝胶中的 DNA，其分子具有扁平结构，染料会嵌入到堆积的碱基对之间，并拉长线状和带缺口的环状 DNA，使其刚性更强，所以对线状分子与开环分子的形状变化影响都较小，而对超螺旋状态的分子影响较大。电泳时，加入染料对不同构型 DNA 分子的迁移速率影响不同，超螺旋构型增加最多，其次是线性构型，开环构型增加最少。

6. 离子强度的影响

在没有离子存在时（如误用蒸馏水配制凝胶），电导率最小，DNA 几乎不移动；在高离子强度的缓冲液中（如误加 10× 电泳缓冲液），则电导率很高并明显产热，严重时会引起凝胶熔化或 DNA 变性。常用的几种电泳缓冲液有 TAE（含 pH8.0 的 EDTA 和 Tris-乙酸）、TBE（Tris-硼酸和 EDTA）、TPE（Tris-磷酸和 EDTA）。缓冲液一般配制成浓缩母液，室温下保存，电泳时稀释。

7. 温度

DNA 在琼脂糖凝胶电泳时受温度影响不明显，不同大小的 DNA 片段，其相对迁移率在 4~30℃ 之间不会发生明显改变，但浓度低于 0.5% 的凝胶或低熔点凝胶较为脆弱，最好在 4℃ 条件下电泳。

8. 其他因素

还有一些因素也会影响电泳结果，特别是对于 DNA 浓度的判断还有以下影响因素：凝胶的厚度、齿孔的厚度、加样的多少、电泳时间、观测所用的紫外灯波长与强度的不同及凝胶在缓冲液中浸泡的时间等。

聚丙烯酰胺凝胶电泳的操作注意事项

一、聚丙烯酰胺凝胶电泳的操作注意事项

1. 凝胶浓度的选择

应根据分离蛋白质的分子量范围来选择最适凝胶浓度。若待分离蛋白质分子量的范围是 $10000 \sim 70000$，用 10% 凝胶；若待分离蛋白质分子量的范围是 $25000 \sim 200000$，可用 5% 凝胶；若分离分子量更高的蛋白质，则用 3.33% 凝胶。

2. 制备凝胶试剂的纯度

制备凝胶应选用高纯度的试剂，否则会影响凝胶聚合与电泳效果。丙烯酰胺（Acr）和 N, N'-亚甲基双丙烯酰胺（Bis）是制备凝胶的关键试剂，如含有丙烯酸或其他杂质，则会造成凝胶聚合时间延长、聚合不均匀或不聚合，所以应将它们分别纯化后才能使用。工业纯的 Acr 及 Bis 需重结晶，分析纯或标准级的 Acr 及 Bis 不需纯化，可立即使用。

应注意的是，Acr 和 Bis 均为神经毒剂，对皮肤有刺激作用，操作时应戴手套和口罩，纯化应在通风橱内进行。

3. 器材的清洗

与凝胶聚合有关的硅橡胶条、玻璃板表面若不光滑洁净，电泳时就会造成凝胶板与玻璃板或硅橡胶条剥离，产生气泡或滑胶；在拨胶时则凝胶板易断裂。因此，所用器材均应严格清洗。硅橡胶条的凹槽、样品模板及电泳槽用泡沫海绵蘸取洗洁精仔细清洗。玻璃板可在重铬酸钾洗液中浸泡 $3 \sim 4h$ 或在 0.2mol/L KOH 的酒精溶液中浸泡 20min 以上，用清水洗净，再用泡沫海绵蘸取洗洁精反复清洗，最后用蒸馏水冲洗，直接阴干或用乙醇冲洗后阴干。

4. 器材的安装

安装电泳槽和镶有长、短玻璃板的硅橡胶框时，位置要端正，均匀用力或使用旋紧固定螺丝，以免缓冲液渗漏。样品槽模板梳齿应平整光滑。

5. 凝胶的制备

用琼脂封底及灌凝胶时不能有气泡，以免影响电泳时电流通过。凝胶完全聚合后，必须放置 30min 至 1h，使其充分老化后才能轻轻取出样品槽模板，切勿破坏加样凹槽底部平整，以免电泳后条带扭曲。

6. 盐离子的影响

为防止电泳后条带拖尾，样品中盐离子强度应尽量低，含盐量高的样品可用透析法或凝胶过滤法脱盐。

7. 点样量

最大点样量不得超过（以蛋白质含量计）$100\mu g/100\mu L$。

8. 电泳

电泳时，电泳仪与电泳槽间正、负极不能接错，以免造成样品反方向泳动，电泳时应选

用合适的电流、电压，过高或者过低都会影响电泳效果。

9. 配制过硫酸铵（AP）时应注意的问题

最好用近期生产的过硫酸铵，若非近期生产，则可先将其表面的一层去掉，尽量取下层称量，以防过硫酸铵氧化失效。当放入水中时，要听到有轻微的啪啪声。临用前配制，盛于棕色瓶中，并存放在冰箱内，使用期不超过一周。

二、琼脂糖凝胶电泳的操作步骤

1. 凝胶制作

（1）凝胶浓度的选择　配制凝胶的浓度根据需要而变，一般在 $0.8\%\sim2.0\%$ 之间。如果一次配制好凝胶，没用完的凝胶可以再次熔化，但随着熔化次数的增加，水分丢失也变多，凝胶浓度会越来越高，导致实验结果不稳定。可用以下方法补水：一是在容器上标记煮胶前的刻度，煮胶后补充相应的水分至原刻度；二是在煮胶前称重，煮胶后补充水至原质量。粗略一点的方法是通过多次较恒定的煮胶条件得出一个经验补水值，以保证凝胶浓度基本维持在原浓度。染色剂溴化乙锭（EB）可加在熔化的琼脂糖中（冷却至 $60\,^{\circ}\mathrm{C}$ 左右），终浓度为 $0.5\mu\mathrm{g/mL}$；也可在电泳结束后染色。

（2）梳板的选用　一般每个制胶模具均配有多个齿型不同的梳板，梳齿宽厚，形成的点样孔容积较大，用于 DNA 片段回收实验等；相反，梳齿窄而薄，形成的点样孔容积就较小，用于 PCR（聚合酶链式反应）产物、酶切产物鉴定等。梳板选择主要依上样量多少而定，一般来说，上样量小时尽量选择薄的梳板制胶，电泳条带致密清晰，便于结果分析。制胶时要注意梳齿与底板的距离至少要 1mm，否则拔梳板时易损坏凝胶孔底层，导致点样后样品渗漏。点样孔的破坏还与拔梳板时间和方法有关。一般凝胶需冷却 30min 以上才可拔梳板，应急情况下也可将成型的凝胶块放 4℃冰箱中冷却 15min 左右。拔梳板的方法是将制胶槽放置在电泳槽中的电泳缓冲液中，然后垂直向上慢慢用力，因为有液体润滑作用，梳板易拔出且不易损坏点样孔。

2. 点样

点样需加上样缓冲液，因为上样缓冲液中加了甘油或蔗糖来增加密度，使样品沉入孔底。上样缓冲液中加指示剂指示样品的迁移过程，一般用溴酚蓝和二甲苯青，溴酚蓝呈蓝紫色，二甲苯青呈蓝色，它携带的电荷量比溴酚蓝少，在凝胶中的迁移速率比溴酚蓝慢。上样缓冲液储存液一般为 $6\times$（或 $10\times$），表示其浓度为工作液浓度的 6 倍（或 10 倍）。使用时上样缓冲液应稀释到 1 倍浓度。

点样方法是将移液器基本垂直点样孔，用另一只手帮助固定移液器下端，移液器枪头尖端进入点样孔即可将样品注入孔内（不可将枪头尖插至孔底），并点上适合的 DNA 分子量标准（即样品 DNA 分子量大小应基本在 DNA 分子量标准范围之内）。

3. 电泳

将电泳仪正极与电泳槽的正极相连，负极与负极相连，在溶液 pH 值大于其等电点时，核酸带负电荷，从负极向正极移动。电泳槽中电泳缓冲液与制胶用电泳缓冲液应该相同，电泳缓冲液以刚好没过凝胶 1mm 为宜。电泳缓冲液太多则电流加大，导致凝胶发热。电泳时凝胶上所加电压一般不超过 5V/cm（指的是正负电极之间的距离，而不是凝胶的长度），电泳时间一般为 30～60min，根据实验需要也可作适当调整。电压增高，电泳时间缩短，核酸条带相对来说不够整齐清晰；相反，电压降低，电泳时间较长，核酸条带整齐清晰。另外，如果电泳后样品泳动很慢或者没有泳动，可检查胶模两端的封口胶条是否已去掉。

较成功的电泳结果是分子量标准条带整齐清晰，样品条带也整齐清晰。如果条带模糊暗淡，可能是溴化乙锭的问题，溴化乙锭见光易分解，可能是母液配制时间过长或保存不当（一般 4℃ 避光保存一年内有效），或者是其终浓度没达到 $0.5\mu g/mL$。此外，也可能是电泳槽中缓冲液使用次数过多，导致缓冲能力下降。特别是 TAE 缓冲液，一般使用 2～3 次就要更换，TBE 缓冲液则可使用 10 次左右。

【知识拓展】

一、SDS-聚丙烯酰胺凝胶电泳

电泳法分离、检测蛋白质混合样品，主要是根据各蛋白质组分的分子大小和形状以及所带净电荷多少等因素所造成的电泳迁移速率的差别。如果在聚丙烯酰胺凝胶系统中，加入一定量的阴离子去垢剂 SDS（十二烷基硫酸钠），形成带负电荷的蛋白质-SDS 复合物，这种复合物结合大量 SDS，使蛋白质丧失了原有电荷状态，从而降低或消除了各种蛋白质分子之间天然的电荷差异，那么蛋白质分子的电泳迁移速率就主要取决于它的分子量大小，而其他因素对电泳迁移速率的影响几乎可以忽略不计。

SDS-聚丙烯酰胺凝胶电泳（SDS-PAGE）的操作基本与连续的聚丙烯酰胺凝胶电泳相似。采用 SDS-PAGE 测定蛋白质的分子量，简便、快速、重复性好，只需要廉价的仪器设备和几微克的蛋白质样品，在分子量为 15000～200000Da 的范围内所测得的结果与用其他方法测得的分子量相比，误差一般不超过 10%。

当蛋白质的分子量在 15000～200000Da 之间时，电泳相对迁移率与分子质量的对数呈线性关系：

$$\lg M_w = -bm_R + K$$

式中　M_w——蛋白质分子质量，kDa；

　　　m_R——相对迁移率；

　　　b——斜率；

　　　K——截距。在一定条件下，b 和 K 均为常数。

如果将已知分子质量的标准蛋白质的相对迁移率对蛋白质分子质量的对数作图，可获得一条标准曲线。未知蛋白质在相同条件下进行电泳，根据它的电泳迁移率即可在标准曲线上求得其分子质量。

二、醋酸纤维素薄膜电泳

醋酸纤维素薄膜是一种良好均一的泡状疏松薄膜（厚约 $120\mu m$），具有一定的吸水性。醋酸纤维素薄膜电泳的分辨能力低于聚丙烯酰胺凝胶电泳和淀粉凝胶电泳，但具有简单快速、定量方便、比纸电泳分辨能力高、分离区带清晰、灵敏度高、便于保存和照相等优点。在临床检验上，被用作血清蛋白、血红蛋白、血清脂蛋白、糖蛋白、同工酶等的分离分析及免疫电泳。

血浆中含有多种蛋白质，它们的等电点都在 pH7.5 以下。在醋酸纤维素薄膜电泳中，将血清置于 pH8 以上的缓冲液进行电泳，则其中的蛋白质都游离成负离子，向正极移动。醋酸纤维素薄膜电泳可分离人血清蛋白。人血浆蛋白质的等电点和分子量如表 6-3 所示，正常人血清蛋白电泳 1h 左右，染色后可显 5 条区带。其中，清蛋白（即白蛋白）泳动最快，其余依次为 α_1-球蛋白、α_2-球蛋白、β-球蛋白及 γ-球蛋白。这些区带经洗脱液洗脱后可用分光光度法定量测定，也可直接进行光吸收扫描，自动绘出区带吸收峰并计算蛋白质的相对含量。

表 6-3　人血浆蛋白质的等电点及分子量

蛋白名称	等电点（pI）	分子量
清蛋白（A）	4.88	69000
α_1-球蛋白	5.00	200000
α_2-球蛋白	5.06	300000
β-球蛋白	5.12	9000～150000
γ-球蛋白	6.85～7.50	156000～300000
纤维蛋白原	5.4	330000～350000

三、超滤技术

在生物药物分离与纯化生产中，超滤工艺应用最为广泛。超滤技术简称 UF 技术，是于 20 世纪 60 年代初迅速发展起来的一种膜分离技术。超滤技术的分离原理是让被分离的混合物溶液通过适当孔径的超滤膜，以实现不同分子量和分子形状的物质分离。该技术适于分子量分布范围大的混合物的分离，分离过程可在室温下进行，并且没有化学变化，特别适于活性乳蛋白等热敏性物质的分离。近几年，超滤技术已在食品工业、医药工业等领域中得到了应用。在工业规模生产中，超滤系统主要由膜组件、泵、管路和贮槽等部分组成，在操作形式上分为间歇操作与连续操作，根据超滤目的不同可分为浓缩模式和透析模式。

超滤技术根据分子的形状和大小进行选择性分离，在一定压力或离心力的作用下，大分子物质被截留，小分子物质则滤过超滤膜而排出。超滤截留的粒径范围是 1～20nm，相当于分子量为 300～300000 的各种蛋白质分子。理论上讲，选择不同孔径的超滤膜可截留不同分子量的物质，但分子量相近的蛋白质由于在介质中有呈线形溶质或球形溶质的区别，可能出现不同的结果（线形蛋白质容易通过超滤膜）。

超滤技术可分级分离蛋白质，利用半透膜是一些有微孔的薄膜，孔的大小决定能透过膜的分子的大小，能截住不同大小的蛋白质，将大于某一分子量和小于某一分子量的蛋白质分开。要提纯某一蛋白质，可选用微孔孔径不同的两种膜。其中一种膜孔较小，能使需要的蛋白质全部被截住，而让小的蛋白质透析出；然后将截留在膜内的蛋白质转移到孔较大的膜内，截住较大的蛋白质，使所需蛋白质流过微孔透析出，这样可以将蛋白质提纯。

1. 玉米须多糖超滤制备

玉米须粉用热水煮沸 2h，3000r/min 离心分离上清液，玉米须残渣用相同方法再提取 1 次，合并 2 次提取的上清液。利用分子质量为 10kDa 的超滤膜分离小分子物质，收集超滤浓缩液，浓缩，烘干至质量恒定，得到玉米须超滤粗多糖，保存于干燥器中备用。

2. 玉米须多糖成分分析

采用苯酚-硫酸法测定多糖含量，采用凯氏定氮法测定蛋白质含量，采用 $AlCl_3$ 分光光度法测定总黄酮含量，采用福林酚法测定总酚含量，采用索氏提取法测定脂肪含量，采用坩埚法测定灰分含量。

任务 3　酪蛋白磷酸肽的制备与离子交换纯化

多肽类药物的
药用价值

　　酪蛋白磷酸肽（casein phosphopeptides，CPPs），是以牛乳酪蛋白为原料，经单一或复合酶作用，再经分离纯化而得到的含有成簇磷酸丝氨酸残基的一组活性多肽。α_{s1}-酪蛋白、α_{s2}-酪蛋白和 β-酪蛋白在体内和体外经酶解后得到几个磷酸肽，在小肠内它们可以和钙结合，阻止磷酸钙沉淀产生，使肠内溶解钙量大大增加，从而促进其吸收和利用。同样，它们也可以作为镁、铁、锌等无机离子的载体，促进这些离子在肠黏膜上的吸收。此外，CPPs 的钙盐还能用于龋齿的防治，将酪蛋白磷酸肽添加到牙膏中可能有助于防止牙齿的脱矿质作用，并起到抗龋齿的效果。酪蛋白磷酸肽还可以与微量元素，如 Fe、Mn、Cu、Se 形成有机磷酸盐，有效避免这些金属离子在小肠中性和碱性环境中被沉淀，起到微量元素载体的作用，这已经用于治疗佝偻病。目前已有多种商品化的酪蛋白磷酸肽食品投入市场，在日本和德国已经开发成为功能食品上市，1998 年德国已经将酪蛋白磷酸肽开发成药物并列入《德国药典》。

　　酪蛋白磷酸肽可用离子交换进行纯化。离子交换色谱技术（ion exchange chromatography，IEC）是指利用离子交换树脂对各种离子的亲和力不同的原理，从而使能离子化的化合物暂时交换到离子交换树脂上，然后用合适的洗脱剂将离子洗脱下来，从而得到分离的一种技术。该技术可以同时分离多种离子化合物，具有灵敏度高、重复性好、选择性好、分离速度快、操作方便、设备简单、成本低、有机溶剂使用较少或无需使用等优点，是当前最常用的色谱技术之一，常用于多种离子型生物分子的分离，包括蛋白质、氨基酸、多肽及核酸等。离子交换色谱技术也是提取制备抗生素的重要方法之一，已在链霉素、卡那霉素、庆大霉素、新霉素、多黏菌素等抗生素的分离纯化中得到了广泛应用。抗生素从发酵液中被选择性地交换到离子交换树脂上，并在适宜的条件下被洗脱下来，使体积缩小到几十分之一，从而使抗生素从发酵液中被分离提取出来。1935 年人工合成了离子交换树脂，1940 年应用于工业生产，1951 年我国开始合成树脂。

任务 3　课前自学清单

任务描述	利用酪蛋白酶解制备酪蛋白磷酸肽，并利用离子交换色谱法进行分离纯化；粗略计算制备成本与收益。	
学习目标	能做什么	要懂什么
	1. 能用离子交换色谱法分离纯化蛋白质； 2. 能准确记录实验现象、数据； 3. 能准确绘制洗脱曲线； 4. 会正确书写工作任务单、工作台账本，并对结果进行准确分析。	1. 掌握离子交换色谱技术； 2. 理解其他分离纯化的色谱技术。
工作步骤	步骤 1　CPPs 的制备 步骤 2　阴离子树脂纯化 CPPs (1)大孔强碱型阴离子交换树脂的预处理及装柱 (2)离子交换树脂的转型处理 (3)CPPs 上柱及分离 (4)洗脱曲线绘制 步骤 3　完成数据处理及工作任务单、工作台账本的书写 步骤 4　完成评价	
岗前准备	思考以下问题： 1. 离子交换树脂为什么要转型？如何判断转型完成？ 2. 如何判断非磷酸肽杂质的洗涤终点？ 3. 如何判断磷酸肽的洗脱终点？ 4. 洗脱曲线如何绘制？ 5. 离子交换色谱纯化过程中，要特别注意哪些参数的控制？	
主要考核指标	1. 离子交换树脂的转型(如何判断转型完成？)； 2. 非磷酸肽杂质的洗涤(如何判断终点？)； 3. 磷酸肽的洗脱(如何判断终点？)； 4. 洗脱曲线的绘制； 5. 组员间的协作(分工、时间安排)； 6. 实验室清洁； 7. 工作任务单、工作台账本的完成情况。	

⇥ 小提示

　　操作前阅读【知识支撑】中的"一、离子交换色谱法的原理"，【技能拓展】中的"一、离子交换色谱的操作过程"以及"二、离子交换树脂的预处理"，以便更好地完成本任务。

工作目标

以酪蛋白为原料，分组开展工作任务。酶解制备酪蛋白磷酸肽，并利用离子交换色谱技术纯化酪蛋白磷酸肽。

通过本任务，达到以下能力目标及知识目标：

1. 能够用离子交换色谱法分离纯化蛋白质，掌握离子交换色谱技术；

2. 理解其他分离纯化的色谱技术。

工作准备

1. 工作背景

创建生物活性多肽制备的操作平台和流程，创造离子交换色谱法分离蛋白质混合物的操作平台和流程，并配备离子交换柱、部分收集器、分光光度计、真空冷冻干燥机等相关仪器设备。

2. 技术标准

溶液配制准确，离心机使用规范，离子交换色谱法操作正确，分光光度计使用规范、读数正确，洗脱曲线绘制正确，等等。

3. 所需器材及试剂

（1）器材　电子分析天平、托盘天平、离子交换柱（参考规格 D2cm×50cm）、紫外-可见分光光度计、真空冷冻干燥机、容量瓶、烧杯、量筒、玻璃棒、试管及试管架、精密 pH 试纸、漏斗、滤纸、脱脂棉、吸量管、酪蛋白、胰蛋白酶等。

（2）试剂　95%乙醇、去离子水、1mol/L NaOH 溶液、10% $CaCl_2$ 溶液、0.2mol/L HCl 溶液、2mol/L NaOH 溶液、2mol/L HCl 溶液、2mol/L 乙酸钠溶液、2mol/L 的 $Ca(OH)_2$、苯乙烯系阴离子交换树脂（Cl^- 型）等。

实践操作

酪蛋白磷酸肽的制备与分离纯化操作流程如图 6-12 所示。

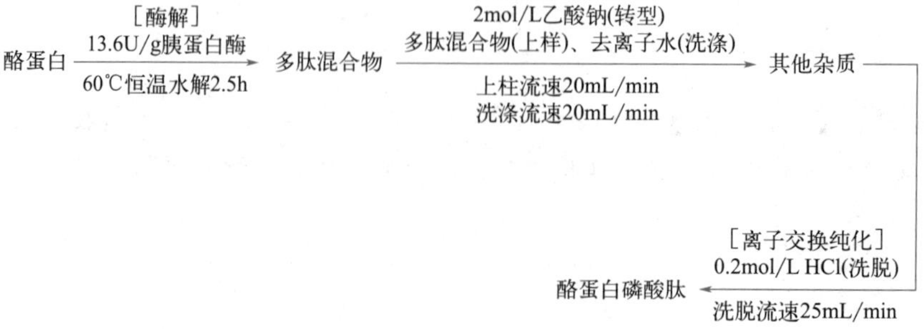

图 6-12　酪蛋白磷酸肽的制备与分离纯化操作流程

1. CPPs 的制备

准确称取一定量酪蛋白溶解于大烧杯中，质量浓度为 5%；在 60℃ 水浴中恒温放置；加入一定量胰蛋白酶溶液（加酶量 13.6U/g）混匀并计时，每 5min 摇晃 1 次，监控 pH 值变化（保持在 pH7.5），用浓度 1mol/L NaOH 来调节 pH；恒温水解 2.5h 后，立即置于沸水浴中 5min，对酶进行灭活，即得到酶解液；将酶解液 pH 值调至 4.6，6000r/min 离心约 15min，取上清液加 10% $CaCl_2$ 溶液，至终体积分数为 1.0%，加 95% 乙醇至终体积分数为 50%，离心（6000r/min）；收集沉淀，将沉淀烘干，即得到 CPPs。

2. 阴离子树脂纯化 CPPs

（1）大孔强碱型阴离子交换树脂的预处理及装柱　树脂先用浓度 2mol/L NaOH 浸泡 1h，再用蒸馏水洗到中性，接着用浓度 2mol/L HCl 浸泡 1h，然后用蒸馏水洗到中性，最后再用浓度 2mol/L NaOH 浸泡 1h，用蒸馏水洗到中性，装柱（2cm×50cm），装柱量约为 60%～70%。

（2）离子交换树脂的转型处理　离子交换树脂对带同种电荷的不同离子选择性不同，在使用时必须使被分离组分的离子选择性大于缓冲液中平衡离子的选择性。由于 Cl^-、Ac^-、PO_4^{3-} 的选择性大小顺序为 $Cl^- > PO_4^{3-} > Ac^-$，所以在使用前需将离子交换树脂的出厂型 Cl^- 型转为 Ac^- 型（用 2mol/L 乙酸钠溶液洗至中性）。

（3）CPPs 上柱及分离　取 1g CPPs 粗品，加入 30mL 去离子水充分搅拌，用浓度为 2mol/L 的 $Ca(OH)_2$ 调节溶液 pH 值至 6.5 左右，然后以 20mL/min 的流速过柱。进样结束后继续按相同流速用去离子水进行洗涤，冲洗除去非磷酸肽，直至第一峰完全洗出。然后用浓度为 0.2mol/L HCl 溶液以 25mL/min 的流速洗脱 CPPs 组分，检测波长为 280nm，待不再有样品检出时，停止收集（具体操作详见【技能拓展】中的"一、离子交换色谱的操作过程"）。

（4）绘制洗脱曲线，计算 CPPs 纯化后的得率　以收集溶液的体积为横坐标，以吸光度值为纵坐标，绘制洗脱曲线。收集离子交换纯化后的 CPPs 盐酸溶液，冻干，称重。

$$CPPs 得率(\%) = CPPs 纯化后的质量(g)/1(g) \times 100\%$$

（5）完成工作任务单、工作台账本。

操作评价 >>>

一、个体评价与小组评价

任务 3　酪蛋白磷酸肽的制备与离子交换纯化	
姓名	
组名	
能力目标	1. 能用离子交换色谱法分离纯化蛋白质； 2. 能准确记录实验现象、数据，绘制洗脱曲线； 3. 会正确书写工作任务单、工作台账本，并对结果进行准确分析。

任务3　酪蛋白磷酸肽的制备与离子交换纯化

知识目标	1. 掌握离子交换色谱技术； 2. 理解其他分离纯化的色谱技术。								
评分项目	上岗前准备（思考题回答，实验服、护目镜与台账准备）	离子交换树脂装柱（是否有气泡、裂纹）	树脂转型处理	CPPs上柱及分离	洗脱曲线绘制	团队协作性	台账完成情况	台面及仪器清理	总分
分值	10	15	15	20	10	10	10	10	100
自我评分									
需改进的技能									
小组评分									
组长评价	（评价要具体、符合实际）								

二、教师评价

序号	项目	配分	要求	得分
1	上岗前准备（10分）	A. 思考题回答（5分） B. 实验服与护目镜准备、台账准备（5分）	操作过程了解充分 工作必需品准备充分	
2	离子交换树脂装柱（10分）	无气泡、无裂纹（包括后续淋洗及洗脱时）（10分）	正确操作	
3	转型（5分）	pH值调节合适，乙酸钠未过量（5分）	正确操作	
4	CPPs上柱及分离（15分）	A. 及时收集洗脱液（5分） B. 正确测定吸光度值（10分）	正确操作	
5	洗脱曲线绘制（15分）	A. 横纵坐标正确清楚（5分） B. 曲线图形佳（10分）	正确绘制	
6	项目参与度（15分）	操作的主观能动性（15分）	具有团队合作精神和主动探索精神	

序号	项目	配分	要求	得分
7	台账与工作任务单完成情况（20分）	A. 完成台账（是不是完整记录）（5分） B. 完成工作任务单（15分）	妥善记录数据	
8	文明操作（10分）	A. 实验态度（5分） B. 清洗玻璃器皿等,清理工作台面（5分）	认真负责 清洗干净,放回原处,台面整洁	
合计				

【知识支撑】

离子交换剂的种类、选择及处理

一、离子交换色谱法的原理

同类型带电离子间可自由地相互交换和竞争结合,如蛋白质之间或蛋白质与其他分子之间。带相同电荷类型的离子竞争性地结合与其电荷相反的色谱填料,即离子交换剂。离子间的作用力可通过调节缓冲液酸碱度和离子强度改变,因此选择适当缓冲液和洗脱方式可将与离子间不同程度结合的蛋白质按一定顺序洗脱下来。离子交换色谱的效果和离子体积无关。

以蛋白质的离子交换分离纯化为例,蛋白质表面含带电基团,在生理 pH 值条件下所带净电荷最终由氨基酸电荷间的平衡决定:带正电荷的蛋白质,其正电荷基团比负电荷基团多;带负电荷的蛋白质,其负电荷基团比正电荷基团多。离子交换色谱法分离蛋白质,先根据蛋白质带电类型选择离子交换树脂,阳离子交换树脂交换阳离子,阴离子交换树脂交换阴离子,再根据其相对电荷强度（如强阴离子区别于弱阴离子）进行分离。如带负电荷的蛋白质可以和离子交换树脂中的 Cl^- 相交换而固定于树脂上,通过 NaCl 或 KCl 洗脱液中的 Cl^- 再使蛋白质从树脂上置换下来。不同离子强度的电荷与树脂结合能力不同,因此用不同 Cl^- 浓度洗脱时,先带走结合力弱的蛋白质,再带走结合力强的蛋白质,达到分离效果。蛋白质离子交换原理也可如图 6-13 所示。在溶液 pH 值大于蛋白质等电点时,分子带负电荷,用阴离子交换剂进行分离;当溶液 pH 值小于蛋白质的等电点时,分子带正电荷,用阳离子交换剂进行分离。

二、离子交换剂

离子交换剂是含有若干活性基团的不溶性高分子物质,是在不溶性母体上引入若干可解离基团（活性基团）而制成的,分为无机离子交换剂和有机离子交换剂两大类。无机离子交换剂又可分为天然的（如黏土、海绿石、沸石类矿物）和人造的（如合成沸石、水合金属氧

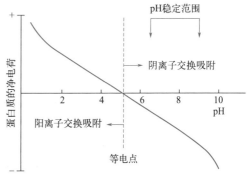

图 6-13 蛋白质的离子交换色谱原理

化物、多价金属酸性盐类、杂多酸盐等）；有机离子交换剂又分为天然的（如磺化煤）和合成的（如合成树脂）。其中合成高分子离子交换树脂具有不溶于酸碱溶液及有机溶剂、性能稳定、经久耐用、选择性高等特点，在制药工业中的应用较多。

作为不溶性母体的不溶性树脂通常有苯乙烯树脂、酚醛树脂、纤维素、葡聚糖、琼脂糖等。离子交换树脂按照所带离子类型可分为两大类：阴离子交换树脂和阳离子交换树脂。阳离子交换树脂带有酸性基团，又可分为强酸型阳离子交换树脂（如酚磺酸型树脂、苯乙烯强酸型树脂）和弱酸型阳离子交换树脂（有芳香族和脂肪族两种）。阴离子交换树脂带有碱性基团，可分为强碱型阴离子交换树脂（如季铵盐离子）和弱碱型阴离子交换树脂［如二乙氨基乙基（DEAE）］。目前，国际上更趋向于使用强离子交换树脂，因为它们的流速高、交换容量大，能较好地满足现代纯化和生产的需要。离子交换树脂按结构又可分为凝胶型（孔径5nm）、大孔型（孔径为20～100nm）及等孔型（孔大、均匀）。凝胶型离子交换树脂溶胀度较大；大孔型离子交换树脂溶胀度小，交换速度高，抗污染能力强；等孔型离子交换树脂抗有机污染能力较强。

在进行离子交换色谱前，应当根据欲分离组分特性和要求，选择离子交换剂种类和型号。选择时应考虑下列主要因素：①离子交换剂和组分离子物理化学性质；②组分离子所带电荷种类；③溶液中组分离子浓度高低；④组分离子质量大小；⑤组分离子与离子交换剂亲和力大小。一般说来，阳离子只能被阳离子交换剂交换吸附，阴离子只能被阴离子交换剂交换吸附；亲和力大的容易吸附，难于洗脱，亲和力小的难于吸附，容易洗脱；离子质量小的，可用高交联度的离子交换树脂进行交换，离子质量大的，宜用离子交换纤维素、离子交换凝胶或大孔（低交联度）离子交换树脂进行交换。

商品离子交换剂通常是干燥的，在使用之前，一般按照下列程序进行处理：①干燥离子交换剂用水浸泡2h以上，使之充分溶胀；②用去离子水洗至澄清后倾去水；③用4倍体积的2mol/L HCl搅拌浸泡4h，弃去酸液，用去离子水洗至中性；④用4倍体积的2mol/L NaOH搅拌浸泡4h，弃去碱液，用去离子水洗至中性备用；⑤用适当的试剂进行转型处理，使离子交换剂上所带的可交换离子转变为所需的离子。转型一般在装柱之后进行。阳离子交换剂用NaOH处理，转变为Na^+型，用HCl处理，转变为H^+型；阴离子交换剂用NaOH处理，转变为OH^-型，用HCl处理，转变为Cl^-型等。

三、影响离子交换树脂分离效果的因素

能离子化的化合物与离子交换树脂之间的相互作用取决于几个因素，对酸、碱、温度敏感的蛋白质，在离子交换过程中要特别控制好相应环境条件。过强的吸附以及极端的洗脱条件，都可能造成活性分子的变性失活。

影响离子交换
色谱法分离
效果的因素

1. 溶液的 pH 值

溶液 pH 值直接决定离子交换树脂活性基团及溶液中组分离子的解离程度，影响树脂的交换容量❶以及交换的选择性。采用强酸型、强碱型离子交换树脂进行离子交换时，溶液 pH 值主要影响溶液中组分离子的解离度，决定这些离子带何种电荷及其带电量，从而影响这些离子被交换剂交换吸附的可能性以及吸附亲和力的强弱。对于弱酸型、弱碱型树脂，溶

---

❶ 即每克干树脂或每毫升湿树脂所能交换的离子的毫克当量数，单位为 meq/g（干）或 meq/mL（湿）。

液 pH 值不仅影响组分离子的分离，还影响离子交换剂的解离程度和吸附能力。一般强酸型阳离子交换树脂交换液的 pH 值不应小于 2，弱酸型树脂交换液的 pH 值应在 6 以上。而强碱型阴离子交换树脂交换液的 pH 值应在 12 以下，弱碱型树脂交换液的 pH 值则应在 7 以下。

2. 溶质的浓度

低浓度时离子交换树脂对离子化合物交换的选择性较大；高浓度时，离子化合物的解离程度会降低，而且也会影响到离子交换树脂对离子化合物交换的选择性和交换顺序。如果溶质浓度过高，还会引起离子交换树脂表面及内部交联网孔收缩，影响离子进入网孔。因此，在进行离子交换时，溶质浓度应较低，这样有利于离子化合物的提取分离。

3. 被交换的溶质离子

被交换溶质的离子解离度越大，酸碱性越强，越易被离子交换树脂交换，但洗脱也越难。解离的离子化合价越高，电荷越大，也越易被离子交换树脂交换。

4. 温度

当溶质浓度较低时，温度对离子交换树脂的交换性能影响不大；当其浓度超过一定量时，通常温度升高，离子交换速度会加快，洗脱时的洗脱能力也可提高。但是对于不耐热的离子交换树脂，应注意提高温度，以免造成树脂的破坏。

5. 溶剂

在水溶液或含水的极性溶剂中进行。在极性小的溶剂中难以交换或者不交换。

6. 其他影响因素

（1）离子交换树脂的交联度　交联度越大，结构中的孔径就越小，大离子就越不容易进入；交联度越小，情况则相反。因此，交联度的大小可调节离子交换树脂对蛋白质的选择性。

（2）树脂的颗粒大小　颗粒越小，表面积就越大，越有利于树脂与溶液中离子的接触，从而增加离子的交换速度。

（3）离子交换树脂的类型　由于强酸型及强碱型离子交换树脂的交换基团的解离能力强，因此这些树脂容易与溶液中的离子交换。

【技能拓展】

一、离子交换色谱的操作过程

1. 装柱

离子交换
色谱法的操作

有干法装柱和湿法装柱两种方式。干法装柱是将干燥离子交换剂边振荡边慢慢倒入柱内，装填均匀，再慢慢加入适当溶剂或溶液。在使用干法装柱时，要注意柱内是否有气泡或裂纹存在，以免影响分离效果。湿法装柱是在柱内先装入一定体积溶剂或溶液，然后将处理好的离子交换剂与溶剂（或溶液）集中在一起，边搅拌边倒入保持垂直的色谱柱内，让离子交换剂慢慢自然沉降，装填成均匀、无气泡、无裂缝的离子交换柱。离子交换剂在装柱前应先加水充分搅拌，赶尽气泡。放置几分钟待大部分沉降后，倾去上面泥状微粒。反复操作直到上层液透明为止。装柱前在色谱柱底部放一些玻璃丝（使用前用水煮沸，并反复洗涤直到洗涤液呈中性后才可使用），厚度1~2cm即可，用玻璃棒或玻璃管将其压平。也可用脱脂棉，在上面放一大小合适的圆形滤纸片。装柱时最好一次性将离子交换剂倒入，最后在色谱柱顶部加一层干净玻璃丝（或一片大小合适的圆形滤纸），以免加液时把离子交换剂冲散。

2. 上柱

离子交换柱装好后，经转型使离子交换剂成为所需的可交换离子，再用溶剂或者缓冲液进行平衡，然后将欲分离的混合溶液加入离子交换柱中，即上柱。注意控制溶液pH值、离子浓度、温度等条件，使不同组分离子得到分离。还要注意流速控制。流速过快，分离效果不好；流速过慢，则影响分离速度。然后用蒸馏水洗涤，除去附在树脂柱上的杂质。

3. 洗脱

上柱完毕后，用适当洗脱液将交换吸附在离子交换剂上的组分离子逐次洗脱下来，达到分离目的。不同的混合溶液应采用不同洗脱液和洗脱条件。洗脱液中应含有与离子交换剂亲和力较大的离子，以便把吸附在交换剂上的离子交换下来。洗脱时，通过试验确定适宜洗脱流速，以保证分离效果。如果混合液中含有多种组分离子，在洗脱过程中，按照这些离子与交换剂的亲和力由小到大顺序，亲和力小的离子先洗出，亲和力最大的离子最后洗出。有些含有多种组分的混合液，用同一种洗脱液往往达不到良好的分离效果，可以采用不同洗脱液进行洗脱，常用梯度洗脱法，这是采用按照一定规律变化的洗脱液进行洗脱的方法。洗脱液如果按照浓度不同组成一个系列，称为浓度梯度洗脱；如果按照pH值变化组成一个系列，称为pH梯度洗脱。梯度的变化既可递增，也可递减。采用梯度混合器可建立连续变化的梯度洗脱液。

4. 再生

离子交换剂经过再生处理，可恢复原状，重复使用。一般再生进行转型即可，如果需要继续交换同一样品，把盐型转换为游离型后即可继续使用。但经过多次使用后，含杂质较多的离子交换剂一般需要用预处理的方法（酸、碱处理）再生，再进行转型。如果需要交换其他样品，也应用预处理的方法再生，再继续使用。耐热型的离子交换树脂可在加温条件下进行再生处理。干燥状态的树脂不能马上加热，可先加饱和氯化钠的水溶液，待湿润后再加水，然后再生。再生后的离子交换剂如果一段时间不用，可加水后保存在广口瓶中。

二、离子交换树脂的预处理

新离子交换树脂中常含有合成时混入的小分子有机物和铁、钙等杂质，且多以不适合作离子交换色谱的钠型或氯型存在，所以在进行离子交换前要预处理除杂，并将钠型或氯型转为H型或OH型。新树脂先用蒸馏水浸泡1~2天，充分溶胀后再装于柱内按下法处理。

1. 强酸型阳离子交换树脂的预处理

通常是钠型。先用树脂体积20倍量的7%~10%盐酸，以$1mL/(min \cdot cm^2)$（色谱柱横截面积）流速进行交换，树脂转为H型后，用水洗至流出液呈中性。再用树脂体积10倍量的4%氢氧化钠（或食盐）进行交换，转为钠型后，用水洗至流出液不含钠离子（烧灼时无黄色火焰出现）。再重复一次上述操作（钠型转为H型，H型再转为钠型，反复操作一是除去树脂中的杂质，二是活化树脂，使其容易进行交换）。最后以树脂体积10倍量的4%盐酸将其转为 H 型，并用蒸馏水将其洗到流出液呈中性。

2. 强碱型阴离子交换树脂的预处理

通常是氯型。先用树脂体积 20 倍量的 4％氢氧化钠水溶液，以 $1mL/(min \cdot cm^2)$ 的流速进行交换，树脂转为 OH 型后，用树脂体积 10 倍量的水进行洗涤。然后再用 10 倍量的 4％盐酸将其转变为氯型，并用蒸馏水将其洗到流出液呈中性。再重复一次上述操作（氯型转为 OH 型，OH 型再转为氯型），最后再用 10 倍量的 4％氢氧化钠将其转成 OH 型。由于 OH 型树脂在放置过程中易吸收空气中的二氧化碳，故保存时要注意。多数是临用时才将其由氯型转变成 OH 型。

3. 弱酸型阳离子交换树脂的预处理

这类新树脂通常也是钠型。先用树脂体积 10 倍量的 4％盐酸将其转为 H 型，并用水洗至流出液呈中性。然后再用树脂体积 10 倍量的 4％氢氧化钠将其转为钠型，并用树脂体积 10 倍量的水洗涤（注意此时流出液仍然呈弱碱性）。再重复一次上述操作（钠型转为 H 型，H 型再转为钠型）。最后以树脂体积 10 倍量的 4％盐酸将其转为 H 型，并用蒸馏水将其洗到流出液呈中性。

4. 弱碱型阴离子交换树脂的预处理

这类新树脂通常也是氯型。预处理方法与强碱型阴离子交换树脂基本相同，只是转变为氯型后用蒸馏水洗涤时，因为水解的关系不容易被洗至中性，通常用树脂体积 10 倍量的水洗涤即可。

【知识拓展】

一、离子交换树脂的交换量

通常每克树脂所含基团的毫克当量称为交换容量，一般树脂的交换当量为 3～6mg 当量/g。例如强酸 1×7 的交换当量为 4.5mg 当量/g，即 1g 这种树脂理论上能交换丙氨酸＝$4.5 \times 89.09 ＝ 400.95mg ＝ 0.4g$（丙氨酸的分子量为 89.09）。离子交换树脂的交换量与树脂内所含酸、碱性基团数目的多少有关。树脂的实际交换量还与溶液的 pH 值和树脂的交联度等因素有关。弱酸型或弱碱型树脂的交换量受溶液 pH 值的影响很大。交联度越大的树脂，分子结构中的孔径越小，对大体积离子的交换量就越小。如果用阳离子交换树脂，样品可加到理论交换量的 1/2。如果是阴离子交换树脂，则样品只能加到理论交换量的 1/4～1/3。

当样品的上样量超过树脂的交换量，就会损失活性；而交换量大大高于上样量则可能检测不到回收蛋白质的活性。可通过试管试验确定最佳上样量。

二、其他色谱分离技术

色谱分离技术是一类分离方法总称，是根据混合物中各组分物理化学性质（如吸附力、分子形状及大小、分子的荷电性、溶解度、亲和力等）的差异，通过物质在两相间反复多次的平衡过程，使各组分在两相中的移动速率或分布程度不同，从而使各组分分离的技术。随着科学技术进步和生物制药工业发展，采用传统萃取、超滤等分离技术往往达不到所需纯度要求，因此色谱分离技术被逐渐应用于生物药物的分离纯化，目前已逐渐发展为药品和生物产品高度纯化的重要手段之一。按分离规模可将色谱分离分为色谱分析（＜10mg）、半制备或中等制备规模（10～50mg）、制备或样品制备（0.1～10g）及工业生产规模（＞20g）。

目前发展的色谱分离有多种技术，按固定相类型和分离原理可分为吸附色谱、分配色谱、离子交换色谱、亲和色谱、凝胶色谱、聚焦色谱等。

1. 吸附色谱技术

是应用最早的色谱技术，根据所用吸附剂和吸附力不同，可分为聚酰胺吸附色谱（氢键作用）、共价作用吸附色谱（共价键作用）、疏水作用吸附色谱（疏水作用）、金属螯合作用吸附色谱（螯合作用）、无机基质吸附色谱（多种作用力）等。尽管不同色谱方法的作用机理和作用力不同，但都是可逆的吸附作用。吸附色谱对同系物没有选择性（即对分子量的选择性小），一般不能用来分离分子量不同的化合物。

固体吸附剂的性能是吸附色谱技术的关键，常用的有强极性硅胶、中等极性氧化铝、非极性炭质、特殊作用的分子筛等。极性吸附剂可进一步分为酸性吸附剂和碱性吸附剂。酸性吸附剂包括硅胶和硅酸镁等，碱性吸附剂有氧化铝、氧化镁和聚酰胺等。酸性吸附剂适于分离碱性化合物，如脂肪胺和芳香胺。碱性吸附剂则适于分离酸性化合物，如酚、羧酸和吡咯衍生物等。各种吸附剂中，最常用的是硅胶，其次是氧化铝。吸附色谱所选流动相应能溶解样品，但不能与样品发生反应；与固定相不互溶，也不发生不可逆反应；黏度尽可能小，以便达到较高渗透性和柱效；应与所用检测器相匹配（如利用紫外检测器时，溶剂不能吸收紫外光）；容易精制、纯化；毒性小；不易着火；价格尽量低；等等。选择基本原则是极性大的化合物用极性较强的流动相洗脱，极性小的化合物用低极性的流动相洗脱。为获得合适溶剂极性，一般可采用两种、三种或更多种不同极性溶剂混合使用。

2. 凝胶色谱技术

是以凝胶作为固定相，利用不同组分分子的大小不同进行分离纯化的一种技术，又称为凝胶过滤色谱、凝胶排阻色谱、分子筛色谱、凝胶渗透色谱等。凝胶色谱技术具有操作方便、工艺简单、回收率高、重复性好、不会改变样品生物活性等特点，适用于水溶性高分子物质的分离，特别适合蛋白质、核酸、多糖等物质的分离纯化，也可应用于蛋白质分子量测定、脱盐、浓缩等。凝胶色谱分离所需样品用量很少，常在超滤、离子交换等浓缩操作之后使用。采用凝胶色谱技术可以简便快速地对分子量差异较大的混合物进行分离，对于成分复杂的未知混合物，可采用凝胶色谱进行初步分级分离，无需经过复杂实验就能获取样品组成分布的概况。凝胶色谱原理如图 6-14 所示。

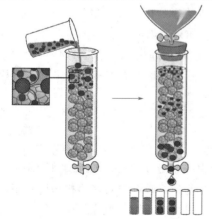

图 6-14　凝胶色谱的原理

3. 亲和色谱技术

生物体中许多大分子化合物具有与其结构相对应的专一分子可逆结合的特性，如蛋白酶与辅酶的结合、抗原和抗体的结合、激素与其受体的结合、核糖核酸与其互补的脱氧核糖核酸的结合等，生物分子间的这种专一结合能力被称为亲和力。亲和色谱技术就是根据生物分子间的亲和吸附和解离的原理而建立的一种色谱技术，它依据生物高分子物质能与相应专一配体分子可逆结合的原理，采用一定技术，把与目的产物具有特异亲和力的生物分子固定化后作为固定相，含有目的产物的混合物（即流动相）流经固定相后，就可将目的产物从混合物中分离出来，如图 6-15 所示。

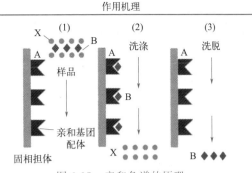

图 6-15　亲和色谱的原理

亲和色谱技术的分离专一性较高，操作过程简单，条件温和，纯化倍数可达几千倍级，且回收率非常高，又可有效保持生物活性物质的高级结构稳定性，对含量较少且不稳定的生物活性物质的分离极为有效，因此是一种专门用于分离纯化生物大分子的色谱技术。原则上，任何一种蛋白质都能用亲和色谱法分离。事实上，亲和色谱必须要有特异的亲和配体，而并不是任何生物大分子间都有特异的亲和力，也很难找到合适的亲和配体，并且亲和色谱的固定相是针对某一分离物质专门设计制备的，因此，这种色谱技术的应用也受到了一定限制。

4. 等电聚焦色谱技术

等电聚焦（色谱聚焦）技术是根据蛋白质等两性分子的等电点性质和在溶液中能形成两性解离的特性，在离子交换色谱的基础上建立的方法，适合分离蛋白质分子质量和极性性质十分相近，而等电点不同，其他色谱方法又难以分离的混合物。

等电聚焦同时具有等电点性质的高分辨率以及离子交换色谱分离的大容量。当溶液 pH 值低于蛋白质等电点时，蛋白质带正电，不会与等电聚焦介质的阴离子交换基团结合，并继续随流动相向前移动，但是随着向前移动，其所带正电荷数目不断减少；当移动到某一 pH 值时，正好与蛋白质等电点相等，该蛋白质处于电中性，仍然不与阴离子交换基团结合；当移动到环境的 pH 值高于蛋白质等电点时，其所带电荷由正电荷转变为负电荷，此时蛋白质就可与色谱介质上的阴离子交换基团结合，而被吸附在介质上。如果改变流动相 pH 值（降低溶液 pH 值），吸附在聚焦介质上的蛋白质重新带上电荷，由负电荷逐步转变为正电荷，就会从色谱聚焦介质上解吸附下来。由于被吸附的各种蛋白质等电点不同，在洗脱过程中由负电荷转变为正电荷的 pH 值就不同，需要从色谱介质上解吸附下来的时间也不一样，即保留时间不同，由此可将吸附在介质上的各组分按顺序洗脱下来。如果洗脱过程使用连续 pH 梯度，pH 值由高到低，即从碱性到酸性，那么碱性蛋白质先流出，酸性蛋白质最后流出。

5. 疏水作用色谱技术

疏水作用色谱技术是根据样品疏水性的差异分离蛋白质、多肽和其他生物分子的一种色谱技术。在高盐浓度的初始条件下，生物分子通过与固定相间的疏水相互作用而保留在色谱柱上。采用逐渐降低的盐浓度梯度可以把样品洗脱下来。由于在流动相中没有加入反相色谱所需的有机溶剂，疏水作用色谱将蛋白质在纯化过程中变性的可能性降到最低，可有效地保存其生物活性。疏水作用色谱技术已被广泛应用于多种生物分子的纯化，包括血清蛋白、膜结合蛋白、核蛋白、重组蛋白和受体，还被用于进行人 α-凝血酶的分析和牛奶中各种酪蛋白的纯化，以及单克隆抗体和酶的纯化等。这些应用表明了疏水作用色谱技术在蛋白质纯化过程的初始、中间和最终步骤中都具有很好的适用性。

1. 原材料预处理

黑芸豆子叶经中药粉碎机粉碎，过 80 目筛。

2. 黑芸豆凝集素浸提和粗分离

取 20g 粉末于 500mL 烧杯中，加入 200mL 10mmol/L pH 7.2 磷酸盐缓冲溶液，磁力搅拌浸提 12h 后高速离心（9000r/min、30min）获得浸提液。调 pH 值至 3.5，于 4℃下静置 1h，高速离心（9000r/min、30min），取上清液。用 50kDa 超滤离心管离心（4000r/min、20min），将滤过液体重新调回 pH 值至 7.2，再用 50kDa 超滤离心管超滤（4000r/min、20min），收集未滤过液体得到粗分离样品，4℃冰箱储存备用。

3. 黑芸豆凝集素亲和色谱纯化

用反相悬浮再生法制备 6g/100mL 琼脂糖微球，用环氧氯丙烷对琼脂糖微球进行二次交联，并进行染料配体汽巴蓝 F3GA 偶联，得到琼脂糖微球。称取制备好的 150mL 活性琼脂糖微球，用 500mL 匀浆液分散后加入匀浆罐中，用高压泵封闭灌装；流速由零开始慢慢调高，利用流速调整压力，不宜超过 30MPa，装完后用 20% 乙醇溶液封装，4℃环境中储存备用。将得到的黑芸豆凝集素粗品 [30mL，(9.56±0.52)mg/mL] 上样于装好的亲和色谱柱中（柱体积 150mL），进行色谱纯化。平衡液与洗杂液均为 10mmol/L、pH 7.2 的磷酸盐缓冲液，洗脱液为 10mmol/L、pH 7.2 的磷酸盐缓冲液和 0.25mol/L 的 NaCl 溶液，流速为 2.5mL/min，收集各洗杂峰与洗脱峰进行凝血活性检测。

素质拓展

无私奉献投身新药研发，造福人类的屠呦呦

屠呦呦是中国中医科学院终身研究员、国家最高科学技术奖获得者、诺贝尔生理学或医学奖获得者。20 世纪 60 年代，我国疟疾横行，屠呦呦等科研人员背负着党和国家的众望，开始踏上研究防治疟疾新药的征程，她挂帅"523"研究小组，阅遍群书，走访众多名中医，找到近 2000 个方药，再进一步筛选 600 多个方药，编写成了一本《疟疾单秘验方集》。然而，科研团队做了 100 多次实验，对疟原虫的抑制率也只有 40%。面对挫折，屠呦呦再次回到古书中寻找答案，终于从葛洪的《肘后备急方》中发现青蒿的秘密："青蒿一握，以水二升渍，绞取汁，尽服之。"经过 190 次失败后，终于在第 191 次迎来成功的曙光。由于实验室没有配套的通风设备，加上长期和各种化学试剂打交道，屠呦呦很快患上了结核、肝病等多种慢性疾病。但丝毫不影响她对科研的热爱。

2001 年青蒿素被世界卫生组织推广到全球，成为治疗疟疾的首选药，拯救了无数的疟疾患者，而屠呦呦也因此获得国内外大奖。2015 年，屠呦呦在领取诺贝尔生理学或医学奖后，她把其中 200 万元奖金捐了出去，成立了屠呦呦创新基金，以鼓励年轻科研人员。2016 年 12 月 25 日，屠呦呦为支持母校北京大学教育事业的发展，鼓励医药卫生领域中青年教师不断进取、追求卓越，捐资设立了"北京大学屠呦呦医药人才奖励基金"，向北京大学教育基金会捐资 100 万，并寄语道："我衷心地希望母校出更多人才，获得更多奖项。中国科学界获诺贝尔奖不会只是我一个人。"

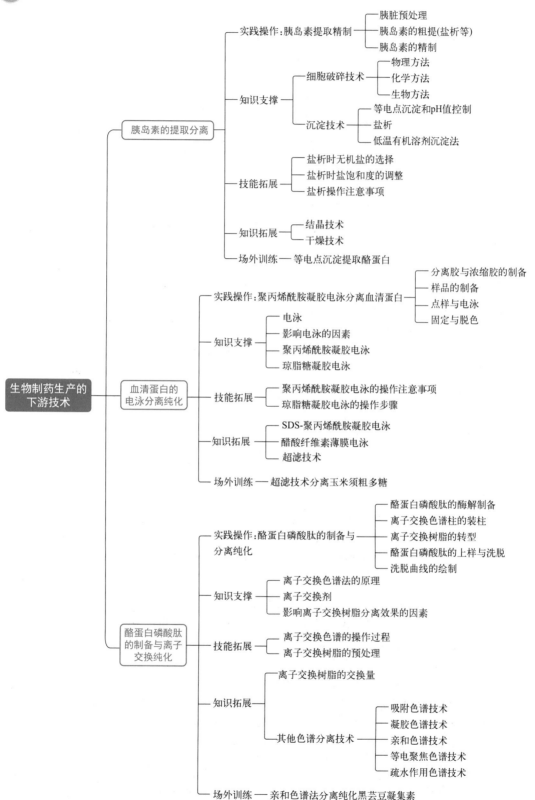

生物制药生产的下游技术
├─ 胰岛素的提取分离
│ ├─ 实践操作:胰岛素提取精制
│ │ ├─ 胰脏预处理
│ │ ├─ 胰岛素的粗提(盐析等)
│ │ └─ 胰岛素的精制
│ ├─ 知识支撑
│ │ ├─ 细胞破碎技术
│ │ │ ├─ 物理方法
│ │ │ ├─ 化学方法
│ │ │ └─ 生物方法
│ │ └─ 沉淀技术
│ │   ├─ 等电点沉淀和pH值控制
│ │   ├─ 盐析
│ │   └─ 低温有机溶剂沉淀法
│ ├─ 技能拓展
│ │ ├─ 盐析时无机盐的选择
│ │ ├─ 盐析时盐饱和度的调整
│ │ └─ 盐析操作注意事项
│ ├─ 知识拓展
│ │ ├─ 结晶技术
│ │ └─ 干燥技术
│ └─ 场外训练──等电点沉淀提取酪蛋白
├─ 血清蛋白的电泳分离纯化
│ ├─ 实践操作:聚丙烯酰胺凝胶电泳分离血清蛋白
│ │ ├─ 分离胶与浓缩胶的制备
│ │ ├─ 样品的制备
│ │ ├─ 点样与电泳
│ │ └─ 固定与脱色
│ ├─ 知识支撑
│ │ ├─ 电泳
│ │ ├─ 影响电泳的因素
│ │ ├─ 聚丙烯酰胺凝胶电泳
│ │ └─ 琼脂糖凝胶电泳
│ ├─ 技能拓展
│ │ ├─ 聚丙烯酰胺凝胶电泳的操作注意事项
│ │ └─ 琼脂糖凝胶电泳的操作步骤
│ ├─ 知识拓展
│ │ ├─ SDS-聚丙烯酰胺凝胶电泳
│ │ ├─ 醋酸纤维素薄膜电泳
│ │ └─ 超滤技术
│ └─ 场外训练──超滤技术分离玉米须粗多糖
└─ 酪蛋白磷酸肽的制备与离子交换纯化
   ├─ 实践操作:酪蛋白磷酸肽的制备与分离纯化
   │ ├─ 酪蛋白磷酸肽的酶解制备
   │ ├─ 离子交换色谱柱的装柱
   │ ├─ 离子交换树脂的转型
   │ ├─ 酪蛋白磷酸肽的上样与洗脱
   │ └─ 洗脱曲线的绘制
   ├─ 知识支撑
   │ ├─ 离子交换色谱法的原理
   │ ├─ 离子交换剂
   │ └─ 影响离子交换树脂分离效果的因素
   ├─ 技能拓展
   │ ├─ 离子交换色谱的操作过程
   │ └─ 离子交换树脂的预处理
   ├─ 知识拓展
   │ ├─ 离子交换树脂的交换量
   │ └─ 其他色谱分离技术
   │   ├─ 吸附色谱技术
   │   ├─ 凝胶色谱技术
   │   ├─ 亲和色谱技术
   │   ├─ 等电聚焦色谱技术
   │   └─ 疏水作用色谱技术
   └─ 场外训练──亲和色谱法分离纯化黑芸豆凝集素

一、选择题

1. 在盐析法中，下列关于硫酸铵的使用，说法正确的是（ ）。

A. 硫酸铵对蛋白氮的测定没有干扰

B. 使用硫酸铵进行盐析时，不需要调节 pH 值

C. 硫酸铵的饱和溶解度不随温度显著变化

D. 硫酸铵的饱和溶解度会随温度发生显著变化

2. 下列选项中（ ）不是盐析法的注意事项。

A. pH 值　　　　　B. 盐的饱和度　　　　　C. 蛋白质浓度　　　　　D. 盐的产地

3. 下列关于凝胶色谱法的描述，不正确的是（ ）。

A. Sephadex G-10～25 通常用于分离肽及脱盐，Sephadex G-75～200 用于分离各类蛋白质

B. 色谱柱一般用玻璃管或有机玻璃管

C. 商品凝胶是干燥的颗粒，使用前需在欲使用的洗脱液中膨胀

D. 蛋白质或多肽类样品，可采用紫外检测器进行检验，检测波长是 260nm

4. 颗粒在电场中的移动速度主要决定于（ ）。

A. 其本身所带的电荷量　　　　　　　　　B. 颗粒形状

C. 颗粒大小　　　　　　　　　　　　　　D. 溶液 pH 值

5. 利用电泳法分离蛋白质混合物时，应选择一个合适的 pH 值，使各种蛋白质分子所带的（ ）差异较大，有利于彼此分开。

A. 电流　　　　　B. 电荷量　　　　　C. 电压　　　　　D. 离子强度

6. 下列选项中（ ）不是影响电泳速度的因素。

A. 颗粒形状和大小　　　　　　　　　　　B. 电场强度

C. 溶液浓度　　　　　　　　　　　　　　D. 溶液 pH 值

7. 下列（ ）不是聚丙烯酰胺凝胶具有的效应。

A. 浓缩效应　　　　　B. 分子筛效应　　　　　C. 电荷效应　　　　　D. 显色效应

8. 血清蛋白经聚丙烯酰胺凝胶电泳后，最接近正极的蛋白质是（ ）。

A. 白蛋白　　　　　B. 免疫球蛋白　　　　　C. β-球蛋白　　　　　D. γ-球蛋白

9. 将蛋白质分子与其他分子量较小的杂质分开，最常用的方法是（ ）。

A. 透析　　　　　B. 亲和色谱　　　　　C. 高压液相色谱　　　　　D. 离心

10. 下列色谱方法中（ ）是依据分子筛作用来纯化的。

A. 离子交换色谱　　B. 亲和色谱　　　　　C. 凝胶色谱　　　　　D. 气相色谱

11. 基因工程药物多为胞内产物，分离提取时需破碎细胞。化学破碎法是常用的方法，但（ ）不是化学破碎细胞的方法。

A. 渗透冲击　　　　B. 增溶法　　　　　C. 脂溶法　　　　　D. 酶溶法

12. 目前在医药工业常用的蛋白质保存方法是（ ）。

A. 真空冷冻干燥法　　　　　　　　　　　B. 液氮保存法

C. 冰箱保存法　　　　　　　　　　　　　D. 甘油保存法

13. 当初步纯化蛋白质粗提液时，可选择（　　　）。

A. 交换量大、流速高、处理快的色谱　　　　B. 分辨率较高的色谱

C. 经济性的色谱　　　　　　　　　　　　　D. 回收率高的色谱

14. 根据净电荷和电荷分布分离蛋白质混合物的色谱方法是（　　　）。

A. 凝胶色谱　　　　B. 亲和色谱　　　　C. 离子交换色谱　　　　D. 吸附色谱

15. 被交换的生物活性成分，其离子解离度越大，越（　　　）被离子交换树脂交换，越（　　　）洗脱。

A. 容易，容易　　　　B. 容易，难　　　　C. 难，容易　　　　　D. 难，难

16. 下列关于活性成分浓度对离子交换法的分离效果的影响，描述正确的是（　　　）。

A. 蛋白质溶液的浓度应较低，这样有利于蛋白质的提取分离

B. 高浓度时，离子交换树脂对蛋白质交换的选择性较大

C. 低浓度时，蛋白质的解离程度会降低

D. 蛋白质浓度过高，不会影响离子进入网孔

17. 下列关于离子交换色谱的说法正确的是（　　　）。

A. 阳离子交换树脂交换阴离子，阴离子交换树脂交换阳离子

B. 阳离子交换树脂交换阳离子，阴离子交换树脂交换阴离子

C. 带相同电荷类型的离子会竞争性地结合与其电荷相同的色谱填料

D. 离子交换色谱的效果和离子的体积有关

18. 在溶液 pH 值大于蛋白质等电点时，蛋白质分子带（　　　），可用（　　　）进行分离。

A. 负电荷，阴离子交换剂　　　　　　　　B. 负电荷，阳离子交换剂

C. 正电荷，阴离子交换剂　　　　　　　　D. 正电荷，阳离子交换剂

二、判断题

1. 盐析后多余的盐，只能用透析法去除。（　　　）

2. 盐析一般不会使蛋白质变性，蛋白质可以重新溶解于低浓度盐溶液中。（　　　）

3. 在凝胶色谱法中，小分子的物质先洗脱出来，大分子的物质后洗脱出来。（　　　）

4. 使用凝胶色谱法时，凝胶的粒度细，分离效果好，但阻力大，流速慢。（　　　）

5. 利用有机溶剂沉淀法沉淀蛋白质时，需使用与水互溶的有机溶剂。（　　　）

6. 溶液 pH 值直接影响蛋白质的分离，即决定蛋白质的带电量。（　　　）

7. 电泳时，电场强度越高，带电粒子的移动越快。但电压高时电流也大，产生的热量就多，这有可能会造成蛋白质样品变性。（　　　）

8. 电泳时，缓冲液的黏度和温度等对颗粒的泳动没有影响。（　　　）

9. 聚丙烯酰胺凝胶电泳应根据分离蛋白质分子量范围选择合适的凝胶浓度。（　　　）

10. 聚丙烯酰胺凝胶电泳中，待分离蛋白质分子量越高，凝胶浓度应越大。（　　　）

11. 离子交换剂即离子交换树脂，是含有若干活性基团的不溶性高分子物质。（　　　）

12. 离子交换树脂交联度的大小可影响离子交换树脂对蛋白质的选择性。（　　　）

13. 离子交换剂的转型一般在装柱之前进行。（　　　）

14. 离子交换色谱法分离蛋白质，根据其相对电荷强度（如强阴离子区别于弱阴离子）进行分离。（　　　）

15. 活性成分在高浓度时，它的解离程度会降低，但不会影响到离子交换树脂对活性成

分交换的选择性和交换顺序。（　　）

16. 亲和色谱法在某些情况下通过单个步骤就能提供高纯度的蛋白质。（　　）

17. 如果想要从生物原材料提取物中完全纯化一种活性成分，通常必须将几个色谱方法配合使用。（　　）

18. 柱色谱是生物活性成分分离纯化的一种十分有效的技术。（　　）

三、填空题

1. 大量中性盐溶解时争夺蛋白质_____，解离后又中和蛋白质_____。

2. 溶液的 pH 值在蛋白质_____时，蛋白质溶解度最小，容易沉淀。

3. 结晶的最佳条件是使溶液略处于_____状态。

4. 聚丙烯酰胺凝胶电泳是垂直型的，其中，分离胶在浓缩胶的_____。

5. 利用电泳法分离蛋白质混合物时，应选择一个合适的_____，使各种蛋白质分子所带的电荷量差异较大，有利于彼此分开。

6. 聚丙烯酰胺凝胶可通过控制单体_____或单体与_____的比例而聚合成不同孔径大小的凝胶。

7. 离子交换色谱法分离生物活性成分，首先是根据活性成分的_____选择离子交换树脂。

8. 离子交换色谱法是指利用离子交换树脂对各种离子的_____不同，从而使能离子化的化合物得到分离的方法。

9. 离子交换色谱在进行装柱时，要特别注意柱内是否有_____存在，以免影响分离效果。

10. 离子交换剂分为_____交换剂和_____交换剂。

11. 离子交换色谱的原理是同类型的带电离子间可自由地相互_____和竞争_____。

四、简答题

1. 简述聚丙烯酰胺凝胶聚合的原理，如何调节凝胶的孔径？

2. 为什么在样品中加入含有少许溴酚蓝的 40％蔗糖溶液？蔗糖及溴酚蓝各有何用途？

3. 简述对酪蛋白磷酸肽进行离子交换色谱分离纯化时，必须用醋酸钠将离子交换树脂进行转型的原因，并描述如何判断转型完成。

4. 简述离子交换色谱法的原理及操作过程。

5. 查阅文献，归纳总结某一种具体的生物药物的提取纯化过程，并分析过程中需要注意哪些主要的工艺参数。

项目七

生化药物制备

❖ **知识目标：**

1. 掌握生化药物的概念和分类；
2. 掌握氨基酸类药物制备的原理、操作关键点；
3. 掌握肽类及蛋白质类药物制备的原理、操作关键点；
4. 掌握糖类药物制备的原理、操作关键点；
5. 掌握脂类药物制备的原理、操作关键点；
6. 掌握核酸类药物制备的原理、操作关键点；
7. 掌握维生素及辅酶类药物制备的原理、操作关键点。

❖ **能力目标：**

1. 能进行生化药物生产原料的选取和保存操作；
2. 能进行氨基酸类药物制备；
3. 能进行多肽类、蛋白质类药物制备；
4. 能进行多糖类药物制备；
5. 能进行脂类药物制备；
6. 能进行核酸类药物制备；
7. 能进行维生素及辅酶类药物制备。

❖ **素质目标：**

1. 具备发现问题、分析问题、解决问题和举一反三的素质；
2. 具备科学探索精神与创新精神，具有团队合作精神；
3. 具有沉静执着、认真专注、精益求精的工匠精神；
4. 树立安全操作、认真负责、节约成本的职业操守意识。

项目导读

1. 项目简介

生化药物是从生物体分离纯化，或者用化学合成、微生物合成、现代生物技术制得的，用于预防、治疗和诊断疾病的一类生化物质，主要是氨基酸、多肽、蛋白质、酶及辅酶、多糖、脂类、维生素、激素、核酸及其降解产物等。这些物质是维持正常生理活动、治疗疾病、保持健康必需的生化成分。

人们通常把用传统方法从生物体制备的内源性生理活性物质称为生化药物，而把利用生物技术制备的一些内源性物质包括疫苗、单克隆抗体等统称为生物技术药物。传统生化制药是现代生物制药的基础，生物技术药物是在生化制药基础上利用现代生物技术发展起来的。所以了解传统生化制药工艺对学习掌握现代生物制药技术十分必要。

2. 任务组成

本项目共有六个工作任务：一是赖氨酸的制备，二是谷胱甘肽的制备，三是香菇多糖的制备，四是卵磷脂的制备，五是三磷酸腺苷的制备，六是维生素 C 的制备。胃蛋白酶等酶类药物的制备详见项目四。

工作任务开展前，请根据学习基础和实践能力，合理分组。

3. 学习方法

本项目主要通过以上六个工作任务，培养生化药物制备的职业能力。

这六个工作任务制备的六种药品，分别是各类药物的代表性药物，基本涵盖了常见生化药物类别。通过完成这些任务，不仅可以通过"知识支撑"模块掌握这些类别生化药物的相关知识，还能够通过"实践操作"模块掌握从动物材料、植物材料、微生物发酵液中制取生化药物的知识和技能，掌握预处理、发酵、提取、精制、浓缩、干燥等基本操作技能，在此过程中养成发现问题、分析问题、解决问题和举一反三的素质，同时树立质量意识、安全操作意识、成本意识等职业操守意识。

任务 1　赖氨酸的制备

氨基酸是蛋白质的基本组成单位。蛋白质和氨基酸之间的不断分解与合成，在机体内形成一个动态平衡体系，任何一种氨基酸的缺乏或代谢失调，都会破坏这种平衡，导致机体代谢紊乱乃至疾病。因此，氨基酸类药物越来越受到重视。

氨基酸类药物主要用于治疗蛋白质代谢紊乱和缺乏引起的一系列疾病，也是具有高度营养价值的蛋白质补充剂，有着广泛的生化作用和良好的临床疗效。

赖氨酸（lysine，Lys）是人体必需氨基酸之一。由于其在大米、玉米等食物中含量较低，容易造成人体缺乏，被称为"限制性氨基酸"。其广泛存在于各种蛋白质中，肉、蛋、乳等蛋白质含量较高，为 7%～9%；鸡卵蛋白中高达 13%。目前，赖氨酸的生产多采用微生物直接发酵法。赖氨酸属碱性氨基酸，分子中含两个氨基，其化学名称为 2,6-二氨基己酸，结构式为：

$$NH_2-CH_2-CH_2-CH_2-CH_2-CH-COOH$$
$$|$$
$$NH_2$$

赖氨酸纯品极易吸潮，一般制成赖氨酸盐酸盐。赖氨酸盐酸盐纯品为白色单斜晶形粉末，无臭，味甜，pI（等电点）为 9.74，熔点为 263～264℃。易溶于水，不溶于乙醇和乙醚。

任务1　课前自学清单

任务描述	利用微生物发酵法制备赖氨酸发酵液,再通过树脂吸附、洗脱、脱色、浓缩、结晶、干燥得到赖氨酸。	
	能做什么	**要懂什么**
学习目标	1. 熟练进行菌种斜面培养、摇瓶种子培养和发酵培养; 2. 利用吸附树脂进行赖氨酸分离纯化; 3. 进行浓缩、脱色、结晶、干燥操作; 4. 准确记录实验现象、数据,正确处理数据; 5. 正确书写工作任务单、工作台账本,并对结果进行准确分析。	1. 菌种培养技术; 2. 发酵工艺参数的控制; 3. 吸附技术; 4. 浓缩技术; 5. 结晶技术; 6. 干燥技术。
工作步骤	步骤1　各类培养基的配制 步骤2　菌种斜面培养 步骤3　菌种种子培养 步骤4　发酵培养 步骤5　配制各类试剂 步骤6　树脂装柱 步骤7　吸附、洗脱、浓缩、结晶 步骤8　脱色、浓缩、结晶、干燥 步骤9　完成评价	
岗前准备	思考以下问题: 1. 发酵培养时主要控制哪些工艺参数? 2. 赖氨酸发酵液吸附为何选择阳离子交换树脂? 3. 树脂柱装柱的步骤是什么? 4. 离子交换树脂如何再生? 5. 真空浓缩主要有哪些优点?	
主要考核指标	1. 菌种培养、树脂吸附、洗脱、脱色、浓缩、结晶、干燥操作(操作规范性、仪器的使用等); 2. 实验结果(盐酸赖氨酸质量和含量); 3. 工作任务单、工作台账本随堂完成情况; 4. 实验室的清洁。	

> **小提示**
>
> 　　操作前阅读【知识支撑】中的"一、氨基酸粗品的制备"中"2. 微生物发酵法"
> "二、氨基酸的分离"及"三、氨基酸的结晶与干燥",以便更好地完成本任务。

分组开展工作任务。用发酵法制备赖氨酸，并进行分离提纯。

通过本任务，达到以下能力目标及知识目标：

1. 能熟练进行菌种斜面培养、摇瓶种子培养和发酵培养，掌握主要工艺参数的控制方法；

2. 能熟练进行吸附、洗脱、浓缩、脱色、结晶、干燥操作；

3. 能准确记录实验现象、数据，正确处理数据；

4. 会正确书写工作任务单、工作台账本，并对结果进行准确分析。

工作准备 >>>

1. 工作背景

创建菌种培养、发酵液分离纯化的操作平台，并配备恒温培养箱、恒温恒湿振荡培养箱、恒温发酵罐、树脂柱、真空抽滤机、离心机等相关仪器设备，完成盐酸赖氨酸的制备和提取分离。

2. 技术标准

培养基配制准确，树脂柱装柱及吸附过程操作正确，真空泵、离心机等仪器设备使用规范，定量计算正确，等等。

3. 所需器材及试剂

（1）器材　冰箱、显微镜、电炉、酸度计、高压蒸汽灭菌箱、恒温培养箱、恒温恒湿振荡培养箱、恒温发酵罐、树脂柱、真空抽滤机、布氏漏斗、离心机、真空干燥箱、不锈钢锅、搪瓷桶、烧杯、量筒、锥形瓶、线绳、玻璃棒、滤纸、菌种等。

（2）试剂　葡萄糖、牛肉膏、蛋白胨、琼脂、玉米浆、硫酸镁、硫酸铵、磷酸氢二钾、碳酸钙、豆饼水解液、尿素、732树脂、蒸馏水、氨水、硫酸、浓盐酸、活性炭等。

实践操作 >>>

赖氨酸的制备操作流程图如图 7-1 所示。

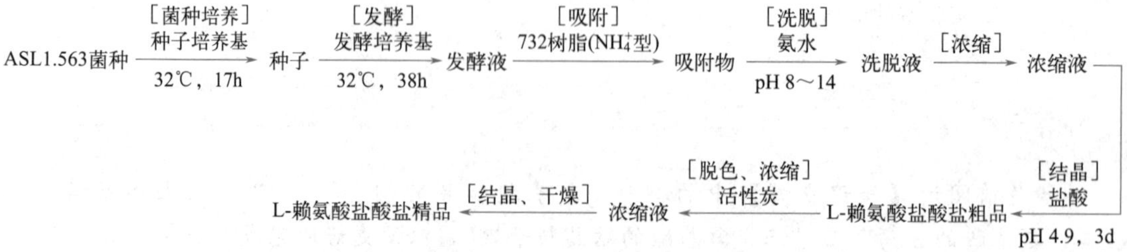

图 7-1　赖氨酸的制备操作流程图

1. 菌种的培养

高丝氨酸缺陷型菌株 ASL1.563 于 30～32℃活化 24h 后，先于 32℃进行斜面培养，培养基成分为：葡萄糖 0.5%，牛肉膏 1.0%，蛋白胨 0.5%，琼脂 2.0%，pH 7.0。再进行种子培养，培养基成分为：葡萄糖 2.0%，玉米浆 2.0%，硫酸镁 0.05%，硫酸铵 0.4%，磷酸氢二钾 0.1%，碳酸钙 0.5%，豆饼水解液 1.0%，pH 6.8～7.0。接种量 5%，32℃培养 17h。

2. 发酵

发酵培养液成分为：葡萄糖 15%，尿素 0.4%，硫酸镁 0.04%，硫酸铵 2.0%，磷酸氢二钾 0.1%，豆饼水解液 2.0%。接种量 5%，通气量 1：0.3 [m^3/（$m^3 \cdot$ min）]，32℃培养 38h。

3. 吸附、洗脱、浓缩、结晶

发酵液加热至 80℃，搅拌 10min，冷却至 40℃加硫酸调 pH 4～5（发酵液含酸量 2.5%左右），静置 2h 后上 732 树脂（NH_4^+ 型）柱（树脂用量与发酵液量的体积比为 1：3），流速 1000mL/min，当流出液 pH 逐渐升高至 pH 5～6 时，表明树脂饱和，一般吸附 2～3 次。饱和树脂用无盐水反复洗涤，除去菌体和杂质，直至流出液澄清。用 2～2.5mol/L 氨水洗脱，流速为 400～800mL/min，从 pH 8 开始收集，至 pH 13～14 时洗脱结束。洗脱液除氨，真空浓缩，冷却，用浓盐酸调至 pH 4.9，静置 3d，析出结晶，离心甩干得 L-赖氨酸盐酸盐粗品。

4. 脱色、浓缩、结晶、干燥

粗品用蒸馏水溶解，加 10%～12%活性炭脱色，过滤，滤液澄清略带微黄色，于 40～45℃、93kPa 下真空浓缩，至饱和为止，自然冷却结晶。滤取结晶，60℃干燥得 L-赖氨酸盐酸盐精品，收率 50%以上。

操作评价 >>>

一、个体评价与小组评价

任务 1 赖氨酸的制备	
姓名	
组名	
能力目标	1. 能够熟练进行菌种斜面培养、摇瓶种子培养和发酵培养，掌握主要工艺参数的控制方法； 2. 能够利用吸附树脂进行赖氨酸分离纯化； 3. 能够进行浓缩、脱色、结晶、干燥操作； 4. 能准确记录实验现象、数据，正确处理数据； 5. 会正确书写工作任务单、工作台账本，并对结果进行准确分析。

任务 1　赖氨酸的制备										
知识目标	1. 掌握菌种培养方法； 2. 掌握吸附树脂使用方法； 3. 理解脱色、浓缩、结晶、干燥技术。									
评分项目	上岗前准备（思考题回答、实验服与台账准备）	配制培养基	菌种培养及参数控制	树脂柱装柱	吸附、洗脱	脱色、结晶、干燥	团队协作性	台账完成情况	台面及仪器清理	总分
分值	10	10	10	15	15	15	10	5	10	100
自我评分										
需改进的技能										
小组评分										
组长评价	（评价要具体、符合实际）									

二、教师评价

序号	项目	配分	要求	得分
1	上岗前准备 （5分）	A. 思考题回答（3分） B. 实验服与护目镜准备、台账准备（2分）	操作过程了解充分 工作必需品准备充分	
2	培养基配制 （5分）	A. 计算准确无误（2分） B. 操作规范（3分）	准确计算 正确操作	
3	菌种培养 （15分）	A. 斜面培养（5分） B. 种子培养（5分） C. 发酵培养（5分）	正确操作	
4	树脂柱装柱 （10分）	A. 装柱（5分） B. 平衡（5分）	正确操作	
5	吸附、洗脱 （10分）	A. 吸附（5分） B. 洗脱（5分）	正确操作	

序号	项目	配分	要求	得分
6	浓缩、粗品结晶 （10分）	A. 浓缩（5分） B. 粗品结晶（5分）	正确操作	
7	脱色、浓缩、 精品结晶、干燥 （20分）	A. 脱色（5分） B. 浓缩（5分） C. 精品结晶（5分） D. 干燥（5分）	正确操作	
8	项目参与度 （5分）	操作的主观能动性（5分）	具有团队合作精神 和主动探索精神	
9	台账与工作任 务单完成情况 （10分）	A. 完成台账（是不是完整记录） （5分） B. 完成工作任务单（5分）	妥善记录数据	
10	文明操作 （10分）	A. 实验态度（5分） B. 清场（5分）	认真负责 清洗干净，放回 原处，台面整洁	
合计				

【知识支撑】

一、氨基酸粗品的制备

生产氨基酸的常用方法有蛋白质水解提取法、微生物发酵法、酶合成法和化学合成法。通常将直接发酵法和微生物发酵法统称为发酵法；现在除少数几种氨基酸采用蛋白质水解提取法生产外，多数氨基酸生产都采用发酵法，也有几种氨基酸采用酶合成法和化学合成法生产。

1. 蛋白质水解提取法

蛋白质水解提取法是以毛发、血粉、废蚕丝等作为原料，通过酸、碱或蛋白水解酶水解成氨基酸混合物，经分离纯化获得各种氨基酸。水解法生产氨基酸主要分为分离、精制、结晶三个步骤。本法优点是原料来源丰富、投产比较容易。缺点是产量低、成本较高。目前仍有一定数量的氨基酸品种如胱氨酸、亮氨酸、酪氨酸等用蛋白质水解提取法生产。

（1）酸水解法　一般是在蛋白质原料中加入约 4 倍质量的 6mol/L 盐酸或 8mol/L 硫酸，于 110℃加热回流 16～24h，或加压下于 120℃水解 12h，使氨基酸充分析出，除酸即得氨基酸混合物。本法的优点是水解完全，水解过程不引起氨基酸发生旋光异构作用，所得氨基酸均为 L 型氨基酸。缺点是营养价值较高的色氨酸几乎全部被破坏，含羟基的丝氨酸和酪氨酸部分被破坏，水解产物可与醛基化合物作用生成一类黑色物质而使水解液呈黑色，需进行脱色处理。

（2）碱水解法　通常是在蛋白质原料中加入 6mol/L 氢氧化钠或 64mol/L 氢氧化钡，于 100℃水解 6h，得氨基酸混合物。本法的优点是水解时间较短，色氨酸不被破坏，水解液清亮。缺点是含羟基和巯基的氨基酸大部分被破坏，引起氨基酸的消旋作用，产物有 D 型氨基酸，故本法较少采用。

（3）酶水解法 通常是利用胰酶、胰浆或微生物蛋白酶等，在常温下水解蛋白质制备氨基酸。本法的优点是反应条件温和，氨基酸不被破坏也不发生消旋作用，所需设备简单，无环境污染。缺点是蛋白质水解不彻底，中间产物较多，水解时间长，故主要用于生产水解蛋白和蛋白胨，在氨基酸生产上比较少用。

2. 微生物发酵法

微生物发酵法是指以糖为碳源，以氨或尿素为氮源，通过微生物的发酵繁殖，直接生产氨基酸，或是利用菌体的酶系，加入前体物质合成特定氨基酸的方法。其基本过程包括菌种的培养、接种发酵、产品提取及分离纯化等。所用菌种主要为细菌、酵母菌。随着生物工程技术不断发展，采用细胞融合技术及基因重组技术改造微生物细胞，已获得多种高产氨基酸杂种菌株及基因工程菌。目前大部分氨基酸可通过发酵法生产，如谷氨酸、谷氨酰胺、丝氨酸、酪氨酸等，产量和品种逐年增加。

3. 化学合成法

化学合成法是利用有机合成和化学工程相结合的技术生产氨基酸的方法。通常是以 α-卤代羧酸、乙酰氨基丙二酸二乙酯、卤代烃、α-酮酸、醛类、甘氨酸衍生物、异氰酸盐及某些氨基酸为原料，经氨解、水解、缩合、取代、加氢等化学反应合成 α-氨基酸。本法优点是可采用多种原料和多种工艺路线，特别是以石油化工产品为原料时，成本较低，生产规模大，适合工业化生产，产品容易分离纯化。缺点是生产工艺复杂，生产的氨基酸皆为 DL 型消旋体，需经拆分才能得到 L 型氨基酸。

4. 酶合成法

酶合成法也称酶工程技术、酶转化法，是指在特定酶的作用下使某些化合物转化成相应氨基酸的技术。它是在化学合成法和发酵法的基础上发展建立的一种新的生产工艺，其基本过程是以化学合成的、生物合成的或天然存在的氨基酸前体为原料，将含特定酶的微生物、植物或动物细胞进行固定化处理，通过酶促反应制备氨基酸。本法优点是产物浓度高，副产物少，成本低，周期短，收率高，固定化酶或细胞可连续反复使用，节省能源。生产的品种有天冬氨酸、丙氨酸、苏氨酸、赖氨酸、色氨酸、异亮氨酸等。

二、氨基酸的分离

氨基酸的分离方法较多，常用的有以下几种方法。

1. 溶解度或等电点沉淀法

溶解度法是根据不同氨基酸在水和乙醇等溶剂中的溶解度不同，而将氨基酸彼此分离。如胱氨酸和酪氨酸均难溶于水，但在热水中酪氨酸溶解度较大，而胱氨酸则无多大差别，故可将混合物中的胱氨酸、酪氨酸与其他氨基酸分开。各种氨基酸在等电点时溶解度最小，易沉淀析出，故利用溶解度法分离制备氨基酸时，常与氨基酸等电点沉淀法结合并用。

氨基酸在不同溶液中溶解度不同这一特性，不仅用于氨基酸的一般分离纯化，还可用于氨基酸的结晶。在水中溶解度大的氨基酸，如精氨酸、赖氨酸，其结晶不能用水洗涤，但可用乙醇洗涤去杂质；而在水中溶解度较小的氨基酸，其结晶可用水洗去杂质。

2. 特殊沉淀剂法

氨基酸可以和一些有机化合物或无机化合物生成具有特殊性质的结晶性衍生物，利用这一性质可分离纯化某些氨基酸。如精氨酸与苯甲醛生成不溶于水的苯亚甲基精氨酸沉淀，经盐酸水解除去苯甲醛，即可得纯净的精氨酸盐酸盐。本法操作简单，针对性强，至今仍是分离制备某些氨基酸的方法。缺点是沉淀剂比较难以去除。

3. 离子交换法

离子交换法是利用离子交换剂对不同氨基酸吸附能力不同而分离纯化氨基酸的方法。氨基酸为两性电解质，在一定条件下，不同氨基酸的带电性质及解离状态不同，对同一种离子交换剂的吸附力也不同，故可对氨基酸混合物进行分组或单一成分的分离。例如，在 pH 5～6 的溶液中，碱性氨基酸带正电，酸性氨基酸带负电，中性氨基酸呈电中性，选择适宜的离子交换树脂，可选择性吸附不同解离状态的氨基酸，然后用不同 pH 缓冲液洗脱，可把各种氨基酸分别洗脱下来。

三、氨基酸的结晶与干燥

通过上述方法分离纯化后的氨基酸仍混有少量其他氨基酸和杂质，需通过结晶或重结晶提高其纯度。氨基酸结晶通常要求样品达到一定的纯度、较高的浓度，pH 选择在等电点附近，在低温条件下使其结晶析出。氨基酸结晶通过干燥进一步除去水分或溶剂获得干燥制品，便于使用和保存。常用的干燥方法有常压干燥、减压干燥、喷雾干燥、冷冻干燥等。

【技能拓展】

赖氨酸质量检测

1. 质量标准

赖氨酸盐酸盐为白色或类白色结晶粉末，干重含量应大于 98.5%，比旋度为 +20.2°～+21.5°，其中 5% 水溶液在 430nm 波长处透光率大于 98.0%，0.1% 水溶液 pH 为 5.0～6.0，干燥失重小于 1.0%，炽灼残渣小于 0.1%，含氯量为 19.0%～19.6%，硫酸盐小于 0.03%，砷盐小于 0.0002%，铁盐小于 0.003%，铵盐小于 0.02%，重金属小于 0.001%，热原应符合注射用规定。

2. 赖氨酸含量测定

取本品约 80mg，精确称定，加乙酸汞试液 5mL，冰醋酸 25mL，加热至 60～70℃ 使溶解，依照电位滴定法，用 0.1mol/L 高氯酸溶液滴定，滴定结果以空白试验校正。每 1mL 的高氯酸滴定液（0.1mol/L）相当于 9.133mg 赖氨酸盐酸盐（$C_6H_{14}N_2O_2 \cdot HCl$）。

【知识拓展】

赖氨酸药理作用与临床应用

赖氨酸在维持人体氮平衡的九种必需氨基酸中特别重要，是衡量食物营养价值的重要指标之一，特别是在儿童发育期、病后恢复期、妊娠哺乳期，对赖氨酸的需要量更高。赖氨酸缺乏会引起发育不良、食欲缺乏、体重减轻、负氮平衡、低蛋白血、牙齿发育不良、贫血、酶活性下降及其他生理功能障碍。本品主要用作儿童和恢复期病人营养剂，可单独使用，也可与维生素、无机盐及其他必需氨基酸混合使用。

【场外训练】 水解提取法制备胱氨酸

以人发或猪毛为原料，用水解提取法制备胱氨酸。L-胱氨酸为含硫氨基酸，广泛存在于毛发、骨、角中，在人发和猪毛中含量最高。工业上以毛发为原料，用酸水解法制备胱氨酸。

一、工艺路线

工艺路线见图 7-2。

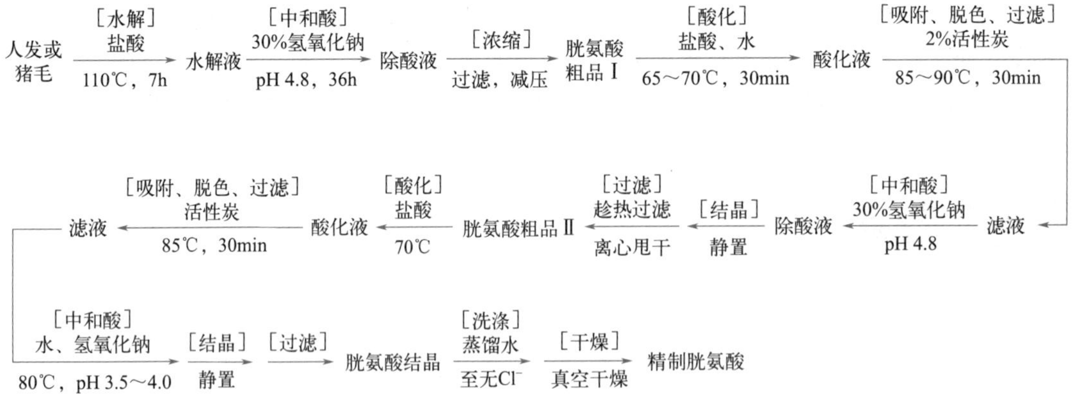

图 7-2 胱氨酸制备操作流程图

二、工艺过程

1. 水解

取洗净的人发或猪毛投入装有 2 倍量 10mol/L 的盐酸、预热至 70~80℃ 的水解罐内，间歇搅拌使温度均匀，并在 1.0~1.5h 内升温至 110℃，水解 6.5~7.0h 出料，过滤，得滤液。

2. 中和

滤液在搅拌下用 30%~40% 的氢氧化钠溶液中和至 pH 为 4.8，继续搅拌 15min，再测定 pH，放置 36h，过滤并尽量除去液体得胱氨酸粗品 I。滤液可用于分离精氨酸、亮氨酸、谷氨酸等。

3. 初步纯化

称取胱氨酸粗品 I 1200kg，加入 10mol/L 盐酸约 120kg，水 480kg，加热至 65~70℃，搅拌溶解约 30min，再加质量浓度为 0.02kg/L 的活性炭，升温至 85~90℃，保温 30min，过滤，滤液加热至 80~85℃，搅拌下用 30%~40% 氢氧化钠溶液中和至 pH 为 4.8，静置使结晶析出，趁热过滤得沉淀，离心甩干，得胱氨酸粗品 II。滤液可回收酪氨酸。

4. 纯化

称取胱氨酸粗品Ⅱ180kg，加入 1mol/L 盐酸 220L，加热至 70℃溶解，再加入活性炭 0.6～1.2kg，升温至 85℃，搅拌 30min 脱色，过滤，得无色透明澄清滤液。加入 15 倍滤液体积的蒸馏水，加热至 75～80℃，搅拌下用 12％氨水中和至 pH 3.5～4.0，胱氨酸结晶析出，过滤得胱氨酸结晶。用蒸馏水洗至无氯离子，真空干燥即得精制胱氨酸。滤液可进一步回收胱氨酸。

任务 2　谷胱甘肽的制备

多肽和蛋白质是由 20 种基本的 L-氨基酸通过肽键连接而成的高分子化合物。多肽与蛋白质类药物是临床上应用的一大类药物，其应用特点是针对性强、毒副作用低。

谷胱甘肽（GSH）是由 Hopkins 于 1921 年最先发现的。1930 年确定了其化学结构，随后 Rudingen 等人通过化学合成法制备出了谷胱甘肽。谷胱甘肽是由谷氨酸、半胱氨酸和甘氨酸通过肽键缩合而成的三肽，化学名称 L-谷氨酰 L-半胱氨酰 L-甘氨酸，其结构如下：

$$H_2N-CH-CH_2-CH_2-\overset{O}{\overset{\|}{C}}-N-CH-\overset{O}{\overset{\|}{C}}-N-CH_2-COOH$$

谷胱甘肽纯品为白色粉末或结晶性粉末。溶于水、稀乙醇、氨水和二甲基甲酰胺，不溶于乙醇、乙醚、三氯甲烷和丙酮。pI 为 5.93，熔点为 195℃。

任务 2　课前自学清单		
任务描述	利用基因工程制造法，用工程菌发酵，再通过发酵液离心、抽提破壁、抽提液离心、调节 pH 后微滤、阳离子树脂分离、吸附树脂分离、减压浓缩、结晶、真空干燥后得到谷胱甘肽成品。	
学习目标	能做什么	要懂什么
	1. 熟练进行基因工程菌发酵培养； 2. 熟练使用离心机； 3. 熟练进行树脂吸附操作； 4. 进行抽提、调节 pH、微滤、减压浓缩、结晶、真空干燥操作； 5. 准确记录实验现象、数据，正确处理数据； 6. 正确书写工作任务单、工作台账本，并对结果进行准确分析。	1. 基因工程菌培养技术； 2. 发酵工艺参数的控制； 3. 离心技术； 4. 吸附技术； 5. 浓缩技术； 6. 结晶技术； 7. 干燥技术。
工作步骤	步骤 1　工程菌发酵 步骤 2　发酵液离心 步骤 3　湿细胞体抽提破壁 步骤 4　抽提液离心	

	任务 2　课前自学清单
工作 步骤	步骤 5　离心液调 pH、微滤 步骤 6　阳离子树脂分离 步骤 7　吸附树脂分离 步骤 8　减压浓缩 步骤 9　结晶 步骤 10　真空干燥 步骤 11　完成评价
岗前 准备	思考以下问题: 1. 什么是流加发酵? 2. 阳离子树脂和吸附树脂的工作原理有何不同? 3. 谷胱甘肽结晶时选择加入异丙醇或乙醇的原因是什么? 4. 真空干燥的原理是什么?
主要 考核 指标	1. 菌种培养、抽提破壁、离心、树脂分离、减压浓缩、结晶、真空干燥操作(操作规范性、仪器 的使用等); 2. 实验结果(谷胱甘肽质量和含量); 3. 工作任务单、工作台账本随堂完成情况; 4. 实验室的清洁。

⇥ 小提示

操作前阅读【知识支撑】中的全部知识,以便更好地完成本任务。

工作目标 ▸▸▸

分组开展工作任务。用基因工程制造法制备谷胱甘肽,并进行分离提纯。

通过本任务,达到以下能力目标及知识目标:

1. 能够熟练进行基因工程菌发酵培养,掌握主要工艺参数的控制方法;
2. 能够熟练进行离心、抽提破壁、树脂分离、减压浓缩、结晶、真空干燥操作;
3. 能准确记录实验现象、数据,正确处理数据;
4. 会正确书写工作任务单、工作台账本,并对结果进行准确分析。

工作准备 ▸▸▸

1. 工作背景

创建基因工程菌发酵培养、发酵液分离纯化的操作平台,并配备恒温发酵罐、抽提罐、树脂柱、微孔过滤装置、真空抽滤机、离心机、真空干燥箱等相关仪器设备,完成谷胱甘肽的制备和提取分离。

2. 技术标准

培养基配制准确，树脂柱装柱及吸附过程操作正确，发酵罐、抽提罐、真空泵、离心机、微孔过滤装置、真空干燥箱等仪器设备使用规范，定量计算正确，等等。

3. 所需器材及试剂

（1）器材　冰箱、显微镜、电炉、酸度计、高压蒸汽灭菌箱、恒温发酵罐、树脂柱、pH 计、微孔过滤装置、真空抽滤机、布氏漏斗、离心机、真空干燥箱、不锈钢锅、搪瓷桶、烧杯、量筒、锥形瓶、线绳、玻璃棒、滤纸、工程菌等。

（2）试剂　葡萄糖、KH_2PO_4、$(NH_4)_2HPO_4$、$MgSO_4 \cdot 7H_2O$、柠檬酸、$MgCl_2 \cdot 4H_2O$、$CuCl_2 \cdot 2H_2O$、H_3BO_3、$NaMoO_4 \cdot 2H_2O$、$Zn(CH_3COO)_2 \cdot 2H_2O$、柠檬酸铁、盐酸硫胺、磺酸基团阳离子树脂、苯乙烯系弱极性大孔吸附树脂、浓盐酸、乙醇、丙酮、蒸馏水、氨水。

实践操作 >>>

基因工程制造法制备谷胱甘肽的操作流程图如图 7-3 所示。

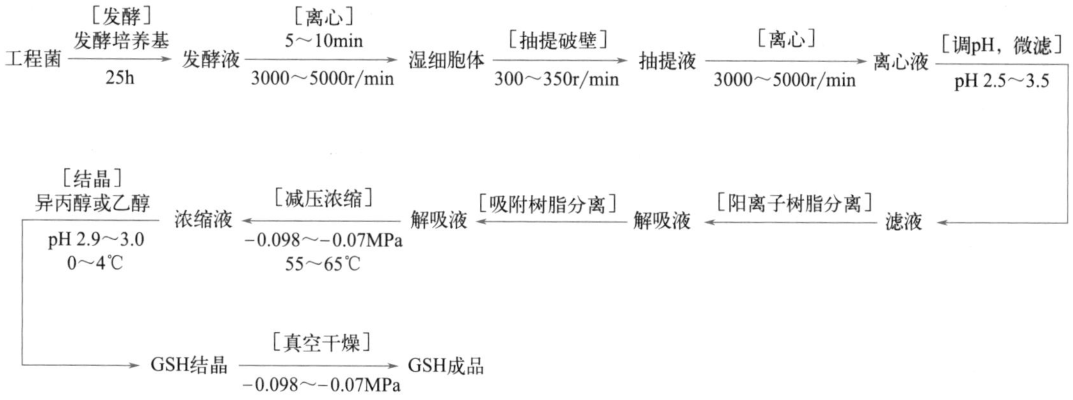

工程菌 —[发酵]发酵培养基 25h→ 发酵液 —[离心]5~10min 3000~5000r/min→ 湿细胞体 —[抽提破壁]300~350r/min→ 抽提液 —[离心]3000~5000r/min→ 离心液 —[调pH，微滤]pH 2.5~3.5→

—[结晶]异丙醇或乙醇 pH 2.9~3.0 0~4℃→ 浓缩液 ←[减压浓缩]−0.098~−0.07MPa 55~65℃— 解吸液 ←[吸附树脂分离]— 解吸液 ←[阳离子树脂分离]— 滤液 ←

→ GSH结晶 —[真空干燥]−0.098~−0.07MPa→ GSH成品

图 7-3　谷胱甘肽制备操作流程图

1. 发酵

用重组基因获得的大肠埃希菌工程菌，在指数流加模式下进行高密度培养。发酵培养基组成为：葡萄糖 10g/L、KH_2PO_4 13.3g/L、$(NH_4)_2HPO_4$ 4g/L、$MgSO_4 \cdot 7H_2O$ 1.2g/L、柠檬酸 1.7g/L、$MgCl_2 \cdot 4H_2O$ 15mg/L、$CuCl_2 \cdot 2H_2O$ 1.5mg/L、H_3BO_3 3mg/L、$NaMoO_4 \cdot 2H_2O$ 2.5mg/L、$Zn(CH_3COO)_2 \cdot 2H_2O$ 13mg/L、柠檬酸铁 100mg/L、盐酸硫胺 4.5mg/L。pH 为 7.2，发酵时间 25h，最大细胞干质量可达 80g/L，GSH 总量 0.88g/L，最大细胞生产强度 3.2g/(L·h)。

2. 发酵液离心

将发酵水平至少达到 1650mg/L 的谷胱甘肽发酵液下罐后离心，离心转速为 3000~5000r/min，时间为 5~10min，得到湿细胞体。

3. 热水破壁

将 1 份湿细胞体加入含 6～10 份沸水的抽提罐中，进行搅拌，搅拌转速为 300～350r/min，当抽提液温度达到 85～95℃时，保温 10～15min，然后停止抽提，倒出抽提液，将其水浴冷却至室温。

4. 抽提液离心

将抽提液离心，离心转速为 3000～5000r/min，时间为 5～10min，除去菌体渣，得到含有 GSH 的抽提液。

5. 调节 pH，微滤

在离心后的抽提液中加入酸，使料液体系处于 pH 2.5～3.5 的酸性环境中，可沉淀某些杂质，并使 GSH 处于稳定状态，防止氧化；利用 0.1～1μm 孔径的微滤设备对调节 pH 后的抽提液进行过滤，以除去悬浮的小颗粒杂质，得到清亮透明的滤液。

6. 阳离子树脂分离

将微滤后的料液在酸性环境的磺酸基团阳离子树脂上进行吸附，使 GSH 被吸附，然后用氯化钠或盐酸溶液解吸，得到富含 GSH 的液体。

7. 吸附树脂分离

将经过阳离子交换树脂分离纯化后的富含 GSH 的液体在苯乙烯系弱极性大孔吸附树脂上再次进行吸附，然后用纯水洗脱，得到纯度很高的 GSH 液体。

8. 减压浓缩

在 -0.098～-0.07MPa 的真空度与 55～65℃ 温度下减压浓缩 GSH 溶液，使溶液达到 GSH 含量在 400mg/mL 以上。

9. 结晶

在谷胱甘肽浓缩液中加入异丙醇或乙醇，使有机溶剂含量达到 60%～80%，调 pH 值至 2.9～3.0，在 0～4℃ 环境进行结晶；用体积分数为 70%～90% 的丙酮溶液对结晶体进行洗涤。

10. 真空干燥

在 -0.098～-0.07MPa 的真空度下干燥，得到 98% 以上纯度的 GSH。

操作评价 >>>

一、个体评价与小组评价

任务 2　谷胱甘肽的制备	
姓名	
组名	

任务 2　谷胱甘肽的制备

能力目标	1. 能够熟练进行基因工程菌发酵培养,掌握主要工艺参数的控制方法; 2. 能够熟练进行离心、抽提破壁、树脂分离、减压浓缩、结晶、真空干燥操作; 3. 能准确记录实验现象、数据,正确处理数据; 4. 会正确书写工作任务单、工作台账本,并对结果进行准确分析。
知识目标	1. 掌握基因工程菌培养方法; 2. 掌握离心机、抽提罐、吸附树脂、真空干燥箱使用方法; 3. 理解破壁、离心、浓缩、结晶、干燥技术。

评分项目	上岗前准备（思考题回答、实验服与台账准备）	工程菌培养及参数控制	离心	抽提破壁	调 pH、微滤	树脂分离	浓缩、结晶、干燥	团队协作性	台账完成情况	台面及仪器清理	总分
分值	10	10	10	10	10	15	10	10	5	10	100
自我评分											
需改进的技能											
小组评分											
组长评价	（评价要具体、符合实际）										

二、教师评价

序号	项目	配分	要求	得分
1	上岗前准备 （5分）	A. 思考题回答（3分） B. 实验服与护目镜准备、台账准备（2分）	操作过程了解充分 工作必需品准备充分	
2	工程菌培养 （10分）	A. 培养基配制（5分） B. 工艺参数控制（5分）	正确操作	
3	离心 （10分）	A. 参数设置（5分） B. 操作规范（5分）	正确操作	
4	抽提破壁 （10分）	A. 参数设置（5分） B. 操作规范（5分）	正确操作	

序号	项目	配分	要求	得分
5	调节 pH、微滤 （10分）	A. 调节 pH（5分） B. 微滤（5分）	正确操作	
6	树脂分离 （10分）	A. 阳离子树脂分离（5分） B. 吸附树脂分离（5分）	正确操作	
7	减压浓缩、结晶 （10分）	A. 减压浓缩（5分） B. 结晶（5分）	正确操作	
8	真空干燥 （10分）	A. 参数设置（5分） B. 操作规范（5分）	正确操作	
9	项目参与度 （5分）	操作的主观能动性（5分）	具有团队合作精神 和主动探索精神	
10	台账与工作任务 单完成情况 （10分）	A. 完成台账（是不是完整记录） （5分） B. 完成工作任务单（5分）	妥善记录数据	
11	文明操作 （10分）	A. 实验态度（5分） B. 清场（5分）	认真负责 清洗干净，放回 原处，台面整洁	
合计				

【知识支撑】

一、多肽和蛋白质类药物制备的材料选择和预处理

多肽与蛋白质类药物制备的主要方法有：生物提取法、微生物发酵法和基因工程法。现主要介绍多肽和蛋白质类药物的生物提取法。

1. 材料选择

不同的蛋白质类药物可以分别或同时来源于动物、植物及微生物，在选择原料时应优先考虑来源丰富、目标物含量高、成本低的材料。但有时材料来源丰富而含量不高；或材料来源丰富、含量高，但材料中杂质太多，分离、纯化手续烦琐，以至于影响质量和收率，反而不如采用低含量易于操作的原料。在选择原料时还应考虑其种属、发育阶段、生物状态、解剖部位等因素的影响。

2. 材料的预处理

对于某种待提取的多肽或蛋白质，如果是体液中的成分或细胞外成分，则可以直接进行提取分离；若为细胞内成分则首先需进行细胞破碎。不同生物体的不同组织，其细胞破碎的难易程度不同，应采用不同的破碎方法。此外，还应考虑目标多肽或蛋白质的稳定性，尽量采用温和的方法，防止蛋白质变性失活。

二、多肽与蛋白质类药物的提取与合成

1. 提取法

（1）水溶液提取法　水溶液是多肽与蛋白质提取中常用的溶剂。大多数多肽与蛋白质其极性亲水基团位于分子表面，非极性疏水基团位于分子内部，因此多肽与蛋白质在水溶液中一般具有比较好的溶解性。用水为溶剂提取多肽与蛋白质时，还应考虑盐的浓度、pH、温度等因素的影响。

① 盐浓度的影响。适当的稀盐溶液和缓冲液可以提高多肽与蛋白质在溶液中的稳定性及增大多肽与蛋白质在水溶液中的溶解度。一般使用等渗盐溶液，如 $0.02 \sim 0.05 mol/L$ 磷酸盐缓冲溶液或 $0.15 mol/L$ 氯化钠溶液。如果目的多肽与蛋白质存在于细胞外，等渗溶液还可减少胞内蛋白质的释放，从而减少杂蛋白的混入，有利于后续的多肽与蛋白质纯化。但有些蛋白质在低盐溶液中溶解度低，可以适当提高盐溶液的浓度，如脱氧核糖核蛋白，需要用 $1 mol/L$ 以上的氯化钠溶液进行提取。反之，有些蛋白质在盐溶液中溶解度低，则可以直接用水进行提取。

② pH 的影响。溶液 pH 不但影响多肽与蛋白质的溶解度，还可对其稳定性造成很大的影响。因此多肽与蛋白质提取溶液的 pH 首先应保证在其稳定的范围内，选择偏离等电点两侧的某一点，如含碱性氨基酸残基较多的多肽与蛋白质选在偏酸的一侧，含酸性氨基酸残基较多的多肽与蛋白质则选择偏碱一侧，以增大其溶解度，提高提取效率。

③ 温度的影响。为了防止多肽与蛋白质变性和失活，提取时一般在低温（4℃以下）下操作。但对少数温度耐受力较高的多肽与蛋白质，可适当提高温度，使其中的杂蛋白变性沉淀，有利于提取和简化以后的纯化工作。

（2）有机溶剂提取法　一些与脂质结合比较牢固或分子中非极性侧链较多的多肽与蛋白质，不溶或难溶于水、稀盐、稀酸或稀碱中，常用不同比例的有机溶剂提取。存在于细胞或线粒体膜中与脂质结合牢固的多肽与蛋白质常以正丁醇为提取溶剂。正丁醇亲脂性强兼具亲水性，可取代膜脂质的位置与多肽或蛋白质结合，并阻止脂质重新与多肽或蛋白质结合，使多肽与蛋白质在水中的溶解能力大大增加。乙醇也是较常用的有机溶剂。例如以 $60\% \sim 70\%$ 酸性乙醇提取胰岛素，既可抑制蛋白水解酶的活性，又可大量除去其中的杂蛋白。表面活性剂如胆酸盐、十二烷基苯磺酸钠及一些非离子型表面活性剂如吐温-60、吐温-80 等也常用于某些与脂质结合的多肽与蛋白质的提取。

2. 化学合成法

多肽与蛋白质的化学合成是从 1882 年 Curticus 报道的马脲酰甘氨酸开始的，经过半个多世纪对各种保护基和缩合方法的精心设计和实际应用，使得合成方法日趋完善。在 20 世纪 60 年代，我国率先实现了人工合成蛋白质——牛胰岛素的合成，随后，又出现了简单快速的固相合成、酶促合成或酶促半合成等方法。

多肽的合成方法中，应用较普遍的是用 N, N'-二环己基碳二亚胺（DCC）作缩合剂的方法，简称 DCCI 法，它与氨基及羧基已分别被保护的两个氨基酸或小肽作用，脱水缩合生成肽，副产物 N, N-二环己基脲沉淀出来，再分离出合成肽。

在多肽的合成中，主要步骤一般包括氨基保护和羧基活化、羧基保护和氨基活化、接肽和除去保护基团。氨基保护剂应用最多的是苄氧羰酰氯，它与氨基酸或肽上的游离氨基作

用，形成苄氧羰酰氨基酸或苄氧羰酰肽，除去保护基时可用催化氢化法或钠氨法；也可以用叔丁氧氯作为保护剂，用稀盐酸或乙醇在室温除去保护基。羧基保护通常是用无水乙醇或甲醇等在盐酸存在下进行酯化，除去保护基可在常温下用氢氧化钠皂化法。如果氨基酸还含有功能基团，在合成肽时，都要用适当的保护基团加以保护。

三、多肽与蛋白质类药物的纯化

蛋白质类药物
的电泳分析

多肽与蛋白质的纯化包括两个步骤：一是将蛋白质与非蛋白质分开，二是将不同的蛋白质分开。对非蛋白质部分可以根据其性质采用不同的方法去除。如脂类可用有机溶剂提取去除；核酸类可用核酸沉淀剂去除，或用核酸水解酶水解去除；小分子杂质用透析或超滤去除；等等。而对于不同蛋白质的分离则可以利用它们之间性质上的差异进行。常用的方法有以下几种。

1. 利用溶解度的不同

利用溶解度不同纯化多肽与蛋白质的方法主要有盐析法、等电点沉淀法、有机溶剂沉淀法、加热沉淀法、结晶法、双水相萃取法等。盐析法是最经典的方法，被广泛应用。一般提取物常用盐析法进行粗分离，也有用反复盐析法制得相当纯的产品。有机溶剂分级沉淀一般都在低温下进行。结晶法原理是使溶液处于过饱和状态，静置后逐渐出现晶核，晶核长大，出现结晶。

2. 利用分子结构和大小的不同

蛋白质分子形态各异，有的细长如纤维状，有些则密实如球形，分子量则从 6000 左右到几百万不等。利用蛋白质的这些差别，可以采用凝胶色谱、超滤、SDS-聚丙烯酰胺凝胶电泳法来分离。

3. 利用电离性质的不同

组成蛋白质分子的一些氨基酸残基侧链基团含有各种可解离的基团，如羧基、氨基、咪唑基、胍基、酚基等。由于电离基团的组成及它们在分子中暴露情况不同，蛋白质之间的带电情况也不同，可以依据这种性质上的差异来分离纯化蛋白质。较常用的利用蛋白质电离性质不同分离蛋白质的方法有离子交换法、电泳法等。

4. 利用生物功能专一性的不同

蛋白质是有专一生物功能的物质，通过与其他生物大分子或小分子物质相结合而发挥其功能，这种结合经常是专一且可逆的，如抗原与抗体、激素与受体的结合等。蛋白质与其对应的分子间的这种特异性作用称为亲和作用。利用这一特性进行蛋白质等生物大分子纯化的技术称为亲和纯化。最常用的是亲和色谱技术，该技术首先将具有高度特异性的亲和配基与不溶性载体（如琼脂糖凝胶）牢固结合，装入色谱柱，在一定的流动相中将含有待分离蛋白质的样品通过该柱，由于专一亲和的作用，待分离的蛋白质与柱上的配基结合而留在柱内，其他杂蛋白则流出柱外，经用与上样液性质相同的缓冲液冲洗后，改变洗脱液性质，降低待分离蛋白质与其配基的亲和力，则可洗脱得到待分离的蛋白质。近年来发展起来的还有亲和膜分离技术、亲和过滤技术等。

5. 利用疏水性的不同

利用多肽与蛋白质疏水性不同纯化多肽与蛋白质的方法有疏水相互作用色谱法、反相色谱法。

谷胱甘肽质量检测

1. 质量标准

谷胱甘肽（GSH）含量在 9% 以上，灰分 0.5% 以下，水分 2% 以下。

2. GSH 含量快速测定法

采用碘量法。

（1）GSH 标准曲线测定　配制 0～100mg/100mL 的标准 GSH 溶液，取 5mL 标准 GSH 溶液，置于 250mL 锥形瓶内，加入 5mL 2% 偏磷酸溶液、1mL 5% 碘化钾溶液和 2 滴淀粉指示剂，用 0.001mol/L 的碘酸钾溶液滴定至溶液由无色变为蓝色为止。以 GSH 浓度（mg/100mL）为横坐标，滴定值（碘酸钾溶液/GSH 溶液，mL/mL）为纵坐标，经线性回归，得到标准曲线。

（2）GSH 含量测定　取 5mL 待测样品，按（1）的测定程序进行 GSH 含量测定。

3. 亚硝基铁氰化钠显色法

GSH 粗溶液在氨水存在下，与亚硝基铁氰化钠发生反应，生成红色化合物，测定中加入硫酸铵可以增加颜色反应的强度。

取 3 支试管，按表 7-1 分别加入各溶液，混合后，用 722 型分光光度计在 525nm 处比色，测定各管的光吸收值。

GSH 粗溶液浓度 ＝（测定管吸收值/标准管吸收值）× 标准浓度

表 7-1　亚硝基铁氰化钠显色法试剂用量

项目	空白管	标准管	测定管
GSH 粗溶液/mL	—	—	2.0
GSH 标准液/mL	—	0.8	—
蒸馏水/mL	1.0	0.2	—
10% 三氯乙酸溶液/mL	1.0	1.0	—
硫酸铵粉末/g	1.4	1.4	1.4
饱和硫酸钾溶液/mL	3.0	3.0	3.0
亚硝基铁氰化钠试剂/mL	0.5	0.5	0.5
8mol/L 氨水/mL	0.7	0.7	0.7

4. 谷胱甘肽含量精确测定

采用四氧嘧啶（ALLOXAN）试剂衍生化法。

5. 灰分测定

用恒重的坩埚准确称取 0.7～1g 的谷胱甘肽，先在电炉上烧至无烟，再放入 600℃ 马氏炉内烧 6h，取出置于干燥器中，冷后称重，得出失重数，换算成百分数。

6. 水分测定

用称量瓶称取谷胱甘肽 1g 左右，放在 105℃烘箱中烘 2h，取出冷却后称重，得出失重数，换算成百分数。

【知识拓展】

谷胱甘肽的药理作用与临床应用

谷胱甘肽是机体内的重要活性物质，是许多酶的辅基。它参与氨基酸的转运，可清除过多自由基；阻止 H_2O_2 氧化血红蛋白，保护巯基，防止出血，使血红蛋白持续发挥输氧功能等。临床用于放射线、放射性药物或由于抗肿瘤物质引起的白细胞减少等；能与进入体内的丙烯腈、氟化物、重金属离子或致癌物质等相结合并排出体外而起到解毒作用；能抑制脂肪肝的形成，改善中毒性肝炎和感染性肝炎症状；能抗过敏，纠正乙酰胆碱、胆碱酯酶的不平衡等。

【场外训练】　　提取法制备胸腺素 F_5

以小牛胸腺为原料，采用提取法制备胸腺素 F_5。胸腺素 F_5 是由胸腺分泌的多种激素之一，是由 40～50 种多肽组成的混合物，对机体免疫功能有重要影响。可以小牛胸腺为原料，采用提取纯化工艺制备。

一、工艺路线

工艺路线见图 7-4。

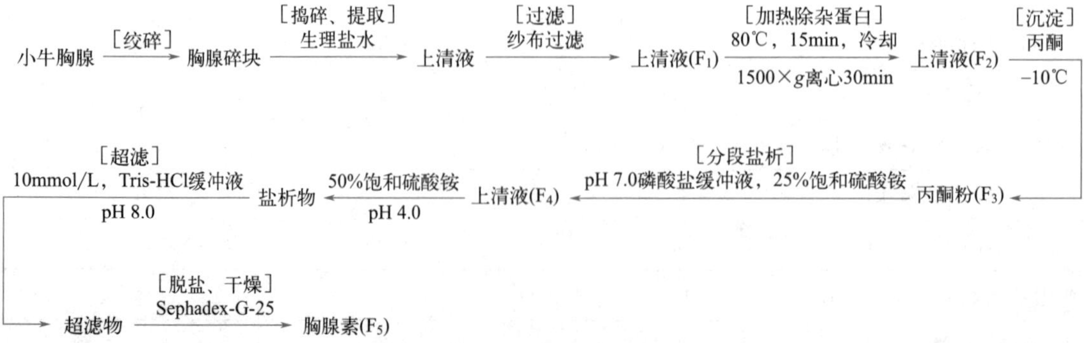

图 7-4　胸腺素 F_5 制备操作流程图

二、工艺过程

1. 提取、过滤

将新鲜或冷冻小牛胸腺去除脂肪及结缔组织并绞碎后，加 3 倍量生理盐水，在组织捣碎机中制成匀浆，然后 1500g 离心 30min，上清液再用纱布过滤得组分 F_1。

2. 加热除去杂蛋白

将 F_1 于 80℃ 加热 15min，冷却后 1500g 离心 30min，除去对热不稳定成分，上清液为 F_2。

3. 沉淀

上清液 F_2 冷却至 4℃，加入 5 倍体积的 −10℃ 丙酮，过滤收集沉淀，干燥后得丙酮粉（F_3）。

4. 盐析

将丙酮粉溶于 pH 7.0 磷酸盐缓冲液中，加硫酸铵至饱和度 25%，离心除去沉淀，上清液（F_4）调 pH 4.0，加硫酸铵至饱和度为 50%，得盐析物。

5. 超滤

将盐析物溶于 pH 8.0 的 10mmol/L Tris-HCl 缓冲液中，超滤，取分子量在 15000 以下的超滤液。

6. 脱盐、干燥

超滤液经 Sephadex G-25 脱盐后，冷冻干燥得胸腺素 F_5。

任务 3　香菇多糖的制备

多糖广泛存在于动物、植物、微生物（细菌和真菌）和海藻中，20 世纪 60 年代以来，多糖类药物研究基本集中在提高免疫功能、降血脂、抗凝血、抗病毒、抗衰老、抗肿瘤和抗辐射等热点领域。

香菇多糖（lentinan）是一种葡聚糖，具有 β-(1→3) 糖苷键连接的主链和 β-(1→6) 糖苷键连接的支链，分子质量为 500 kDa。结构如下。

香菇多糖为白色粉末状固体，对光和热稳定。在水中最大溶解度为 3mg/mL，能溶解于 0.5mol/L 的 NaOH 溶液中，溶解度为 50mg/mL，不溶于甲醇、乙醇、丙酮等有机溶剂。香菇多糖具有吸湿性，在相对湿度为 92.5% 的室温环境（25℃）中放置 15d，吸水量可达 40%。

任务 3　课前自学清单

任务 描述	利用常规提取法从鲜香菇中提取香菇多糖,再通过浓缩、沉淀、精制、干燥得到香菇多糖。	
学习 目标	**能做什么** 　1.熟练进行植物材料有效成分浸渍法提取操作; 　2.利用有机溶剂进行除蛋白质操作; 　3.进行过滤、离心、洗涤、干燥操作; 　4.准确记录实验现象、数据,正确处理数据; 　5.正确书写工作任务单、工作台账本,并对结果进行准确分析。	**要懂什么** 　1.植物材料预处理技术; 　2.浸渍提取技术; 　3.过滤技术; 　4.离心技术; 　5.有机溶剂沉淀技术; 　6.干燥技术。
工作 步骤	步骤1　植物材料鲜香菇预处理 步骤2　浸渍、提取 步骤3　过滤或离心 步骤4　减压浓缩 步骤5　乙醇沉淀、过滤或离心得粗品 步骤6　精制 步骤7　干燥 步骤8　完成评价	
岗前 准备	思考以下问题: 1.有效成分提取前要对植物材料进行哪些预处理? 2.用乙醇沉淀香菇多糖的原理是什么? 3.Sevag法(谢瓦格抽提法)去除蛋白质的基本操作过程是什么? 4.香菇多糖的分离纯化操作为何多在碱性条件下进行?	
主要 考核 指标	1.植物材料预处理、浸渍提取、固液分离、减压浓缩、有机溶剂沉淀、干燥等操作(操作规范性、仪器的使用等); 　2.实验结果(香菇多糖质量和含量); 　3.工作任务单、工作台账本随堂完成情况; 　4.实验室的清洁。	

⇥ 小提示

　　操作前阅读【知识支撑】中的"二、多糖的分离与纯化",以便更好地完成本任务。

工作目标 ⟫⟫⟫

　　分组开展工作任务。用常规提取法制备香菇多糖,并进行分离提纯。
　　通过本任务,达到以下能力目标及知识目标:

1. 能够熟练进行植物材料有效成分浸渍法提取操作；

2. 能够利用有机溶剂进行除蛋白质操作；

3. 能够进行过滤、离心、洗涤、干燥操作；

4. 能准确记录实验现象、数据，正确处理数据；

5. 会正确书写工作任务单、工作台账本，并对结果进行准确分析。

工作准备 >>>

1. 工作背景

创建植物材料有效成分提取及分离纯化的操作平台，并配备组织捣碎机、旋转蒸发仪、离心机、真空抽滤机、Waring 搅拌器、真空干燥箱等相关仪器设备，完成香菇多糖的制备和提取分离。

2. 技术标准

植物材料预处理、浸渍提取、过滤或离心、有机溶剂沉淀、减压浓缩、真空干燥操作正确，组织捣碎机、旋转蒸发仪、Waring 搅拌器等仪器设备使用规范，定量计算正确，等等。

3. 所需器材及试剂

（1）器材　冰箱、组织捣碎机、旋转蒸发仪、离心机、Waring 搅拌器、电炉、酸度计、真空抽滤机、布氏漏斗、真空干燥箱、氯化钙干燥器、不锈钢锅、搪瓷桶、烧杯、量筒、锥形瓶、玻璃棒、滤纸、新鲜香菇等。

（2）试剂　乙醇、CTA-OH（十六烷基三甲基氢氧化铵）、乙酸、乙醚、氢氧化钠、氯仿、1-丁醇、甲醇。

实践操作 >>>

香菇多糖的制备操作流程图如图 7-5 所示。

鲜香菇 ⟶ 捣碎 ⟶ 浸渍 ⟶ 过滤 ⟶ 浓缩 ⟶ 乙醇沉淀 ⟶ CTA-OH沉淀 ⟶ 乙醇、乙醚洗涤、过滤、干燥 ⟶
乙酸洗涤、离心 ⟶ 除蛋白质 ⟶ 真空干燥 ⟶ 成品

图 7-5　香菇多糖制备操作流程图

1. 浸渍、提取

取新鲜香菇子实体 500g，捣碎后加水 2.5L，100℃加热提取 8～15h，离心或过滤得提取液。

2. 浓缩、乙醇沉淀

粗品减压浓缩提取液至出现轻微混浊。加入等量乙醇，析出纤维状沉淀物。离心或过滤收集沉淀，干燥，即为粗多糖。

3. 精制、干燥

粗多糖悬浮在 500mL 水中，在室温下均质至棕色黏性溶液。添加 2L 水，搅拌 1～2h，得到澄清均质溶液。向溶液滴加 pH13.2、0.2mol/L CTA-OH（十六烷基三甲基氢氧化铵）

水溶液，同时用力搅拌。在 pH 7～8 时，形成少量纤维状沉淀，在 pH 0.5～11.5 时，出现大量白色沉淀。滴加 CTA-OH 直至无更多沉淀生成（pH 12.8）。在 9000r/min 离心 5min 收集全部沉淀物，并用乙醇洗涤，然后悬浮在 200mL 20％乙酸中，在 0℃搅拌 5min，沉淀物分为不溶解部分和可溶解部分。收集不溶解部分，用乙醇洗涤 2 次，乙醚洗涤 1 次，室温真空干燥。真空干燥产物在 Waring 搅拌器中，用 200mL 50％乙酸在 0℃搅拌洗涤 3min 后离心，分为不溶性部分和可溶性部分。不溶性部分溶解于 200mL 6％ NaOH 水溶液中，离心除去杂质，上清液加入 500mL 乙醇，用乙醚洗涤 1 次，真空干燥，得到粉状物。用 Sevag 法（谢瓦格抽提法）去除蛋白质，氯仿和 1-丁醇脱蛋白质，以 3 倍体积乙醇沉淀，用甲醇洗涤 2 次，乙醚洗涤 1 次，室温下在氯化钙干燥器中真空干燥，得到香菇多糖。

除了常规提取法之外，还可用复合酶提取法、深层培养提取法制取香菇多糖。

操作评价 >>>

一、个体评价与小组评价

任务 3　香菇多糖的制备									
姓名									
组名									
能力目标	1. 能够熟练进行植物材料处理、有效成分提取操作； 2. 能够进行有机溶剂沉淀操作； 3. 能够进行浓缩、脱蛋白质、干燥操作； 4. 能准确记录实验现象、数据，正确处理数据； 5. 会正确书写工作任务单、工作台账本，并对结果进行准确分析。								
知识目标	1. 掌握植物材料有效成分提取方法； 2. 掌握有机溶剂沉淀、脱蛋白质方法； 3. 理解浓缩、干燥技术。								
评分项目	上岗前准备（思考题回答、实验服与台账准备）	预处理	浸渍、提取	浓缩、乙醇沉淀	精制、干燥	团队协作性	台账完成情况	台面及仪器清理	总分
分值	10	10	10	15	25	10	10	10	100
自我评分									
需改进的技能									
小组评分									

任务 3　香菇多糖的制备	
组长评价	（评价要具体、符合实际）

二、教师评价

序号	项目	配分	要求	得分
1	上岗前准备 （10分）	A. 思考题回答（5分） B. 实验服与护目镜准备、台账准备（5分）	操作过程了解充分 工作必需品准备充分	
2	预处理 （10分）	A. 操作规范（10分）	正确操作	
3	浸渍、提取 （10分）	A. 浸渍（5分） B. 提取（5分）	正确操作	
4	浓缩、乙醇沉淀 （20分）	A. 浓缩（10分） B. 乙醇沉淀（10分）	正确操作	
5	精制、干燥 （20分）	A. 精制（10分） B. 干燥（10分）	正确操作	
6	项目参与度 （10分）	操作的主观能动性（10分）	具有团队合作精神 和主动探索精神	
7	台账与工作任务单完成情况 （10分）	A. 完成台账（是不是完整记录）（5分） B. 完成工作任务单（5分）	妥善记录数据	
8	文明操作 （10分）	A. 实验态度（5分） B. 清场（5分）	认真负责 清洗干净，放回 原处，台面整洁	
合计				

【知识支撑】

糖类药物来源于动植物和微生物，其制备方法根据品种不同可以分为从生物材料中直接提取、发酵法生产和酶法转化三种。动植物来源的多糖多用直接提取方法，微生物来源的多糖多用发酵法生产。

一、单糖、寡糖及其衍生物的制备

游离单糖及小分子寡糖易溶于冷水及无水乙醇，可以用水或在中性条件下以50%乙醇为提取溶剂，也可以用82%乙醇，在70～80℃下回流提取。溶剂用量一般是材料体积的10倍，需多次提取。植物材料磨碎后经乙醚或石油醚脱脂，拌加碳酸钙，以50%乙醇温浸，浸液合并，于 40～45℃减压浓缩至适当体积，用中性乙酸铅去除杂蛋白及其他杂质，铅离子可通过 H_2S 除去，再浓缩至黏稠状。以甲醇或乙醇温浸，去不溶物（如无机盐或残留蛋白质等）；醇液经活性炭脱色、浓缩、冷却、滴加乙醚，或置于硫酸干燥器中旋转，析出结晶。单糖或小分子寡糖可以在提取后用吸附色谱法或离子交换法进行纯化。

二、多糖的分离与纯化

来源于动物、植物和微生物的多糖的提取方法各不相同。植物体内含有水解多糖及其衍生物的酶，必须抑制或破坏酶的作用后，才能制取天然存在形式的多糖。供提取多糖的材料必须新鲜或及时干燥保存，不宜久受高温，以免破坏其原有形式，或因温度升高使多糖受到内源酶的作用而分解。速冻保藏是保存提取多糖材料的有效方法。

提取所用溶剂根据多糖的溶解性质而定。如葡聚糖、果聚糖、糖原易溶于水，宜用水溶液提取；壳聚糖与纤维素溶于浓酸，可以用酸溶液进行提取；直链淀粉因易溶于稀碱，可用碱溶液提取；酸性糖胺聚糖常含有氨基己糖、己糖醛酸及硫酸基等多种结构成分，且常与蛋白质结合在一起，提取分离时，通常先用蛋白酶或浓碱、浓中性盐解离蛋白质与糖的结合键后，再将水提取液减压浓缩，以乙醇或十六烷基三甲基溴化铵（CTAB）沉淀酸性多糖，最后用离子交换色谱法进一步纯化。

1. 多糖的提取

提取多糖时，一般先需进行脱脂，以便多糖释放。先将材料粉碎，用甲醇或 1∶1 的乙醇-乙醚混合液，加热搅拌 1～3h；也可用石油醚脱脂。动物材料可用丙酮进行脱脂、脱水处理。

（1）稀碱液提取　用于难溶于冷水、热水，可溶于稀碱的多糖。此类多糖主要是一些胶类，如木糖醇、半乳聚糖等。提取时可先用冷水浸润材料，使其溶胀后，再用 0.5mol/L NaOH 提取。提取液用盐酸中和、浓缩后，加入乙醇沉淀多糖。如在稀碱中不易溶出者，可加入硼砂，甘露聚糖、半乳聚糖等能形成硼酸配合物，用此法可得到相当纯的产品。

（2）温热水提取　适用于难溶于冷水和乙醇，易溶于热水的多糖。提取时材料先用冷水浸泡，再用热水（80～90℃）搅拌提取，提取液除蛋白质，离心，得清液。透析或用离子交换树脂脱盐后，用乙醇沉淀得多糖。

（3）酶解法提取　蛋白酶水解法已逐步取代碱提取法而成为提取多糖最常用的方法。理想的工具酶是专一性低的、具有广谱水解作用的蛋白酶。蛋白酶不能断裂糖肽键及其附近的肽键，因此成品中会保留较长的肽段。为除去长肽段，常与碱解法合用。酶解时要防止细菌生长，可加甲苯、氯仿、酚或叠氮化钠作抑制剂。常用酶制剂有胰蛋白酶、木瓜蛋白酶、链霉菌蛋白酶及枯草芽孢杆菌蛋白酶。酶解液中的杂蛋白可用 Sevag 法、三氯乙酸法、磷钼酸-磷钨酸沉淀法、高岭土吸附法、三氟三氯乙烷法、等电点沉淀法去除，再经透析后，用乙醇沉淀即可制得多糖粗品。

2. 多糖的纯化

多糖的纯化方法很多，但必须根据目的物质的性质及条件选择合适的纯化方法，而且往往用一种方法不易得到理想的结果，因此必要时应考虑合用几种方法。

（1）乙醇沉淀法　是制备糖胺聚糖的最常用手段。乙醇的加入改变了溶液的极性，导致糖溶解度下降。其中多糖的浓度以 1%～2% 为佳。如使用过量的乙醇，糖胺聚糖浓度少于 0.1% 也可以沉淀完全。向溶液中加入一定浓度的盐，如乙酸钠、乙酸钾、乙酸铵或氯化钠有助于使糖胺聚糖从溶液中析出，盐的最终浓度达5％即可。一般只要糖胺聚糖浓度不低，并有足够的盐存在，加入4～5倍乙醇后，糖胺聚糖可完全沉淀。可以使用多次乙醇沉淀法，也可以用超滤法或分子筛的方法脱除其中残存的盐类。沉淀物可用无水乙醇、丙酮、乙醚脱水，真空干燥即可得到疏松的粉末状产品。

（2）分级沉淀法　不同多糖在不同浓度的甲醇、乙醇或丙酮中的溶解度不同，因此可用不同浓度的有机溶剂分级沉淀分子大小不同的糖胺聚糖。在 Ca^{2+}、Zn^{2+} 等二价金属离子的存在下，采用乙醇分级分离糖胺聚糖可以获得最佳效果。

（3）季铵盐络合法　糖胺聚糖与一些阳离子表面活性剂如十六烷基三甲基溴化铵（CTAB）和十六烷基氯化吡啶（CPC）等能形成季铵配合物。这些配合物在低离子强度的水溶液中不溶解，在离子强度大时，这种配合物可以解离、溶解、释放。聚阴离子的电荷密度对配合物的溶解情况产生明显影响，糖胺聚糖的硫酸化程度会影响聚阴离子的电荷密度，不同的多糖其硫酸化程度不同，据此，可将其进行配合分离。

【技能拓展】

糖类药物质量检测

一、质量标准

红外光吸收图谱应与标准品的图谱一致，在 $890cm^{-1}$ 附近有弱吸收峰。

酸碱度：pH值应为 $6.0～8.0$。

特性黏度：应为 $60～130$。

干燥失重：减压干燥至恒重，失重量不得过 $3.5％$。

二、含量测定

采用苯酚-硫酸法进行测定。

1. 试剂

浓硫酸：分析纯，$95.5％$。$80％$苯酚：$80g$苯酚（分析纯重蒸馏试剂）加 $20g$ 水使之溶解，可置于冰箱中长期贮存。$6％$苯酚：临用前以 $80％$苯酚配制。标准葡聚糖、标准葡萄糖或标准香菇多糖。

2. 方法

（1）制作标准曲线　准确称取标准葡聚糖（标准葡萄糖或标准香菇多糖）$20mg$ 溶于 $500mL$ 容量瓶中加水至刻度，分别吸取 $0.4mL$、$0.6mL$、$0.8mL$、$1.0mL$、$1.2mL$、$1.4mL$、$1.6mL$ 及 $1.8mL$，各用水补齐至 $2.0mL$，然后加入 $6％$苯酚 $1.0mL$ 及浓硫酸 $5.0mL$，静置 $10min$，摇匀，室温放置 $20min$。在 $490nm$ 处测光密度，以 $2.0mL$ 水按同样显色操作作为空白，横坐标为多糖质量（μg），纵坐标为光密度值，得标准曲线。

（2）样品含量测定　吸取样品液 $1.0mL$（相当于 $40\mu g$ 左右的多糖），按上述步骤操作，测光密度，以标准曲线计算多糖含量。

香菇多糖的药理作用与临床应用

香菇多糖具有免疫调节的作用，能恢复或提高宿主细胞对淋巴因子、激素及其他生物活性因子的反应性作用；能促进 T 淋巴细胞活性，提高机体免疫功能，具有宿主介导性抗肿瘤、抗病毒作用，尤其对胃癌、肺癌、肝癌、血液系统肿瘤、鼻咽癌、直肠癌和乳腺癌等有抑制和防止术后微转移的效果；对病毒感染，包括 HIV（人类免疫缺陷病毒）的感染均有治疗作用；能增强宿主对多种传染病的抵抗力，发挥其治疗效果。

【场外训练】 从鲨鱼软骨中提取鲨鱼软骨糖胺聚糖

鲨鱼软骨糖胺聚糖由透明质酸、肝素、软骨素、硫酸软骨素、硫酸角质素等组成。鲨鱼软骨糖胺聚糖具有抗凝血、降血脂、抗炎症、抗病毒、抗衰老、抗肿瘤等多种活性。

一、工艺路线

鲨鱼软骨糖胺聚糖的制备工艺路线见图 7-6。

鲨鱼软骨 ⟶ 稀碱液除去部分骨髓和脂肪组织 ⟶ 稀酸除去软骨中的钙、钾等矿物质 ⟶ 破碎 ⟶
酸法或碱法抽提 ⟶ 离心 ⟶ 上清液以中空纤维膜(截留分子量5000)处理 ⟶ 得到分子量大于5000的液体，浓缩
⟶ 糖胺聚糖粗提物 ⟶ 以阴离子交换树脂D-241初步纯化 ⟶ DEAE(二乙氨乙基)-纤维素进一步纯化得精品

图 7-6 鲨鱼软骨糖胺聚糖制备操作流程图

二、工艺过程

1. 鲨鱼软骨的前处理

将新鲜的鲨鱼软骨取出，置于 0.2mol/L 的氢氧化钠溶液中搅拌过夜，以除去部分骨髓和脂肪组织，将软骨捞出清洗干净。取一定量的软骨将其浸于氯仿、甲醇、水（2∶1∶0.8）的混合液中，搅拌过夜。然后浸于 0.1mol/L 的盐酸中搅拌过夜，以除去软骨中的钙、钾等矿物质，用大量蒸馏水清洗干净后晾干。用组织捣碎机捣碎后备用。

2. 酸法提取

在一定量的 0.1mol/L 的盐酸和 0.05mol/L 的硫酸中各加入 200g 软骨，置于 70℃ 的水浴中搅拌 6h，直至软骨消化完毕。然后用氢氧化钠中和盐酸提取液；用碳酸钙中和硫酸提取液，300r/min 离心 20min，去除沉淀。向上清液中缓慢加入食盐，至沉淀产生最多为止，3000r/min 离心 15min。去除沉淀后的液体经中空纤维膜过滤器处理以去除小分子的多肽和非多糖物质，浓缩后即得到糖胺聚糖的粗提物。

3. 分离提纯

采用阴离子交换树脂和DEAE-纤维素联合使用进行纯化。先将经活化的阴离子交换树

脂装入离子交换柱中进行初步分离，然后将洗脱液去离子、浓缩。再采用 DEAE-纤维素作吸附剂继续纯化，如有必要可重复使用 DEAE-纤维素再次纯化。

任务 4 卵磷脂的制备

脂类（lipid）是脂肪（fat）、类脂（lipoid）及其衍生物的总称，脂肪是三脂酰甘油（又称甘油三酯），类脂的性质与脂肪类似，生物体内的类脂有磷脂、糖脂和固醇（sterol）等。

脂类药物是具有重要生理生化、药理药效作用的脂类物质，具有良好的提供营养、防治疾病效果。其种类很多，结构和性质相差很大，大体可分为以下几类：胆汁酸类如胆酸等，不饱和脂肪酸类如花生四烯酸等，磷脂类如卵磷脂等，固醇类如胆固醇等，色素类如胆红素等，其他如鲨烯等。

卵磷脂是磷脂酸的衍生物，是磷脂酸中的磷酸基与羟基化合物——胆碱中的羟基连接成的酯，又称磷脂酰胆碱。

R，R′—饱和或不饱和脂肪酸

纯卵磷脂为吸水性白色蜡状物，难溶于水，溶于三氯甲烷、石油醚、苯、乙醇、乙醚，不溶于丙酮。卵磷脂、脑磷脂与胆固醇在有机溶剂中的溶解度差别很大，根据这个性质，可以将以上几种物质有效地分离。

磷脂在动物的神经组织中含量最高，各种磷脂、胆固醇和其他脂质共存。磷脂与胆固醇的分离以及不同磷脂的分离均是基于它们在不同的有机溶剂中溶解度不同来实现的。

任务 4 课前自学清单		
任务描述	利用动物大脑或骨髓为原料提取卵磷脂,再通过浓缩、沉淀、除杂、去水、干燥得到卵磷脂。	
	能做什么	要懂什么
学习目标	1. 熟练进行动物材料预处理、有机溶剂提取有效成分操作； 2. 进行有机溶剂沉淀、浓缩、离心、干燥操作； 3. 准确记录实验现象、数据,正确处理数据； 4. 正确书写工作任务单、工作台账本,并对结果进行准确分析。	1. 动物材料预处理技术； 2. 有机溶剂提取动物有效成分技术； 3. 浓缩技术； 4. 重金属沉淀除杂技术； 5. 干燥技术。

	任务 4　课前自学清单		
工作步骤	步骤 1　原料处理 步骤 2　提取胆固醇 步骤 3　提取卵磷脂 步骤 4　浓缩 步骤 5　沉淀、除杂 步骤 6　溶解、沉淀杂质 步骤 7　浓缩、去水 步骤 8　沉淀、干燥 步骤 9　完成评价		
岗前准备	思考以下问题： 1. 动物材料有效成分分离纯化之前要如何进行预处理？ 2. 胆固醇的溶解特性是什么？ 3. 卵磷脂的溶解特性是什么？ 4. 氯化镉沉淀卵磷脂的机理是什么？		
主要考核指标	1. 动物材料预处理、提取、沉淀、浓缩、干燥操作（操作规范性、仪器的使用等）； 2. 实验结果（卵磷脂质量和含量）； 3. 工作任务单、工作台账本随堂完成情况； 4. 实验室的清洁。		

小提示

　　操作前阅读【知识支撑】中的"一、脂类药物的制备方法分类""二、脂类药物的分离"及"三、脂类药物的精制"，以便更好地完成本任务。

工作目标 >>>

　　分组开展工作任务。用动物材料提取法制备卵磷脂，并进行分离提纯。通过本任务，达到以下能力目标及知识目标：

　　1. 能够熟练进行动物材料预处理、有机溶剂提取有效成分操作；

　　2. 能够进行有机溶剂沉淀、浓缩、离心、干燥操作；

　　3. 能准确记录实验现象、数据，正确处理数据；

　　4. 会正确书写工作任务单、工作台账本，并对结果进行准确分析。

蛋白质混合物的纯化（利用电离性质和生物功能专一性的不同）

蛋白质混合物的纯化（利用分子结构和大小的不同）

蛋白质混合物的纯化（利用溶解度不同）

工作准备 >>>

1. 工作背景

　　创建动物材料有效成分分离纯化的操作平台，并配备冰箱、组织粉碎机、真空抽滤机、布氏漏斗、离心机、真空干燥箱、不锈钢桶、搪瓷桶等相关仪器设备，完成卵磷脂的制备和提取分离。

2. 技术标准

动物材料预处理，有机溶剂沉淀、重金属沉淀过程操作正确，真空泵、离心机等仪器设备使用规范，定量计算正确，等等。

3. 所需器材及试剂

（1）器材　冰箱、组织粉碎机、真空抽滤机、布氏漏斗、酸度计、离心机、真空干燥箱、不锈钢桶、搪瓷桶、烧杯、量筒、锥形瓶、玻璃棒、滤纸、动物大脑或骨髓等。

（2）试剂　丙酮、乙醇、乙醚、氯化镉、氯仿、氨水、甲醇等。

实践操作 >>>

卵磷脂的制备操作流程图如图 7-7 所示。

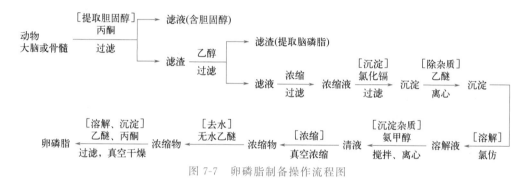

图 7-7　卵磷脂制备操作流程图

1. 原料处理

取新鲜或冷冻大脑或骨髓 1kg，去膜及血丝等组织，绞碎。

2. 提取胆固醇

原料用丙酮浸泡 5 次，每次用丙酮 1.2L，时间为 4.5h，不断搅拌。过滤，滤液用于制备胆固醇，滤渣真空干燥。

3. 提取卵磷脂

向干燥渣中加入 95％乙醇 1.6L 并不断搅拌，于 35～40℃提取 12h，过滤后再提取 1 次。滤液用于制备卵磷脂，滤渣于真空干燥器干燥。

4. 浓缩

将含有卵磷脂的乙醇滤液真空浓缩至原体积的 1/3。浓缩液冷室过夜，过滤，得滤液。

5. 沉淀、去杂质

于滤液中加入足够的氯化镉饱和溶液，致使卵磷脂沉淀完全。静置分层，滤取沉淀物，加 2 倍量乙醚洗涤，离心收集沉淀，如此重复 8～10 次。

6. 溶解、沉淀

取离心沉淀物，悬浮于 4 倍量氯仿中，振摇，直至形成微混浊液为止。加入含 25％氨水的甲醇溶液（即 25mL 浓氨水溶于 75mL 甲醇中），直至形成沉淀，离心。

7. 浓缩、去水

清液真空浓缩近干，将浓缩物溶于无水乙醚中，真空浓缩，重复 2 次以除去水分。

8. 沉淀、干燥

将浓缩物溶于最少的乙醚中，然后倒入约 3 倍量的丙酮中，静置，过滤。沉淀物经真空干燥即得卵磷脂。

操作评价 >>>

一、个体评价与小组评价

<table>
<tr><td colspan="11" align="center">任务 4　卵磷脂的制备</td></tr>
<tr><td>姓名</td><td colspan="10"></td></tr>
<tr><td>组名</td><td colspan="10"></td></tr>
<tr><td>能力
目标</td><td colspan="10">1. 能够熟练进行动物材料预处理、有机溶剂提取有效成分操作；
2. 能够进行有机溶剂沉淀、浓缩、离心、干燥操作；
3. 能准确记录实验现象、数据，正确处理数据；
4. 会正确书写工作任务单、工作台账本，并对结果进行准确分析。</td></tr>
<tr><td>知识
目标</td><td colspan="10">1. 掌握动物材料预处理技术；
2. 掌握有机溶剂提取动物有效成分技术；
3. 理解浓缩技术、重金属沉淀除杂技术、干燥技术。</td></tr>
<tr><td>评分
项目</td><td>上岗前准备
（思考题回答、
实验服与
台账准备）</td><td>原料
处理</td><td>提取
胆固醇</td><td>提取
卵磷脂</td><td>除杂</td><td>浓缩、
干燥</td><td>团队协
作性</td><td>台账完
成情况</td><td>台面
及仪器
清理</td><td>总分</td></tr>
<tr><td>分值</td><td>10</td><td>10</td><td>10</td><td>15</td><td>15</td><td>15</td><td>10</td><td>5</td><td>10</td><td>100</td></tr>
<tr><td>自我
评分</td><td></td><td></td><td></td><td></td><td></td><td></td><td></td><td></td><td></td><td></td></tr>
<tr><td>需改进
的技能</td><td colspan="10"></td></tr>
<tr><td>小组
评分</td><td></td><td></td><td></td><td></td><td></td><td></td><td></td><td></td><td></td><td></td></tr>
<tr><td>组长
评价</td><td colspan="10">（评价要具体、符合实际）</td></tr>
</table>

二、教师评价

序号	项目	配分	要求	得分
1	上岗前准备 （5分）	A. 思考题回答（3分） B. 实验服与护目镜准备、台账准备（2分）	操作过程了解充分 工作必需品准备充分	
2	原料处理 （10分）	A. 去除废料（5分） B. 绞碎（5分）	正确操作	
3	提取胆固醇 （10分）	A. 计算准确无误（5分） B. 操作规范（5分）	准确计算 正确操作	
4	提取卵磷脂 （15分）	A. 计算准确无误（5分） B. 操作规范（10分）	准确计算 正确操作	
5	除杂 （20分）	A. 计算准确无误（10分） B. 操作规范（10分）	准确计算 正确操作	
6	浓缩、干燥 （10分）	A. 浓缩（5分） B. 干燥（5分）	正确操作 正确操作	
7	项目参与度 （10分）	操作的主观能动性（10分）	具有团队合作精神 和主动探索精神	
8	台账与工作 任务单完成情况 （10分）	A. 完成台账（是不是完整记录）（5分） B. 完成工作任务单（5分）	妥善记录数据	
9	文明操作 （10分）	A. 实验态度（5分） B. 清场（5分）	认真负责 清洗干净，放回 原处，台面整洁	
		合计		

【知识支撑】

脂类药物制备的一般方法如下所述。

一、脂类药物的制备方法分类

脂类以游离或结合形式广泛存在于组织细胞中，工业生产中常依其存在形式及各成分性质，通过生物组织提取分离、微生物发酵、动植物细胞培养、酶转化及化学合成等方法提取。

1. 直接抽提法

在生物体或生物转化体系中，有些脂类以游离形式存在，如卵磷脂、脑磷脂、亚油酸、花生四烯酸等。因此，通常根据各种成分的溶解性质，采取相应的溶剂系统从生物组织或反应体系中直接抽提出粗品，再经各种相应的分离纯化和精制获得纯品。

2. 水解法

生物体内有些脂类与其他成分形成复合物，需先水解，再分离纯化。如脑干中的胆固醇经丙酮抽提、浓缩，用乙醇结晶，再用硫酸水解和结晶才能获得。在胆汁中，胆红素绝大多数与葡萄糖醛酸结合成共价化合物，提取胆红素需先用碱水解胆汁，然后用有机溶剂抽提。

3. 化学合成

某些脂类药物可以相应有机化合物或生物体中的某些成分为原料，采用化学合成或半合成方法制备。如血卟啉衍生物是以原卟啉为原料，经氢溴酸加成反应，再经水解后所得的产物。又如以胆酸为原料，经氧化或还原反应可分别合成脱氢胆酸、鹅脱氧胆酸及熊脱氧胆酸，称半合成法。

4. 生物转化法

微生物发酵、动植物细胞培养及酶工程技术可统称为生物转化法，多种脂类药物均可采用生物转化法生产。如用微生物发酵法或烟草细胞培养法生产辅酶 Q_{10}（CoQ_{10}）等。

二、脂类药物的分离

脂类药物的品种很多，结构多样化，性质差异甚大，通常用溶解度法、吸附分离法、超临界流体萃取技术进行分离。

1. 溶解度法

溶解度法是依据脂类药物在不同溶剂中溶解度差异进行分离的方法，如游离胆红素在酸性条件下溶于氯仿及二氯甲烷，故胆汁经碱水解及酸化后用氯仿抽提，其他物质难溶于氯仿，而胆红素则溶出，因此得以分离。又如卵磷脂溶于乙醇而不溶于丙酮，脑磷脂溶于乙醚而不溶于丙酮和乙醇，故脑干丙酮提取液用于制备胆固醇，不溶物用乙醇抽提得卵磷脂，用乙醚抽提得脑磷脂，从而使三种成分得以完全分离。

2. 吸附分离法

吸附分离法是根据吸附剂对各种成分吸附力差异进行分离的方法，如从家禽胆汁提取鹅脱氧胆酸粗品，经硅胶柱色谱及乙醇-氯仿溶液梯度洗脱即可与其他杂质分离。

3. 超临界流体萃取技术

根据脂类物质不同组分在超临界流体中沸点高低不同和溶解度的差异可分离所需要的有效成分，如不饱和脂肪酸、磷脂、植物甾醇等均可采取该种分离方法。超临界流体萃取技术具有操作温度低、可调性及选择性强、提取分离效率高、产物生物活性好等优点；但有设备投资费用大、工艺技术要求高等缺陷。

三、脂类药物的精制

经分离后的脂类药物中常有微量杂质，需用适当的方法精制，常用的有结晶法、重结晶法和有机溶剂沉淀法。如用色谱法分离的前列腺素 E2（PGE2）经乙酸乙酯-己烷结晶；用色谱法分离后的 CoQ_{10} 经无水乙醇结晶得到纯品。

脂类药物质量检测

一、质量标准

含磷量：2.5%。水分：不超过5%。乙醚不溶物：小于0.1%。丙酮不溶物：不低于90%。

二、含量测定

1. 氮

取本品约0.1g，依《中国药典》（2020年版）通则0704计算，即得。

2. 磷

（1）对照品溶液的制备　取105℃干燥至恒重的磷酸二氢钾约0.13g，精密称定，置100mL量瓶中，加水溶解并稀释至刻度，精密量取10mL，置100mL量瓶中，用水稀释至刻度，摇匀，每1mL中含磷（P）约为30μg。

（2）供试品溶液的制备　取本品约0.1g，精密称定，置坩埚中，加三氯甲烷2mL溶解，加氧化锌2g，蒸发去除三氯甲烷，缓缓炽灼使样品炭化，然后在600℃炽灼1h，放冷，加盐酸溶液10mL，煮沸5min使残渣溶解，转移至100mL量瓶中，用水稀释至刻度，摇匀。

（3）测定法　精密量取对照品0mL、2mL、4mL、6mL、10mL，分别置25mL量瓶中，依次分别加水10mL、钼酸铵硫酸溶液（取钼酸铵5g，加0.5mol/L硫酸溶液100mL）1mL、对苯二酚硫酸溶液（取对苯二酚0.5g，加0.25mol/L硫酸溶液100mL，临用前配制）1mL和50%醋酸钠溶液3mL，用水稀释至刻度，摇匀，放置5min。按照紫外-可见分光光度法（通则0401），以第一瓶为空白，在720nm处测定吸光度，以测得吸光度与其对应的浓度计算回归方程。另取精密量取供试品溶液4mL，置25mL量瓶中，照标准曲线制备项下自"依次分别加水10mL"起同法操作，测得吸光度，由回归方程计算含磷（P）量，即得。

卵磷脂的药理作用与临床应用

卵磷脂具有乳化、分解油脂的作用，可增进血液循环，改善血清脂质，清除过氧化物，使血液中胆固醇及中性脂肪含量降低，减少脂肪在血管内壁滞留时间，促进粥样硬化斑消散，防止由胆固醇引起的血管内膜损伤。能稳定血管内壁沉积物，防止血液凝固；使神经系统反应敏锐，提高记忆力；可有效防止肝功能疾病和缓解糖尿病；可促进人体损伤细胞更新，提高人体免疫力。用于辅助治疗动脉粥样硬化、脂肪肝，也用于治疗小儿湿疹、神经衰弱症。在药用辅料中作增溶剂、乳化剂及油脂类的抗氧化剂。

从兔胆汁中提取制备胆酸

胆酸主要存在于动物胆汁中，是合成人工牛黄的主要原料之一。可用乙醇法或氯仿法从兔胆汁中提取制备。

一、工艺路线

工艺路线见图 7-8。

兔胆汁 $\xrightarrow[\text{氢氧化钠}]{[\text{皂化}]}$ 滤液 $\xrightarrow[\text{硫酸}]{[\text{酸化}]}$ 粗胆汁酸 $\xrightarrow[\text{乙醇}]{[\text{溶解、结晶}]}$ 粗胆酸 $\xrightarrow[\substack{\text{无水乙醇}\\\text{活性炭}}]{[\text{重结晶}]}$ 胆酸精品

图 7-8　胆酸制备操作流程图

二、工艺过程

1. 皂化

取兔胆汁 50mL，加入 5mL 30％氢氧化钠溶液，加热至沸腾后微沸状态保持 15h，中间过程可加水以补充蒸发减损的水分。皂化结束后，静置，过滤。加入 30％硫酸，调节 pH＝3，取上浮物，加水洗涤，煮沸，使 pH＝7，干燥后即为粗胆汁酸。

2. 结晶

取粗胆汁酸，捣碎后加入 100mL 75％乙醇，加热，溶解后过滤，静置，0～5℃时有结晶析出，滤干，即为粗胆酸。

3. 重结晶

取粗胆酸，加入 20mL 无水乙醇及适量活性炭，加热，溶解。待充分溶解后，趁热过滤。滤液浓缩后，静置，结晶干燥，即得到胆酸精品。

任务 5　三磷酸腺苷的制备

核酸（nucleic acid）由许多核苷酸（nucleotide）以 $3',5'$-磷酸二酯键连接而成，核苷酸又由磷酸、核糖和碱基三部分组成。

核酸类药物是具有药用价值的核酸、核苷酸、核苷及碱基的统称。除了天然存在的碱基、核苷、核苷酸以外，它们的类似物、衍生物或这些类似物、衍生物的聚合物也属于核酸类药物。具有天然结构的核酸类物质，有助于改善机体的物质代谢和能量平衡、修复受损伤的组织使之恢复正常功能。天然核酸类的类似物或衍生物具有干扰肿瘤、病毒代谢的功能。

腺嘌呤核苷三磷酸（adenosine triphosphate），简称腺三磷（ATP），又称三磷酸腺苷。其结构如下。

带 3 个结晶水的 ATP 二钠盐（ATP-Na_2·$3H_2O$）呈白色结晶形及类白色粉末，无臭，微有酸味，有吸湿性，易溶于水，难溶于乙醇、乙醚、苯、氯仿。在碱性溶液（pH 10）中较稳定，25℃时每月约分解 3%。pH 5 时 90℃加热，70 h 可完全水解为腺苷。ATP 二钠盐是两性化合物，其解离度大于 ADP 和 AMP，所以与离子交换树脂吸附时吸附得更紧，从而可将其与 ADP 和 AMP 分离。

任务 5　课前自学清单		
任务描述	利用兔肌肉为原料提取 ATP，再通过树脂吸附、洗脱、除热原与杂质、结晶、干燥得到赖氨酸。	
学习目标	能做什么	要懂什么
学习目标	1. 熟练进行动物材料预处理、提取操作； 2. 利用吸附树脂进行 ATP 分离纯化； 3. 熟练进行除热原与杂质操作； 4. 熟练进行结晶、干燥操作； 5. 准确记录实验现象、数据，正确处理数据； 6. 正确书写工作任务单、工作台账本，并对结果进行准确分析。	1. 动物材料预处理技术； 2. 动物有效成分提取技术； 3. 吸附技术； 4. 除热原技术； 5. 结晶技术； 6. 干燥技术。
工作步骤	步骤 1　兔肉松的制备 步骤 2　提取 步骤 3　吸附 步骤 4　洗脱 步骤 5　除热原与杂质 步骤 6　结晶、干燥 步骤 7　完成评价	
岗前准备	思考以下问题： 1. 什么是热原？ 2. 除热原一般用什么方法？ 3. 树脂柱装柱的步骤是什么？ 4. 薄层色谱的操作步骤是什么？	
主要考核指标	1. 动物材料预处理、提取、树脂吸附、洗脱、除热原与杂质、结晶、干燥操作（操作规范性、仪器的使用等）； 2. 实验结果（ATP 质量和含量）； 3. 工作任务单、工作台账本随堂完成情况； 4. 实验室的清洁。	

操作前阅读"知识支撑"中的"一、RNA 的制备""二、DNA 的制备""三、核苷酸、核苷及碱基的制备",以便更好地完成本任务。

工作目标 ▷▷▷

分组开展工作任务。用提取法制备 ATP,并进行分离提纯。

通过本任务,达到以下能力目标及知识目标:

1. 能够熟练进行动物材料预处理、提取操作;

2. 能够利用吸附树脂进行 ATP 分离纯化;

3. 能够熟练进行除热原与杂质操作;

4. 能够熟练进行结晶、干燥操作;

5. 能准确记录实验现象、数据,正确处理数据;

6. 会正确书写工作任务单、工作台账本,并对结果进行准确分析。

工作准备 ▷▷▷

1. 工作背景

创建动物材料预处理、提取、分离纯化的操作平台,并配备冰浴锅、组织捣碎机、真空抽滤机、布氏漏斗、树脂柱、垂熔漏斗、五氧化二磷干燥器等相关仪器设备,完成 ATP 的制备和提取分离。

2. 技术标准

动物材料预处理、提取操作正确,树脂柱装柱、吸附、洗脱过程操作正确,除热原与杂质操作正确,真空泵、干燥器等仪器设备使用规范,定量计算正确,等等。

3. 所需器材及试剂

(1) 器材 冰箱、冰浴锅、组织捣碎机、酸度计、树脂柱、真空抽滤机、布氏漏斗、抽滤瓶、二乙氨乙基-纤维素(DEAE-C)薄层板、垂熔漏斗、水浴锅、五氧化二磷干燥器、不锈钢锅、搪瓷桶、烧杯、量筒、锥形瓶、玻璃棒、滤纸、兔肌肉等。

(2) 试剂 95%乙醇、蒸馏水、冰醋酸、6mol/L 盐酸、pH 3 的 0.03mol/L 氯化钠溶液、pH 3.8 的 1mol/L 氯化钠溶液、硅藻土、活性炭等。

实践操作 ▷▷▷

以兔肌肉为原料提取 ATP 的操作流程图如图 7-9 所示。

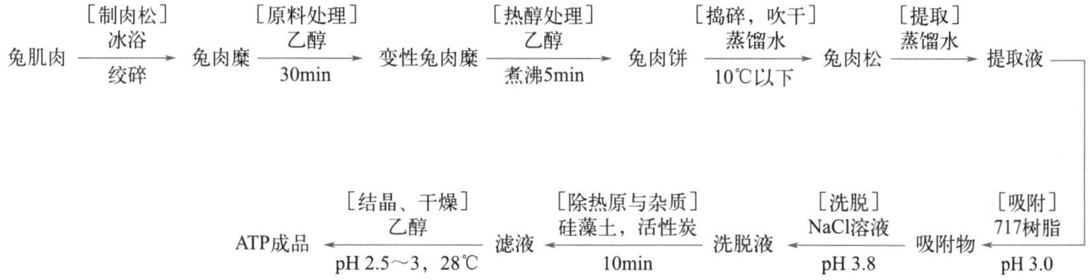

图 7-9 ATP 制备操作流程图

1. 兔肉松的制备

将兔体冰浴降温，迅速去骨、搅碎，加入兔肉重 3～4 倍的 95% 冷乙醇，搅拌 30min，过滤、压榨。将肉饼捣碎，再以 2～2.5 倍 95% 冷乙醇同上法处理 1 次。再将肉置于预沸的乙醇中，继续加热至沸腾，保持 5min。取出兔肉，迅速置于冷乙醇中降温至 10℃ 以下，过滤、压榨。将肉再捣碎，摊于盘内，冷风吹干至无乙醇味为止，即得兔肉松。

2. 提取肉松

用 4 倍量的冷蒸馏水搅拌提取 30min，过滤压榨成肉饼，再捣碎后加 3 倍量的冷蒸馏水提取，合并两次滤液。按总体积加冰醋酸至 4%，再用 6mol/L 盐酸调 pH 至 3.0，冷室放置 3h，布氏漏斗过滤至澄清。

3. 吸附

用处理好的氯型 201×7 或 717 阴离子交换树脂装色谱柱，柱高：直径 =（3：1）～（5：1），用 pH 3.0 的水平衡柱后，将提取液上柱，流速控制在 0.6～1mL/(cm² · min)。因树脂吸附能力较强，上柱过程中应用 DEAE-C（二乙氨乙基纤维素）薄层板进行检查，待出现 AMP 或 ADP 斑点时，即开始收集（从中回收 AMP 和 ADP）。继续进行，待追踪检查出现 ATP 斑点时，说明树脂已被 ATP 饱和，停止上柱。

4. 洗脱

用 pH 3.0、0.03mol/L 氯化钠溶液洗涤柱上滞留的 AMP、ADP 及无机磷等，流速控制在 1mL/(cm² · min) 左右。薄层检查无 AMP、ADP 斑点并有 ATP 斑点出现时，再用 pH 3.8、1mol/L 氯化钠溶液洗脱，流速控制在 0.2～0.4mL/(cm² · min) 左右，收集洗脱液。在 0～10℃ 下操作，以防 ATP 分解。

5. 除热原与杂质

按硅藻土：活性炭：洗脱液 =0.6：0.4：100 的比例混合，搅拌 10min，用 4 号垂熔漏斗过滤。

6. 结晶、干燥

用 6mol/L 盐酸调 ATP 滤液至 pH 2.5～3.0，在 28℃ 水浴中恒温，加入滤液量 3～4 倍的 95% 乙醇，不断搅拌，使 ATP 二钠盐结晶。用 4 号垂熔漏斗过滤，分别用无水乙醇、乙醚洗涤 1～2 次。收集 ATP 结晶，置五氧化二磷干燥器内真空干燥。

一、个体评价与小组评价

任务5 三磷酸腺苷的制备										
姓名										
组名										
能力目标	1. 能够熟练进行动物材料预处理、提取操作； 2. 能够利用吸附树脂进行 ATP 分离纯化； 3. 能够熟练进行除热原与杂质操作； 4. 能够熟练进行结晶、干燥操作； 5. 能准确记录实验现象、数据，正确处理数据； 6. 会正确书写工作任务单、工作台账本，并对结果进行准确分析。									
知识目标	1. 掌握动物材料预处理、有效成分提取技术； 2. 掌握树脂吸附、薄层色谱技术； 3. 掌握除热原技术； 4. 掌握结晶、干燥技术。									
评分项目	上岗前准备（思考题回答、实验服与台账准备）	制备兔肉松	提取	吸附、洗脱	除热原与杂质	结晶、干燥	团队协作性	台账完成情况	台面及仪器清理	总分
分值	10	10	10	20	15	10	10	5	10	100
自我评分										
需改进的技能										
小组评分										
组长评价	（评价要具体、符合实际）									

二、教师评价

序号	项目	配分	要求	得分
1	上岗前准备 （5分）	A. 思考题回答（3分） B. 实验服与护目镜准备、台账准备（2分）	操作过程了解充分 工作必需品准备充分	
2	制备兔肉松 （10分）	A. 计算准确无误（5分） B. 操作规范（5分）	准确计算 正确操作	
3	提取 （10分）	A. 提取（5分） B. 过滤（5分）	正确操作	
4	吸附、洗脱 （20分）	A. 吸附（10分） B. 洗脱（10分）	正确操作	
5	除热原与杂质 （10分）	A. 计算准确无误（5分） B. 操作规范（5分）	准确计算 正确操作	
6	结晶、干燥 （20分）	A. 结晶（10分） B. 干燥（10分）	正确操作	
7	项目参与度 （5分）	操作的主观能动性（5分）	具有团队合作精神 和主动探索精神	
8	台账与工作 任务单完成情况 （10分）	A. 完成台账（是不是完整记录）（5分） B. 完成工作任务单（5分）	妥善记录数据	
9	文明操作 （10分）	A. 实验态度（5分） B. 清场（5分）	认真负责 清洗干净，放回 原处，台面整洁	
合计				

【知识支撑】

核酸类药物制备的一般方法如下所述。

一、 RNA 的制备

1. 材料的选择与预处理

RNA的制备

制备 RNA 的材料大多选取动物的肝、肾、脾等含核酸量丰富的组织，所要制备的 RNA 种类不同，选取的材料也各有不同。工业生产上，则主要采用啤酒酵母、面包酵母、酒精酵母、白地霉、青霉等真菌的菌体为原料。

动物组织预处理过程：组织捣碎制成组织匀浆，利用 0.14mol/L 氯化钠溶液能溶解 RNA 核蛋白而不能溶解 DNA 核蛋白这一特性将组织匀浆中含有 RNA 的核糖核蛋白提取出来，再通过调节 pH 为 4.5，RNA 仍保留在溶液中，核蛋白则成为沉淀，从而将两者分开。

2. 提取

提取方法有多种，但基本上大同小异。目前最广泛使用的是酚提取法或其改良方法，此外还有乙醇沉淀法及去污剂处理法等。

（1）乙醇沉淀法　将核糖核蛋白溶于碳酸氢钠溶液中，然后加入含少量辛醇的氯仿，并连续振荡，以沉淀蛋白质。上清液中的 RNA 可用乙醇使之以钠盐的形式沉淀得到。或者先用乙醇使核糖核蛋白变性，然后用 10% 氯化钠溶液提取 RNA，去沉淀留上清液后，再用 2 倍量的乙醇使 RNA 沉淀。

（2）去污剂处理法　在核糖核蛋白溶液中加入 1% 的十二烷基硫酸钠（SDS）、乙二胺四乙酸二钠（EDTA-2Na）、三乙醇胺、苯酚、氯仿等以去除蛋白质，使 RNA 留在上清液中，然后用乙醇沉淀 RNA。或者先用 2mol/L 盐酸胍溶液于 38℃ 下溶解蛋白质，再冷却至 0℃ 左右，使 RNA 沉淀，沉淀中混有少量蛋白质，然后再用去污剂处理。

（3）酚提取法　酚提取法最大的优点是能得到未被降解的 RNA。酚溶液能沉淀蛋白质和 DNA，经酚处理后 RNA 和多糖处于水相中，可用乙醇使 RNA 从水相中析出。随 RNA 一起沉淀的多糖则可通过以下步骤去除：用磷酸缓冲液溶解沉淀，再用 2-甲氧基乙醇提取 RNA，透析，然后用乙醇沉淀 RNA。改良后的皂土酚提取法，由于皂土能吸附蛋白质、核酸酶等杂质，因此其稳定性比酚提取法好，其 RNA 得率也比酚提取法高。

3. 纯化

用上述方法取得的 RNA 一般都是 RNA 的混合物，这种混合 RNA 可以直接作为药物使用，如以动物肝脏为材料制备的 RNA 即可作为治疗慢性肝炎、肝硬化等疾病的药物。但有时需要均一性的 RNA，这就必须将其进一步分离和纯化。常用的纯化方法有密度梯度离心法、柱色谱法和凝胶电泳法等。

二、DNA 的制备

1. 材料的选择与预处理

制备 DNA 的材料一般用小牛胸腺或鱼精，这类组织的细胞体积较小，如鱼精，整个细胞几乎全被细胞核占据，细胞质的含量极少，故这类组织的 DNA 含量高。预处理方法与 RNA 的类似，只不过制备 DNA 时用 0.14mol/L 氯化钠溶液溶解 RNA 的目的是去掉 RNA，留下 DNA。

DNA的制备

2. 提取与纯化

将含 DNA 的沉淀物用 0.14mol/L 氯化钠溶液反复洗涤，尽量除去 RNA，然后用生理盐水溶解沉淀物，并加入去污剂 SDS 溶液中使 DNA 与蛋白质解离、变性，此时溶液变黏稠。冷藏过夜后，再加入氯化钠溶液使 DNA 解离，当盐浓度达 1mol/L 时，溶液黏稠度下降，DNA 处在液相，蛋白质沉淀。离心去杂质，得乳白状清液，过滤后加入等体积的 95% 乙醇，使 DNA 析出，得白色纤维状粗制品。在此基础上反复用去污剂去除蛋白质等杂质，可得到较纯的 DNA。当 DNA 中含有少量 RNA 时，可用核糖核酸酶、异丙醇等处理，用活性炭柱色谱及电泳去除。

分离混合 DNA 可采用与分离、纯化 RNA 类似的方法。

三、核苷酸、核苷及碱基的制备

核苷、核苷酸及
碱基的制备

核苷酸、核苷及碱基虽然是互相关联的物质，但要得到某种特定的单一物质，往往必须采取某种特别的制备方法。至于非天然的类似物或衍生物，制备方法则更是各不相同。

1. 直接提取法

从生物材料中直接提取核苷酸的关键是去杂质，被提取物无论是呈溶液状态还是呈沉淀状态，都要尽量与杂质分开。为了制得精品，有时还需要多次溶解、沉淀。

2. 水解法

核酸在一定条件下，可以水解为寡核苷酸、核苷酸、核苷及碱基等。依降解的条件不同，可以把水解方法分别称为酸水解、碱水解和酶水解。酸、碱水解可以统称为化学降解，而酶水解则依其酶来源的不同分别称为外源性酶解和内源性酶解（即自溶）。

（1）酶水解法　是指在酶催化下的水解方法。例如制备 5′-（脱氧）核苷酸时，可用 5′-磷酸二酯酶将 DNA 或 RNA 水解成 5′-核苷酸。由于酶的来源不同其特性也往往有所不同，因此需要指明所用酶的来源，如牛胰核糖核酸酶（RNaseA）等。

（2）碱水解法　在稀碱条件下可将 RNA 水解成单核苷酸，产物为 2′-核苷酸和 3′-核苷酸的混合物。RNA 在水解过程中能产生一种中间环状物 2′,3′-环状核苷酸，然后磷酸环打开能形成单核苷酸。DNA 的脱氧核糖 2′-位上无羟基，无法形成环状物，所以 DNA 在稀碱条件下虽然会变性，但不能被水解成单核苷酸。DNA 较 RNA 易为酸（如甲酸、过氧酸等）所水解。

（3）酸水解法　用 1mol/L 的盐酸溶液在 100℃下加热 1h，能把 RNA 水解成嘌呤碱和嘧啶核苷酸的混合物。DNA 的嘌呤碱也能被水解下来。在高压釜或封闭管中酸水解，可使嘧啶碱从核苷酸上释放下来，但此时胞嘧啶常常会脱氨基而形成尿嘧啶。

核糖核苷可以从核糖核酸用比制备核苷酸更加剧烈的水解条件来制备。用浓氨水溶液在加压力条件下于 175～180℃作用 3.5h 或在吡啶水溶液中回流 4.5 天可以从 RNA 中得到相应的各种核苷。用 50％甲酰胺水溶液于 100℃作用 10h 可得到 4 种 RNA 的核苷。

核苷酸、核苷及碱基的进一步分离纯化方法同 DNA 与 RNA。

【技能拓展】

ATP 质量检测

一、质量标准

硫酸盐与
氯化物检查

澄明度：取本品少量溶于注射用水或生理盐水中，溶液应澄明无色。

pH：取本品少量溶于无离子水中，pH 应为 3.8～5.0。

含水量：用费休氏法［见《中国药典》（现行版）三部通则 0832 第一法］测定，水分含量不超过 6％。

硫酸盐：依《中国药典》（现行版）检查法不得超过 1.5％。

重金属含量：小于 0.0010％。

蛋白质含量：用 30％磺基水杨酸法鉴定，不得有蛋白质反应。

热原：按《中国药典》（现行版）检查法，应符合规定。

二、含量测定

ATP 在生产中易带进 ADP 等杂质，贮存中也易分解成 ADP 等，故多采用纸色谱或纸电泳分离 ATP 后的分光光度法测定。

纸色谱展开剂用异丁酸-氨水（1mol/L)-乙二胺四乙酸二钠溶液（0.1mol/L）（100：60：1.6）或 1％硫酸铵溶液-异丙醇（1：2）。

纸色谱后洗脱，洗脱液在紫外分光光度计中测 OD_{260}，按摩尔消光系数计算含量，即：

$$ATP 含量 = 样本平均 OD_{260} \times E_{260} \times c \times Mr \times 100\%$$

式中，E_{260} 为摩尔消光系数，1.43×10^4；c 为样品浓度，mg/mL；Mr 为 ATP 二钠盐的分子量，551.19。

将样品配成 10mg/mL 溶液，取 $10\mu L$ 点样（色谱滤纸先用 1mol/L 甲酸溶液浸泡过夜，次日取出，用水漂洗至洗液的 pH 不低于 4 为止，吹干可除去纸中的金属离子，使 ATP、ADP 和 AMP 的斑点集中），纸色谱后将 ATP 样点剪下，用 0.01mol/L 盐酸 5mL 浸洗 1～2h，测 260nm 处的光密度。同一样品做 3 点，空白对照用同一色谱纸上同样大小空白处纸片。所以，样品浓度为：

$c = 10 \times 0.01 \div 5 = 0.02 mg/mL$。

而 $E_{260} = 1.43 \times 10^4$，代入公式后，得：

$$ATP 含量（\%） = OD_{260} \times \frac{551.19 \times 100\%}{1.43 \times 10^4 \times 0.02} = OD_{260} \times 193\%。$$

【知识拓展】

ATP 的药理作用与临床应用

在生物体内，ATP 广泛参与各种生化过程，除参与核酸合成外，还可提供能量和磷酸基团。ATP 除了作为危重病人抢救的辅助药品外，还对急性及慢性肝炎、肝硬化、肾炎、心肌炎、冠状动脉硬化、进行性肌肉萎缩、再生障碍性贫血、脑血管意外后遗症、中心性血管痉挛性视网膜脉络膜炎、风湿性关节炎、耳聋、耳鸣等有一定疗效。

【场外训练】　从干酵母中用浓盐提取法提取分离 RNA

微生物中核酸含量丰富，从微生物中提取 RNA 是工业上最实际和有效的方法。

一、工艺路线

工艺路线见图 7-10。

干酵母粉 —破壁与提取→ 提取液 —分离提取液→ 上清液 —沉淀分离→ RNA沉淀 —脱水干燥→ RNA干品

图 7-10　RNA 制备操作流程图

二、工艺过程

1. 破壁与提取

在含 10％干酵母水溶液的夹层反应锅中加入氯化钠，使盐浓度达到 8％～12％，加热到 90℃，搅拌抽提 3～4h。高浓度的盐溶液能改变酵母细胞壁的通透性，可有效解离核蛋白成为核酸和蛋白质，使 RNA 从菌体内释放出来。

2. 分离提取液

3600r/min 离心 10min，去菌渣，收集上清液。

3. 沉淀分离

将上清液倾入不锈钢桶中，待上清液冷却到 60℃ 以下时，调节 pH 至 2～2.5，然后静置 3～4h，使 RNA 充分沉淀，离心分离收集沉淀物。

4. 脱水、干燥

所得 RNA 沉淀再用乙醇洗涤去掉脂溶性杂质和色素，得白色 RNA 产品，收率一般在 3％以上。此法所得为变性 RNA 及部分降解的 RNA，可进一步提取各种核苷和核苷酸。磷酸单酯酶和磷酸二酯酶在 30～70℃ 作用活跃，可将 RNA 降解成小分子而无法沉淀，故应用此法时，应避免在此温度范围内长时间停留。提取前 90℃ 保持 3～4h，可破坏这些酶类。

任务6　维生素 C 的制备

维生素是生物体内一类量微、化学结构各异，具有特殊功能的小分子有机化合物，它们大多在体内不能合成，需从外界摄取。食物中缺乏维生素会导致疾病，如缺乏维生素 C 会引起坏血病等。维生素在结构上差别甚大，通常根据它们的溶解性质区分为脂溶性和水溶性两大类。

维生素 C（vitamin C）又名抗坏血酸（ascorbic acid），为酸性己糖衍生物，是烯醇式己糖酸内酯，是水溶性维生素，结构如下图所示。其分子中有两个手性碳原子，故有 4 种旋光异构体，其中 L(+)-抗坏血酸效用最好，其他三种临床效用很低。

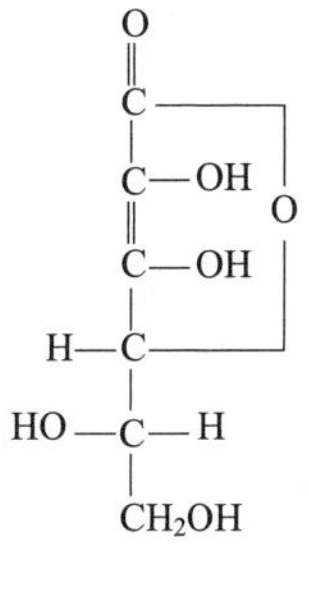

维生素 C 为白色粉末，无臭、味酸，熔点 $190\sim192℃$，易溶于水，略溶于乙醇，不溶于乙醚、氯仿及石油醚等。它是一种还原剂，易受光、热、氧等破坏，尤其在碱液中或有微量金属离子存在时，分解更快，但干燥结晶较稳定；具有右旋光性，比旋光度 $[\alpha]=20.5°\sim21.5°$（10％水溶液）。

任务 6　课前自学清单		
任务描述	利用两步发酵法制备维生素 C，再通过精制、结晶、干燥得到维生素 C。	
	能做什么	要懂什么
学习目标	1. 熟练进行菌种斜面培养、摇瓶种子培养和发酵培养，掌握主要工艺参数的控制方法； 2. 熟练操作离子交换树脂柱进行分离纯化； 3. 进行浓缩、脱色、结晶、干燥等操作； 4. 准确记录实验现象、数据，正确处理数据； 5. 正确书写工作任务单、工作台账本，并对结果进行准确分析。	1. 掌握菌种培养技术； 2. 掌握离子交换树脂使用方法； 3. 理解酯化、碱转化、酸化、精制、浓缩、结晶、干燥技术。
工作步骤	步骤 1　各类培养基的配制 步骤 2　L-山梨糖的制备 步骤 3　2-酮基-L-古龙酸的制备 步骤 4　2-酮基-L-古龙酸的提取（离子交换） 步骤 5　酯化 步骤 6　碱转化 步骤 7　酸化 步骤 8　粗维生素 C 的精制 步骤 9　完成评价	
岗前准备	思考以下问题： 1. 何为维生素 C 的两步发酵法？ 2. 2-酮基-L-古龙酸的提取为何选择阳离子交换树脂？ 3. 树脂柱装柱的步骤是什么？ 4. 离子交换树脂如何再生？ 5. 真空浓缩主要有哪些优点？	
主要考核指标	1. 菌种培养、离子交换、洗脱、浓缩、结晶、干燥等操作（操作规范性、仪器的使用等）； 2. 实验结果（维生素 C 质量和含量）； 3. 工作任务单、工作台账本随堂完成情况； 4. 实验室的清洁。	

→) 小提示

操作前阅读【知识支撑】中的"维生素及辅酶类药物制备的一般方法"，以便更好地完成本任务。

分组开展工作任务。用两步发酵法制备维生素 C，并进行分离提纯。

通过本任务，达到以下能力目标及知识目标：

1. 能够熟练进行菌种斜面培养、摇瓶种子培养和发酵培养，掌握主要工艺参数控制方法；
2. 能够熟练操作离子交换树脂柱进行分离纯化；
3. 能够进行浓缩、脱色、结晶、干燥等操作；
4. 能准确记录实验现象、数据，正确处理数据；
5. 会正确书写工作任务单、工作台账本，并对结果进行准确分析。

工作准备 >>>

1. 工作背景

创建菌种培养、发酵液分离纯化的操作平台，并配备恒温培养箱、恒温恒湿振荡培养箱、恒温发酵罐、结晶罐、树脂柱、真空抽滤机、离心机等相关仪器设备，完成维生素 C 的制备和提取分离。

2. 技术标准

培养基配制准确，树脂柱装柱及吸附过程操作正确，发酵罐、真空泵、离心机、干燥器等仪器设备使用规范，定量计算正确，等等。

3. 所需器材及试剂

（1）器材　冰箱、显微镜、电炉、酸度计、高压蒸汽灭菌箱、恒温培养箱、恒温恒湿振荡培养箱、恒温发酵罐、结晶罐、树脂柱、真空抽滤机、布氏漏斗、抽滤瓶、离心机、真空干燥箱、不锈钢锅、搪瓷桶、烧杯、量筒、锥形瓶、血清瓶、线绳、玻璃棒、滤纸、菌种等。

（2）试剂　玉米浆、酵母膏、泡敌、碳酸钙、复合维生素 B、磷酸盐、硫酸盐、尿素、碳酸钠溶液、盐酸、乙醇、732 阳离子交换树脂、甲醇、冰乙醇、蒸馏水、浓硫酸、浓盐酸、碳酸氢钠、活性炭等。

实践操作 >>>

采用两步发酵法制备维生素 C 的操作流程图如图 7-11 所示。

1. L-山梨糖的制备

种子培养液制备：种子培养分为一级、二级种子罐培养，都以质量分数为 $16\% \sim 20\%$ 的 D-山梨醇投料，并以玉米浆、酵母膏、泡敌、碳酸钙、复合维生素 B、磷酸盐、硫酸盐等为培养基，在 pH $5.4 \sim 5.6$ 下于 $120℃$ 保温 $30min$ 灭菌，待罐温冷却至 $30 \sim 34℃$，用微孔法接种（黑

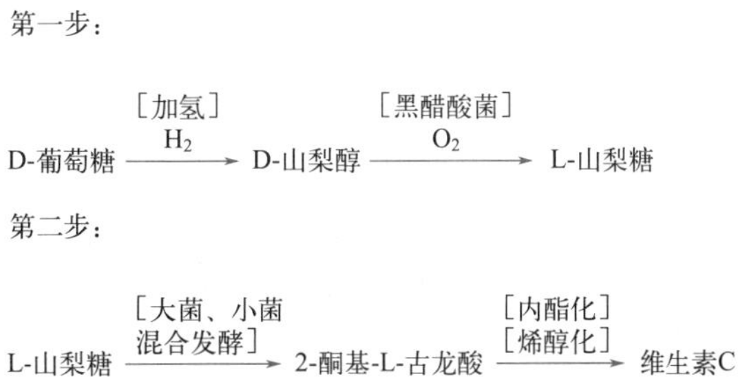

第一步：

$$D\text{-葡萄糖} \xrightarrow[\text{H}_2]{[\text{加氢}]} D\text{-山梨醇} \xrightarrow[\text{O}_2]{[\text{黑醋酸菌}]} L\text{-山梨糖}$$

第二步：

$$L\text{-山梨糖} \xrightarrow[\text{混合发酵}]{[\text{大菌、小菌}]} 2\text{-酮基-L-古龙酸} \xrightarrow[\text{烯醇化}]{[\text{内酯化}]} \text{维生素C}$$

图 7-11　维生素 C 制备操作流程图

醋酸菌），在此温度下，通入无菌空气[1m³/(m³·min)]，并维持罐压 0.03～0.05MPa 进行一级、二级种子培养，当一级种子罐产糖量大于 50mg/mL、二级种子罐产糖量大于 70mg/mL 且菌体正常时，即可移种。

发酵罐发酵：以 20%左右 D-山梨醇为投料浓度，另以玉米浆、尿素为培养基，调节其 pH 5.4～5.6，灭菌后冷却，按接种量为 10%接入二级种子培养液。在 31～34℃，通入无菌空气[0.7m³/(m³·min)]，维持罐压 0.03～0.05MPa 等条件下进行培养。当发酵率在 95%以上，pH 7.2 左右，糖量不再上升时即为发酵终点。

发酵液处理：将发酵液过滤除去菌体，然后控制真空度在 0.05MPa 以上，温度在 60℃ 以下，将滤液减压浓缩结晶即得 L-山梨糖。

2. 2-酮基-L-古龙酸的制备

菌种制备：将保存于冷冻管中的假单胞杆菌和氧化葡萄糖酸杆菌菌种活化，分离及混合培养后移入三角瓶种液培养基中，在 29～30℃振荡培养 24h，产酸量在 6～9mg/mL，pH 值降至 7 以下，菌形正常无杂菌时，再移入血清瓶中，即可接入生产。

种子培养液制备：先在一级种子培养罐内加入经过灭菌后的辅料（玉米浆、尿素及无机盐）和醪液（折纯含山梨糖 1%），控制温度为 29～30℃，发酵初期温度较低，通入无菌空气维持罐压为 0.05MPa，pH 6.7～7.0，至产酸量达合格浓度，且不再增加时，接入二级种子罐培养，条件控制同前。作为伴生菌的假单胞杆菌完全形成芽孢和出现游离芽孢时，产酸菌株产酸量达高峰（5mg/mL 以上），为二级种子培养终点。

发酵罐发酵：供发酵罐用的培养基经灭菌、冷却后，加入山梨糖的发酵液内，接入第二步发酵菌种的二级种子培养液，在 30℃下，通入无菌空气进行发酵，为保证产酸正常进行，需定期滴加灭菌的碳酸钠溶液调 pH 值，使保持 7.0 左右。当温度略高（31～33℃）、pH 在 7.2 左右、二次检测酸量不再增加，残糖量在 0.5mg/mL 以下时，即为发酵终点。

3. 2-酮基-L-古龙酸的提取

2-酮基-L-古龙酸（2-KGA）是将 2-酮基-L-古龙酸钠用离子交换法经两次交换，去掉其中钠离子而得的。一次、二次交换中均采用 732 阳离子交换树脂。

一次交换：将发酵液冷却后用盐酸酸化，调至菌体蛋白等电点，使之沉淀后过滤除去，将酸化上清液以 2～3m³/h 的流速压入一次阳离子交换柱进行离子交换。当回流到 pH3.5 时，开始收集交换液，控制流出液的 pH 值，以防树脂饱和，发酵液交换完后，用纯水洗柱，至流出液中古龙酸含量至 1mg/mL 以下为止。

加热过滤：将经过一次交换后的流出液和洗液合并，在加热罐内调 pH 至蛋白质等电点，然后加热至 70℃左右，加 0.3%左右的活性炭，升温至 90～95℃后再保温 10～15min，使菌体蛋白凝结。停止搅拌，快速冷却，高速离心过滤得清液。

二次交换：将酸性上清液打入二次交换树脂柱进行离子交换，至流出液 pH 为 1.5 时，开始收集交换液，控制流出液 pH 为 1.5～1.7，交换完毕，洗柱至流出液古龙酸含量在 1mg/mL 以下为止。

减压浓缩结晶：先将二次交换液进行一级真空浓缩，温度 45℃，至浓缩液的相对密度达 1.2 左右，即可出料。接着，又在同样条件下进行二级浓缩，然后加入少量乙醇，冷却结晶，甩滤并用冰乙醇洗涤，得 2-酮基-L-古龙酸。真空干燥除去部分水分。

4. 维生素 C 的制备

酯化、碱转化：将甲醇、浓硫酸和干燥的 2-酮基-L-古龙酸加入罐内，搅拌并加热，使温度为 66～68℃，反应 4h 左右即为酯化终点。然后冷却，加入碳酸氢钠，再升温至 66℃ 左右，回流 10h 后即为转化终点。再冷却至 0℃，离心分离，取出维生素 C 钠盐，母液回收。

酸化：将维生素 C 钠盐和一次母液干品、甲醇加入罐内，搅拌，用硫酸调至反应液 pH 为 2.2～2.4，并在 40℃ 左右保温 1.5h，然后冷却，离心分离，弃去硫酸钠。滤液加少量活性炭，冷却压滤，然后真空减压浓缩，蒸出甲醇，浓缩液冷却结晶，离心分离得粗维生素 C。回收母液成干品，继续投料套用。

精制：配料比为粗维生素 C：蒸馏水：活性炭：晶种＝1：1.1：0.58：0.00023（质量比）。将粗维生素 C 真空干燥，加蒸馏水搅拌溶解后，加入活性炭，搅拌 5～10min，压滤。滤液至结晶罐，向罐中加 50L 左右的乙醇，搅拌后降温，加晶种使其结晶。晶体经离心甩滤，并冰乙醇洗涤，再甩滤，至干燥器中干燥，即得精制维生素 C。

操作评价 >>>

一、个体评价与小组评价

<table>
<tr><td colspan="11" align="center">任务 6　维生素 C 的制备</td></tr>
<tr><td>姓名</td><td colspan="10"></td></tr>
<tr><td>组名</td><td colspan="10"></td></tr>
<tr><td>能力
目标</td><td colspan="10">1. 能够熟练进行菌种斜面培养、摇瓶种子培养和发酵培养,掌握主要工艺参数的控制方法；
2. 能够熟练操作离子交换树脂柱进行分离纯化；
3. 能够进行浓缩、脱色、结晶、干燥等操作；
4. 能准确记录实验现象、数据,正确处理数据；
5. 会正确书写工作任务单、工作台账本,并对结果进行准确分析。</td></tr>
<tr><td>知识
目标</td><td colspan="10">1. 掌握菌种培养方法；
2. 掌握离子交换树脂使用方法；
3. 理解酯化、碱转化、酸化、精制、浓缩、结晶、干燥技术。</td></tr>
<tr><td>评分
项目</td><td>上岗前准备
（思考题回答、
实验服与
台账准备）</td><td>配制培
养基</td><td>菌种培
养及参
数控制</td><td>离子交
换操作</td><td>碱转化
操作</td><td>精制</td><td>团队协
作性</td><td>台账完
成情况</td><td>台面
及仪器
清理</td><td>总分</td></tr>
<tr><td>分值</td><td>10</td><td>5</td><td>20</td><td>10</td><td>15</td><td>15</td><td>10</td><td>5</td><td>10</td><td>100</td></tr>
<tr><td>自我
评分</td><td></td><td></td><td></td><td></td><td></td><td></td><td></td><td></td><td></td><td></td></tr>
<tr><td>需改进
的技能</td><td colspan="10"></td></tr>
<tr><td>小组
评分</td><td></td><td></td><td></td><td></td><td></td><td></td><td></td><td></td><td></td><td></td></tr>
<tr><td>组长
评价</td><td colspan="10">（评价要具体、符合实际）</td></tr>
</table>

二、教师评价

序号	项目	配分	要求	得分
1	上岗前准备 （5分）	A. 思考题回答（3分） B. 实验服与护目镜准备、台账准备（2分）	操作过程了解充分 工作必需品准备充分	
2	培养基配制 （5分）	A. 计算准确无误（2分） B. 操作规范（3分）	准确计算 正确操作	
3	菌种培养及 参数控制 （20分）	A. L-山梨糖制备（10分） B. 2-酮基-L-古龙酸制备（10分）	正确操作	
4	离子交换 （10分）	A. 一次交换（5分） B. 二次交换（5分）	正确操作	
5	酯化、碱转化 （10分）	A. 酯化（5分） B. 碱转化（5分）	正确操作	
6	酸化 （10分）	A. 酸化（5分） B. 浓缩、离心（5分）	正确操作	
7	精制 （10分）	A. 计算准确无误（5分） B. 操作规范（5分）	准确计算 正确操作	
8	项目参与度 （10分）	操作的主观能动性（10分）	具有团队合作精神 和主动探索精神	
9	台账与工作任务 单完成情况 （10分）	A. 完成台账（是不是完整记录）（5分） B. 完成工作任务单（5分）	妥善记录数据	
10	文明操作 （10分）	A. 实验态度（5分） B. 清场（5分）	认真负责 清洗干净，放回 原处，台面整洁	
	合计			

【知识支撑】

维生素及辅酶类药物制备的一般方法

1. 化学合成法

采用有机化学合成原理和方法制造维生素的过程为化学合成法。近代的化学合成常与酶促合成、酶拆分等结合在一起使用，以改进工艺条件，提高收率和经济效益。用化学合成法生产的维生素有：烟酸、烟酰胺、叶酸、维生素 B_1、硫辛酸、维生素 B_6、维生素 D、维生素 E、维生素 K 等。

2. 发酵法

即用人工培养微生物的方法生产各种维生素，整个生产过程包括菌种培养、发酵、提取、纯化等。目前完全采用微生物发酵法或微生物转化制备中间体的有维生素 B_{12}、维生素 B_2、维生素 C、生物素和维生素 A 原（β-胡萝卜素）等。

3. 生物提取法

该法主要是从生物组织中，采用缓冲液抽提或有机溶剂萃取等方法获得维生素，如从猪心中提取辅酶 Q_{10} 等。

在实际生产中，有的维生素既使用化学合成法又使用发酵法进行生产，也有既用生物提取法又用发酵法的。

【技能拓展】

维生素 C 质量检测

一、质量标准

《中国药典》（现行版）规定了维生素 C 的质量控制内容，包括鉴别、检查与含量测定三部分。

溶液澄清度与颜色检查

1. 鉴别

化学鉴别法：取本品 0.2g，加水 10mL 溶解后，分成二等份，在一份中加硝酸银试液 0.5mL，即生成银的黑色沉淀；在另一份中，加二氯靛酚钠试液 1～2 滴，试液颜色即消失。

红外光谱（IR）法：本品的红外光吸收图谱应与对照的图谱（光谱集 450 图）一致。

重金属与铁盐检查

2. 检查

溶液的澄清度与颜色：取本品 3.0g，加水 15mL，振摇使溶解，溶液应澄清无色；如显色，将溶液经 4 号垂熔玻璃漏斗滤过，取滤液，照紫外-可见分光光度法（通则 0401），在 420nm 的波长处测定吸光度，不得超过 0.03。

草酸：取本品 0.25g，加水 4.5mL，振摇使维生素 C 溶解，加氢氧化钠试液 0.5mL、稀乙酸 1mL 与氯化钙试液 0.5mL，摇匀，放置 1h，作为供试品溶液；另精密称取草酸 75mg，置 500mL 量瓶中，加水溶解并稀释至刻度，摇匀，精密量取 5mL，加稀乙酸 1mL 与氯化钙试液 0.5mL，摇匀，放置 1h，作为对照溶液。供试品溶液产生的混浊不得浓于对照溶液。

炽灼残渣：不得过 0.1％（通则 0841）。

铁：取本品 5.0g 两份，分别置于 25mL 量瓶中，一份中加 0.1mol/L 硝酸溶液溶解并稀释至刻度，摇匀，作为供试品溶液（B）；另一份中加标准铁溶液（精密称取硫酸铁铵 863mg，置 1000mL 量瓶中，加 1mol/L 硫酸溶液 25mL，用水稀释至刻度，摇匀，精密量取 10mL，置 100mL 量瓶中，用水稀释至刻度，摇匀）1.0mL，加 0.1mol/L 硝酸溶液溶解并稀释至刻度，摇匀，作为对照溶液（A）。照原子吸收分光光度法（通则 0406），在 248.3nm 的波长处分别测定，应符合规定。

铜：取本品 2.0g 两份，分别置 25mL 量瓶中，一份中加 0.1mol/L 硝酸溶液溶解并稀释至刻度，摇匀，作为供试品溶液（B）；另一份中加标准铜溶液（精密称取硫酸铜 393mg，置 1000mL 量瓶中，加水溶解并稀释至刻度，摇匀，精密量取 10mL，置 100mL 量瓶中，用水稀释至刻度，摇匀）1.0mL，加 0.1mol/L 硝酸溶液溶解并稀释至刻度，摇匀，作为对照溶液（A）。照原子吸收分光光度法（通则 0406），在 324.8nm 的波长处分别测定，应符合规定。

重金属：取本品 1.0g，加水溶解成 25mL，依法检查（通则 0821 第一法），含重金属不得过百万分之十。

细菌内毒素：取本品，加碳酸钠（170℃加热 4h 以上）适量，使混合，依法检查（通则 1143），每 1mg 维生素 C 中含内毒素的量应小于 0.020EU●（供注射用）。

二、含量测定

取本品约 0.2g，精密称定，加新沸过的冷水 100mL 与稀乙酸 10mL 使溶解，加淀粉指示液 1mL，立即用碘滴定液（0.05mol/L）滴定，至溶液显蓝色并在 30s 内不褪为止。每 1mL 碘滴定液（0.05mol/L）相当于 8.806mg 的维生素 C（$C_6H_8O_6$）。

【知识拓展】

维生素 C 的药理作用与临床应用

维生素 C 是细胞氧化还原反应中的催化剂，参与机体新陈代谢，增加机体对感染的抵抗力，用于防治坏血病和抵抗传染性疾病，促进创伤和骨折愈合，以及用作辅助药物治疗疾病。

【场外训练】　　**从猪心残渣中用动物组织提取法制备辅酶 Q_{10}**

辅酶 Q_{10} 又名泛醌，是一种广泛存在于各类细胞中的醌类化合物，是一种在呼吸链中与蛋白质结合不紧密的辅酶，同时也是重要的抗氧化剂和非特异性免疫增强剂。

一、工艺路线

工艺路线见图 7-12。

猪心残渣 —[皂化]→ 皂化液 —[提取] 石油醚或汽油→ 提取液 —[浓缩] 40℃下减压→ 浓缩液 —[吸附、洗脱]→ 洗脱液 —[结晶] 无水乙醇→ 精制辅酶 Q_{10}

图 7-12　辅酶 Q_{10} 制备操作流程图

二、工艺过程

1. 皂化

取猪心残渣，按干渣重加入质量浓度为 0.3kg/L 的焦性没食子酸，搅匀后再加入 3～3.5 倍量的乙醇及质量浓度（按干渣重）为 0.32kg/L 的氢氧化钠，加热搅拌回流 25～30min，冷至室温得皂化液。

2. 萃取

将皂化液立即加入其体积 1/10 量的石油醚或 120 号汽油，搅拌后静置分层，分取上层，下层再以同样量溶剂提取 2～3 次后合并提取液，用水洗涤至中性，在 40℃以下减压浓缩至

●　EU 表示内毒素单位，1EU 与 1 个内毒素国际单位（IU）相当。

原体积的 1/10，冷却，−5℃以下静置过夜，过滤，除去杂质得到澄清浓缩液。

3. 吸附、洗脱

将浓缩液上硅胶柱色谱，先以石油醚或 120 号汽油洗涤，除去杂质，再以 10％乙醚-石油醚混合溶剂洗脱，收集黄色带部分的洗脱液，减压蒸去溶剂，得到黄色油状物。

4. 结晶

取黄色油状物加入热的无水乙醇，使其溶解，趁热过滤，滤液静置，冷却结晶，滤干，真空干燥，得到辅酶 Q_{10} 成品。

 素质拓展

项目总结 >>>

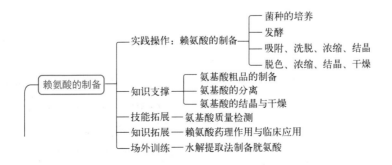

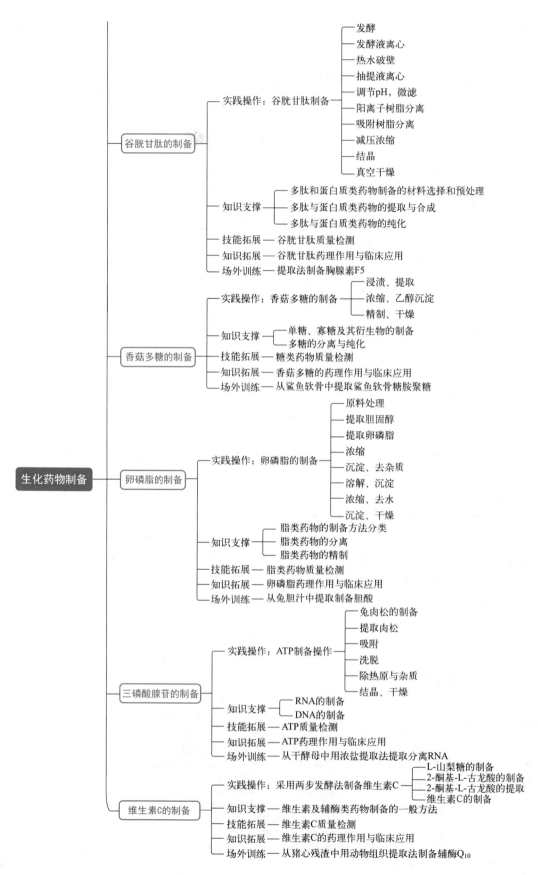

一、填空题

1. 生化药物提取纯化常用的沉淀技术有＿＿＿＿＿＿、＿＿＿＿＿＿和＿＿＿＿＿＿。

2. 氨基酸粗品常用制备方法有＿＿＿＿、＿＿＿＿＿、＿＿＿＿＿和＿＿＿＿4种。

3. 氨基酸的蛋白质水解提取法有＿＿＿＿＿＿、＿＿＿＿＿＿和＿＿＿＿＿＿。

4. 较常用的利用蛋白质电荷性质不同分离蛋白质的方法有＿＿＿＿、＿＿＿＿＿等。

5. 全酶是由＿＿＿＿和＿＿＿＿＿＿组成的。

6. 多糖的提取一般采用＿＿＿＿＿＿＿、＿＿＿＿＿＿＿和＿＿＿＿＿＿＿。

二、简答题

1. 生化药物的提取纯化一般有哪五个步骤？

2. 什么是脂类？

3. 简述多肽和蛋白质类药物的分类。

4. RNA 的纯化方法有哪些？简述其原理。

5. 酶的生物提取分离过程中的结晶方法有哪些？

6. 常见的脂类药物有哪些？

7. 生物工业中常用的干燥方法有哪三种，各有什么特点？

8. 简述基因工程制造法制备谷胱甘肽的工艺原理。

三、论述题

1. 简述生化制药的发展趋势。

2. 生化制药在我国医药工业中的地位如何？

参 考 文 献

[1]　田华. 发酵工程工艺原理［M］. 北京：化学工业出版社，2019.

[2]　于文国. 发酵生产技术［M］. 2版. 北京：化学工业出版社，2015.

[3]　夏焕章. 发酵工艺学［M］. 4版. 北京：中国医药科技出版社，2020.

[4]　曾青兰，张虎成. 生物制药工艺［M］. 3版. 武汉：华中科技大学出版社，2021.

[5]　齐香君. 现代生物制药工艺学［M］. 2版. 北京：化学工业出版社，2020.

[6]　徐瑞东，曾青兰. 生物分离与纯化技术［M］. 北京：中国轻工业出版社，2021.

[7]　牛红军，陈立波. 生物制药工艺技术［M］. 北京：中国轻工业出版社，2021.

[8]　国家药典委员会. 中华人民共和国药典［M］. 北京：中国医药科技出版社，2020.

[9]　李德山. 基因工程制药［M］. 北京：化学工业出版社，2010.

[10]　兰蓉. 细胞培养技术［M］. 2版. 北京：化学工业出版社，2017.

[11]　刘恒. 细胞工程制药技术［M］. 北京：中国农业大学出版社，2021.

[12]　胡颂平，刘选明. 植物细胞组织培养技术［M］. 北京：中国农业大学出版社，2014.

[13]　郭勇. 酶工程［M］. 北京：科学出版社，2020.

[14]　由德林. 酶工程原理［M］. 北京：科学出版社，2022.

[15]　陈明琪. 药用微生物学基础［M］. 3版. 北京：中国医药科技出版社，2017.

[16]　陈梁军. 生物制药工艺技术［M］. 北京：中国医药科技出版社，2017.

[17]　赵铠，章以浩，李河民. 医学生物制品学［M］. 2版. 北京：人民卫生出版社，1995.

[18]　王俊丽，聂国兴. 生物制品学［M］. 3版. 北京：科学出版社，2022.

[19]　张雪荣. 药物分离与纯化技术［M］. 3版. 北京：化学工业出版社，2015.

[20]　陈晗. 生化制药技术［M］. 2版. 北京：化学工业出版社，2018.

[21]　葛驰宇. 生物制药工艺学［M］. 北京：化学工业出版社，2019.

[22]　程宝鸾. 动物细胞培养技术［M］. 广州：中山大学出版社，2006.